普通高等教育"十三五"规划教材

电路分析基础

穆 克 姜 丽 褚俊霞 主编

化学工业出版社
·北京·

本书较全面地介绍了电路的基本概念、基本定理和基本分析方法，主要内容包括电路的基础、电路的分析方法、动态电路的过渡过程和分析方法、交流电路的组成及分析、非正弦周期信号激励下电路特点与分析方法、线性动态电路过渡过程的复频域分析、二端口网络和非线性电路等。在内容组织和编写安排上，有难有易，深入浅出，通俗易懂，并注重与后续课程之间的良好衔接。

本书既可作为应用型本科电类各专业的电路课教材，还可供非电类专业人士作为学习电路的入门书使用。

图书在版编目（CIP）数据

电路分析基础/穆克，姜丽，褚俊霞主编．—北京：化学工业出版社，2019.2（2025.2重印）
普通高等教育"十三五"规划教材
ISBN 978-7-122-33371-1

Ⅰ．①电… Ⅱ．①穆… ②姜… ③褚… Ⅲ．①电路分析-高等学校-教材 Ⅳ．①TM133

中国版本图书馆CIP数据核字（2018）第269165号

责任编辑：满悦芝　郝英华　　　　　　文字编辑：吴开亮
责任校对：王素芹　　　　　　　　　　　装帧设计：张　辉

出版发行：化学工业出版社（北京市东城区青年湖南街13号　邮政编码100011）
印　　装：北京科印技术咨询服务有限公司数码印刷分部
787mm×1092mm　1/16　印张19　字数465千字　2025年2月北京第1版第5次印刷

购书咨询：010-64518888　　　　　　　　售后服务：010-64518899
网　　址：http://www.cip.com.cn
凡购买本书，如有缺损质量问题，本社销售中心负责调换。

定　价：58.00元　　　　　　　　　　　　　　　　　　　版权所有　违者必究

前言

科技基础能力是国家综合科技实力的重要体现，是国家创新体系的重要基石，是实现高水平自立自强的战略支撑。党的二十大报告提出，加强科技基础能力建设。电路分析是信息类各专业的重要基础。"电路分析基础"课程是电气、自动化、测控、信息等专业的基础平台课，同时也是电类专业的硕士研究生入学考试课程。开设课程的目的是使学习者了解和掌握电路基本概念、基本定理和基本分析方法，为专业课的学习及今后从事电类技术工作打下坚实的基础。因此，电路课在整个电类专业的培养计划和课程体系中起着承上启下的重要作用。

本书在编写过程中，根据教育部高等学校电子信息科学与电气信息类基础课程教学指导委员会颁布的"电路分析基础"课程教学基本要求，以突出基本概念、基本原理、基本分析方法和工程应用为指导思想，从应用型本科教学的实际需要出发，坚持理论与实践相融合的教学理念，以技能的提高与能力的培养为教学目标，力求做到思路清晰、深入浅出、语言通畅、便于阅读。

全书分为14章：第1章是电路的基础，重点介绍电路组成、描述电路的物理量、电路元件；第2~4章全面介绍电路的分析方法；第5、6章介绍动态电路的过渡过程和分析方法；第7~10章介绍交流电路的组成及分析；第11章介绍非正弦周期信号激励下电路特点与分析方法；第12章介绍线性动态电路过渡过程的复频域分析；第13章简要介绍二端口网络；第14章简要介绍非线性电路。

本教材有如下特色：

1.内容精练，根据课程学时的要求，将重要内容加以精选，让学习者在学习的同时，能轻松把握住重点。

2.每章内容结束前，都有实践与应用部分，讲述本章理论内容如何在实际中应用，让学习者进一步体会所学内容。

3.各章后配备了多样习题，有填空、选择、计算题，可以使不同层次学习者在学习后自测，以便巩固所学知识。

本书既可以作为应用型本科电类各专业的电路课教材，也可以作为非电类专业学生学习电路的入门书。本书由辽宁石油化工大学穆克、姜丽、褚俊霞主编，参与编写人员有崔畅、杨冶杰、冯爱伟、陆冬梅、林丽君等教师。本书第1、10章由褚俊霞编写，第2、3章由崔畅编写，第4、12章由姜丽编写，第5、7章由穆克编写，第6章由穆克和林丽君共同编写，第8章由陆冬梅编写，第9、11、13章由杨冶杰编写，第14章由冯爱伟编写。全书由穆克负责策划、统筹。

本书在编写过程中得到辽宁石油化工大学发展规划处和教务处等部门的大力支持，在此表示衷心感谢。书中可能存在不妥之处，敬请读者批评指正。

编者
2023 年 8 月

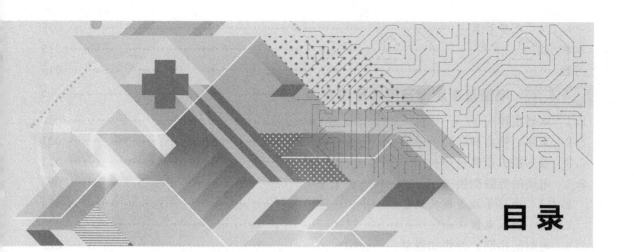

目录

第1章　电路及其基本概念

- 1.1 电荷与电流 ·· 001
  - 1.1.1 电荷 ·· 001
  - 1.1.2 电流 ·· 001
- 1.2 电位与电压 ·· 002
  - 1.2.1 电位 ·· 002
  - 1.2.2 电压 ·· 003
- 1.3 电功率与电能 ··· 003
  - 1.3.1 电功率 ··· 003
  - 1.3.2 电能 ·· 004
- 1.4 电路和电路模型 ·· 004
  - 1.4.1 电路 ·· 004
  - 1.4.2 电路模型 ·· 005
- 1.5 电流和电压的参考方向 ·· 006
  - 1.5.1 电流的参考方向及电流的测量 ···································· 006
  - 1.5.2 电压的参考方向及电压的测量 ···································· 007
  - 1.5.3 电压与电流参考方向的关系 ······································· 008
- 1.6 电路中的基本元件 ··· 009
  - 1.6.1 电阻元件 ·· 009
  - 1.6.2 电感元件 ·· 010
  - 1.6.3 电容元件 ·· 011
  - 1.6.4 独立电源 ·· 012
  - 1.6.5 受控源 ··· 013
- 1.7 实践与应用 ·· 014
  - 1.7.1 安全用电 ·· 014
  - 1.7.2 电力配电线径选择 ··· 015
  - 1.7.3 电子显像管 ··· 015

  1.7.4 电费计算 ·· 015
本章小结 ·· 015
习题 ·· 016

第2章　电路基本定律及电路等效变换

2.1 欧姆定律 ··· 020
2.2 支路、结点和回路 ·· 021
2.3 基尔霍夫定律 ··· 021
2.4 电路的等效变换 ·· 024
  2.4.1 电路等效变换的概念 ·· 024
  2.4.2 输入电阻 ·· 024
2.5 电阻的串联、并联和混联 ··· 025
2.6 Y-△联结的等效变换 ·· 027
2.7 电压源、电流源的串联和并联 ·· 030
2.8 实际电源的两种模型及其等效变换 ·· 032
  2.8.1 实际电源的伏安特性 ·· 032
  2.8.2 实际电源的两种电路模型 ··· 032
2.9 实践与应用 ·· 035
  2.9.1 电路的故障诊断 ·· 035
  2.9.2 惠斯通电桥 ··· 035
本章小结 ·· 036
习题 ·· 039

第3章　电路分析方法

3.1 支路电流法 ·· 045
3.2 网孔电流法 ·· 047
3.3 回路电流法 ·· 049
3.4 结点电压法 ·· 052
3.5 实践与应用 ·· 055
本章小结 ·· 056
习题 ·· 057

第4章　电路定理

4.1 叠加定理 ··· 062
  4.1.1 叠加定理的内容 ·· 062
  4.1.2 叠加定理的证明 ·· 063
  4.1.3 叠加定理的应用举例 ·· 063
  4.1.4 齐次定理 ·· 065
4.2 替代定理 ··· 065
  4.2.1 替代定理的内容 ·· 065
  4.2.2 替代定理的证明 ·· 066
  4.2.3 替代定理的应用举例 ·· 066

4.3 戴维宁定理和诺顿定理 ··· 067
  4.3.1 戴维宁定理和诺顿定理的内容 ··· 067
  4.3.2 戴维宁定理和诺顿定理的证明 ··· 068
  4.3.3 戴维宁定理和诺顿定理的应用举例 ··· 069
4.4 最大功率传输定理 ··· 074
  4.4.1 最大功率传输定理的内容 ··· 074
  4.4.2 最大功率传输定理的证明 ··· 074
  4.4.3 最大功率传输定理的应用举例 ··· 074
4.5 实践与应用 ··· 075
本章小结 ··· 076
习题 ··· 077

第 5 章 一阶电路

5.1 储能元件 ··· 081
  5.1.1 电容 ··· 081
  5.1.2 电感 ··· 084
5.2 电路动态过程和初始条件 ··· 087
  5.2.1 电路动态过程 ··· 088
  5.2.2 初始条件 ··· 088
5.3 一阶电路的零输入响应 ··· 090
  5.3.1 RC 电路的零输入响应 ··· 090
  5.3.2 RL 电路的零输入响应 ··· 091
5.4 一阶电路的零状态响应 ··· 093
  5.4.1 RC 电路的零状态响应 ··· 093
  5.4.2 RL 电路的零状态响应 ··· 095
5.5 一阶电路的全响应 ··· 097
5.6 一阶电路的阶跃响应 ··· 100
5.7 一阶电路的冲激响应 ··· 101
5.8 实践与应用 ··· 102
  5.8.1 闪光灯电路原理 ··· 102
  5.8.2 汽车点火电路 ··· 103
本章小结 ··· 104
习题 ··· 105

第 6 章 二阶电路

6.1 二阶电路的零输入响应 ··· 111
6.2 二阶电路的零状态响应、阶跃响应和全响应 ··· 116
6.3 二阶电路的冲激响应 ··· 117
6.4 实践与应用 ··· 119
  6.4.1 RLC 串联谐振电路 ··· 119
  6.4.2 油开关灭弧能力试验 ··· 119

本章小结 ·· 120
习题 ·· 120

第 7 章 正弦稳态电路的分析

7.1 正弦量 ··· 124
    7.1.1 频率与周期 ·· 125
    7.1.2 幅值和有效值 ··· 125
    7.1.3 初相位和相位差 ·· 126
7.2 相量法的基础 ··· 126
    7.2.1 复数及其运算 ··· 127
    7.2.2 正弦量的相量表示及运算 ··· 128
7.3 电路元件的相量形式 ··· 129
    7.3.1 电阻元件的相量形式 ··· 129
    7.3.2 电感元件的相量形式 ··· 130
    7.3.3 电容元件的相量形式 ··· 130
7.4 阻抗和导纳 ··· 132
7.5 基尔霍夫定律的相量形式 ·· 133
7.6 正弦稳态电路的分析与计算 ··· 136
    7.6.1 支路电流法 ·· 136
    7.6.2 网孔电流法 ·· 138
    7.6.3 结点电压法 ·· 139
    7.6.4 叠加定理 ·· 140
    7.6.5 电源变换 ·· 142
    7.6.6 戴维宁和诺顿等效电路 ·· 142
7.7 正弦稳态电路的功率 ··· 144
    7.7.1 瞬时功率 ·· 144
    7.7.2 平均功率 ·· 145
    7.7.3 无功功率 ·· 147
    7.7.4 视在功率 ·· 147
    7.7.5 功率因数及其提高 ··· 147
    7.7.6 复功率 ··· 149
7.8 正弦稳态电路的最大功率传输 ·· 150
7.9 实践与应用 ··· 152
    7.9.1 电能表原理 ·· 152
    7.9.2 电能表的选用举例 ··· 154
    7.9.3 电能表的铭牌标志及含义 ··· 154
本章小结 ·· 155
习题 ·· 157

第 8 章 耦合电感的电路

8.1 互感耦合电路 ·· 162

  8.1.1　互感　互感电压 ··· 162
  8.1.2　耦合电感的电压、电流关系 ··· 164
  8.1.3　耦合电感的去耦 ··· 166
 8.2　耦合电感电路的计算 ··· 169
 8.3　空心变压器 ··· 172
 8.4　理想变压器 ··· 174
 8.5　实践与应用 ··· 177
本章小结 ··· 178
习题 ··· 178

第9章　电路的频率响应

 9.1　网络函数 ·· 185
 9.2　波特图 ··· 186
 9.3　RLC 串联谐振电路 ··· 188
 9.4　RLC 并联谐振电路 ··· 192
 9.5　滤波电路 ·· 194
 9.6　实践与应用 ··· 195
本章小结 ··· 196
习题 ··· 197

第10章　三相电路

 10.1　对称三相电路 ··· 199
  10.1.1　对称三相电源及其连接方式 ··· 199
  10.1.2　三相负载连接方式 ·· 201
  10.1.3　对称三相电路 ··· 202
 10.2　对称 Y-Y 连接三相电路 ··· 202
  10.2.1　有中线的对称 Y-Y 三相电路（通常标记为 Y_0-Y_0 三相电路） ········ 202
  10.2.2　无中线的对称 Y-Y 三相电路 ··· 203
 10.3　对称 Y-△连接三相电路 ·· 204
 10.4　对称△-△连接三相电路 ·· 205
 10.5　对称△-Y 连接三相电路 ·· 207
 10.6　不对称三相电路 ·· 208
 10.7　三相电路功率 ··· 210
  10.7.1　三相电路的平均功率（有功功率） ······································· 210
  10.7.2　三相电路的无功功率 ··· 210
  10.7.3　三相电路的视在功率 ··· 210
  10.7.4　三相电路的复功率 ·· 210
  10.7.5　三相电路的瞬时功率 ··· 210
  10.7.6　三相电路的功率因数 ··· 211
  10.7.7　三相电路功率的测量 ··· 211
 10.8　实践与应用 ·· 212

10.8.1　三相电路接零保护系统 ·················· 212
　　10.8.2　一些生活用电接法 ······················ 213
本章小结 ·· 214
习题 ··· 214

第11章　非正弦周期电路分析

11.1　非正弦周期信号 ··································· 218
11.2　非正弦周期信号的傅里叶级数分解 ············ 219
11.3　非正弦周期电流电路的有效值和平均功率 ····· 222
11.4　非正弦周期电流电路的分析与计算 ············ 223
11.5　实践与应用 ·· 224
本章小结 ·· 225
习题 ··· 226

第12章　动态电路的频域分析

12.1　拉氏变换 ·· 228
　　12.1.1　拉氏正变换的定义 ······················ 228
　　12.1.2　拉氏反变换的定义 ······················ 229
　　12.1.3　典型函数的拉氏变换 ··················· 229
12.2　拉氏变换基本性质 ······························· 229
12.3　拉氏反变换 ·· 232
　　12.3.1　拉氏反变换的常用方法 ················· 232
　　12.3.2　部分分式展开法的基本步骤 ············ 232
12.4　应用拉氏变换法分析线性电路 ·················· 235
　　12.4.1　电路定律的运算形式 ···················· 235
　　12.4.2　电路元件的运算形式 ···················· 235
　　12.4.3　应用拉普拉斯变换法分析线性电路的步骤 ······ 238
12.5　实践与应用 ·· 241
本章小结 ·· 242
习题 ··· 243

第13章　二端口网络

13.1　二端口网络概述 ··································· 248
13.2　二端口方程及参数 ································ 249
　　13.2.1　Z 方程与 Z 参数 ······················ 249
　　13.2.2　Y 方程与 Y 参数 ······················ 251
　　13.2.3　T 方程与 T 参数 ······················ 253
　　13.2.4　H 方程与 H 参数 ······················ 254
　　13.2.5　二端口网络方程与参数之间关系 ······· 256
13.3　二端口等效电路 ··································· 257
13.4　二端口连接 ·· 260
13.5　实践与应用 ·· 263

本章小结 ·· 265
习题 ·· 266

第14章 非线性电路

14.1 非线性元件 ·· 269
14.1.1 非线性电阻 ·· 269
14.1.2 非线性电容 ·· 274
14.1.3 非线性电感 ·· 274
14.2 非线性电路方程 ·· 275
14.2.1 非线性电阻电路方程 ·· 275
14.2.2 非线性动态电路方程 ·· 276
14.2.3 非线性电路方程的求解方法 ·· 277
14.3 小信号分析法 ·· 278
14.4 分段线性化方法 ·· 281
14.5 实践与应用 ·· 282
本章小结 ·· 284
习题 ·· 286

参考文献

第1章 电路及其基本概念

引言：

  电路是非常重要的专业基础课，本章主要介绍电路的基本概念和描述电路的基本物理量，包括电路模型、电路的基本物理量、基本元件、电压电流的参考方向等，讨论电路电功率的计算方法，以及电路吸收或发出功率的判别方法。这些内容是全书的基础。

1.1 电荷与电流

1.1.1 电荷

  在干燥或多风的秋天，常常碰到静电现象：脱毛衣时，会听到"噼啪"声响，并伴有闪光；早晨起床梳头时，头发经常会"飘"起来，越理越乱。这些静电现象是由电荷的定向移动产生的，电荷及电荷的运动是解释所有电现象的基础，电荷是电路理论中最基本的物理量。

  通常，将带电粒子（电子、质子）所带电的量称为电荷量或电荷。电荷用符号 q 或 Q 表示，它的国际单位为库［仑］（C）。

  电荷分为正电荷和负电荷。物质由质子、中子和电子三种基本粒子组成，质子带正电荷，中子不带电荷，电子带负电荷。任何粒子与宏观物体的带电量 q 只能是 e（元电荷）的整数倍，从这个意义上说，电荷量 q 是一个离散量。但是，研究由大量基本粒子组成的电荷产生的电磁效应时，电荷量 q 被视为连续量。

1.1.2 电流

  电荷的定向移动形成电流。我们知道，一段金属导体内含有大量的带负电荷的自由电子，通常情况下，这些自由电子在其内部作无规则的热运动，并不形成电流；若在该段金属导体两端连接上电源，那么带负电荷的自由电子就要逆着电场方向运动，于是在该段金属导体中便形成电流。电流的大小用电流强度来衡量，电流强度亦简称为电流。单位时间内通过导体横截面的电荷量定义为电流，用符号 i 或 I 表示，其数学表达式为：

$$i = \frac{\mathrm{d}q}{\mathrm{d}t} \tag{1-1}$$

式中，i 表示随时间变化的电流；dq 表示在 dt 时间内通过导体横截面的电量。

电流的国际单位为安［培］（A）。实际应用中，大电流用千安培（kA）表示，小电流用毫安培（mA）表示或者用微安培（μA）表示。它们的换算关系是：

$$1kA=10^3A=10^6mA=10^9\mu A$$

电流不但有数值大小，而且有方向。习惯上规定正电荷运动的方向为电流的实际方向。数值大小和方向均不随时间变化的电流，称为恒定电流，即通常说的直流电（direct current，DC）。数值大小和方向随时间变化的电流，称为时变电流。数值大小和方向作周期性变化且平均值为零的时变电流，称为交流电流，简称交流电（alternating current，AC）。

在直流电路中，测量电流时要根据电流的实际方向将电流表串联到待测的支路里，使电流的实际方向从直流电流表的正极流入。

1.2 电位与电压

1.2.1 电位

为了分析方便，常在电路中指定一点作为参考点，假设该点的电位为零，用符号"⊥"表示。在物理学中我们已经知道，将单位正电荷从一点 a 沿任意路径移动到参考点（物理学中习惯选无穷远处作为参考点），电场力做功的大小称为 a 点的电位，记为 V_a。在电路中，电位的概念和物理学静电场中所讲的电位概念一样，只不过电路中计算某点的电位是将单位正电荷沿任一电路所约束的路径移动到参考点（习惯上选电路中的某点而不选无穷远处）电场力所做功的大小。

电路中其他各点相对于参考点的电压即是各点的电位，因此，任意两点间的电压等于这两点的电位之差，我们可以用电位的高低来衡量电路中某点电场能量的大小。

电路中各点电位的高低是相对的，参考点不同，各点电位的高低也不同，但是电路中任意两点之间的电压与参考点的选择无关。电路中，凡是比参考点电位高的各点电位都是正电位，比参考点电位低的各点电位都是负电位。电位的参考点可以任选，同一电路中只允许一个点作为参考点，不允许同时选多个点作为参考点。虽然电位是相对量，但是电压是绝对量。

【例 1-1】求图 1-1 中 a 点的电位。

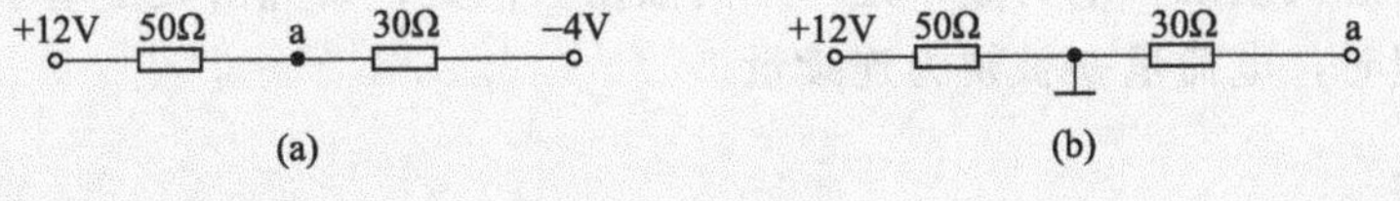

图 1-1 例 1-1 图

解： 对于图 1-1（a）有

$$V_a=-4+\frac{30}{50+30}\times(12+4)=2 \text{（V）}$$

对于图 1-1（b），因 30Ω 电阻中电流为零，因此

$$V_a=0$$

【例 1-2】 如图 1-2 所示，求开关 S 闭合和断开时，A、B 两点的电位 V_A、V_B。

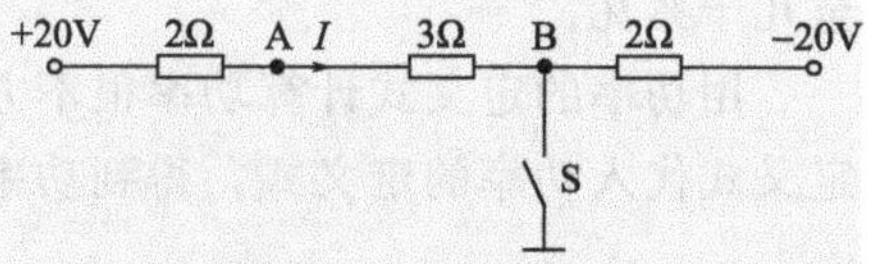

解：（1）当开关闭合时，电流 I 经过 A、B 两点和开关 S 流入大地，故 $V_B = 0V$

$$V_A = \frac{20}{2+3} \times 3 = 12 \text{（V）}$$

（2）当开关断开时，$I = \frac{40}{2+3+2} \approx 5.7$（A）

则 $V_B = -20 + 5.7 \times 2 = -8.6$（V）

$$V_A = -20 + 5.7 \times (2+3) = 8.5 \text{（V）}$$

图 1-2 例 1-2 图

1.2.2 电压

两点间的电位差即为两点间的电压，也可以定义为将单位正电荷从电路中一点 a 移至另一点 b 时电场力做的功，用 u 或 U 来表示。

$$u_{ab} = \frac{dw}{dq} \tag{1-2}$$

式中，w 为电场力做的功，单位为焦［耳］（J）；q 为电量，单位为库［仑］（C）。电压的单位为伏［特］（V）。电压的常用单位还有千伏（kV）、毫伏（mV）、微伏（μV），换算关系为：

$$1kV = 10^3 V = 10^6 mV = 10^9 \mu V$$

电压的实际方向习惯上规定从高电位指向低电位，即电位降低的方向，在电路图中常用箭头表示。

同电流一样，电压不但有数值大小，还有极性。数值大小和极性均不随时间变化的电压，称为恒定电压或直流电压，一般用符号 U 表示；数值大小和极性随时间变化的电压，称为时变电压，一般用符号 u 表示。数值大小和极性作周期性变化且平均值为零的时变电压，称为交流电压。

1.3 电功率与电能

1.3.1 电功率

电路的基本功能之一是实现能量传输。为了描述和表征电荷和元件交换能量的快慢（速率），引入电功率这个物理量。电功率定义为：单位时间内电场力做功的大小（或者做功的速率），用符号 p 或者 P 来表示。数学描述为：

$$p = \frac{dw}{dt} \tag{1-3}$$

电功率简称功率。功率的单位为瓦［特］（W）。功率的辅助单位有兆瓦（MW）、千瓦（kW）、毫瓦（mW）。它们之间的换算关系为：

$$1MW = 10^3 kW = 10^6 W = 10^9 mW$$

电子电路中的功率大小一般为几毫瓦至几千瓦，而电力系统中的功率大小一般为几千瓦至几千兆瓦。

用功率的定义式计算功率很不方便，利用电压、电流计算功率更便捷。将电流、电压的定义式代入功率的定义式，得到功率的计算公式为

$$p = \frac{dw}{dt} = \frac{dw}{dq} \times \frac{dq}{dt} = ui \tag{1-4}$$

在直流电路中功率又可表示为：

$$P = UI \tag{1-5}$$

功率由电流和电压决定。实际上，任何电气设备的电压和电流都要受到条件的限制，电流受温度升高的限制，电压受绝缘材料耐压的限制，电流过大或电压过高都会损害电气设备。因此，设备在额定值下工作最理想。

1.3.2 电能

在一段时间内消耗或提供的能量称为电能。故电路元件在 t_0 到 t 时间内消耗或提供的能量为

$$W = \int_{t_0}^{t} p \, dt \tag{1-6}$$

直流时

$$W = P(t - t_0) \tag{1-7}$$

在国际单位制中，电能的单位是焦［耳］（J）。1J 等于 1W 的用电设备在 1s 内消耗的电能。

通常电业部门用"度"作为单位测量用户消耗的电能，"度"是千瓦·时（kW·h）的简称。1度（或 1kW·h）电等于功率为 1kW 的元件在 1h 内消耗的电能。即

$$1 \text{度} = 1 \text{kW·h} = 10^3 \times 3600 \text{J} = 3.6 \times 10^6 \text{J}$$

如果通过实际元件的电流过大，会由于温度升高使元件的绝缘材料损坏，甚至使导体熔化；如果电压过高，会使绝缘击穿，所以必须加以限制。

电气设备或元件长期正常运行的电流允许值称为额定电流，其长期正常运行的电压允许值称为额定电压；额定电压和额定电流的乘积为额定功率。通常电气设备或元件的额定值标在产品的铭牌上。如一白炽灯标有"220V、40W"，表示它的额定电压为 220V，额定功率为 40W。

1.4 电路和电路模型

1.4.1 电路

在我们的日常生活、工农业生产、科学研究及国防建设中，使用着各种各样的电气设备，如收音机、电视机、电动机、计算机、手机、电子对抗设备等，广义上说，这些电气设备都是实际中的电路。那么，到底什么是电路呢？

（1）电路概念及其组成

简单地讲，电路是电流通过的路径。实际电路通常由各种电路实体部件（如电源、电阻器、电感线圈、电容器、变压器、仪表、二极管、三极管等）组成。每一种电路实体部件都具有各自不同的电磁特性和功能，按照人们的需要，把相关电路实体部件按一定方式进行组

合，就构成了一个个电路。如果某个电路元器件数量很多且电路结构较为复杂时，通常又把这些电路称为电网络。

手电筒电路、单个照明灯电路是实际应用中的较为简单的电路，而电动机电路、雷达导航设备电路、计算机电路、电视机电路是较为复杂的电路。但不管简单还是复杂，电路的基本组成部分都离不开三个基本环节：电源、负载和中间环节。

电源是向电路提供电能的装置。它可以将其他形式的能量，如化学能、热能、机械能、原子能等转换为电能。在电路中，电源是激发和产生电流的因素。负载是取用电能的装置，其作用是把电能转换为其他形式的能（如机械能、热能、光能等）。通常在生产与生活中经常用到的电灯、电动机、电炉、扬声器等用电设备，都是电路中的负载。中间环节在电路中起着传递电能、分配电能和控制整个电路的作用。最简单的中间环节即开关和连接导线；一个实用电路的中间环节通常还有一些保护和检测装置。复杂的中间环节可以是由许多电路元件组成的网络系统。

（2）电路的分类

按照不同的分类方法，可将电路分为不同的类型。例如，按照电路传输、处理的信号是数字信号还是模拟信号，将电路分为数字电路和模拟电路。在电路理论中，通常将电路分为以下三种类型。

① 集总参数电路和分布参数电路　在一般的电路分析中，电路的所有参数，如阻抗、感抗、容抗都集中于空间的各个点上、各个元件上，各点之间的信号是瞬间传递的，这种理想化的电路模型称为集总参数电路。本书主要分析集总参数电路，不讨论分布参数电路。

② 线性电路和非线性电路　参数与电压、电流无关的元件称为线性元件。由电源和线性元件组合而成的电路，属于线性电路。若电路中包含非线性元件，则称为非线性电路。

③ 时变和非时变（时不变）电路　若电路元件参数、电路结构和连接方式不随时间而改变，则该电路为非时变电路，也称为时不变电路。反之，则为时变电路。

（3）电路的功能

电路种类繁多，但就其功能来说可概括为两种类型：

① 电路用于能量的传递、分配与转换。

② 电路实现信号的变换、处理与控制。

1.4.2　电路模型

实际电路的电磁过程是相当复杂的，难以进行有效的分析计算。在电路理论中，为了便于实际电路的分析和计算，我们通常在工程实际允许的条件下对实际电路进行模型化处理，即忽略次要因素，抓住足以反映其功能的主要电磁特性，抽象出实际电路器件的"模型"。

（1）理想电路元件

我们将实际电路器件理想化而得到的只具有某种单一电磁性质的元件，称为理想电路元件，简称为电路元件。一种电路元件一般只表征一种电磁性质，例如，定义电阻元件是一种只吸收能量（它可以转化为热能、光能或其他形式的能量）的元件，它既不储存电能，也不储存磁能；电感元件表征实际电路中产生磁场、储存磁能的性质；电容元件表征实际电路中产生电场、储存电能的性质；电源元件表征实际电路中将其他形式的能量转化为电能的性质。图1-3是常见的理想电路元件的符号。

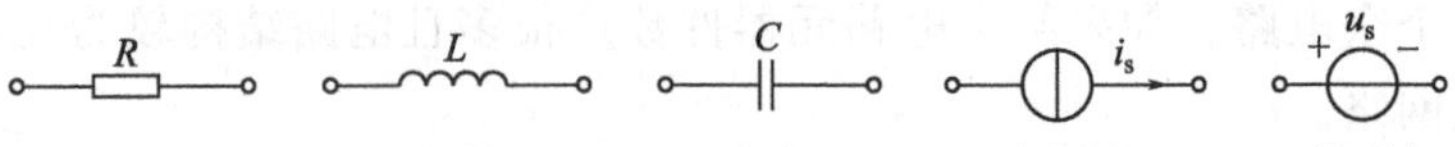

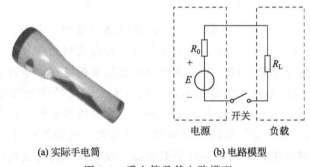

图 1-3 常见的理想电路元件符号

需要指出的是：不同的实际电路器件，只要具有相同的主要电磁性能，在一定条件下可以用同一个模型表示，如灯泡、电炉、电阻器这些不同的实际电路器件在低频电路里都可用理想电阻元件 R 表示。同一个实际电路器件在不同的应用条件下，它的模型也可以有不同的形式，比如实际的电感器，在低频电路里，可视为理想电感，在高频电路中，要考虑绕制该线圈的导线所消耗的电能，则应将其视为体现电能消耗的理想电阻与体现磁能储存的理想电感的串联。

(2) 电路模型

我们把由理想电路元件相互连接组成的电路称为电路模型。电池对外提供电能的同时，内部也有电阻消耗能量，所以电池用其电动势 E 和内阻 R_0 的串联表示。灯泡除了具有消耗电能的性质（电阻性）外，通电时还会产生磁场，具有电感性，但电感微弱，可忽略不计，于是可认为灯泡是一电阻元件，用 R_L 表示。图 1-4 为手电筒及其电路模型。

(a) 实际手电筒 　　　　　　(b) 电路模型

图 1-4　手电筒及其电路模型

要注意的是，电路理论所研究的对象不是实际电路，而是它的数学模型——电路模型。

1.5　电流和电压的参考方向

电路中的变量是电流和电压。无论是电能的传输和转换，还是信号的传递和处理，都是这两个量变化的结果，因此，弄清电流与电压及其参考方向，对进一步掌握电路的分析与计算是十分重要的。同时，不难发现，在一些很简单的电路中，如图 1-4（b）所示，电流的实际方向是显而易见的，它是从电源正极流出，流向电源负极。但在一些复杂的电路中，电流的实际方向可能是未知的，也可能是随时间变动的。因此，为了解决这种问题，引入电流和电压的参考方向。

1.5.1　电流的参考方向及电流的测量

(1) 电流的参考方向 I_{AB}

前面讲到，习惯上把正电荷移动的方向规定为电流的实际方向。在分析复杂电路时，实际方向并不知道且很难确定，故可任意假设一个方向为电流的参考方向（current reference direction）。在电路图中，电流的参考方向一般用箭头表示，箭头所指的方向即为电流的方向，如图1-5（a）所示；也可以用双下标的形式表示，如图1-5（b）所示，I_{AB}表示参考方向是由A到B，即由第一个下标所示点流向第二个下标所示点。需要注意，用双下标形式时，要在图中标出A、B的位置。

参考方向一旦设定，不能随意改动。按照假设的参考方向，运用分析计算方法可得：当电流的实际方向与参考方向一致时，电流的数值就为正值（即$I>0$），如图1-6（a）所示；当电流的实际方向与参考方向相反时，电流的数值就为负值（即$I<0$），如图1-6（b）所示。需要注意的是，未规定电流的参考方向时，电流的正负没有任何意义，如图1-6（c）所示。

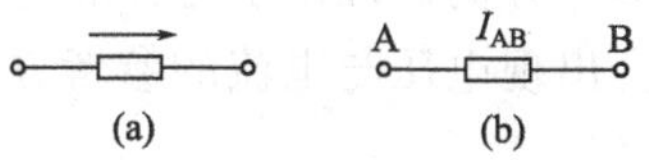

图1-5 电流参考方向表示形式

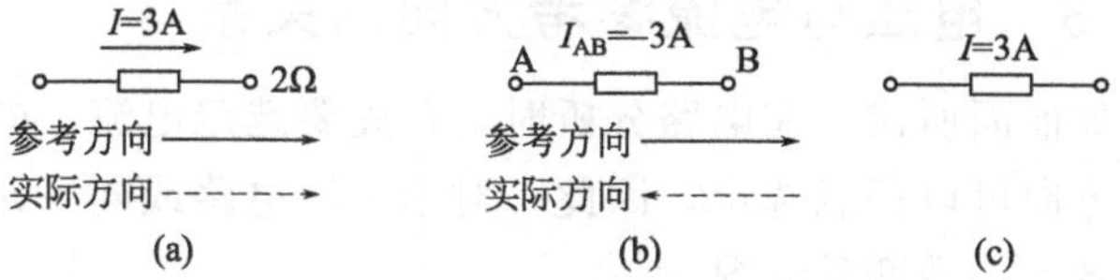

图1-6 电流参考方向与实际方向关系

之后电路图中所标的电流方向均指参考方向，并以此为准进行分析计算。因此，在未标定电流参考方向的情况下，电流的正负是毫无意义的。也可以理解为电流本身是非负量，只有设定参考方向后，才有正负之分。

（2）电流的测量

使用电流表或万用表的电流挡进行电流的测量，测量直流电流使用直流电流表，测量交流电流使用交流电流表。测量时将电流表串联到被测支路中，并注意选择合适的量程，如果不知被测电流的数值范围，可将电流表调到最大量程，然后根据被测电流数值调整到合适量程。还应注意，电流表的正极接到电位高的一端。

1.5.2 电压的参考方向及电压的测量

（1）电压的参考方向

习惯上把电压的实际方向规定为高电位指向低电位。将高电位称为正极，低电位称为负极。与电流类似，电路中各电压的实际方向或极性通常不能事先确定，因此，在分析电路时，需要假设电压的参考方向或参考极性。电压的参考方向是任意假定的方向。常见的电压参考方向表示方法有如下三种：

① 用"＋""－"号表示，如图1-7（a）所示，"＋"号表示高电位端，"－"号表示低电位端；

② 用箭头表示，如图1-7（b）所示，箭头从高电位指向低电位；

③ 用双下标表示，如图1-7（c）所示，A为高电位，B为低电位。

分析求解电路时，先按选定的电压参考方向进行分析、计算，再由计算结果中电压值的正负来判断电压的实际方向与任意选定的电压参考方向是否一致，即电压值为正，则实际方向与参考方向相同，电压值为负，则实际方向与参考方向相反，如图1-8所示。

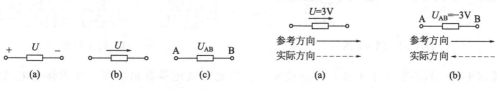

图1-7 电压的参考方向表示方法

图1-8 电压参考方向与实际方向关系

之后电路图中所标的电压方向均为参考方向，参考方向可以任意假定。因此，在未标定参考方向的情况下，电压的正负是没有意义的。

（2）电压的测量

使用电压表或万用表的电压挡进行电压的测量，测量直流电压使用直流电压表，测量交流电压使用交流电压表。测量时将电压表并联到被测元件两端，并注意选择合适的量程，如果不知被测电压的数值范围，可将电压表调到最大量程，然后根据被测电压数值调整到合适量程。还应注意，电压表的正极接到电位高的一端。

1.5.3　电压与电流参考方向的关系

如前面所讲，在电路分析时，首先要选定电流、电压的参考方向。理论上电压和电流的参考方向可以任意选定，因此，对于一段电路或同一元件就会出现电压与电流的参考方向一致或者不一致两种情况。

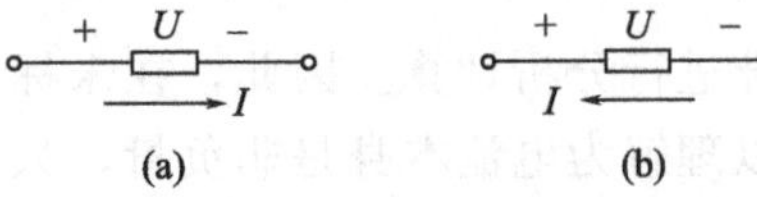

图1-9　电压和电流关联参考方向与非关联参考方向

如果电流的参考方向是从电压参考方向的"＋"极流入、从电压的"－"极流出，则称电压和电流的参考方向为关联参考方向，如图1-9（a）所示，否则，称为非关联参考方向，如图1-9（b）所示。

关联参考方向时，电压值与电流值的符号永远是相同的；非关联参考方向时，电压值与电流值的符号永远是相反的。即在关联参考方向下，元件的伏安关系表达式符号为正；在非关联参考方向下，元件的伏安关系表达式符号为负。因此，在电路分析时，通常选用关联参考方向。

在搞清楚关联参考方向和非关联参考方向概念后，前面所述的功率问题将会在此进一步展开。

当电路元件的电压电流满足关联参考方向时，元件的功率表达式为：

$$p=ui（直流时\ P=UI） \tag{1-8}$$

当电路元件的电压电流为非关联参考方向时，元件的功率表达式为：

$$p=-ui（直流时\ P=-UI） \tag{1-9}$$

故只要得到计算结果，$p>0$，该元件吸收功率，即消耗功率，则该元件为负载（或起负载作用）；反之，$p<0$，该元件发出功率，即产生功率，则该元件为电源（或起电源作用）。

【例1-3】 在图1-10（a）中，已知$U_1=1V$，$I_1=2A$，求元件的功率，并判断是吸收功率还是发出功率；在图1-10（b）中，已知元件发出的功率为4W，$U_2=-1V$，求电流I_2。

解： 图1-10（a）中，电压电流为关联参考方向，则$P=U_1I_1=1V\times 2A=2W>0$，元件吸收功率；

图1-10（b）中，电压电流为非关联参考方向，则$P=-U_2I_2$，即$4W=-(-1V)\times I_2$，求得$I_2=4A$

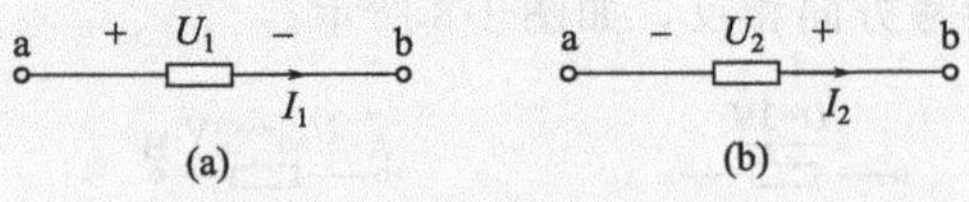

图1-10　例1-3图

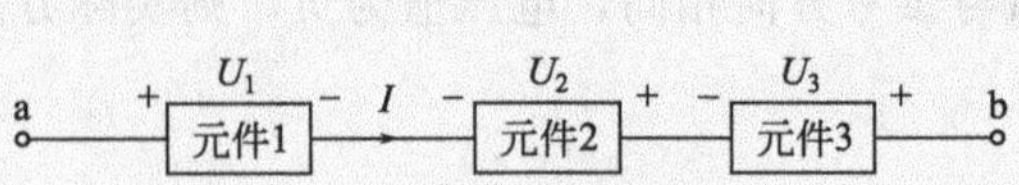

图1-11　例1-4图

【例1-4】 计算图1-11中各元件的功率，指出是吸收还是发出功率，并求整个电路的功率。已知电路为直流电路，$U_1=4V$，$U_2=-8V$，$U_3=6V$，$I=2A$。

解： 由图可知，元件 1 电压与电流为关联参考方向，得

$$P_1 = U_1 I = 4 \times 2 = 8 \text{ (W)}$$

故元件 1 吸收功率。

元件 2 和元件 3 电压与电流为非关联参考方向，得

$$P_2 = -U_2 I = -(-8) \times 2 = 16 \text{ (W)}$$

$$P_3 = -U_3 I = -6 \times 2 = -12 \text{ (W)}$$

故元件 2 吸收功率，元件 3 发出功率。

整个电路功率为：

$$P = P_1 + P_2 + P_3 = 8 + 16 - 12 = 12 \text{ (W)}$$

由此例子可得，当电压与电流实际方向相同时，电路一定吸收功率，反之则发出功率。实际电路中，电阻元件的电压与电流的实际方向总是一致的，说明电阻总在消耗能量；而电源则不然，其功率可能正也可能为负，这说明它可能作为电源提供电能，也可能被充电，吸收功率。但是，对任一集总参数电路，遵循能量守恒定律，在任一时刻，消耗的功率总和等于产生的功率总和。

1.6 电路中的基本元件

电路的基本单位是元件，电路元件是实际器件的理想化物理模型。研究电路元件的特性就是研究元件电压与电流之间的关系。

根据表征元件特性的代数关系是线性关系还是非线性关系，电路元件可以分为线性元件和非线性元件。按照是否需要电源才能显示元件特性，电路元件可分为有源元件和无源元件。有源元件如电压源、电流源等，无源元件如电容、电阻、电感等。电路元件按与电路连接端子数目分为二端元件、三端元件、四端元件等。按照元件参数是否是时间 t 的函数，电路元件可以分为时变元件和时不变元件。

1.6.1 电阻元件

电阻是电路中阻止电流流动和表示能量损耗大小的参数。电阻元件是用来模拟电能损耗或电能转换为热能等其他形式能量的理想元件。电阻元件习惯上也简称为电阻，故"电阻"一词有两种含义，应该注意区别。

① 电阻元件可以定义为：一个二端元件如果在任意时刻，其两端电压 u 与流过元件的电流 i 之间的关系为 u-i 平面上通过原点的曲线，称为二端电阻元件，简称电阻。电阻元件可分为线性电阻和非线性电阻两类，如无特殊说明，本书所称电阻元件均指线性电阻元件。在实际交流电路中，像白炽灯、电阻炉、电烙铁等，均可看成是线性电阻元件。图 1-12（a）是线性电阻的电路符号，在电压电流关联参考方向下，其伏安关系为：

$$u = Ri \tag{1-10}$$

式中，R 为常数，用来表示电阻。

式（1-10）表明，凡是服从欧姆定律（定律内容第 2 章将详细介绍）的元件即是线性电阻元件。图 1-12（b）为它的伏安特性曲线。由特性曲线可以看出，线性电阻是双向元件。若电压电流在非关联参考方向下，伏安关系应写成：

$$u = -Ri \tag{1-11}$$

电阻的单位为欧[姆](Ω)，规定当电压为1V、电流为1A时的电阻值为1Ω。常用的单位有千欧（kΩ）、兆欧（MΩ）。其换算关系如下：

$$1\text{M}\Omega = 10^3 \text{k}\Omega = 10^6 \Omega$$

非线性电阻元件的电压电流关系不是线性关系，伏安特性在 u-i 平面上不是一条过原点的直线，而是一条曲线。因此，非线性电阻的阻值随着电压或电流的大小甚至方向而改变，不是常数。例如二极管，它是一个非线性电阻，它的伏安特性如图 1-13 所示。

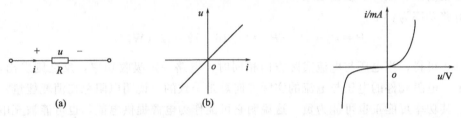

图 1-12　电阻元件模型及伏安关系　　　　图 1-13　二极管的伏安特性曲线

② 电导是电阻元件另一个电气参数，同样是描述电阻元件对电流的阻碍特性的参数，与电阻 R 互为倒数，有

$$G = \frac{1}{R} \tag{1-12}$$

电导的单位为西[门子](S)，简称西。电导的辅助单位有毫西（mS）、微西（μS）。它们之间的换算关系为：

$$1\text{S} = 10^3 \text{mS} = 10^6 \mu\text{S}$$

欧姆定律用电导表示为：

$$i = Gu \tag{1-13}$$

③ 电阻元件的功率在任意时刻为：

$$p = ui = i^2 R = \frac{u^2}{R} \tag{1-14}$$

一般地，电路消耗或发出的电能可由以下公式计算：

$$W = \int_{t_0}^{t} ui \, \mathrm{d}t \tag{1-15}$$

在直流电路中：

$$P = UI = I^2 R = \frac{U^2}{R} \tag{1-16}$$

$$W = UI(t - t_0) \tag{1-17}$$

④ 电阻的开路与短路。

a. 当电阻断开，其电阻为无穷大，电阻的端电压无论为何值时，流过它的电流恒等于零，该状态称为开路。开路时的特性为：$i = 0$，$u \neq 0$，$R = \infty$，$G = 0$。

b. 当电阻短接，其电阻值为零，流过电阻的电流无论为何值，电压值恒等于零，称为短路。短路时的特性为：$u = 0$，$i \neq 0$，$R = 0$，$G = \infty$。

1.6.2　电感元件

电感元件是实际的电感线圈即电路元件内部所含电感效应的抽象，它能够存储和释放磁场能量。空心电感线圈常可抽象为线性电感，用图 1-14 所示的符号表示。

如图 1-14 所示，电感元件的电压电流为关联参考方向，则

$$u=-e_L=L\frac{\mathrm{d}i}{\mathrm{d}t} \tag{1-18}$$

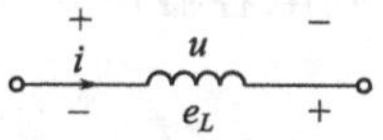

图 1-14 电感元件

这表明，在任何时刻，电感上的感应电压与该时刻的电流的变化率成正比。电流变化快，则感应电压高；电流变化慢，则感应电压低。在直流情况下，电流不随时间变化，感应电压为零，这时电感元件相当于一段没有电阻的导线，即这时电感元件相当于短路（详见第 5 章）。

在关联参考方向下，电感元件吸收的功率为：

$$p=ui=Li\frac{\mathrm{d}i}{\mathrm{d}t} \tag{1-19}$$

则电感线圈在 $0\sim t$ 时间内，线圈中的电流由 0 变化到 I 时，吸收的能量为：

$$W=\int_0^t p\,\mathrm{d}t=\int_0^I Li\,\mathrm{d}i=\frac{1}{2}LI^2 \tag{1-20}$$

即电感元件在一段时间内储存的能量与其电流的平方成正比。当通过电感的电流增加时，电感元件就将电能转换为磁能并储存在磁场中；当通过电感的电流减小时，电感元件就将储存的磁能转换为电能释放给电源。所以，电感是一种储能元件，它以磁场能量的形式储能，同时电感元件也不会释放出多于它吸收或储存的能量，因此它也是一个无源的储能元件。

1.6.3 电容元件

在工业上使用种类繁多的电容器，其作用是储存电场能量或储存电荷。我们知道，电荷周围存在电场，因而具有电场能量。电容元件是用来模拟一类能够储存电场能量的理想元件模型。实际电容器，简单地讲，是由两片平行导体极板间填充绝缘介质而构成的储存电场能量的元件。为了描述电容器和其他带电导体储存电场能量的作用，特引入线性电容元件，它是一种二端元件，在电路图中的图形符号如图 1-15 所示。

图中 $+q$ 和 $-q$ 是电容元件正、负极板上的电荷量。若电容元件的电压参考方向为从正极板指向负极板，则在任何时刻，极板电荷与其电压的关系为：

$$q=Cu \tag{1-21}$$

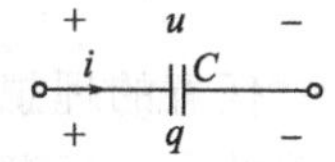

图 1-15 电容元件

式中 q——电容元件极板上的电荷量，C；

u——电容元件极板间的电压，V；

C——电容元件的电容，单位为法拉，简称法，用符号 F 表示，实际上，往往采用 μF 或 pF 作为电容的单位。

当电容接上交流电压 u 时，电容器不断被充电、放电，极板上的电荷也随之变化，电路中出现了电荷的移动，形成电流 i。若 u、i 为关联参考方向，则有

$$i=\frac{\mathrm{d}q}{\mathrm{d}t}=C\frac{\mathrm{d}u}{\mathrm{d}t} \tag{1-22}$$

式 (1-22) 表明，电容器的电流与电压对时间的变化率成正比。如果电容器两端加直流电压，因电压的大小不变，即 $\mathrm{d}u/\mathrm{d}t=0$，那么电容器的电流就为零，所以电容元件对直流可视为断路，因此电容具有"隔直通交"的作用。

在关联参考方向下，电容元件吸收的功率为：

$$p=ui=uC\frac{\mathrm{d}u}{\mathrm{d}t}=Cu\frac{\mathrm{d}u}{\mathrm{d}t} \tag{1-23}$$

则电容器在 $0\sim t$ 时间内，其两端电压由 0V 增大到 U 时，吸收的能量为：

$$W = \int_0^t p\,dt = \int_0^U Cu\,du = \frac{1}{2}CU^2 \tag{1-24}$$

式（1-24）表明，对于同一个电容元件，当电场电压高时，它储存的能量就多；对于不同的电容元件，当充电电压一定时，电容量大的储存的能量多。从这个意义上说，电容 C 也是电容元件储能本领大小的标志。

当电压的绝对值增大时，电容元件吸收能量，并转换为电场能量；电压减小时，电容元件释放电场能量。电容元件本身不消耗能量，同时也不会放出多于它吸收或储存的能量，因此电容元件也是一种无源的储能元件（详见第 5 章）。

1.6.4 独立电源

电路中既然有消耗能量的元件（如电阻），就一定存在产生能量的元件——电源。电池、发电机、信号源等都是日常应用最广泛的实际电源。所谓独立电源，是相对于受控电源而言的，包括电压源和电流源，它们是由实际电源抽象而得的电路模型，是有源二端元件。一个电源可用两种不同的模型表示，用电压形式表示的称为电压源，用电流形式表示的称为电流源。

（1）电压源

独立电压源（简称电压源）是这样一种二端元件，当其端接任意外电路后，其端电压都能保持规定的电压值不变。其图形符号如图 1-16 所示。图中的长短线段及正负号仅表示参考极性，对已知的直流电压源，常常使参考极性与已知极性一致。

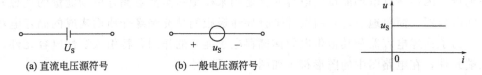

图 1-16　电压源的符号　　　　　　　　图 1-17　理想电压源的伏安特性

任意的理想的电压源具有两个特点：①其端电压由电源本身决定，是定值，与流过的电流无关。电压源的伏安特性如图 1-17 所示。②流过它的电流不是由电压源本身决定，而是由与之相连接的外部电路决定，外电路不同，通过电压源的电流就不同。

其伏安特性如下：

$$u = u_S \tag{1-25}$$

当一个电压源的电压 $u_S = 0$，即所谓的电压源置零，相当于两个端子直接接在一起，端口电压等于零，即相当于短路。理想电压源实际上是不存在的，但是，通常的电池、发电机等实际电源在一定电流范围内可近似地看成是一个电压源。

（2）电流源

独立电流源也是一种理想化的电源模型。若一个二端元件是不论其电压为何值（或外部电路如何），其电流始终保持常量 I_S 或确定的时间函数 $i_S(t)$ 的电源，则称其为独立电流源（简称电流源）。其图形符号如图 1-18 所示。其中保持常量的电流源称为直流（恒定）电流源，常用大写 I_S 表示，直流电流源的特性曲线及模型符号如图 1-19 所示。

图 1-18　电流源模型

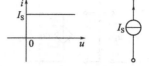
图 1-19　直流电流源特性及模型

理想电流源具有两个特点：①其流过的电流由电流源本身决定，为定值，与端电压无关；②它的端电压不是由电流源本身决定，而是由与之相连接的外电路决定。

其伏安特性如下：

$$i = i_S(t) \tag{1-26}$$

设独立电流源的电压电流为关联参考方向，则电流源所吸收的功率为 $p=ui$。当功率大于零时，说明电流源实际吸收功率（作为负载）；反之，发出功率（作为电源）。

【例 1-5】 图 1-20 所示电路中，已知 $I_S=0.5\text{A}$，$R=10\Omega$，$U_S=10\text{V}$。试求电阻端电压 U_R 及电流源的功率 P_{I_S}。

解： $U_R = RI_S = 10 \times 0.5 = 5$ （V）

电流源端电压为

$$U_{I_S} = U_R + U_S = 5 + 10 = 15 \text{ (V)}$$

电流源的功率为 $P_{I_S} = -U_{I_S}I_S = -15 \times 0.5 = -7.5$ （W）（发出功率）

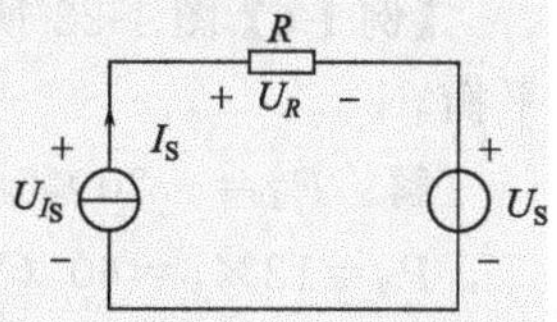

图 1-20　例 1-5 图

由此可知，独立电流源的端电压是任意的，与外部电路有关。作为理想元件，其端电压可以为无穷大（电流源开路），这意味着没有能量的限制。这在实际中不可能存在。

1.6.5　受控源

前一小节中提到的电源如发电机和电池，因能独立地为电路提供能量，所以被称为独立电源。而有些电路元件，如晶体管、运算放大器、集成电路等，虽不能独立地为电路提供能量，但在其他信号控制下仍然可以提供一定的电压或电流，这类元件可以用受控电源模型来模拟。受控源又称为非独立电源，即电压或电流大小及方向受电路中其他支路的电压或电流控制的电源。受控电源的输出电压或电流，与控制它们的电压或电流之间有正比关系时，称为线性受控源。受控电源是一个二端口元件，由一对输入端钮施加控制量，称为输入端口；一对输出端钮对外提供电压或电流，称为输出端口。

受控源根据控制量和受控量是电压 u 或者电流 i 分为四种类型：电压控制电压源、电流控制电压源、电压控制电流源、电流控制电流源。当受控量是电压时，用受控电压源表示；当受控量是电流时，用受控电流源表示。图 1-21 所示为受控源的电路模型，受控源用菱形符号表示，由两条支路组成，其中一条是控制支路，另一条是受控支路，为四端元件。

其中各自控制关系如下

$$\left.\begin{array}{l} \text{VCVS}: u_2 = \mu u_1 \\ \text{CCVS}: u_2 = r i_1 \\ \text{VCCS}: i_2 = g u_1 \\ \text{CCCS}: i_2 = \beta i_1 \end{array}\right\} \tag{1-27}$$

(a) 电压控制电压源 (Voltage Controlled Voltage Source, VCVS)　(b) 电流控制电压源 (Current Controlled Voltage Source, CCVS)

(c) 电压控制电流源 (Voltage Controlled Current Source, VCCS)　(d) 电流控制电流源 (Current Controlled Current Source, CCCS)

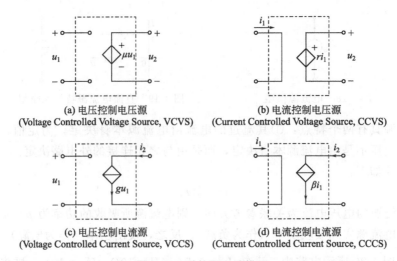

图 1-21　受控源电路模型

【例 1-6】 图 1-22 所示电路中，$I=5\text{A}$，求各个元件的功率并判断电路中的功率是否平衡。

解： $P_1=-20\times5=-100$（W）　发出功率

$P_2=12\times5=60$（W）　消耗功率

$P_3=8\times6=48$（W）　消耗功率

$P_4=-8\times0.2I=-8\times0.2\times5=-8$（W）　发出功率

$P_1+P_4+P_2+P_3=0$　电路中功率平衡

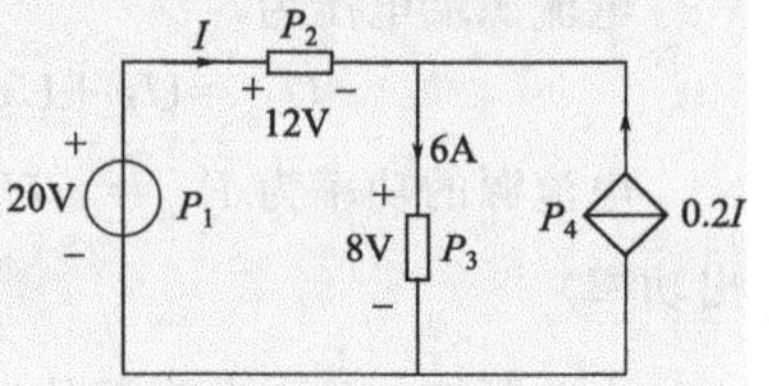

图 1-22　例 1-6 图

1.7 实践与应用

1.7.1 安全用电

当我们开车门或两人握手时，可能遭遇静电电击。当感觉到电击时，人体上的静电电压已超过 2000V。当看到放电火花时，人体上静电电压已超过 3000V。当听到放电的“啪啪”声时，人体上静电已经高于 7000V。那么，触电的危险到底是什么呢？

与触电危险程度有关的因素有：①通过人体电流的大小；②电流通过人体的持续时间；③电流通过人体的不同途径；④电流的种类和频率的高低；⑤人体电阻的高低。

电流对人体的伤害有三种：电击、电伤和电磁场伤害。电击是指电流通过人体，对人体心脏、肺及神经系统的正常功能造成破坏。电伤是指电流的热效应、化学效应和机械效应对人体的伤害，主要是指电弧烧伤、熔化金属溅出烫伤等。电磁场伤害是指在高频电磁场的作用下，人出现头晕、乏力、记忆力减退、失眠、多梦等神经系统的症状。

根据国际电工委员会的标准，人体的摆脱电流是 10mA，我国规定安全电流是 1s 内 30mA。但是也要注意小电流，因为持续时间很长也可能致命。

1.7.2　电力配电线径选择

在电力配电工程中，电力线径的选择要考虑电力线承载电流的能力。导线的直径与导线承载电流的能力有直接关系。

1.7.3　电子显像管

在电子显像管中，电子枪发出电子束，经过垂直和水平两个电场的控制，使电子束可以上下、左右移动，同时电子束在电场中得到加速，获得能量。电子束撞击到荧光屏上，荧光屏的荧光粉发光，出现一个点。电子束能量的变化，使不同位置的亮点的明暗分成层次，在荧光屏上呈现出图像。

1.7.4　电费计算

电费取决于电能消耗量及区间单价。电能消费以千瓦·时(kW·h)度量。

【例 1-7】表 1-1 为某五口之家在 1 月份的主要家用电器耗电量，其中高峰电 520kW·h，谷峰电 320kW·h。本用户执行阶梯电价：高峰电费 0.56 元/(kW·h)，谷峰电费 0.28 元/(kW·h)；以 100kW·h 为基准，超出部分在 100~400kW·h 则加收 0.03 元/(kW·h)；超出 400kW·h 以上部分则加收 0.1 元/(kW·h)。试计算该用户在 1 月份应缴纳的电费。

表 1-1　主要家用电器耗电量

家用电器	耗电量/(kW·h)	家用电器	耗电量/(kW·h)
热水器	100	洗衣机	100
冰箱	20	烤面包机	20
照明灯	200	干衣机	100
电视	100	微波炉	50
电熨斗	50	个人计算机	100

解： 依据阶梯电价计算如下

第一项　高峰电费：520×0.56=291.2（元）

第二项　谷峰电费：320×0.28=89.6（元）

以 100kW·h 为基准（即 100kW·h 以内不加收费用），共超出 840−100=740kW·h，其中 100~400 之间为 300kW·h，400kW·h 以上为 440kW·h。

第三项　100~400kW·h 加收电费：300×0.03=9（元）

第四项　超出 400kW·h 加收电费：440×0.1=44（元）

以上四项加起来就是该用户 1 月份应该缴纳的电费：291.2+89.6+9+44=433.8（元）。

本章小结

1. 实际电路是由电气设备和元器件组成的，电路模型由理想化电路的电路元件组成。电路理论研究对象是电路模型，简称电路。电路由电源、负载和中间环节三部分组成。

2. 描述电路特性的物理量主要有电流、电压和功率。电流是对电荷流动速率的度量，电压是对电荷移动所需能量的度量，功率是对电路中提供或吸收能量速率的度量。

3. 为了方便研究电路，设定电压与电流的参考方向，电压与电流的参考方向是任意的，而实际方向是唯一的。电压与电流的参考方向分为关联参考方向和非关联参考方向，当电压与电流为非关联参考方向时，与电压、电流相关的公式中多出现一个负号。

4. 当电压与电流为关联参考方向时，功率公式为 $p=ui$；当电压与电流为非关联参考方向时，功率公式为 $p=-ui$。功率为正值时表示为吸收功率，功率为负值时表示供给功率。电路中能量分配达到平衡时，电路的总功率为零，即发出功率与吸收功率数值相等。

5. 电路元件分为无源元件和有源元件。电阻元件是无源元件，线性电阻元件遵循欧姆定律 $u=Ri$。

有源元件有电压源、电流源和受控源。电压源和电流源为独立电源，受控源为非独立电源。电压源的特性是"电压恒定，电流任意"，电流源的特性是"电流恒定，电压任意"。

6. 四种受控源：CCVS、VCVS、CCCS、VCCS。

习　题

一、选择题

1. 题图 1-1 所示电路中，若电压源 $U_S=10\text{V}$，电流源 $I_S=1\text{A}$，则（　　）。

A. 电压源与电流源都产生功率　　　　B. 电压源与电流源都吸收功率
C. 电压源产生功率，电流源不一定　　D. 电流源产生功率，电压源不一定

2. 电路如题图 1-2 所示，U_S 为独立电压源。若外电路不变，仅电阻 R 变化时，将会引起（　　）。

A. 端电压 U 的变化　　　　　　　　B. 输出电流 I 的变化
C. 电阻 R 支路电流的变化　　　　　D. 上述三者同时变化

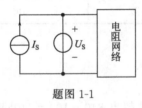
题图 1-1

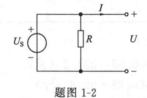
题图 1-2

题图 1-3

3. 电路如题图 1-3 所示，I_S 为独立电流源，若外电路不变，仅电阻 R 变化时，将会引起（　　）。

A. 端电压 U 的变化　　　　　　　　B. 输出电流 I 的变化
C. 电流源 I_S 两端电压的变化　　　　D. 上述三者同时变化

4. 电路如题图 1-4 所示，若电流源 $I_S=2\text{A}$（$t\geqslant 0$），电容初始电压 $u(0)=1\text{V}$，则在 $t=3\text{s}$ 时电容电压 u 和电容电荷 Q 为（　　）。

A. 4V，8C　　　　B. 7/3V，7C　　　　C. 2V，4C　　　　D. $-$2V，4C

5. 欲使有源电路中的独立源作用为零，应将（　　）。

A. 电压源开路，电流源短路　　　　　B. 电压源以短路代替，电流源以开路代替
C. 电压源与电流源同时以短路代替　　D. 电压源与电流源同时开路

6. 电路如题图 1-5 所示,若 R、U_S、I_S 均大于零,则电路的功率情况为(　　)。

A. 电阻吸收功率,电压源与电流源输出功率

B. 电阻与电压源吸收功率,电流源输出功率

C. 电阻与电流源吸收功率,电压源输出功率

D. 电阻吸收功率,电流源输出功率,电压源无法确定

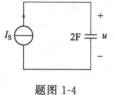
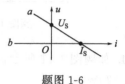

题图 1-4　　　　　　题图 1-5　　　　　　题图 1-6

7. 如题图 1-6 所示,特性曲线 a 与 b 所表征的元件分别为(　　)。

A. 线性电阻与理想电流源　　　　B. 实际电源与短路电阻 $R=0$

C. 实际电源与开路电阻 $R\to\infty$　　D. 两个不同数值的线性电阻

8. 电压是(　　)。

A. 两点之间的物理量,且与零点选择无关

B. 两点之间的物理量,与路径选择有关

C. 两点之间的物理量,与零点选择和路径选择都无关

D. 以上说法都不对

9. 流过一个理想独立电压源的电流(　　)。

A. 可以为任意值,仅取决于外电路,与电压源无关

B. 可以为任意值,仅取决于电压源,与外电路无关

C. 必定大于零,取决于外电路与电压源本身

D. 可以为任意值

10. 一段含源支路及其 u-i 特性如题图 1-7 所示,图中三条直线对应电阻 R 的三个不同数值 R_1、R_2、R_3,则可看出(　　)。

A. $R_1=0$,且 $R_1>R_2>R_3$　　　　B. $R_1\neq 0$,$R_1>R_2>R_3$

C. $R_1=0$,且 $R_1<R_2<R_3$　　　　D. $R_1\neq 0$,且 $R_1<R_2<R_3$

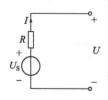
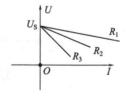
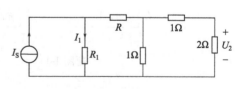

题图 1-7　　　　　　　　　　　　题图 1-8

11. 电路如题图 1-8 所示,已知 $U_2=2V$,$I_1=1A$,则 I_S 为(　　)。

A. 5A　　B. $\dfrac{2}{R+R_1+1}$　　C. $\dfrac{2}{R+1}+I_1$　　D. 6A

12. 电路如题图 1-9 所示,电压源产生的功率为(　　)W。

A. 15　　　　B. -15　　　　C. 5　　　　D. -5

13. 如题图 1-10 所示，u，i 参考方向的关系为（　　）。
   A. (a) 关联，(b) 关联
   B. (a) 关联，(b) 非关联
   C. (a) 非关联，(b) 关联
   D. (a) 非关联，(b) 非关联

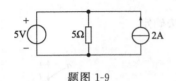

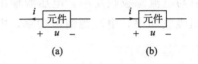

题图 1-9　　　　　　　　　　　　题图 1-10

14. 如题图 1-11 所示，电流源的功率和电压源的功率为（　　）。
   A. 20W，20W
   B. −20W，−20W
   C. 20W，−20W
   D. −20W，20W

15. 电路如题图 1-12 所示，图中描述的是（　　）。
   A. 电压控制电流源
   B. 电流控制电流源
   C. 电压控制电压源
   D. 电流控制电压源

  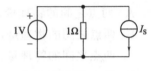

题图 1-11　　　　　　题图 1-12　　　　　　题图 1-13

16. 电路如题图 1-13 所示，若电流源的电流 $I_S>1$A，则电路的功率情况为（　　）。
   A. 电阻吸收功率，电流源与电压源输出功率
   B. 电阻与电流源吸收功率，电压源输出功率
   C. 电阻与电压源吸收功率，电流源输出功率
   D. 电阻无作用，电流源吸收功率，电压源输出功率

二、填空题

1. 电路如题图 1-14 所示，已知元件 A 的电压、电流为 $U=-4$V、$I=3$A，元件 B 的电压、电流为 $U=2$V，$I=-4$A，则元件 A、B 吸收功率分别为（　　）和（　　）。

 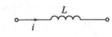

题图 1-14　　　　　　　　　题图 1-15

2. 题图 1-15 所示的电路中，若电感 $L=2$H，$\Phi(t)=5\cos100t$（Wb），则 $i=$（　　）A。

3. 题图 1-16 (a) 所示的电路中，电感元件电流 i 的波形如题图 1-16 (b) 所示，则 u 的波形图为（　　）。

4. 题图 1-17 所示的电路中，电容元件的 $i(t)=2\sin t$（A），$u(0)=0$，则电容元件的功率 $p(t)=$（　　）W，储能 $w(t)=$（　　）J。

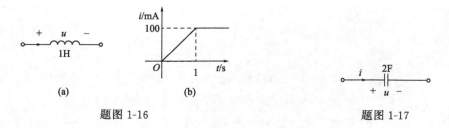

题图 1-16   题图 1-17

5. 将额定电压 220V、额定功率 100W 和 25W 的两只白炽灯串联起来接 220V 电源，则（　　）W 的灯更亮。

6. 题图 1-18 所示的电路中，$R=2\Omega$，受控源发出功率 $P=($　　$)$W；欲使其吸收功率为 4W，则应改变电阻 R 为（　　）Ω。

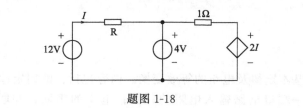

题图 1-18

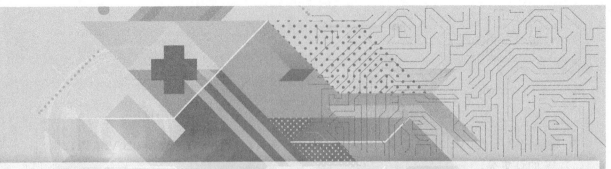

第2章 电路基本定律及电路等效变换

引言:

本章介绍电路的基本定律及电路的等效变换。内容包括:欧姆定律、基尔霍夫定律;电路的等效变换概念、一端口电路输入电阻的计算;电阻的串联、并联和混联,Y-△联结;电源的串联与并联,电源的等效变换。

2.1 欧姆定律

通常流过线性电阻的电流与其两端的电压成正比,这就是欧姆定律。它是分析电路的基本定律之一。

对图 2-1 (a) 所示的电路,在线性电阻 R 上,当 u、i 为关联参考方向时

$$u=Ri \text{ 或 } i=Gu \tag{2-1}$$

式中,R 为电阻元件的参数,是一个实常数。当电压单位用伏特(V)、电流单位用安培(A)时,电阻的单位用欧姆 Ω(简称欧)。

若 u、i 为非关联参考方向,则

$$u=-Ri \text{ 或 } i=-Gu$$

如图 2-1 (b)、(c) 所示。

由于电压和电流的单位是伏和安,因此电阻元件的特性称为伏安特性。它是通过原点的一条直线,如图 2-2 所示,直线的斜率与元件的电阻 R 有关。

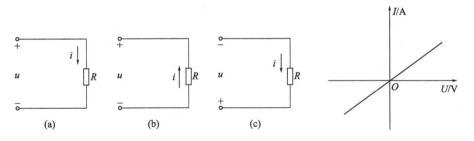

图 2-1 欧姆定律　　图 2-2 线性电阻的伏安特性曲线

【例 2-1】 应用欧姆定律对图 2-3 所示电路列出式子，并求电阻 R。

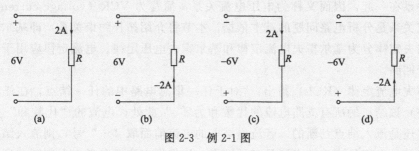

图 2-3 例 2-1 图

解：图 2-3 (a) 中：$R = \dfrac{U}{I} = \dfrac{6}{2} = 3$ （Ω）

图 2-3 (b) 中：$R = -\dfrac{U}{I} = -\dfrac{6}{-2} = 3$ （Ω）

图 2-3 (c) 中：$R = -\dfrac{U}{I} = -\dfrac{-6}{2} = 3$ （Ω）

图 2-3 (d) 中：$R = \dfrac{U}{I} = \dfrac{-6}{-2} = 3$ （Ω）

2.2 支路、结点和回路

电路中流过同一电流的一条分支称为支路。支路可以是一个元件，也可以是多个元件的串联形式。在图 2-4 中共有三条支路。流经支路的电流称为支路电流，支路两端的电压称为支路电压。它们是集总参数电路中分析和研究的对象。

电路中三条或三条以上的支路相连接的点称为结点。例如图 2-4 中有两个结点：a 和 b。

由一条或多条支路所组成的闭合电路称为回路。图 2-4 中共有三个回路：$adbca$，$abca$，$adba$。

图 2-5 是由 6 个二端元件构成的电路，其中，支路共 6 条：1，2，3，4，5，6；结点 4 个：①，②，③，④；回路 6 个：(1,2)，(2,3,4,6)，(4,5)，(1,3,4,6)，(2,3,5,6)，(1,3,5,6)。

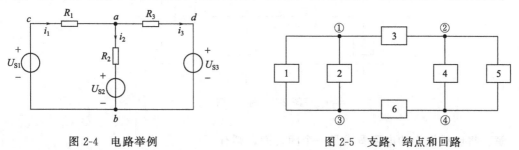

图 2-4 电路举例　　　　　图 2-5 支路、结点和回路

2.3 基尔霍夫定律

集总参数电路遵循着一定的规律，这些规律分为两类：一类仅仅取决于电路逻辑结构的约束关系，称为拓扑约束关系，这一约束关系由基尔霍夫定律来描述；另一类取决于电路中

各部分电磁特性的约束关系，称为元件约束关系。这类约束关系将电路中同一部分的电压和电流紧密联系在一起，因而又称为电压电流关系，简写为 VCR（voltage current relation）。这两类约束关系是分析电路问题的基本依据。本节将介绍拓扑约束关系，即基尔霍夫定律。

基尔霍夫定律分为基尔霍夫电流定律和基尔霍夫电压定律。电流定律应用于结点，电压定律应用于回路。

基尔霍夫电流定律（KCL）指出："对于任一集总电路中的任一结点，在任一时刻，流出（或流进）该结点的所有支路电流的代数和为零。"此处，电流的"代数和"是根据电流是流出结点还是流入结点判断的。若流出结点的电流前面取"+"号，则流入结点的电流前面取"一"号。电流是流出结点还是流入结点，均根据电流的参考方向判断，所以对任一结点有

$$\sum i_k = 0 \tag{2-2}$$

式中，i_k 为流出（或流进）结点的第 k 条支路的电流；k 为结点处的支路数。

【例 2-2】已知图 2-6 中 $i_1=5\text{A}$，$i_2=2\text{A}$，$i_3=-3\text{A}$，求 i_4。

解：∵ $-i_1+i_2+i_3-i_4=0$（或 $i_1-i_2-i_3+i_4=0$）

∴ $i_4=-i_1+i_2+i_3=-5+2+(-3)=-6$（A）

图 2-6 例 2-2 图

各项前的正负符号取决于电流参考方向对结点的相对关系；数值的正负号说明参考方向与实际方向之间的关系。

KCL 可推广应用于广义结点（任一假设封闭面包围的一部分电路）。也就是说通过一个闭合面的支路电流的代数和总是等于零；或者说，流出闭合面的电流等于流入同一闭合面的电流。KCL 是电荷守恒定律的具体体现，反映了电流的连续性。

【例 2-3】电路如图 2-7 所示。已知 $i_1=4\text{A}$，$i_2=7\text{A}$，$i_4=10\text{A}$，$i_5=-2\text{A}$。求 i_3，i_6。

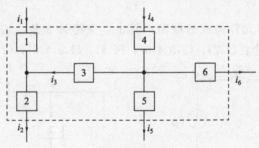

图 2-7 例 2-3 图

解：将虚线框内的电路看成是一个闭合面，则有

$$i_1+i_4=i_2+i_5+i_6$$

即

$$4+10=7-2+i_6$$

求得 $i_6=9\text{A}$。

同时

$$i_4=i_3+i_5+i_6$$

可求得 $i_3=3\text{A}$。

基尔霍夫电压定律（KVL）指出："对于任一集总电路中的任一回路，在任一时刻，沿着该回路的所有支路电压的代数和为零。"所以沿任一回路有

$$\sum u = 0 \tag{2-3}$$

式（2-3）取和时，需要任意指定一个回路的绕行方向，凡支路电压的参考方向与绕行方向一致，该电压前面取"+"号，否则取"−"号。

【例 2-4】图 2-8 所示回路中各元件电压分别为 $u_1=4\mathrm{V}$，$u_2=-3\mathrm{V}$，$u_3=6\mathrm{V}$，求 u_4。

解：确定回路绕行方向为顺时针

$$\therefore u_1+u_2-u_4-u_3=0$$
$$u_4=u_1+u_2-u_3=4+(-3)-6=-5\ (\mathrm{V})$$

数值是负号说明电压参考方向与实际方向相反。

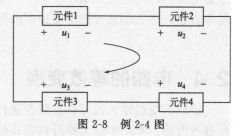

图 2-8 例 2-4 图

KVL 可推广应用于假想回路（具体支路与未知电压构成的回路）。

【例 2-5】试求图 2-9 中电压 u_{ab}，其中 $u_1=5\mathrm{V}$，$u_2=4\mathrm{V}$。

解：回路绕行方向为顺时针

$$\therefore u_{ab}+u_2-u_1=0$$
$$u_{ab}=u_1-u_2=5-4=1\ (\mathrm{V})$$

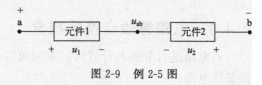

图 2-9 例 2-5 图

KVL 反映了电路中各支路电压间的约束关系，与电路元件的性质无关。它是能量守恒定律在集总电路中的具体反映，反映了电位的单值性。

【例 2-6】电路如图 2-10 所示，试求：（1）图 2-10（a）中的电流 i_1 和 u_{ab}；（2）图 2-10（b）中的电压 u_{cb}。

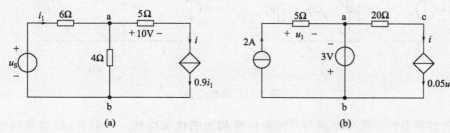

图 2-10 例 2-6 图

解：（1）受控电流源的电流为 $0.9i_1=i=\dfrac{10}{5}=2\ (\mathrm{A})$

所以
$$i_1=\dfrac{2}{0.9}\approx 2.222\ (\mathrm{A})$$

$$u_{ab}=4\times i_{ab}=4\times(i_1-0.9i_1)=4\times 0.1\times\dfrac{20}{9}\approx 0.889\ (\mathrm{V})$$

（2）因为 $u_1=2\times 5=10\ (\mathrm{V})$，故受控电流源的电流为

$$i=0.05u_1=0.05\times 10=0.5\ (\mathrm{A})$$

而
$$u_{ac}=20\times i=20\times 0.5=10\ (\mathrm{V})$$

$$u_{ab} = -3 \text{ (V)}$$

所以，根据KVL有

$$u_{cb} = -u_{ac} + u_{ab} = -10 - 3 = -13 \text{ (V)}$$

注：本题中出现了受控源，在求解含有受控源的电路问题时，从概念上应清楚，受控源亦是电源，因此在应用KCL、KVL列写电路方程时，先把受控源当作独立源一样看待来写基本方程，然后注意受控源受控制的特点，再写出控制量与待求量之间的关系式。

2.4 电路的等效变换

由时不变线性无源元件、线性受控源和独立电源组成的电路，称为时不变线性电路，简称线性电路。本书中的大部分内容是线性电路的分析。

如果构成电路的无源元件均为线性电阻，则称该电路为线性电阻性电路（简称电阻电路）。

2.4.1 电路等效变换的概念

对电路进行分析和计算时，有时可以把电路中某一部分简化，即用一个较为简单的电路代替该电路。

在图2-11 (a) 中，右方虚线框中由几个电阻构成的电路可以用一个电阻 R_{eq} ［图2-11 (b)］代替，使整个电路得以化简。

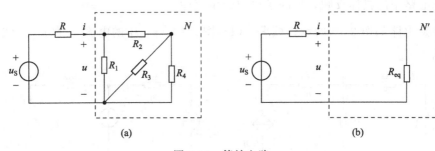

图 2-11 等效电路

进行代替的条件是简单电路与原电路应有相同的伏安特性。电阻 R_{eq} 称为等效电阻，其值决定于原电路中各阻值及其连接方式。未被替代部分电路的任何电压和电流都将与原电路相同。这就是电路的"等效概念"。用等效电路的方法求解电路时，电压和电流保持不变的部分仅限于等效电路以外，这就是"对外等效"的概念。等效电路是被代替部分的简化或结构变形，因此，内部并不等效。

2.4.2 输入电阻

具有向外引出一对端子的电路或网络称为一端口（网络）或二端网络。这对向外引出的端子可以与外部电源或其他电路相联结。对于一个端口来说，从它的一个端子流入的电流一定等于从另一个端子流出的电流。图2-12所示是一个一端口的图形表示。

如果一端口内部只包含若干电阻（也可包含受控源），不含任何独立电源，则可以证明（见4.3节），无论内部多么复杂，端口电压与端口电流总是成正比。因此，定义此一端口的

输入电阻 R_{in} 为

$$R_{in} \stackrel{\text{def}}{=} \frac{u}{i} \tag{2-4}$$

端口的输入电阻也就是端口的等效电阻，但两者的含义有区别。求端口的输入电阻一般方法为电压、电流法，即在端口加以电压源 u_S，然后求出端口电流 i，或在端口加以电流源 i_S，然后求出端口电压 u。由式（2-4）可求出 $R_{in} = \frac{u_S}{i} = \frac{u}{i_S}$。而电路的等效电阻可应用 2.5 节和 2.6 节的电阻串并联或 Y-△ 等效变换求得。

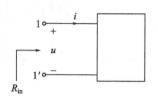

图 2-12　一端口电路

2.5　电阻的串联、并联和混联

图 2-13（a）所示电路为 n 个电阻 R_1、R_2、$\cdots$、R_n 的串联组合，电阻串联时，每个电阻中的电流都相同。

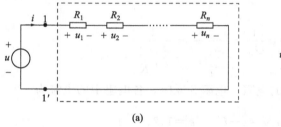 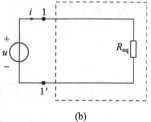

图 2-13　电阻的串联

应用 KVL，有

$$u = u_1 + u_2 + \cdots + u_n$$

而每一个电阻上的电压 $u_k = R_k i$，代入上式得

$$u = (R_1 + R_2 + \cdots + R_n)i = R_{eq} i$$

其中

$$R_{eq} \stackrel{\text{def}}{=} R_1 + R_2 + \cdots + R_n = \sum_{k=1}^{n} R_k$$

称为这些串联电阻的等效电阻。图 2-13（b）是图 2-13（a）的等效电路。显然，等效电阻必大于任一个串联的电阻。电阻串联时，各电阻上的电压为

$$u_k = R_k i = \frac{R_k}{R_{eq}} u \qquad k = 1, 2, \cdots, n \tag{2-5}$$

可见，串联的每个电阻其电压与电阻成正比。串联电阻越大，分得的电压越大，因此上式也称为分压公式。

图 2-14（a）所示电路为 n 个电阻的并联组合，电阻并联时，每个电阻两端的电压都相同。

应用 KCL，有

$$i = i_1 + i_2 + \cdots + i_n$$

而流过每一个电阻的电流 $i_k = G_k u$，代入上式得

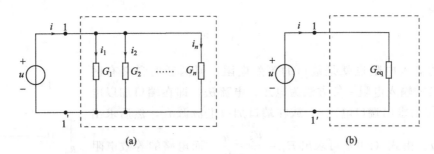

图 2-14 电阻的并联

$$i = (G_1 + G_2 + \cdots + G_n)u = G_{eq}u$$

其中 G_k 为电阻 R_k 的电导，而

$$G_{eq} \stackrel{\text{def}}{=} G_1 + G_2 + \cdots + G_n = \sum_{k=1}^{n} G_k$$

称为这些并联电阻的等效电导。图 2-14（b）是图 2-14（a）的等效电路。

并联电阻的等效电阻

$$R_{eq} = \frac{1}{G_{eq}} = \frac{1}{\sum_{k=1}^{n} G_k} = \frac{1}{\sum_{k=1}^{n} \frac{1}{R_k}}$$

显然，等效电阻必小于任一个并联的电阻。电阻并联时，各电阻中的电流为

$$i_k = G_k u = \frac{G_k}{G_{eq}} i \qquad k = 1, 2, \cdots, n \tag{2-6}$$

可见，并联的每个电阻其电流与各自的电导值成正比，或者说与其电阻值成反比。并联电阻越大，分得的电流越小，上式也称为分流公式。

当电阻的连接中既有串联又有并联时，称为电阻的串并联，或简称混联。图 2-15（a）、(b) 所示电路均为混联电路。

除了串联、并联以外，另一种特殊的连接形式是桥形连接。桥形结构电路中电阻既不是串联也不是并联，因此无法根据电阻的串联、并联变换规律将电路结构加以变动。如图 2-16 所示。

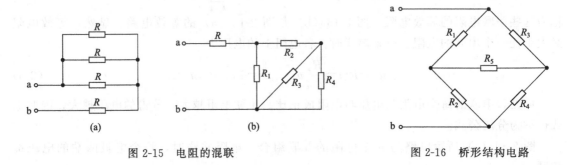

图 2-15 电阻的混联　　　图 2-16 桥形结构电路

图中 R_1、R_2、R_3、R_4 所在支路称为桥臂，R_5 支路称为对角线支路。不难证明，当满足条件 $R_1 R_4 = R_2 R_3$ 时，对角线支路中电流为零，称为电桥处于平衡状态，这一条件也称为电桥的平衡条件。电桥平衡时 R_5 可看作开路或短路，电路就可按串联、并联规律计算。

但当电桥不平衡时，就无法应用串、并联变换，而要应用下一节中电阻的 Y-△ 等效变换。

【例 2-7】 求图 2-17 (a)、(c) 所示电路的等效电阻。其中 $R_1=R_2=1\Omega$，$R_3=R_4=2\Omega$，$R_5=4\Omega$。

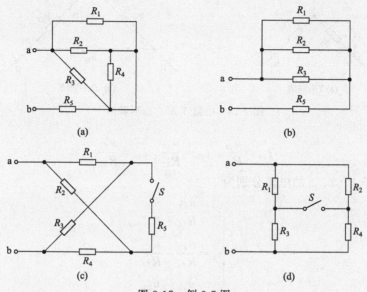

图 2-17　例 2-7 图

解： 图 2-17 (a) 中 R_4 被短路，原电路可等效为图 2-17 (b)，可以看出 R_1、R_2、R_3 并联，然后与 R_5 串联，应用电阻的串并联有

$$R_{ab}=[R_1/\!/R_2/\!/R_3]+R_5=[1/\!/1/\!/2]+4=4.4(\Omega)$$

图 2-17 (c) 是一个电桥电路，由于 $R_1=R_2$，$R_3=R_4$，所以 $R_1R_4=R_2R_3$，电桥处于平衡状态，R_5 可看作开路或短路，故开关闭合与打开时的等效电阻相等。电路可等效为图 2-17 (d)。

$$R_{ab}=(R_1+R_3)/\!/(R_2+R_4)=(1+2)/\!/(1+2)=1.5(\Omega)$$

或

$$R_{ab}=(R_1/\!/R_2)+(R_3/\!/R_4)=1.5(\Omega)$$

2.6　Y-△ 联结的等效变换

在计算电路时，将串联与并联的电阻化简为等效电阻最为简便。但有时电阻并非一定能化成串联或并联的形式。而此时一般多为 Y 形、△ 形或桥式电路形式。

Y 形联结也称为星形联结，△ 形联结也称为三角形联结。它们都具有 3 个端子与外部连接。

图 2-18 (a)、(b) 分别表示接于端子 1、2、3 的 Y 形联结与 △ 形联结的三个电阻，端子外部的电路没有画出。当两种电路的电阻之间满足一定关系时，它们在端子 1、2、3 上及端子以外的特性可以相同，就是说它们可以互相等效变换。如果在它们的对应端子之间具有相同的电压 u_{12}、u_{23} 和 u_{31}，而流入对应端子的电流分别相等，在这种条件下，它们彼此等效。这就是 Y-△ 等效变换的条件。

对于 △ 形联结电路，各电阻中电流为

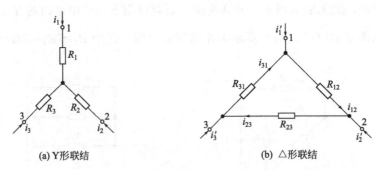

图 2-18 电阻 Y 形、△形联结

$$i_{12}=\frac{u_{12}}{R_{12}},\ i_{23}=\frac{u_{23}}{R_{23}},\ i_{31}=\frac{u_{31}}{R_{31}}$$

根据 KCL，端子 1、2、3 的电流分别为

$$\begin{cases} i_1'=\dfrac{u_{12}}{R_{12}}-\dfrac{u_{31}}{R_{31}} \\ i_2'=\dfrac{u_{23}}{R_{23}}-\dfrac{u_{12}}{R_{12}} \\ i_3'=\dfrac{u_{31}}{R_{31}}-\dfrac{u_{23}}{R_{23}} \end{cases} \tag{2-7}$$

对于 Y 形联结电路，应根据 KCL 和 KVL 求出端子电压与电流之间的关系，方程为

$$i_1+i_2+i_3=0$$
$$R_1 i_1-R_2 i_2=u_{12}$$
$$R_2 i_2-R_3 i_3=u_{23}$$

可以解出电流

$$\begin{cases} i_1=\dfrac{R_3 u_{12}}{R_1 R_2+R_2 R_3+R_3 R_1}-\dfrac{R_2 u_{31}}{R_1 R_2+R_2 R_3+R_3 R_1} \\ i_2=\dfrac{R_1 u_{23}}{R_1 R_2+R_2 R_3+R_3 R_1}-\dfrac{R_3 u_{12}}{R_1 R_2+R_2 R_3+R_3 R_1} \\ i_3=\dfrac{R_2 u_{31}}{R_1 R_2+R_2 R_3+R_3 R_1}-\dfrac{R_1 u_{23}}{R_1 R_2+R_2 R_3+R_3 R_1} \end{cases} \tag{2-8}$$

由于不论 u_{12}、u_{23} 和 u_{31} 为何值，两个等效电路的对应端子电流均相等，结合式（2-7）和式（2-8）可得到

$$\begin{cases} R_{12}=\dfrac{R_1 R_2+R_2 R_3+R_3 R_1}{R_3} \\ R_{23}=\dfrac{R_1 R_2+R_2 R_3+R_3 R_1}{R_1} \\ R_{31}=\dfrac{R_1 R_2+R_2 R_3+R_3 R_1}{R_2} \end{cases} \tag{2-9}$$

式（2-9）就是根据 Y 形联结的电阻确定△形联结的电阻公式。

将式（2-9）中三式相加，并在右方通分可得

$$R_{12}+R_{23}+R_{31}=\frac{(R_1 R_2+R_2 R_3+R_3 R_1)^2}{R_1 R_2 R_3}$$

代入 $R_1R_2+R_2R_3+R_3R_1=R_{12}R_3=R_{31}R_2$ 便可得到 R_1 的表达式。同理可得 R_2 和 R_3。公式如下：

$$\begin{cases} R_1=\dfrac{R_{12}R_{31}}{R_{12}+R_{23}+R_{31}} \\ R_2=\dfrac{R_{12}R_{23}}{R_{12}+R_{23}+R_{31}} \\ R_3=\dfrac{R_{23}R_{31}}{R_{12}+R_{23}+R_{31}} \end{cases} \tag{2-10}$$

式（2-10）就是根据△形联结的电阻确定 Y 形联结的电阻公式。

为了便于记忆，将式（2-9）与式（2-10）用文字归纳为

$$Y 形电阻=\dfrac{△形相邻电阻的乘积}{△形电阻之和}$$

$$△形电阻=\dfrac{Y 形电阻两两乘积之和}{Y 形不相邻电阻}$$

若 Y 形联结中 3 个电阻相等，即 $R_1=R_2=R_3=R_Y$，则等效△形联结中 3 个电阻也相等，且

$$R_△=R_{12}=R_{23}=R_{31}=3R_Y \text{ 或 } R_Y=\dfrac{1}{3}R_△ \tag{2-11}$$

【例 2-8】求图 2-19（a）所示电桥电路中的电流 I。

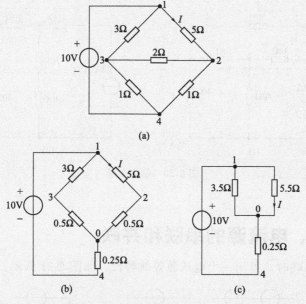

图 2-19 例 2-8 图

解：将结点 2、3、4 内的△形电路用等效 Y 形电路替代，得到图 2-19（b）所示电路，然后再用串、并联的方法，得到图 2-19（c）所示电路，从而

$$I=\dfrac{10}{3.5 /\!/ 5.5+0.25} \times \dfrac{3.5}{3.5+5.5}=\dfrac{70}{43} \text{ (A)}$$

也可以用△形电路来替代结点 1、2、4 内的 Y 形电路，读者可自行练习。

【例 2-9】 电路如图 2-20（a）所示，求 R_L 上消耗的功率 P_L。

解： 图 2-20（a）中虚线框内是一个由 3 个 30Ω 电阻组成的三角形电路，可将其等效为星形电路，如图 2-20（b）所示。再将图 2-20（b）化简可得图 2-20（c）。在图 2-20（c）中的虚线框内又是一个由 3 个 30Ω 电阻组成的三角形电路，再将其等效为星形电路，如图 2-20（d）所示。

由图 2-20（d）可得

$$I = \frac{40+10}{(40+10)+(40+10)} \times 2 = 1 \text{（A）}$$

所以

$$P_L = I^2 R_L = 1 \times 40 = 40 \text{（W）}$$

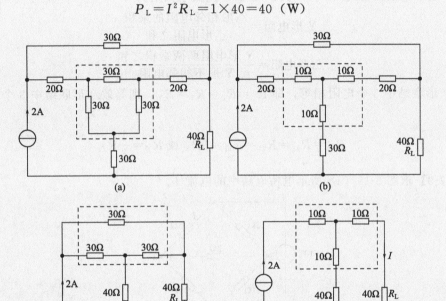

图 2-20　例 2-9 图

2.7　电压源、电流源的串联和并联

当 n 个电压源串联时，可用一个电压源等效替代，如图 2-21 所示。

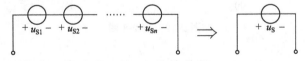

图 2-21　电压源的串联

其等效电压源的激励电压为

$$u_S = u_{S1} + u_{S2} + \cdots + u_{Sn} = \sum_{k=1}^{n} u_{Sk}$$

u_{Sk} 与 u_S 参考方向同向时取正号,反向时取负号。

按电压源的定义,电压源的电流可为任意值,而根据 KCL,两电源串联时,两者的电流应为同一电流,这个电流仍然可以是任意值。这样,等效电压源也符合电压源的定义。

当 n 个电流源并联时,可用一个电流源等效替代,如图 2-22 所示。

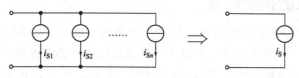

图 2-22 电流源的并联

其等效电流源的激励电流为

$$i_S = i_{S1} + i_{S2} + \cdots + i_{Sn} = \sum_{k=1}^{n} i_{Sk}$$

i_{Sk} 与 i_S 参考方向同向时取正号,反向时取负号。

按电流源的定义,电流源的端电压可为任意值,而根据 KVL,两电源并联时,两者的端电压应为同一电压,这个电压仍然可以是任意值。这样,等效电流源也符合电流源的定义。

只有激励电压相等且极性一致的电压源才允许并联,否则违背 KVL。其等效电路为其中任一电压源,但是这个并联组合向外部提供的电流在各个电压源之间如何分配则无法确定。

只有激励电流相等且方向一致的电流源才允许串联,否则违背 KCL。其等效电路为其中任一电流源,但是这个串联组合的总电压在各个电流源之间如何分配则无法确定。

【**例 2-10**】一段含源支路如图 2-23 所示,已知 $U_{S1}=6V$,$U_{S2}=14V$,$U_{ab}=5V$,$R_1=2\Omega$,$R_2=3\Omega$,设电流参考方向如图中所示,求电流 I。

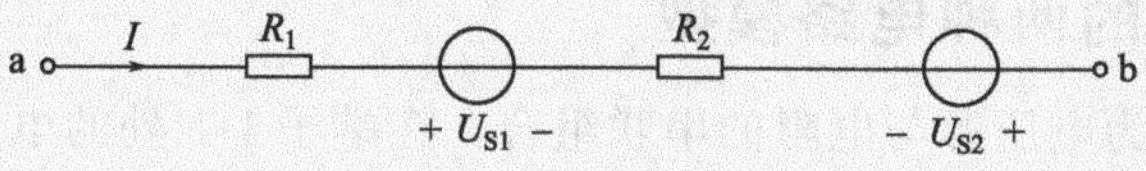

图 2-23 例 2-10 图

解:求含源支路的电流,这类问题今后经常遇到。依据 KVL 及元件电压电流关系,不难得到

$$U_{ab} = R_1 I + U_{S1} + R_2 I - U_{S2}$$

代入数据可求得

$$I = 2.6 A$$

【**例 2-11**】求图 2-24 电路中电阻所吸收的功率。其中 $I_1 = -\dfrac{1}{3}A$,$I_3 = 1A$。

解:两个电流源并联,所提供的总电流,即流过电阻的电流 I_2 为

$$I_2 = I_3 + I_1 = 1 - \frac{1}{3} = \frac{2}{3} \text{ (A)}$$

其两端电压为

$$U = I_2 \times 3 = 2 \text{ (V)}$$

因此电阻所吸收的功率为

$$P_R = U I_2 = 2 \times \frac{2}{3} = \frac{4}{3} \text{ (W)}$$

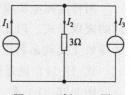

图 2-24 例 2-11 图

2.8 实际电源的两种模型及其等效变换

2.8.1 实际电源的伏安特性

图 2-25（a）所示为一个实际电源，例如一个电池；图 2-25（b）是它的伏安特性。可见电压与电流之间并不成线性关系。不过在一段范围内电压和电流的关系近似为直线。把这一段直线加以延长而作为该电源的外特性，如图 2-25（c）所示，它在横纵坐标轴上各有一个交点，与纵轴的交点相当于 $i=0$ 时的电压，即开路电压 U_{oc}，与横轴的交点相当于 $u=0$ 时的电流，即短路电流 I_{sc}。

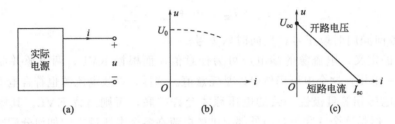

图 2-25 实际电源及其伏安特性

根据此伏安特性曲线，可以用电压源和电阻的串联组合或电流源和电导的并联组合作为实际电源的电路模型。

2.8.2 实际电源的两种电路模型

图 2-26（a）所示为电压源与电阻的串联组合，在端子 1-1′ 处的电压 u 与（输出）电流 i 的关系为

$$u = u_s - Ri \tag{2-12}$$

图 2-26（c）所示为电流源与电导的并联组合，在端子 1-1′ 处的电压 u 与（输出）电流 i 的关系为

$$i = i_s - Gu \tag{2-13}$$

如果令

$$G = \frac{1}{R}, \quad i_s = Gu_s \tag{2-14}$$

则式（2-12）和式（2-13）所示的两个方程将完全相同，也就是在端子 1-1′ 处的电压 u 与（输出）电流 i 的关系完全相同。

两种实际电源模型的外特性相同说明，两种实际电源模型实质为一个实际电源的两种不同的表现形式。因此，这两种模型之间必定存在着某种内在的联系，实际电源两种电路模型的等效变换就是利用这种内在的联系来达到等效的目的。

式（2-14）就是这两种组合彼此对外等效必须满足的条件（注意 u_s 和 i_s 的参考方向）。

图 2-26（b）和（d）分别是图 2-26（a）和（c）所示电路的伏安特性曲线，它们都是一条直线。这种等效变换仅保证端子 1-1′ 以外的电压、电流和功率相同，对内部并无等效可言。

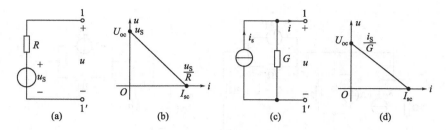

图 2-26 电源的两种电路模型

由前述理论可知，当电源串联时使用实际电压源模型、并联时使用实际电流源模型可以更方便地化简电路。因此，当电源混联时，借助于实际电压源模型、实际电流源模型的等效变换，可以将多电源混联的复杂电路化简为单电源的简单电路。

关于实际电压源模型与实际电流源模型等效变换后电流流向和电压极性的问题是特别需要注意的！

当电源提供能量时，其提供能量的标志是电源上的电压、电流的方向为非关联。因此，若电压源的极性为上正下负时，在电压源模型等效为电流源模型后，电流源电流的流向应指向上方；同理，若电流源电流的流向指向上方时，当电流源模型等效为电压源模型后，电压源的极性为上正下负。

【例 2-12】 将图 2-27（a）所示实际电压源模型等效为实际电流源模型。

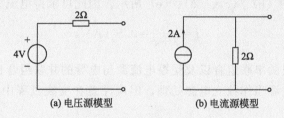

图 2-27 例 2-12 图

解：将图 2-27（a）所示的电压源模型转换为电流源模型，如图 2-27（b）所示：

$$I_S = \frac{4}{2} = 2 \text{（A）}$$

电流方向向上。

【例 2-13】 求图 2-28（a）所示电路中的电流 i。

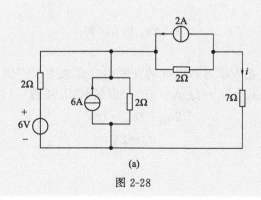

图 2-28

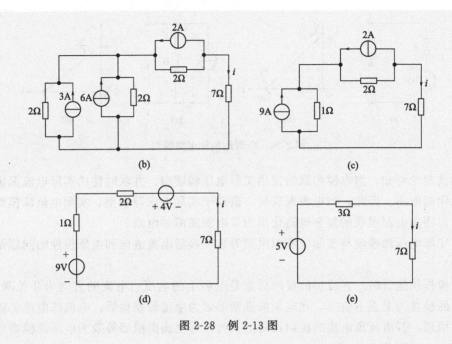

图 2-28 例 2-13 图

解：图 2-28（a）所示电路利用两种电源的等效变换可化简为图 2-28（e）所示单回路电路。简化过程如图 2-28（b）、（c）、（d）、（e）所示。因此可求得电流为

$$i = \frac{5}{3+7} = 0.5 \text{（A）}$$

受控电压源和电阻的串联组合以及受控电流源与电导的并联组合也可利用上述方法进行变换。此时可把受控电源当作独立电源处理，但应注意在变换过程中保留控制量所在支路，而不要把它消掉。

【例 2-14】 图 2-29（a）所示电路中，VCCS 的电流 i_c 受 2Ω 电阻上的电压 u_R 控制，且 $i_c = gu_R$，$g = 2S$，求 u_R。

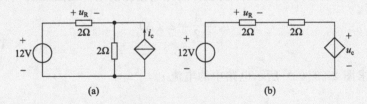

图 2-29 例 2-14 图

解：利用等效变换，把 VCCS 和电导的并联组合变换为 VCVS 与电阻的串联组合，如图 2-29（b）所示，其中 $u_c = 2i_c = 2gu_R = 4u_R$，根据 KVL 可得

$$2u_R + 4u_R = 12\text{V}$$
$$u_R = 2\text{V}$$

2.9 实践与应用

2.9.1 电路的故障诊断

电路的故障诊断是指识别或找出电路中的故障或问题的过程。通过进行电路故障诊断，可以培养读者综合运用电路知识的能力和逻辑思维能力。

开路和短路是电路中的典型故障。如电阻被烧坏、虚焊、断线、接触不良等都是造成开路的原因；焊锡珠等其他异物以及导线绝缘层老化脱落等往往会导致电路短路。开路会产生无穷大的电阻，短路会产生零电阻。如果是部分开路，电路的电阻将比正常值高，但不是无穷大；而部分短路时电路的电阻将比正常值小很多，但不为零。

【例 2-15】 如图 2-30 所示电路，已知理想电压表的读数为 9.6V，试判断该电路有没有故障。如有故障，请确定是短路故障还是开路故障。

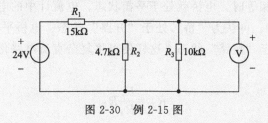

图 2-30 例 2-15 图

解：(1) 判断是否有故障，可先计算 R_3 两端电压的正常值，由分压公式可知

$$U = \frac{R_2 /\!/ R_3}{R_1 + R_2 /\!/ R_3} \times 24 = 4.22 \text{ (V)}$$

计算表明电压表的正常读数应为 4.22V，而电压表实际读数为 9.6V，所以电路发生了故障。

(2) 原因分析。由于电压表的读数比正常值大，说明电阻 R_3 或 R_2 可能开路了。因为这两个电阻中的任何一个开路，电压表两端所接的电阻就会比正常值大，而电阻越大，电压越大。

如果 R_2 开路，则 R_3 上的电压为

$$U_{R_3} = \frac{R_2}{R_1 + R_2} \times 24 = 9.6 \text{ (V)}$$

恰好是电压表读数，因此计算表明 R_2 开路了。

2.9.2 惠斯通电桥

直流电桥是一种精密的电阻测量仪器，具有重要的应用价值。按电桥的测量方式可分为平衡电桥和非平衡电桥。平衡电桥是把待测电阻与标准电阻进行比较，通过调节电桥平衡，从而测得待测电阻值，如单臂直流电桥（惠斯通电桥）、双臂直流电桥（开尔文电桥）；非平衡电桥则是通过测量电桥输出（电压、电流、功率等）并进行运算处理，得到待测电阻值。直流电桥还可用于测量引起电阻变化的其他物理量，如温度、压力、形变等，在检测技术、传感器技术中的应用非常广泛。

直流电桥又称惠斯通电桥，如图 2-31 所示，R_X 称为被测臂，R_2、R_3 为比例臂，R_4 为比较臂，c、d 两点之间由检流计组成的支路称为"桥"。

开关 SB 闭合后，通过调节 R_2、R_3、R_4，使得检流计指示为零，即 $I_P=0$，此时的电桥被称为平衡状态。若 $I_P=0$，则说明电桥两端 c、d 的电位相等，同时 $I_1=I_2$，$I_3=I_4$，故有

$$U_{ac}=U_{ad}, \quad U_{cb}=U_{db}$$

即

$$I_1 R_X = I_4 R_4, \quad I_2 R_2 = I_3 R_3$$

根据 $I_1=I_2$，$I_3=I_4$，可得

$$\frac{R_X}{R_2}=\frac{R_4}{R_3}$$

由此可得电桥的平衡条件：

$$R_2 R_4 = R_X R_3$$

电桥相对臂电阻的乘积相等时，电桥就处于平衡状态，电流计中的电流 $I_P=0$。

电桥平衡时，$I_P=0$，可认为"桥"处于"开路"状态；电桥平衡时，c、d 两端的电位相等，可认为"桥"处于"短路"状态。这样便可将复杂直流电路化为简单电路。由平衡条件可知待测电阻值：

$$R_X = \frac{R_4}{R_3} R_2$$

利用电桥平衡的特点，人们制造出了可以测量被测电阻阻值大小的仪器，称为直流单臂电桥。图 2-32 所示为 QJ23 型直流单臂电桥。

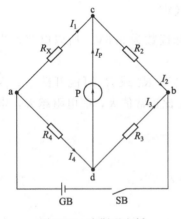

图 2-31　惠斯通电桥

图 2-32　QJ23 型直流单臂电桥

该仪器采用惠斯通电桥线路，内附指零仪和电池盒，用来测量其范围内的直流电阻，便于携带，使用方便。

本章小结

1. 分析与计算电路的基本定律，除了欧姆定律外，还有基尔霍夫电流定律和电压定律。它们是集总电路的重要定律，分别研究电路中的结点电流与回路电压的约束关系，是一种电

路的结构约束关系。在列写 KVL、KCL 前，必须先确定电压、电流的参考方向。它们的表达式分别为

$$\sum i_k = 0$$
$$\sum u_k = 0$$

2. 用等效电路的方法求解时，电压和电流保持不变的部分仅限于等效电路之外，这就是"对外等效"。等效电路与被它替代的那部分电路显然完全不同，这就是"对内不等效"。

3. 对于不含独立源的线性电阻二端网络，其端口电压 u 与电流 i 成正比，定义该端口的输入电阻 $R_{in} \stackrel{def}{=} \dfrac{u}{i}$。求端口等效电阻的方法一般有等效变换法和外加电源法（外加电压源或电流源）。

4. 如果一个端口内不含独立源，则应用电阻串、并联或 Y-△等效变换以及外加电源法，一般来说均可等效成一个二端电阻。

（1）当端口内的纯电阻元件接成桥形结构且不是平衡电桥时，应用 Y-△等效变换进行简化。

（2）任何结构对称的纯电阻电路，可以先进行"预处理"，具体步骤如下：

① 观察电路是否结构对称。

② 让一个电流从待求端口的一个端子流进，认清联结关系及查找等电位点。

③ 把电位相等的结点重合在同一点。

④ 无电流的支路当作开路处理。经过"预处理"后可把复杂电路变成简单电路。

（3）对于含有受控源的电阻性网络，用外加电源法或利用电源的等效变换（保留控制量支路）求解。

5. 实际电压源可以用电压源 u_S 与电阻 R_1 串联等效，实际电流源可以用电流源 i_S 和电阻 R_2 并联等效。若把实际电压源等效为实际电流源，则满足 $R_1 = R_2 = R$，$u_S = Ri_S$，变换时应注意理想电源的参考方向。

一些简单的等效方法归纳于表 2-1。

表 2-1 等效方法归纳

项目	类别	等效形式	重要关系
理想电源串并联	理想电压源串联		$u = u_1 + u_2$
			$u = u_1 - u_2$

续表

项目	类别	等效形式	重要关系
理想电源串并联	理想电流源并联		$i = i_1 + i_2$
			$i = i_1 - i_2$
	任意元件与理想电压源并联		$u = u_S$ $i \neq i'$
	任意元件与理想电流源串联		$i = i_S$ $u \neq u'$

项目	等效形式	重要关系
电源互换等效		$u_S = R_i i_S$ $i_S = \dfrac{u_S}{R_u}$ $R_u = R_i$

项目	等效形式	重要关系
电阻 △形联结与 Y形联结等效		$\begin{cases} R_{12} = \dfrac{R_1R_2 + R_2R_3 + R_3R_1}{R_3} \\ R_{23} = \dfrac{R_1R_2 + R_2R_3 + R_3R_1}{R_1} \\ R_{31} = \dfrac{R_1R_2 + R_2R_3 + R_3R_1}{R_2} \end{cases}$ $\begin{cases} R_1 = \dfrac{R_{12}R_{31}}{R_{12}+R_{23}+R_{31}} \\ R_2 = \dfrac{R_{12}R_{23}}{R_{12}+R_{23}+R_{31}} \\ R_3 = \dfrac{R_{23}R_{31}}{R_{12}+R_{23}+R_{31}} \end{cases}$

习 题

一、选择题

1. KCL、KVL 不适用于（　　）。
A. 时变电路　　　B. 非线性电路　　　C. 分布参数电路　　　D. 集总参数电路

2. 题图 2-1 所示的有向电路中，已知 $I_1=1\text{A}$，$I_3=3\text{A}$，$I_5=5\text{A}$，则 I_2 与 I_4 分别为（　　）。
A. -2A，2A　　B. 2A，-2A　　C. -2A，-2A　　D. 2A，2A

3. 题图 2-2 所示电路中，已知 $I_S=3\text{A}$，$R_0=20\Omega$，欲使电流 $I=2\text{A}$，则必须 $R=$（　　）。
A. 40Ω　　　B. 30Ω　　　C. 20Ω　　　D. 10Ω

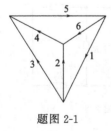

题图 2-1

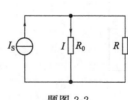

题图 2-2

题图 2-3

4. 题图 2-3 所示电路中，欲使 $U_1=\dfrac{1}{3}U$，则 R_1 和 R_2 的关系式为（　　）。
A. $R_1=\dfrac{1}{3}R_2$　　B. $R_1=\dfrac{1}{2}R_2$　　C. $R_1=2R_2$　　D. $R_1=3R_2$

5. 题图 2-4 所示电路中，电流表（A）的内阻很小，可忽略不计（即内阻为零），已知 $U_S=20V$，$R_1=R_4=10\Omega$，$R_2=R_3=20\Omega$，则电流表的读数为（ ）A。
   A. 0   B. 1/3   C. 1/2   D. 2/3

6. 题图 2-5 所示电路中，当开关 S 闭合后，电流表的读数将（ ）。
   A. 减小   B. 增大   C. 不变   D. 不定

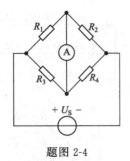
题图 2-4

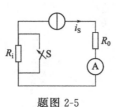
题图 2-5

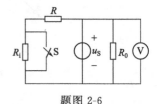
题图 2-6

7. 题图 2-6 所示电路中，当开关 S 打开后，电压表的读数将（ ）。
   A. 减小   B. 增大   C. 不变   D. 不定

8. 设 R_Y 为对称 Y 形电路中的一个电阻，则与其等效的 △ 形电路中的每个电阻等于（ ）。
   A. $\sqrt{3}R_Y$ B. $3R_Y$ C. $\dfrac{1}{3}R_Y$ D. $\dfrac{1}{\sqrt{3}}R_Y$

9. 理想电压源的源电压为 U_S，端口电流为 I，则其内电阻为（ ）。
   A. 0   B. ∞   C. U_S/I D. I/U_S

10. 理想电流源的源电流为 I_S，端口电压为 U，则其内电导为（ ）。
    A. 0   B. ∞   C. U/I_S D. I_S/U

11. 题图 2-7 所示电路中，已知 $u_S=28V$，$R_1=1\Omega$，$R_2=R_3=2\Omega$，$R_4=R_5=4\Omega$，图中电流 $i=$（ ）。
    A. 1A   B. 2A   C. 2.5A   D. 4A

12. 题图 2-8 所示电路中，已知 $R_1=10\Omega$，$R_2=5\Omega$，a、b 两端的等效电阻 $R_{ab}=$（ ）。
    A. 5Ω   B. 6Ω   C. 20/3Ω   D. 40/3Ω

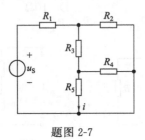
题图 2-7

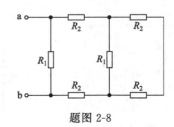
题图 2-8

13. 题图 2-9 所示电路中，所有电阻均为 3Ω，a、b 两端的等效电阻 $R_{ab}=$（ ）。
    A. 2.5Ω   B. 3Ω   C. 1.5Ω   D. 2Ω

14. 题图 2-10 所示电路中，已知 $R_1=R_2=20\Omega$，a、b 两端的等效电阻 $R_{ab}=$（ ）。
    A. 4Ω   B. 5Ω   C. 10Ω   D. 20Ω

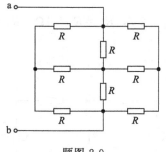
题图 2-9

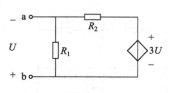
题图 2-10

15. 题图 2-11 所示电路中，已知 $R_1=20\Omega$，$R_2=5\Omega$，a、b 两端的等效电阻 $R_{ab}=$（　　）。
A. 4Ω　　　　B. 15Ω　　　　C. 20Ω　　　　D. 25Ω

16. 题图 2-12 所示电路中，可简化等效为（　　）的电阻。
A. 8Ω　　　　B. 13Ω　　　　C. 3Ω　　　　D. 不能简化等效

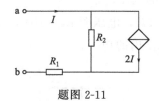
题图 2-11

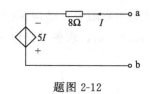
题图 2-12

二、填空题

1. 线性电阻上电压 u 与电流 i 关系满足（　　）定律，当两者取关联参考方向时其表达式为（　　）。

2. 若电流的计算值为负，则说明其真实方向与（　　）相反。

3. 电路中某一部分被等效变换后，未被等效部分的（　　）与（　　）仍然保持不变。即电路的等效变换实质是（　　）等效。

4. 从外特性来看，任何一条电阻支路与电压源 u_S（　　）联，其结果可以用一个等效电压源替代，该等效电压源电压为（　　）。

5. 从外特性来看，任何一条电阻支路与电流源 i_S（　　）联，其结果可以用一个等效电流源替代，该等效电流源电流为（　　）。

6. 题图 2-13 所示电路中，$U=$（　　）U_S。

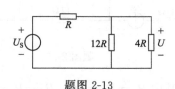
题图 2-13　　　　　　题图 2-14

7. 题图 2-14 所示电路中，欲使 $I_1=0.25I_S$，则 R_1 和 R_2 的关系式为（　　）。

8. 当把电阻为 $R_{12}=R_{23}=R_{31}=R_\triangle$ 的三角形电路等效成星形电路时，其星形电阻为（　　）。

9. 题图 2-15 所示电路中，已知 $U_S=4V$，$R_1=10\Omega$，$R_2=30\Omega$，$R_3=60\Omega$，$R_4=20\Omega$。

a、b 端电压 $U=(\quad)$ V。

10. 题图 2-16 所示电路中，已知 $i_1=-1\text{A}$，$u_3=2\text{V}$，$R_1=R_3=1\Omega$，$R_2=2\Omega$，则电压源电压 $u_S=(\quad)$ V。

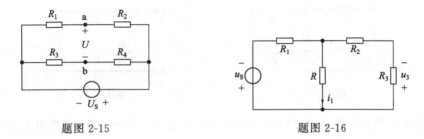

题图 2-15　　　　题图 2-16

三、计算题

1. 电路如题图 2-17 所示，求 1Ω 和 2Ω 电阻上的电压。

2. 题图 2-18 所示电路中，已知 $R_1=R_2=R_3=5\Omega$，电压源 $u_S=10\text{V}$，电流源 $i_S=1\text{A}$，电压控制电压源 $u_{CS}=5u_1$，求各独立电源与受控源发出的功率。

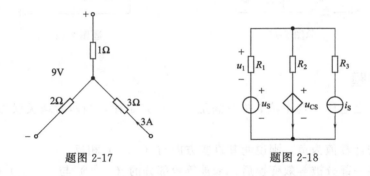

题图 2-17　　　　题图 2-18

3. 电路如题图 2-19 所示，求电压 u，电流 i_1、i_2 及电流源发出的功率。

4. 电路如题图 2-20 所示，求 u_1、u_2、u_3。

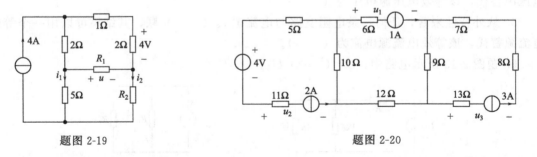

题图 2-19　　　　题图 2-20

5. 求题图 2-21 所示电路的等效电阻 R_{ab}，其中 $R_1=R_2=1\Omega$，$R_3=R_4=2\Omega$，$G_1=G_2=1\text{S}$，$R=2\Omega$。

6. 电路如题图 2-22 所示，已知 $u_S=100\text{V}$，$R_1=2\text{k}\Omega$，$R_2=8\text{k}\Omega$。若：(1) $R_3=8\text{k}\Omega$；(2) $R_3=\infty$（R_3 处开路）；(3) $R_3=0$（R_3 处短路）。试求以上 3 种情况下电压 u_2 和电流 i_2、i_3。

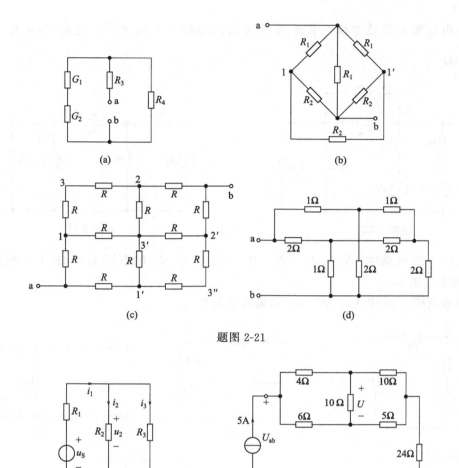

题图 2-21

题图 2-22

题图 2-23

7. 对题图 2-23 所示电桥电路，应用 Y-△等效变换，求：（1）对角线电压 U；（2）电压 U_{ab}。

8. 在题图 2-24（a）中，$u_{S1}=45V$，$u_{S2}=20V$，$u_{S4}=20V$，$u_{S5}=50V$；$R_1=R_3=15\Omega$，$R_2=20\Omega$，$R_4=50\Omega$，$R_5=8\Omega$；在题图 2-24（b）中，$u_{S1}=20V$，$u_{S5}=30V$，$i_{S2}=8A$，$i_{S4}=17A$，$R_1=5\Omega$，$R_3=10\Omega$，$R_5=10\Omega$。利用电源的等效变换求两图中的电压 u_{ab}。

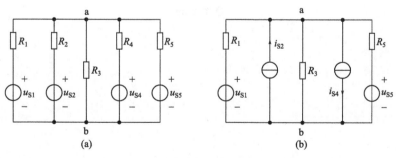

题图 2-24

9. 利用电源的等效变换，求题图 2-25 所示电路的电流 i。

10. 利用电源的等效变换，求题图 2-26 所示电路中电压比 $\dfrac{u_0}{u_S}$。已知 $R_1=R_2=2\Omega$，$R_3=R_4=1\Omega$。

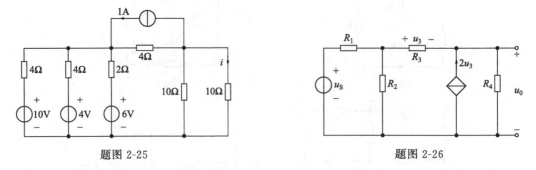

题图 2-25　　　　　题图 2-26

11. 题图 2-27 电路中，$R_1=R_3=R_4$，$R_2=2R_1$，CCVS 的电压 $u_C=4R_1i_1$，利用电源的等效变换求电压 u_{10}。

12. 试求题图 2-28 中（a）和（b）的输入电阻 R_{ab}。

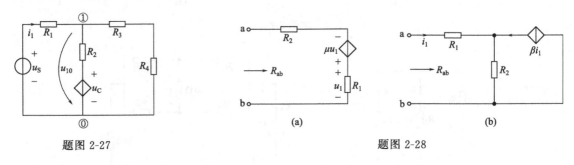

题图 2-27　　　　　　　题图 2-28

13. 试求题图 2-29 中（a）和（b）的输入电阻 R_{in}。

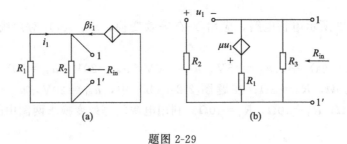

题图 2-29

第 3 章　电路分析方法

引言：

本章介绍线性电阻电路方程的建立方法。内容包括支路电流法、网孔电流法、回路电流法和结点电压法。要求学习本章后，能够熟练掌握各种电路方程的列写方法。

3.1 支路电流法

对于结构较为简单的电路，应用第 2 章介绍的等效变换的方法来求解通常是有效的。但对于结构比较复杂的电路（例如有多个独立电源），等效变换的方法不太有效，有时反而使问题复杂化。本章介绍电路的系统求解法。这种方法的特点是不改变电路的结构，而是选择一组合适的电路变量（电压和/或电流），根据 KCL 和 KVL 以及元件的电压电流关系建立该组变量的独立方程组，通过求解电路方程，从而得到所需的响应。所建立的方程称为电路方程，对于线性电阻电路，它是一组线性代数方程。

在分析和计算复杂电路的各种方法中，支路电流法是最基本的。

以电路中各支路电流为未知量列写电路方程分析电路的方法就称为支路电流法。对于有 n 个结点、b 条支路的电路，要求解支路电流，未知量共有 b 个。只要列出 b 个独立的电路方程，便可以求解这 b 个变量。

在列写方程时，必须先在电路图上选定好未知支路电流以及电压的参考方向。现以图 3-1 所示电路为例说明支路电流法的应用。在本电路中，支路数 $b=3$，结点数 $n=2$，共要列出三个独立方程。电压和电流的参考方向如图 3-1 所示。

首先，应用基尔霍夫电流定律对结点 a 列出

$$i_1 - i_2 - i_3 = 0 \qquad (3-1)$$

对结点 b 列出

$$i_2 + i_3 - i_1 = 0 \qquad (3-2)$$

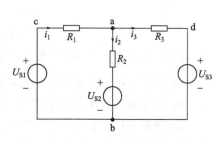

图 3-1　电路举例

显然式（3-2）是式（3-1）的变形，它是非独立的方程。因此，对具有两个结点的电路，应用 KCL 只能列出 2－1＝1 个独立方程。

可以证明，对具有 n 个结点的电路应用基尔霍夫电流定律只能得到 $(n-1)$ 个独立方程。

在图 3-1 中有两个单孔回路（或称网孔），对于左面的单孔回路（回路 abca）可列写基尔霍夫电压方程为

$$U_{S1}=i_1R_1+i_2R_2+U_{S2} \tag{3-3}$$

对于右面的单孔回路（回路 adba）可列写 KVL 方程为

$$U_{S3}=i_2R_2-i_3R_3+U_{S2} \tag{3-4}$$

而对于回路 adbca 可列写 KVL 方程为

$$U_{S1}=i_1R_1+i_3R_3+U_{S3} \tag{3-5}$$

显然，式（3-5）是式（3-3）减去式（3-4）得到的，它是非独立的方程。对具有三条支路、两个结点的电路，应用 KVL 只能列出 $3-(2-1)=2$ 个独立方程。

可以证明，对具有 b 条支路、n 个结点的电路应用基尔霍夫电压定律只能得到 $b-(n-1)$ 个独立方程。通常，$b-(n-1)$ 个独立方程可取单孔回路列出。

应用基尔霍夫电流定律和电压定律一共可列出 $(n-1)+[b-(n-1)]=b$ 个独立方程，所以能解出 b 条支路的电流。

【例 3-1】对图 3-2 所示电路，利用支路电流法列写电路方程。

解： 把电压源 u_{S1} 和电阻 R_1 的串联组合作为一条支路；把电流源 i_{S5} 和电阻 R_5 的并联组合作为一条支路（因其可等效变换为一电压源与电阻串联的组合），这样电路的结点数为 $n=4$，支路数为 $b=6$，各支路的方向和结点编号如图 3-2 中所示。

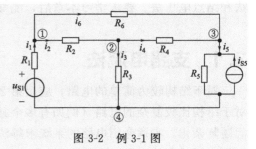

图 3-2 例 3-1 图

针对独立结点①②③列写 KCL 方程有

$$\begin{cases} -i_1+i_2+i_6=0 \\ -i_2+i_3+i_4=0 \\ -i_4+i_5-i_6=0 \end{cases} \tag{3-6}$$

选取图 3-2 中全部三个单孔回路，均按顺时针方向列写 KVL 方程有

$$\begin{cases} -u_{S1}+R_1i_1+R_2i_2+R_3i_3=0 \\ -R_3i_3+R_4i_4+R_5i_5+R_5i_{S5}=0 \\ -R_2i_2-R_4i_4+R_6i_6=0 \end{cases} \tag{3-7}$$

式（3-6）和式（3-7）便组成了支路电流法的全部方程。

列写支路电流法电路方程的步骤如下：

① 选定各支路电流的参考方向；
② 根据 KCL 对 $(n-1)$ 个独立结点列写电流方程；
③ 选取 $b-(n-1)$ 个独立回路（平面电路取网孔），指定回路的绕行方向，列出 KVL 方程。

支路电流法列写的是 KCL 和 KVL 方程，所以方程列写方便、直观，但方程数较多，宜于在支路数不多的情况下使用。

支路电流法要求 b 条支路的电压均能以支路电流表示。当一条支路仅含电流源而不存在与之并联的电阻时，就无法将支路电压以支路电流表示。这种无并联电阻的电流源称为无伴

电流源。当电路中存在这类支路时,必须加以处理后才能应用支路电流法(处理方法可见 3.3 节)。

3.2 网孔电流法

在介绍网孔电流法之前有必要提出两个概念:"平面电路"和"网孔"。如果把一个电路图画在平面上,能使它的各条支路除连接的结点外不再交叉,则称该电路为平面电路;否则,称为非平面电路。平面电路图中的一个自然"孔",它限定的区域内不再有支路,这样的"孔"称为网孔。平面电路的全部网孔是一组独立回路,平面电路网孔数等于独立回路数。

网孔电流是一种沿着网孔边界流动的假想电流,以网孔电流为未知量列写电路方程分析电路的方法称网孔电流法。它仅适用于平面电路。网孔电流是一组完备的独立电流变量。

下面以图 3-3 所示电路进行说明(i_1、i_2、i_3 所在支路分别是支路 1、2、3)。

在结点①处应用 KCL 有

$$i_1 - i_2 - i_3 = 0$$

或

$$i_2 = i_1 - i_3$$

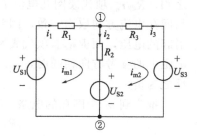

图 3-3 网孔电流法举例

可见,i_2 不是独立的,它由 i_1、i_3 决定。这可以看成是支路 1 与支路 3 中的电流 i_1 与 i_3 各自经过结点①后的延续,也就是将图中所有的电流归结为由两个沿网孔连续流动的假想电流 i_1 与 i_3 所产生,这两个假想电流称为网孔电流 i_{m1} 与 i_{m2}。根据网孔电流和支路电流参考方向的给定,可以得出它们之间的关系:

支路 1 只有网孔电流 i_{m1} 流过,因此

$$i_1 = i_{m1}$$

支路 3 只有网孔电流 i_{m2} 流过,因此

$$i_3 = i_{m2}$$

而支路 2 有两个网孔电流同时流过,在给定的参考方向下,支路电流将是网孔电流的代数和,即

$$i_2 = i_{m1} - i_{m2}$$

由于网孔电流已经体现了电流连续即 KCL 的制约关系,网孔电流在网孔中是闭合的,对每个相关结点均流进一次、流出一次,所以 KCL 自动满足。利用网孔电流作为电路变量求解时只需列出 KVL 方程。电路的全部网孔是一组独立回路,因而根据网孔所列出的 KVL 方程将是独立的,且独立方程的个数与电路变量数均为全部网孔数,正好可以求解出各个网孔电流。

针对图 3-3 的电路,对网孔 1 和 2 列写 KVL 方程。以各自网孔电流方向为绕行方向,逐段写出电阻以及电源上的电压,可得

$$\begin{cases} R_1 i_{m1} + R_2(i_{m1} - i_{m2}) + U_{S2} - U_{S1} = 0 \\ R_3 i_{m2} + U_{S3} - U_{S2} + R_2(i_{m2} - i_{m1}) = 0 \end{cases} \quad (3-8)$$

式中,网孔 1 中 R_2 上的电压为 $R_2(i_{m1} - i_{m2})$,i_{m2} 前面之所以为负号,是因为 i_{m2} 在 R_2 上的流动方向与 i_{m1} 的方向相反;同理,网孔 2 中 R_2 上的电压为 $R_2(i_{m2} - i_{m1})$,i_{m1} 前面出

现负号，同样是因为 i_{m1} 在 R_2 上的流动方向与 i_{m2} 的方向相反。

式（3-8）经整理得

$$\begin{cases}(R_1+R_2)i_{m1}-R_2i_{m2}=U_{S1}-U_{S2}\\-R_2i_{m1}+(R_2+R_3)i_{m2}=U_{S2}-U_{S3}\end{cases} \quad (3\text{-}9)$$

式（3-9）即为以网孔电流为变量列写的网孔电流方程。概括为一般形式

$$\begin{cases}R_{11}i_{m1}+R_{12}i_{m2}=U_{S11}\\R_{21}i_{m1}+R_{22}i_{m2}=U_{S22}\end{cases} \quad (3\text{-}10)$$

式中，R_{11} 和 R_{22} 分别代表网孔 1 和网孔 2 的自阻，即每个网孔内的所有电阻之和，$R_{11}=R_1+R_2$，$R_{22}=R_2+R_3$；R_{12} 和 R_{21} 代表网孔 1 和网孔 2 的互阻，即两个网孔的共有电阻，本例中 $R_{12}=R_{21}=-R_2$。

式（3-10）的形式可理解为：$R_{11}i_{m1}$ 项代表网孔电流 i_{m1} 在网孔 1 内各电阻上引起的电压之和，$R_{22}i_{m2}$ 项代表网孔电流 i_{m2} 在网孔 2 内各电阻上引起的电压之和。由于网孔绕行方向与网孔电流方向取为一致，因此 R_{11} 和 R_{22} 总为正值。$R_{12}i_{m2}$ 项代表网孔电流 i_{m2} 在网孔 1 中引起的电压，而 $R_{21}i_{m1}$ 项代表网孔电流 i_{m1} 在网孔 2 中引起的电压。当两个网孔电流在共有电阻上的参考方向相同时，i_{m2}（i_{m1}）引起的电压与网孔 1（2）的绕行方向一致，则为正，反之为负。

推广到 m 个网孔的电路，其网孔电流方程普遍形式为

$$\begin{cases}R_{11}i_{m1}+R_{12}i_{m2}+\cdots+R_{1m}i_{mm}=u_{S11}\\R_{21}i_{m1}+R_{22}i_{m2}+\cdots+R_{2m}i_{mm}=u_{S22}\\\cdots\cdots\\R_{m1}i_{m1}+R_{m2}i_{m2}+\cdots+R_{mm}i_{mm}=u_{Smm}\end{cases}$$

这里：① 自阻 $R_{ii}>0$，$i=1,2,\cdots,m$，第 i 个网孔的全部电阻之和。

② 互阻 R_{ij}，$i\neq j$，$i,j=1,2,\cdots,m$，第 i 个网孔与第 j 个网孔之间的公共电阻，如果 i_{mi} 与 i_{mj} 通过公共电阻时方向一致，则取"＋"号，相反则取"－"号。

③ 总电压源电压 u_{Sii}：第 i 个网孔中所有电压源电压的代数和，各电压源的方向与网孔电流一致时，前面取"－"号（因 u_{Sii} 项移到等号另一侧），反之取"＋"号。$i=1,2,\cdots,m$。

网孔电流法的一般步骤：

① 选网孔为独立回路，并确定其绕行方向；
② 以网孔电流为未知量，列写其 KVL 方程；
③ 求解上述方程，得到 m 个网孔电流；
④ 求各支路电流；
⑤ 其他分析。

【例 3-2】用网孔电流法求解图 3-4 电路的各支路电流。

解：根据网孔电流法的一般通式列写网孔电流方程为

$$\begin{cases}(5+30)i_{m1}-30i_{m2}=20\\-30i_{m1}+(10+30)i_{m2}=-10\end{cases}$$

整理得：

$$\begin{cases}35i_{m1}-30i_{m2}=20\\-30i_{m1}+40i_{m2}=-10\end{cases}$$

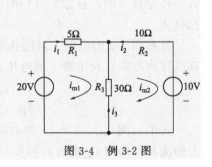

图 3-4 例 3-2 图

可求出 $\begin{cases} i_{m1}=1\text{A} \\ i_{m2}=0.5\text{A} \end{cases}$

所以
$$i_1=i_{m1}=1\text{A};\ i_2=-i_{m2}=-0.5\text{A};\ i_3=i_{m2}-i_{m1}=-0.5\text{A}$$

【例 3-3】试求图 3-5 中电流 I。

解：注意，该电路中 50Ω 电阻与 2A 的电流源是串联关系，不能使用电流源与电压源的等效互换。再者，50Ω 电阻的存在与否与网孔电流 i_{m2} 无关。因此，网孔电流方程为

$$\begin{cases} (20+30)i_{m1}-30i_{m2}=40 \\ i_{m2}=-2 \end{cases}$$

解得
$$i_{m1}=-0.4\text{A}$$

由于 $i_{m2}=-2\text{A}$ 已知，因此只需列一个 KVL 方程
$$I=i_{m1}-i_{m2}=-0.4-(-2)=1.6\ (\text{A})$$

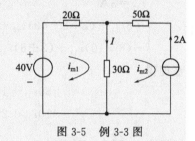

图 3-5 例 3-3 图

当电路中存在电流源和电阻的并联组合时，可将它等效变换成电压源和电阻串联组合，再按上述方法进行分析。对于存在无伴电流源或受控源的情况，请参见 3.3 节。

3.3 回路电流法

网孔电流法仅适用于平面电路，回路电流法则无此限制，它适用于平面电路或非平面电路。回路电流法是一种适用性较强并获得广泛应用的分析方法。

与网孔电流类似，回路电流就是在回路中连续流动的假想电流。但与网孔不同，回路的取法很多，选取的回路应是一组独立回路，且回路的个数（也即回路电流的个数）也应等于 $[b-(n-1)]$，这样基本回路电流便可以作为电路的独立变量来求解。这种以回路电流为未知量列写电路方程分析电路的方法就称为回路电流法。

(1) 回路电流方程的一般形式

以图 3-6 所示电路为例，电路有 4 个结点，6 条支路，按照图示箭头所指选择 3 个独立回路，列写回路电流方程，每个回路绕行方向也如箭头所示。

$$\begin{cases} (R_1+R_4+R_5)i_{l1}+(R_1+R_4)i_{l2}-R_4i_{l3}=U_{S1}-U_{S4} \\ (R_1+R_4)i_{l1}+(R_1+R_2+R_4+R_6)i_{l2}-(R_4+R_6)i_{l3}=U_{S1}-U_{S4} \\ -R_4i_{l1}-(R_4+R_6)i_{l2}+(R_3+R_4+R_6)i_{l3}=U_{S3}+U_{S4} \end{cases}$$

列写方程时，因回路电流已满足 KCL 方程，也只需按 KVL 列方程。对于具有 n 个结点，b 条支路的回路，回路电流数 $l=b-n+1$。

与网孔电流方程式相似，回路电流的一般形式为 [设 $l=b-(n-1)$]

$$\begin{cases} R_{11}i_{l1}+R_{12}i_{l2}+\cdots+R_{1l}i_{ll}=u_{S11} \\ R_{21}i_{l1}+R_{22}i_{l2}+\cdots+R_{2l}i_{ll}=u_{S22} \\ \cdots\cdots \\ R_{l1}i_{l1}+R_{l2}i_{l2}+\cdots+R_{ll}i_{ll}=u_{Sll} \end{cases}$$

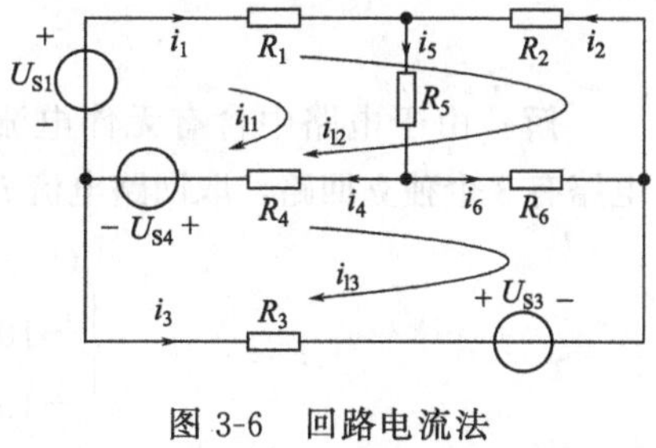

图 3-6 回路电流法

这里：①自阻 $R_{ii}>0$，$i=1,2,\cdots,l$，代表第 i 个回路的全部电阻之和。

②互阻 R_{ij}，$i\neq j$，$i,j=1,2,\cdots,l$，代表第 i 个回路与第 j 个回路的公共电阻之和，若两个回路电流通过公共电阻时方向一致则取"+"号，否则取"-"号。

③电压源电压 u_{Sii}，$i=1,2,\cdots,l$，代表第 i 个回路中所有电压源的代数和（即电压源电压的方向与回路电流方向一致时取"-"号，否则取"+"号）。

【例 3-4】用回路电流法求解图 3-7 电路中的 U。

解：如图 3-7 中标注所示，选取 3 个独立回路，列写回路电流方程如下：

$$\begin{cases} i_{11}=3\text{A} \\ -8i_{11}+(2+8+40)i_{12}+(8+2)i_{13}=0 \\ -(8+10)i_{11}+(2+8)i_{12}+(8+10+2)i_{13}=-50 \end{cases}$$

整理得

$$\begin{cases} 50i_{12}+10i_{13}=24 \\ 10i_{12}+20i_{13}=4 \end{cases}$$

解得 $i_{12}=\dfrac{22}{45}\text{A}$，则可知 $U=40i_{12}=\dfrac{176}{9}$ （V）

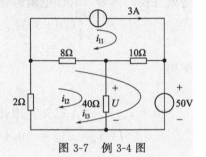

图 3-7 例 3-4 图

(2) 电路中含有无伴电流源的情况

如果电路中有电流源和电阻的并联组合，可经等效变换成为电压源和电阻的串联组合后再列回路电流方程。但当电路中存在无伴电流源时，就无法进行等效变换。此时可采用下述方法处理。

方法一：除回路电流外，将无伴电流源两端的电压作为一个求解变量列入方程。这样，虽然多了一个变量，但是无伴电流源所在支路的电流为已知，故增加了一个回路电流的附加方程，独立方程数与独立变量数仍然相同。

方法二：选取合适独立回路，使理想电流源支路仅仅属于一个回路，该回路电流即为理想电流源的电流。

【例 3-5】列出图 3-8（a）、(b) 所示电路的回路电流方程。

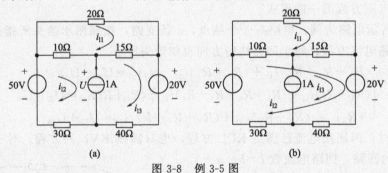

图 3-8 例 3-5 图

解：由于电路中含有无伴电流源，按图 3-8（a）所示，设无伴电流源两端电压为 U，该电路有 3 个独立回路，取回路电流 i_{11}、i_{12}、i_{13} 如图 3-8（a）所示，沿各自回路的 KVL 方程为

$$\begin{cases} (20+15+10)i_{11}-10i_{12}-15i_{13}=0 \\ -10i_{11}+(10+30)i_{12}+U=50 \\ -15i_{11}-U+(40+15)i_{13}=-20 \end{cases}$$

无伴电流源所在支路有 i_{l2} 和 i_{l3} 流过，故可列附加方程
$$i_{l3}-i_{l2}=1$$

这样，虽然引入了一个新的变量 U，但由于增补了一个附加方程，方程数与未知变量数仍然相等。

图 3-8（b）采用方法二，选取独立回路，使理想电流源支路仅仅属于一个回路，这里使无伴电流源仅属于第 3 个回路，如图 3-8（b）所示，列回路电流方程有
$$\begin{cases}(20+15+10)i_{l1}-(10+15)i_{l2}-15i_{l3}=0\\-(10+15)i_{l1}+(10+15+40+30)i_{l2}+(15+40)i_{l3}=50-20\\i_{l3}=1\end{cases}$$

由于回路电流 i_{l3} 已知，所以实际相当于减少了一个方程，使计算更为简单。

（3）电路中含有受控电源的情况

当电路中含有受控电压源时，把它作为独立电压源暂时列于 KVL 方程的右边，同时把控制量用回路电流表示，然后将用回路电流表示的受控源电压项移到方程的左边。

当受控源是受控电流源时，可参照前面处理独立电流源的方法进行。

【例 3-6】试用回路电流法求图 3-9 中电流 I_1。

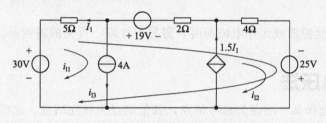

图 3-9 例 3-6 图

解：由于电路中既有无伴电流源又有无伴受控电流源，所以选取合适的独立回路，使两个电流源分别处于单独的回路之中，如图 3-9 所示。这样便有
$$i_{l1}=4\text{A}, \quad i_{l2}=1.5I_1$$

针对回路 3 列写 KVL 方程得
$$5i_{l1}+4i_{l2}+(5+2+4)i_{l3}=25+30-19$$

由于 $I_1=-i_{l3}-i_{l1}$，联立以上几个方程解得
$$I_1=-12\text{A}$$

【例 3-7】图 3-10 所示电路中有无伴电流源 i_{S1}，无伴受控电流源 $i_c=\beta i_2$，受控电压源 $u_c=\alpha u_2$，列出回路电流方程。

解：通过选取合适的独立回路，使电路中的无伴电流源和无伴受控电流源分别处于单独的回路之中，而受控电压源暂时当作独立电压源处理，选取的 4 个独立回路如图 3-10 所示，列方程如下：

图 3-10 例 3-7 图

$$\begin{cases} i_{11}=i_{S1} \\ -R_2 i_{11}+(R_2+R_3)i_{12}+R_3 i_{13}-R_3 i_{14}=U_{S2}-U_{S3} \\ i_{13}=i_c=\beta i_2 \\ -R_3 i_{12}-R_3 i_{13}+(R_3+R_4)i_{14}=U_{S3}-u_c=U_{S3}-\alpha u_2 \end{cases}$$

列增补方程，将 i_2、u_2 用回路电流表示：

$$\begin{cases} i_2=i_{12} \\ u_2=R_2(i_{11}-i_{12}) \end{cases}$$

整理可得

$$\begin{cases} [R_2+(1+\beta)R_3]i_{12}-R_3 i_{14}=U_{S2}-U_{S3}+R_2 i_{S1} \\ -[\alpha R_2+(1+\beta)R_3]i_{12}+(R_3+R_4)i_{14}=U_{S3}-\alpha R_2 i_{S1} \end{cases}$$

可见，R_1 对回路电流无影响。

(4) 回路电流法的步骤归纳

① 根据给定的电路，确定一组基本回路，指定各回路电流的参考方向。

② 按一般公式列出回路电流方程，自阻总是正的，互阻的正负由相关的两个回路电流通过共有电阻时的参考方向是否相同而定。另外，要注意右边项取代数和时有关电压源前面的"＋""－"号。

③ 电路中含有受控源或无伴电流源时，需另行处理，可见前述例题。

3.4 结点电压法

在电路中任意选择某一结点为参考结点，其他结点为独立结点，这些结点与此参考结点之间的电压称为结点电压。结点电压的参考极性是以参考结点为负，其余独立结点为正。因一条支路必然关联两个结点，因此，根据 KVL，支路电压就是两个结点电压之差。在具有 n 个结点、b 条支路的电路中写出其中 $(n-1)$ 个独立结点的 KCL 方程，就得到变量为 $(n-1)$ 个结点电压的 $(n-1)$ 个独立方程，称为结点电压方程，最后由这些方程解出各结点电压。若每一条支路的电流都可以用结点电压表示，则还可以进一步求出各支路电压、电流。这就是结点电压法。

结点电压法适用于结点较少的电路，以结点电压为未知量，列写各独立结点上的 KCL 方程，而 KVL 自动满足。电路中各支路电流、电压可视为结点电压的线性组合。

(1) 结点电压方程的一般形式

下面以图 3-11 为例，说明列写结点电压方程的方法。

选结点④为参考结点，则①、②、③为独立结点，并设其结点电压为 u_{n1}、u_{n2}、u_{n3}。因沿任一回路的各支路电压如以结点电压表示，列写的 KVL 方程恒等于零。因此，就 KVL 来说，各结点电压彼此独立无关。如图 3-11 中所示回路，有：

$$u_{23}+u_{34}+u_{42}=0 \Rightarrow u_{n2}-u_{n3}+u_{n3}+(-u_{n2})=0$$

因此，求结点电压只需要根据 KCL 及 VCR 来列方程。

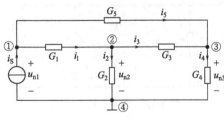

图 3-11 结点电压法

在结点①、②、③处所列的 KCL 方程为

$$\begin{cases} i_1+i_5-i_S=0 \\ -i_1+i_2+i_3=0 \\ -i_3+i_4-i_5=0 \end{cases} \quad (3\text{-}11)$$

各支路电流用结点电压表示为

$$\begin{cases} i_1=G_1(u_{n1}-u_{n2}) \\ i_2=G_2 u_{n2} \\ i_3=G_3(u_{n2}-u_{n3}) \\ i_4=G_4 u_{n3} \\ i_5=G_5(u_{n1}-u_{n3}) \end{cases} \quad (3\text{-}12)$$

将式（3-12）代入式（3-11）整理可得

$$\begin{cases} (G_1+G_5)u_{n1}-G_1 u_{n2}-G_5 u_{n3}=i_S \\ -G_1 u_{n1}+(G_1+G_2+G_3)u_{n2}-G_3 u_{n3}=0 \\ -G_5 u_{n1}-G_3 u_{n2}+(G_3+G_4+G_5)u_{n3}=0 \end{cases}$$

概括为一般形式

$$\begin{cases} G_{11}u_{n1}+G_{12}u_{n2}+G_{13}u_{n3}=i_{S11} \\ G_{21}u_{n1}+G_{22}u_{n2}+G_{23}u_{n3}=i_{S22} \\ G_{31}u_{n1}+G_{32}u_{n2}+G_{33}u_{n3}=i_{S33} \end{cases}$$

推广到 n 个结点的电路，其结点电压方程的普遍形式为

$$\begin{cases} G_{11}u_{n1}+G_{12}u_{n2}+\cdots+G_{1(n-1)}u_{n(n-1)}=i_{S11} \\ G_{21}u_{n1}+G_{22}u_{n2}+\cdots+G_{2(n-1)}u_{n(n-1)}=i_{S22} \\ \cdots\cdots \\ G_{(n-1)1}u_{n1}+G_{(n-1)2}u_{n2}+\cdots+G_{(n-1)(n-1)}u_{n(n-1)}=i_{S(n-1)(n-1)} \end{cases}$$

这里：① 自导 $G_{ii}>0$，$i=1,2,\cdots,n-1$，为连接到第 i 个结点的全部电导之和。

② 互导 $G_{ij}<0$，$i\neq j$，$i,j=1,2,\cdots,n-1$，为连接在结点 i 和结点 j 之间的电导之和的负值。

③ 注入电流 i_{Sii}，$i=1,2,\cdots,n-1$，为注入第 i 个结点的电流源电流的代数和，流入结点者前面取"+"号，反之取"-"号。注入电流源还应包括电压源与电阻串联组合经等效变换形成的电流源。

求得各结点电压后，可根据 VCR 求出各支路电流。列写结点电压方程时，不需要事先指定支路电流的参考方向。

【例 3-8】 试列出图 3-12 所示电路的结点电压方程。

解： 指定参考结点⓪，并对其他结点进行编号，如图 3-12 所示，设结点电压分别为 u_{n1}、u_{n2}，结点电压方程为

$$\begin{cases} \left(\dfrac{1}{1}+\dfrac{1}{5}+\dfrac{1}{5}+\dfrac{1}{5}\right)u_{n1}-\left(\dfrac{1}{5}+\dfrac{1}{5}\right)u_{n2}=\dfrac{10}{1}-\dfrac{20}{5} \\ -\left(\dfrac{1}{5}+\dfrac{1}{5}\right)u_{n1}+\left(\dfrac{1}{5}+\dfrac{1}{5}+\dfrac{1}{10}\right)u_{n2}=\dfrac{20}{5}+2 \end{cases}$$

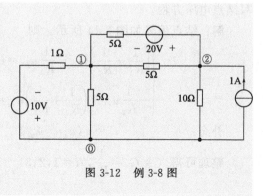

图 3-12 例 3-8 图

整理得
$$\begin{cases} 1.6u_{n1} - 0.4u_{n2} = 6 \\ -0.4u_{n1} + 0.5u_{n2} = 6 \end{cases}$$

(2) 电路中含有无伴电压源的情况

【例 3-9】试列出图 3-13 所示电路的结点电压方程。

解：列结点电压方程时，如果电压源跨接在两个结点之间，即无电阻与该电压源串联，称之为无伴电压源，此时可采用如下方法。

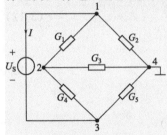

图 3-13 例 3-9 图

方法一：把无伴电压源的电流作为附加变量列入方程，这里设为 I，结点编号如图 3-13 所示，设结点 4 为参考结点，结点电压方程为

$$\begin{cases} (G_1+G_2)u_{n1} - G_1 u_{n2} = -I \\ -G_1 u_{n1} + (G_1+G_3+G_4)u_{n2} - G_4 u_{n3} = 0 \\ -G_4 u_{n2} + (G_4+G_5)u_{n3} = I \end{cases}$$

补充方程：$u_{n1} - u_{n3} = U_S$

这样，虽然引入了新的电流变量 I，但增补了一个用结点电压表示的方程，独立方程个数依然等于未知量的个数。

方法二：选择合适的参考结点，将无伴电压源的一端作为参考结点，如这里将结点 3 选作参考结点，则

$$\begin{cases} u_{n1} = U_S \\ -G_1 u_{n1} + (G_1+G_3+G_4)u_{n2} - G_3 u_{n4} = 0 \\ -G_2 u_{n1} - G_3 u_{n2} + (G_2+G_3+G_5)u_{n4} = 0 \end{cases}$$

这样避免了附加电流变量的出现，实际只需列两个结点方程。

(3) 电路中含有受控电源的情况

若电路中存在受控电流源，在建立结点电压方程时，先把控制量用结点电压表示，并暂时把它当作独立电流源，按上述方法列出结点电压方程，然后把用结点电压表示的受控电流源电流项移动到方程的左边。当电路中存在有伴受控电压源时，把控制量用有关结点电压表示并变换为等效受控电流源。如果存在无伴受控电压源，可参照上述无伴独立电压源的处理方法。

【例 3-10】图 3-14 中含有 VCCS，其电流 $i_C = gu_2$，其中 u_2 为电阻 R_2 上的电压，试列写结点电压方程。

解：结点编号如图 3-14 所示，则

$$\begin{cases} \left(\dfrac{1}{R_1}+\dfrac{1}{R_2}\right)u_{n1} - \dfrac{1}{R_2}u_{n2} = i_{S1} \\ -\dfrac{1}{R_2}u_{n1} + \left(\dfrac{1}{R_2}+\dfrac{1}{R_3}\right)u_{n2} = i_C \end{cases}$$

补充：$i_C = g(u_{n1} - u_{n2})$

整理可得（令 $G_i = \dfrac{1}{R_i}$，$i=1,2,3$）

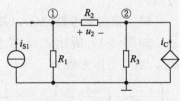

图 3-14 例 3-10 图

$$\begin{cases} (G_1+G_2)u_{n1}-G_2u_{n2}=i_{S1} \\ -(G_2+g)u_{n1}+(G_2+G_3+g)u_{n2}=0 \end{cases}$$

【例 3-11】 图 3-15 电路中独立源与 CCVS 都是无伴电压源，试列出其结点电压方程。

解：选择参考结点及标明独立结点，独立电压源一端作为参考结点，故结点①不用列方程；对 CCVS 两端包含结点②与③的封闭面列 KCL 方程为

$$\frac{u_{n2}-u_{n1}}{R_1}+\frac{u_{n2}}{R_2}-g_mU+\frac{u_{n3}}{R_3}=0$$

附加方程
$$u_{n1}=U_S$$
$$u_{n2}-u_{n3}=R_mI_1$$

其中控制量 U 与 I_1 可以结点电压来表示，即

$$U=u_{n2}$$
$$I_1=\frac{u_{n1}-u_{n2}}{R_1}$$

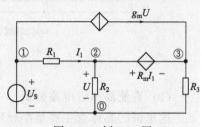

图 3-15　例 3-11 图

整理得

$$-\frac{1}{R_1}u_{n1}+\left(\frac{1}{R_1}+\frac{1}{R_2}-g_m\right)u_{n2}+\frac{1}{R_3}u_{n3}=0$$
$$u_{n1}=U_S$$
$$-\frac{R_m}{R_1}u_{n1}+\left(1+\frac{R_m}{R_1}\right)u_{n2}-u_{n3}=0$$

(4) 结点电压法的步骤归纳

① 指定参考结点，其余结点对参考结点之间的电压就是结点电压。

② 列出结点电压方程（按普遍形式）。注意，自导总为正，互导总为负，另要注意注入电流前面的"+""-"号。

③ 当电路中含有无伴电压源或受控源时按前述方法处理。

3.5　实践与应用

(1) 利用电桥的不平衡来测量温度

电路如图 3-16 所示，当电桥不平衡时 $u_0(t)\neq 0$，用热电阻测温时，温度值与桥的电压有关，假设 $T=10u_0(t)$，根据图 3-16 的电路模型，列写回路电流方程：

$$\begin{cases} (R_1+R_2)i_1-(R_1+R_2)i_2=5 \\ -(R_1+R_2)i_1+(R_1+R_2+R_3+R_t)i_2=0 \\ u_0(t)=R_ti_2+R_2(i_2-i_1) \end{cases}$$

代入数据，便可解得对应的温度值。

在实际应用中，为消除由于连接导线电阻随环境温度变化而造成的测量误差，提高测量精度，热电阻测温电路通常采用三线制接法，如图 3-17（b）所示。图 3-17（a）为传统的二线制接法，适用于测量精度要求不高的场合，并且导线的长度不宜过长。

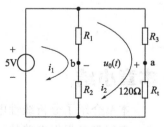

图 3-16　温度测量原理图

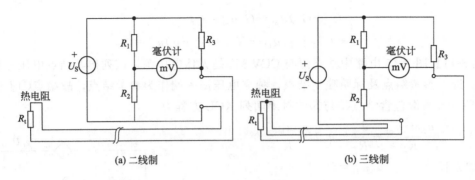

(a) 二线制　　　　　　　　　　(b) 三线制

图 3-17　热电阻测温电路

(2) 直流晶体管电路分析

这里讲的晶体管主要是半导体三极管，是内部含有两个 PN 结、外部通常为三个引出电极的半导体器件。它对电信号有放大和开关等作用，应用十分广泛。晶体管有三个极：双极性晶体管的三个极，分别叫作集电极 c、基极 b、发射极 e，分成 NPN 和 PNP 两种。我们把从基极 b 流至发射极 e 的电流叫作基极电流 I_B；把从集电极 c 流至发射极 e 的电流叫作集电极电流 I_C。这两个电流的方向都是流出发射极的，所以发射极 e 上就用了一个箭头来表示电流的方向。集电极电流受基极电流的控制（假设电源能够提供给集电极足够大的电流的话），并且基极电流很小的变化，会引起集电极电流很大的变化，且变化满足一定的比例关系，集电极电流的变化量是基极电流变化量的 β 倍，即电流变化被放大了 β 倍，所以我们把 β 叫作三极管的放大倍数（β 一般远大于 1，例如几十、几百）。如果我们将一个小信号加到基极跟发射极之间，这就会引起基极电流 I_B 的变化，I_B 的变化被放大后，导致了 I_C 很大的变化。如果集电极电流 I_C 是流过一个电阻 R 的，那么根据电压计算公式 $U=RI$ 可以算得，电阻上的电压会发生很大的变化，若将此电阻上的电压取出来，就得到了放大后的电压信号了。图 3-18（a）、(b)、(c) 分别为双极性晶体管的实物图、符号（NPN 晶体管）和直流等效模型。

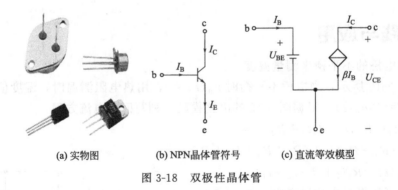

(a) 实物图　　　　(b) NPN晶体管符号　　　(c) 直流等效模型

图 3-18　双极性晶体管

本章小结

本章介绍了分析线性电阻电路的支路电流法、回路电流法（含网孔电流法）和结点电压法。它们都是根据电路的两类约束条件，建立方程组求解电路的方法。

网孔电流法的通式为

$$\begin{cases} R_{11}i_{m1}+R_{12}i_{m2}+\cdots+R_{1m}i_{mm}=u_{S11} \\ R_{21}i_{m1}+R_{22}i_{m2}+\cdots+R_{2m}i_{mm}=u_{S22} \\ \cdots\cdots \\ R_{m1}i_{m1}+R_{m2}i_{m2}+\cdots+R_{mm}i_{mm}=u_{Smm} \end{cases}$$

回路电流法的通式与网孔电流法的类似，只不过所选的回路不一定是网孔

$$\begin{cases} R_{11}i_{l1}+R_{12}i_{l2}+\cdots+R_{11}i_{l1}=u_{S11} \\ R_{21}i_{l1}+R_{22}i_{l2}+\cdots+R_{21}i_{l1}=u_{S22} \\ \cdots\cdots \\ R_{11}i_{l1}+R_{12}i_{l2}+\cdots+R_{11}i_{l1}=u_{S11} \end{cases}$$

结点电压法的通式为

$$\begin{cases} G_{11}u_{n1}+G_{12}u_{n2}+\cdots+G_{1(n-1)}u_{n(n-1)}=i_{S11} \\ G_{21}u_{n1}+G_{22}u_{n2}+\cdots+G_{2(n-1)}u_{n(n-1)}=i_{S22} \\ \cdots\cdots \\ G_{(n-1)1}u_{n1}+G_{(n-1)2}u_{n2}+\cdots+G_{(n-1)(n-1)}u_{n(n-1)}=i_{S(n-1)(n-1)} \end{cases}$$

就每种分析方法的方程数目来说，可用表 3-1 进行说明。

表 3-1 电阻电路各种分析方法的方程数比较

分析方法	KCL 方程	KVL 方程	方程总数
支路电流法	$n-1$	$b-n+1$	b
回路电流法	0	$b-n+1$	$b-n+1$
结点电压法	$n-1$	0	$n-1$

支路电流法要求每个支路电压都能以支路电流表示，这就使该方法的应用受到一定限制，如对于无伴电流源就需另行处理，而且该方法列写的方程数较多。结点电压法也有类似问题存在，它要求每个支路电流都能以支路电压表示，对于无伴电压源就需另行处理。网孔电流法选取独立回路容易，但仅适用于平面电路。对于非平面电路，选取独立回路不容易，而独立结点选取较容易。回路电流法、结点电压法都易于编程，目前应用计算机分析复杂电路采用结点电压法较多。

习　　题

一、选择题

1. 电路的支路数为 b、结点数为 n、网孔数为 l，它们的关系为（　　）。
   A. $l=b-n$　　　　B. $l=b-(n-1)$　　C. $l=b-(n+1)$　　D. $l=b+n$

2. 用结点电压法求解电路时，如果电路中存在（　　），可以减少结点电压变量数。
   A. 无伴电压源　　　B. 无伴电流源　　　C. 电压源　　　　　D. 电流源

3. 用网孔电流法求解电路时，如果电路中存在（　　），可以减少网孔电路变量数。
   A. 无伴电压源　　　B. 无伴电流源　　　C. 电压源　　　　　D. 电流源

4. 如果电路中存在受控源，用电路的一般分析方法求解电路时，对受控源的处理方法是（　　）。
   A. 如果是受控电压源，将其短路　　　B. 如果是受控电流源，将其开路
   C. 将受控源如同独立源一样处理　　　D. 无法确定

5. 应用网孔电流法求解电路时，网孔的自阻与互阻的取值为（　　）。
   A. 都取正值
   B. 都取负值
   C. 自阻取正值，互阻取负值
   D. 自阻取正值，互阻视不同情况可取正值，也可取负值

6. 应用结点电压法求解电路时，结点的自导与互导的取值为（　　）。
   A. 都取正值
   B. 都取负值
   C. 自导取正值，互导取负值
   D. 自导取正值，互导视不同情况可取正值，也可取负值

7. 电路如题图 3-1 所示，欲求电流 I，则选用（　　）方法最简单。
   A. 结点电压法　　B. 支路电流法　　C. 网孔电流法　　D. 回路电流法

8. 题图 3-2 所示电路中电流 i 等于（　　）。
   A. 1A　　　　B. 2A　　　　C. 3A　　　　D. 4A

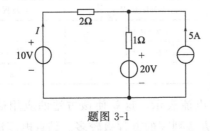
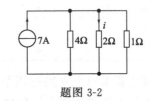

题图 3-1　　　　　　　　　　　　　题图 3-2

9. 题图 3-3 所示电路中结点 a 的结点电压方程为（　　）。
   A. $8U_a - 2U_b = 1$　　　　　　　　B. $1.7U_a - 0.5U_b = -1$
   C. $1.7U_a + 0.5U_b = 1$　　　　　　D. $1.7U_a - 0.5U_b = 1$

10. 电路如题图 3-4 所示，ab 端口的伏安特性方程是（　　）。
    A. $u = -2i - 10$　　B. $u = 10 - 5i$　　C. $u = 2i + 10$　　D. $u = 5i + 10$

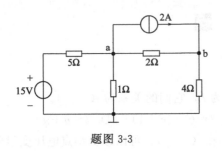
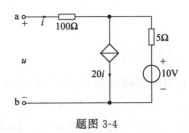

题图 3-3　　　　　　　　　　　　　题图 3-4

二、填空题

1. 对于一个具有 b 条支路和 n 个结点的电路，根据 KCL 可以列出（　　）个独立方

程，根据 KVL 可以列出（　　）个独立方程。

2. 对于一个具有 n 个结点的电路，使用结点电压法，可列出（　　）个结点电压方程。结点电压法列方程时，自导为（　　）值，互导总为（　　）值。

3. 电路如题图 3-5 所示，应用网孔电流法，网孔 1 的网孔电流方程为 I_1=（　　）A。

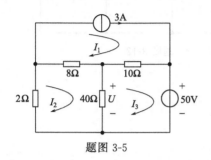
题图 3-5

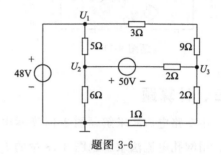
题图 3-6

4. 电路如题图 3-6 所示，应用结点电压法，结点 1 的结点电压方程为 U_1=（　　）V。

5. 电路如题图 3-7 所示，应用结点电压法，选择（　　）为参考点，就可以只列出一个结点方程求出电路中的 I、U_1、U_2。

6. 电路如题图 3-8 所示，用网孔电流法列出网孔 2 的网孔电流方程为 I_2=（　　）。

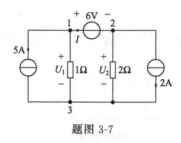
题图 3-7

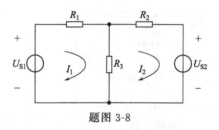
题图 3-8

7. 电路如题图 3-9 所示，选择结点 0 为参考结点，用结点电压法求解 U_2=（　　）V。

8. 电路如题图 3-10 所示，用网孔电流法列出的网孔电流方程如下：

$$\begin{cases} 9I_1-5I_2=10 \\ -5I_1+11I_2=5 \end{cases}$$

由网孔电流方程确定电路元件的参数 U_S=（　　）V。

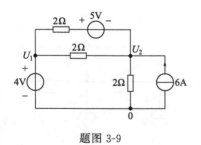
题图 3-9

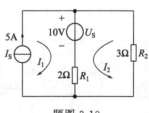
题图 3-10

9. 电路如题图 3-11 所示，若选用网孔电流法求解电路，I_1=7A，I_2=−7A，I_3=8A，则 I_4=（　　）A。

10. 电路如题图 3-12 所示，用结点电压法列出的结点 1 的结点方程为 $\frac{2}{5}U_1-\frac{1}{5}U_2=2$，则由结点电压方程可确定电路元件参数 U_{S1}=（　　）V，R_2=（　　）Ω，R_3=（　　）Ω。

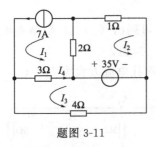
题图 3-11

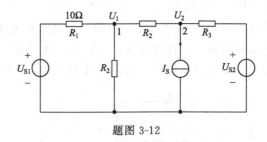
题图 3-12

三、计算题

1. 用支路电流法求解题图 3-13 所示电路中的 i_5。
2. 用网孔电流法求解题图 3-13 中的 i_5。
3. 用回路电流法求解题图 3-13 中的 i_3。
4. 列写题图 3-14 的回路电流方程并求出各支路电流。

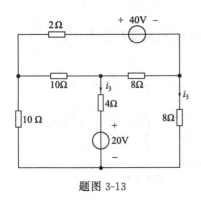
题图 3-13

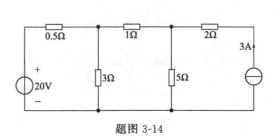
题图 3-14

5. 列写题图 3-14 的结点电压方程。
6. 列写题图 3-15 所示电路的网孔电流方程，并求出 U。
7. 用回路电流法求解题图 3-16 中的 I。
8. 电路如题图 3-16 所示，列写结点电压方程并求出各个结点电压以及电流源 I_S 的功率 P。

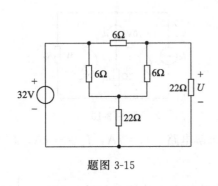
题图 3-15

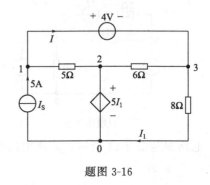
题图 3-16

9. 电路如题图 3-17 所示，列写结点电压方程。
10. 用结点电压法求解题图 3-18 所示电路中的 u_{n1} 和 u_{n2}，你对此题有什么看法？

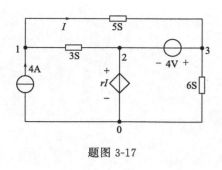

题图 3-17

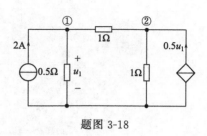

题图 3-18

11. 按题图 3-19 所示结点编号列写结点电压方程。

12. 电路如题图 3-20 所示，列出结点电压方程，并求出受控源的功率。

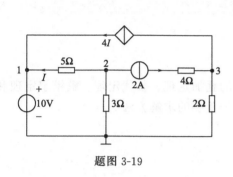

题图 3-19

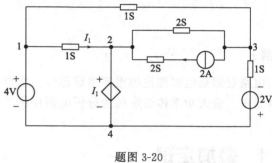

题图 3-20

13. 已知电路如题图 3-21 所示，试求电流 I_2。

14. 电路如题图 3-22 所示，含有两个独立电源和两个受控电源，试选用合适的分析方法求控制量 U_x 和 I_y。

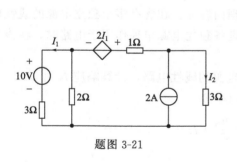

题图 3-21

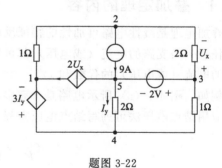

题图 3-22

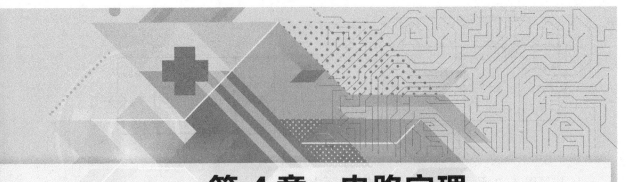

第 4 章 电路定理

引言：

电路定理是电路理论的重要组成部分。本章介绍的叠加定理、替代定理、戴维宁定理和诺顿定理、最大功率传输定理为分析电路提供了另一类重要的求解方法。

4.1 叠加定理

线性电路的线性特性包含可加性和齐次性两个基本特征，所以线性电路具有两个基本定理：叠加定理和齐次定理。

4.1.1 叠加定理的内容

叠加定理是线性电路可加性的特征反映。定理内容为：在含有多个独立电源的线性电路中，任意一条支路的电流（或电压）都可以看成是各独立电源单独作用于电路时，在该支路产生的电流（或电压）的代数和。

例如，图 4-1（a）所示电路是含有多个独立电源的线性电路，计算响应 i_1 和 u_2。

应用结点电压法可列写结点电压方程，见式（4-1）

$$(\frac{1}{R_1}+\frac{1}{R_2})u_2 = \frac{u_S}{R_1}+i_S \tag{4-1}$$

式（4-1）求解可得：

$$u_2 = \frac{R_2}{R_1+R_2}u_S + \frac{R_1 R_2}{R_1+R_2}i_S = u_2' + u_2'' \tag{4-2}$$

$$i_1 = \frac{u_S - u_2}{R_1} = \frac{u_S}{R_1+R_2} - \frac{R_2 i_S}{R_1+R_2} = i_1' + i_1'' \tag{4-3}$$

由式（4-2）和式（4-3）可以看出，含有两个独立电源的电路作用产生的响应 u_2 和 i_1 都是两个激励的线性组合，都可以看作是由两个激励单独作用形成分量的代数和。其中 u_2' 和 i_1' 是在电压源单独作用时（将电流源作用置零，视为开路）通过图 4-1（b）求得的，u_2'' 和 i_1'' 是在电流源单独作用时（将电压源作用置零，视为短路）通过图 4-1（c）求得的。

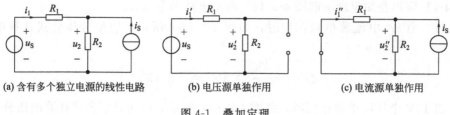

(a) 含有多个独立电源的线性电路　　(b) 电压源单独作用　　(c) 电流源单独作用

图 4-1　叠加定理

4.1.2　叠加定理的证明

叠加定理可以用多种方法证明，这里应用结点电压法证明。任意一个有 n 个结点的线性电路，都可以列写 $n-1$ 个独立的结点电压方程：

$$\left.\begin{array}{l} G_{11}u_{n1}+G_{12}u_{n2}+\cdots+G_{1(n-1)}u_{n(n-1)}=i_{S11} \\ G_{21}u_{n1}+G_{22}u_{n2}+\cdots+G_{2(n-1)}u_{n(n-1)}=i_{S22} \\ \cdots\cdots \\ G_{(n-1)1}u_{n1}+G_{(n-1)2}u_{n2}+\cdots+G_{(n-1)(n-1)}u_{n(n-1)}=i_{S(n-1)(n-1)} \end{array}\right\}$$

若系数行列式为 Δ，则第 k 个结点的电压为：

$$\begin{aligned} u_{nk} &= \frac{\Delta_{1k}}{\Delta}i_{S11}+\frac{\Delta_{2k}}{\Delta}i_{S22}+\cdots+\frac{\Delta_{(n-1)k}}{\Delta}i_{S(n-1)(n-1)} \\ &= K_{1k}i_{S11}+K_{2k}i_{S22}+\cdots+K_{(n-1)k}i_{S(n-1)(n-1)} \end{aligned} \tag{4-4}$$

其中 $\Delta = \begin{vmatrix} G_{11} & G_{12} & \cdots & G_{1(n-1)} \\ & & \cdots\cdots & \\ G_{(n-1)1} & G_{(n-1)2} & \cdots & G_{(n-1)(n-1)} \end{vmatrix}$

由式（4-4）可以看出，任意一个结点电压都是各激励作用的线性组合形式，可以看作是由各激励单独作用时产生的分量叠加。

同理，列写回路电流方程，求得的任意一个电流也具有相同的形式，也可以看作是各激励单独作用时产生的分量叠加。

4.1.3　叠加定理的应用举例

应用叠加定理时应注意以下几个问题：

① 叠加定理只适用于求解线性电路中的电压或电流，不能求解功率。因为功率为电压和电流的乘积，是平方函数，与激励不具有线性关系。

② 当一个独立电源单独作用时，其余独立电源需要作用置零（理想电压源视为短路，理想电流源视为开路）。

③ 电压和电流是代数量的叠加，要特别注意各电量的方向。若电源单独作用时的电压、电流参考方向与总量的参考方向一致时取正，反之取负。

④ 在含有受控源（线性）的电路，应把受控源作为一般元件始终保留在电路中，不能单独作用。

⑤ 含有三个或三个以上独立电源作用时，叠加的方式可以任意。既可以各独立电源单独作用，也可以将多个独立电源分组，每次让一组独立电源单独作用。

【例 4-1】应用叠加定理求解图 4-2（a）所示电路的电压 U。

解：(1) 当 3A 电流源单独作用时，如图 4-2（b）所示，应用分流公式计算电压分量 U' 得：

$$U'=-\frac{3}{6+3}\times 3\times 6=-6\text{（V）}$$

(2) 当 12V 电压源单独作用时，如图 4-2（c）所示，应用分压公式计算电压分量 U'' 得：

$$U''=\frac{6}{6+3}\times 12=8\text{（V）}$$

(3) 应用叠加定理，两个独立电源共同作用的响应 U 为：

$$U=U'+U''=2\text{V}$$

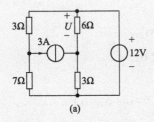 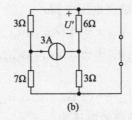 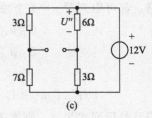

图 4-2　例 4-1 图

通过以上分析可以看出，叠加定理将含有多个独立电源共同作用的复杂电路分解成各独立电源单独作用的简单电路，从而简化了电路的分析计算。

【例 4-2】应用叠加定理求解图 4-3（a）所示电路中的电压 U。

解：(1) 10V 电压源单独作用时，如图 4-3（b）所示。

对左侧回路列写 KVL 方程：$2I'+I'+2I'-10=0$

求解可得：$I'=2\text{A}$

则电压 $U'=I'+2I'=6\text{V}$

(2) 3A 电流源单独作用时，如图 4-3（c）所示。

对左侧回路列写 KVL 方程：$2I''+1\times(I''+3)+2I''=0$

求解可得：$I''=-0.6\text{A}$

则电压 $U''=-2I''=1.2\text{V}$

(3) 10V 电压源和 3A 电流源共同作用时所求电压 U 应为：

$$U=U'+U''=7.2\text{V}$$

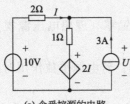 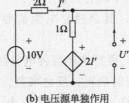 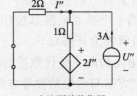

(a) 含受控源的电路　　(b) 电压源单独作用　　(c) 电流源单独作用

图 4-3　例 4-2 图

【例 4-3】电路如图 4-4 所示，线性无源网络在外加激励共同作用时，当 $U_S=1\text{V}$，$I_S=1\text{A}$ 时，$U=0\text{V}$；当 $U_S=10\text{V}$，$I_S=0\text{A}$ 时，$U=1\text{V}$；求 $U_S=0\text{V}$，$I_S=10\text{A}$ 时，U 为多少？

解：根据叠加定理，激励和响应的关系为：$U=K_1U_S+K_2I_S$

代入数据，得：$0=K_1\times1+K_2\times1$

$$1=K_1\times10+K_2\times0$$

解得：$K_1=0.1$；$K_2=-0.1$

因此，当 $U_S=0$，$I_S=10\text{A}$ 时，有

$$U=K_1U_S+K_2I_S=0.1\times0-0.1\times10=-1\text{（V）}$$

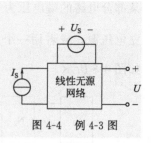

图 4-4 例 4-3 图

4.1.4 齐次定理

在线性电路中，当所有激励（独立电源）都同时增大（或减小）同样的倍数时，电路中的响应（电压或电流）也会同样增大（或减小）同样的倍数，称为齐次定理。特别是，当线性电路只有一个激励时，响应与激励成正比。

例如在图 4-5 中，若激励 u_S 和 i_S 在电阻 R_1 和 R_2 处产生的响应分别为 1A 和 2V，则当激励同时增大 1 倍时，$2u_S$ 和 $2i_S$ 在电阻 R_1 和 R_2 产生的响应也会同样增大 1 倍。

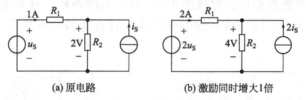

图 4-5 齐次定理

齐次定理适合求解梯形电路中各支路的电流。通常采用倒推法，先假设最远端的电流为 1A，倒推至电源端，最后再根据齐次定理进行修正。

【**例 4-4**】求解图 4-6 所示电路中的电流 I。

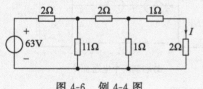

图 4-6 例 4-4 图

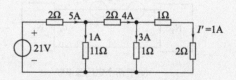

图 4-7 应用齐次定理计算电流

解：采用倒推法。设电流 $I'=1\text{A}$，则各支路电流如图 4-7 所示。

此时电源电压为：$U'_S=21\text{V}$

根据齐次定理，$\dfrac{U_S}{U'_S}=\dfrac{I}{I'}$，即 $\dfrac{63}{21}=\dfrac{I}{1}$

求得 $I=3\text{A}$

4.2 替代定理

4.2.1 替代定理的内容

替代定理是简化电路时最常用的电路定理。定理内容为：任意给定电路，若某一支路或

某部分电路的端电压为 u_k、电流为 i_k，则这一支路或部分电路可以用一个电压等于 u_k 的独立电压源，或者用一个电流等于 i_k 的独立电流源，或者用电阻等于 $R_k = \dfrac{u_k}{i_k}$ 的电阻来替代。如图 4-8 所示。

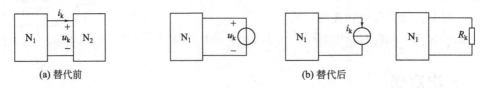

图 4-8 替代定理

4.2.2 替代定理的证明

① 若某一支路或某部分电路的端电压为 u_k，则这一支路或部分电路可以用一个电压等于 u_k 的独立电压源替代，即图 4-9（a）可以替代成图 4-9（b）。

证明：首先将两个极性相反、数值同为 u_k 的电压源串联，其总电压应为 0。所以，图 4-9（a）可以变换为图 4-9（c）所示的串联形式，将右侧两个电压合并，如图 4-9（d）所示，则得到图 4-9（b）。

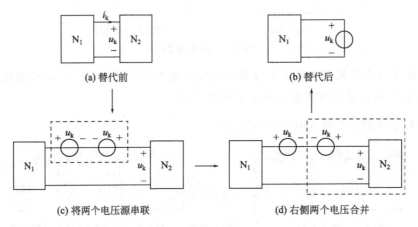

图 4-9 替代定理的证明

② 若某一支路或某部分电路的端电流为 i_k，则这一支路或部分电路可以用一个电流等于 i_k 的独立电流源替代。

证明：只要在电路中间并联两个方向相反数值同为 i_k 的电流源即可。

4.2.3 替代定理的应用举例

应用替代定理时应注意以下几个问题：
① 替代定理既适用于线性电路，也适用于非线性电路。
② 替代后电路必须有唯一解，即替代后不能形成电压源回路和电流源结点。
③ 受控源控制量所在支路不要替代。
④ 替代后其余支路的响应不会改变。

【例 4-5】 应用替代定理简化图 4-10 所示的一端口网络。

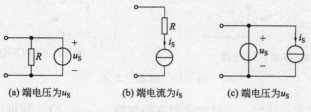

图 4-10　例 4-5 图

解： 简化后的电路如图 4-11 所示。

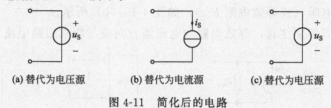

图 4-11　简化后的电路

【例 4-6】 求解图 4-12 所示电路中的电压 U。

解： 应用替代定理，简化为图 4-13 所示电路。

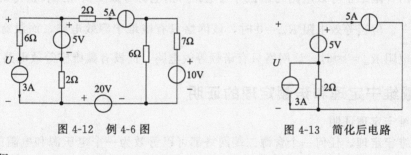

图 4-12　例 4-6 图　　　　图 4-13　简化后电路

计算可得：

$$U = 5 - (5+3) \times 2 = -11 \text{ (V)}$$

4.3 戴维宁定理和诺顿定理

若求解的响应集中在电路的某条支路上，应用戴维宁定理或诺顿定理通常会使电路分析更为简单。

4.3.1 戴维宁定理和诺顿定理的内容

戴维宁定理的内容为：任何一个线性含源二端网络（一端口），都可以等效成一个电压源和电阻的串联组合，如图 4-14（a）所示。

其中电压源的电压等于二端网络端口处的开路电压 u_{oc}，电阻等于二端网络端口处入端电阻（或等效电阻 R_{eq}）。这里 N_s 表示含源二端网络，N_0 表示无源二端网络（含源二端网络的全部独立电源置零），如图 4-14（b）所示。

应用戴维宁定理需特别注意，等效电路中电压源的方向应与所求开路电压方向一致。

图 4-14 戴维宁定理

诺顿定理的内容为：任何一个线性含源二端网络（一端口），都可以等效为一个电流源和电阻的并联组合，如图 4-15（a）所示。

其中电流源的电流等于该二端网络的短路电流 i_{sc}，电阻等于含源二端网络的全部独立电源置零后的输入电阻（或等效电阻 R_{eq}），如图 4-15（b）所示。

应用诺顿定理需特别注意，等效电路的电流源方向应与所求短路电流方向相反。

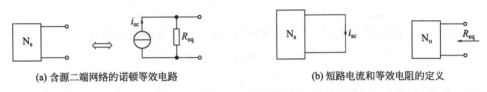

图 4-15 诺顿定理

可以看出，戴维宁等效电路与诺顿等效电路可由电源等效变换相互转换得到，其中等效电阻 $R_{eq}=\dfrac{u_{oc}}{i_{sc}}$。但当等效电阻 $R_{eq}=0$ 时，该网络只有戴维宁等效电路，而没有诺顿等效电路；当等效电阻 $R_{eq}=\infty$ 时，该网络只有诺顿等效电路，而没有戴维宁等效电路。

4.3.2 戴维宁定理和诺顿定理的证明

（1）戴维宁定理证明

根据戴维宁定理，任何一个含源二端网络都可以等效为一个电压源和电阻的串联组合，如图 4-14（a）所示。

想证明两个电路等效，只要外接相同电阻，若两个电路在电阻 R 上形成相同的伏安特性，则这两个电路是等效电路，得证。

证明： 图 4-16（a）与图 4-16（b）有相同的伏安特性。

首先，应用替代定理，将电阻所在支路用一个电流为 i 的电流源替代，如图 4-16（c）所示。其次，应用叠加定理，令含源二端网络中的电源与替代的电流源分别作用，如图 4-16（d）所示。含源二端网络作用时，电流源开路，形成开路电压 u_{oc}；电流源作用时，含源二端网络作用置零，转换成无源二端网络，可以等效成电阻 R_{eq}，如图 4-16（e）所示，则有：

$$u=u_{oc}+u'=u_{oc}-iR_{eq} \tag{4-5}$$

而图 4-16（b）所示电路的伏安特性也为：

$$u=u_{oc}-iR_{eq} \tag{4-6}$$

由式（4-5）和式（4-6）可以看出，图 4-16（a）与图 4-16（b）等效。

（2）诺顿定理证明

同理，将外接电阻所在支路用电压源替代，即可以证明诺顿定理成立。

(a) 含源二端网络外接电阻R　(b) 戴维宁等效电路外接电阻R

(c) 应用替代定理替代成电流源　(d) 应用叠加定理分解为各电源单独作用

(e) 无源网络等效成输入电阻

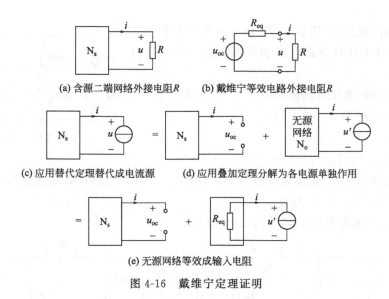

图 4-16　戴维宁定理证明

4.3.3　戴维宁定理和诺顿定理的应用举例

应用戴维宁定理和诺顿定理时要注意以下几个问题：

① 含源是指电路中有独立电源。

② 当含源二端网络（一端口）内部有受控源时，控制量与受控源必须一起包含在被化简的二端网络（一端口）中。

③ 等效电阻 R_{eq} 的计算方法。

a. 当网络内部没有受控源时，等效电阻 R_{eq} 就是将独立电源全部置零后（电压源短路，电流源开路），无源二端网络 N_o 的总电阻。可以利用串并联或 Y、△等效变换得到。如图 4-17 所示。

b. 当网络内部有受控源时，可以用外加电源法或者开路短路法求解。

• 外加电源法：将独立电源全部置零后（电压源短路，电流源开路），在无源二端网络端口处外加电压源或电流源，利用电压与电流的比值求解输入电阻，等效电阻 $R_{eq}=\frac{u}{i}$，如图 4-18 所示。

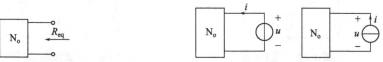

图 4-17　不含受控源时等效电阻的计算方法

图 4-18　外加电源法计算含有受控源时的等效电阻

• 开路短路法：对含源二端网络 N_s 求解端口处的开路电压 u_{oc} 和短路电流 i_{sc}，等效电阻 $R_{eq}=\frac{u_{oc}}{i_{sc}}$，如图 4-19 所示。

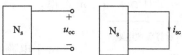

图 4-19　开路短路法计算含有受控源时的等效电阻

【例 4-7】计算图 4-20 所示二端网络的戴维宁等效电路。

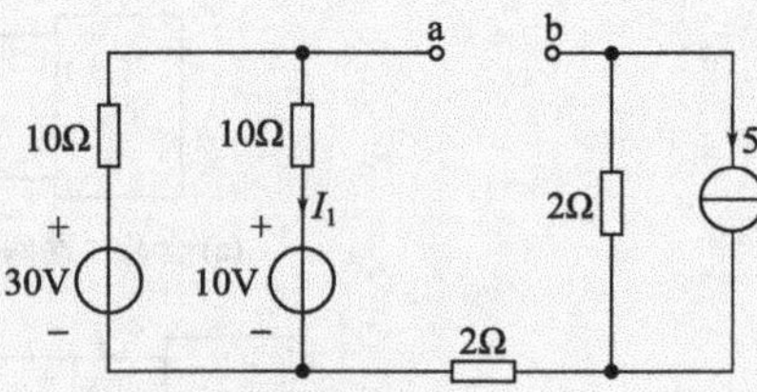

解：(1) 分别计算开路电压和等效电阻，如图 4-21 (a)、(b) 所示。

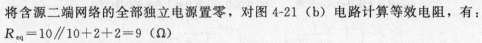

图 4-20 例 4-7 图

对图 4-21 (a) 电路左侧回路列写 KVL 方程，有：

$10I_1 + 10 - 30 + 10I_1 = 0$

则 $I_1 = 1\text{A}$

开路电压 $u_{oc} = 10I_1 + 10 + 2 \times 5 = 30$ (V)

将含源二端网络的全部独立电源置零，对图 4-21 (b) 电路计算等效电阻，有：

$R_{eq} = 10 /\!/ 10 + 2 + 2 = 9$ (Ω)

(2) 其戴维宁等效电路如图 4-21 (c) 所示。

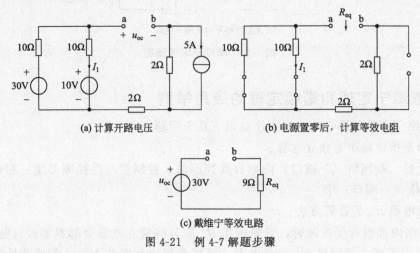

(a) 计算开路电压　　　　　(b) 电源置零后，计算等效电阻

(c) 戴维宁等效电路

图 4-21 例 4-7 解题步骤

【例 4-8】应用戴维宁定理计算图 4-22 电路中的电压 U。

解：(1) 与待求变量 U 所在支路相联的其余电路可以看作一个含源二端网络，如图 4-23 所示。

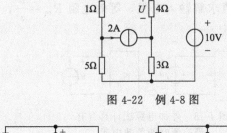

图 4-22 例 4-8 图 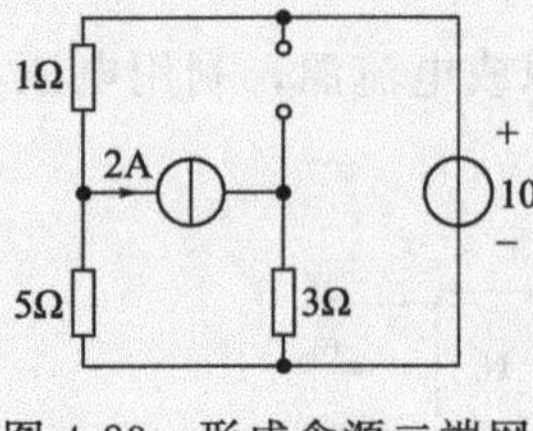　　　图 4-23 形成含源二端网络

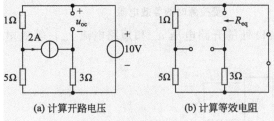

(a) 计算开路电压　　(b) 计算等效电阻

图 4-24 等效参数的计算

(2) 对含源二端网络计算开路电压 u_{oc} 和等效电阻 R_{eq}，如图 4-24 所示。

对图 4-24 (a) 电路计算开路电压 u_{oc}，可求得：

$u_{oc} = 10 - 2 \times 3 = 4$ (V)

由于电路中不含受控源，可将独立电源全部置零后（电压源短路，电流源开路），求解无源二端网络的等效电阻,如图 4-24(b)所示。
$$R_{eq}=3\Omega$$

(3) 利用得到的戴维宁等效电路求解原电路电压 U。

根据戴维宁定理,与待求变量 U 所在支路相联的其余电路可以等效成一个电压源和电阻的串联组合,其电压源的电压就是含源二端网络的开路电压 $u_{oc}=4V$;等效电阻 $R_{eq}=3\Omega$;图 4-25 为其戴维宁等效电路。

电压 $U=\dfrac{4}{3+4}\times 4=\dfrac{16}{7}$ (V)

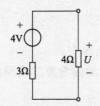
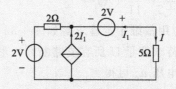

图 4-25 戴维宁等效电路　　　　图 4-26 例 4-9 图

【例 4-9】应用戴维宁定理求图 4-26 所示电路中的电流 I。

解:(1) 首先将待求变量 I 所在支路断开,其余部分形成含源二端网络。注意其中的控制量 I_1 必须保留在二端网络中;2V 电压源可以与 5Ω 电阻一起断开,也可以保留在二端网络中。图 4-27 所示的两种方式均可。

(2) 选择图 4-27(a)所示的含源二端网络计算开路电压 u_{oc},如图 4-28 所示。由于开路,所以电流 $I_1=0$,可得 $u_{oc}=2+2\times(2+1)I_1+2=4$ (V)。

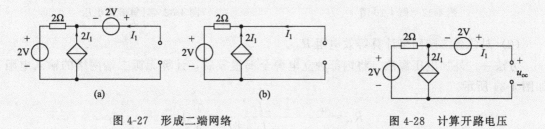

图 4-27 形成二端网络　　　　图 4-28 计算开路电压

(3) 对含源二端网络计算等效电阻 R_{eq}。对含受控源的二端网络,可以用两种方法计算等效电阻 R_{eq}。

方法一:外加电源法。将内部独立电源全部置零后,计算无源二端网络的输入电阻,如图 4-29 所示。

可得:$R_{eq}=\dfrac{u}{I_1}=\dfrac{(I_1+2I_1)\times 2}{I_1}=6$ (Ω)

方法二:开路短路法。直接对含源二端网络计算短路电流,利用已经计算出来的开路电压和短路电流的比值,求解等效电阻 R_{eq},如图 4-30 所示。

沿外回路列写 KVL 方程,有:$2+(I_1+2I_1)\times 2+2=0$

可得 $I_1=-\dfrac{2}{3}$A,则有 $i_{sc}=-I_1=\dfrac{2}{3}$A

等效电阻 $R_{eq} = \dfrac{u_{oc}}{i_{sc}} = \dfrac{4}{2/3} = 6$ （Ω）

（4）利用如图 4-31 所示的戴维宁等效电路求解原电路中电流 I。

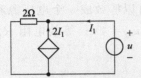 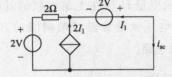 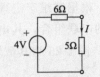

图 4-29　外加电源法计算等效电阻　　图 4-30　开路短路法计算等效电阻　　图 4-31　戴维宁等效电路

可得：$I = \dfrac{4}{6+5} = \dfrac{4}{11}$ （A）

【例 4-10】应用戴维宁定理求解如图 4-32 所示电路中电压 U。

解：（1）将待求变量 U 所在支路断开，形成图 4-33 所示的含源二端网络。
计算其开路电压 u_{oc} 可得

$$2I_1 + 2\times(20+I_1) + 8I_1 - 12 = 0，则 I_1 = -\dfrac{7}{3} \text{A}$$

$$u_{oc} = 2\times(20+I_1) + 8I_1 = \dfrac{50}{3} (\text{V})$$

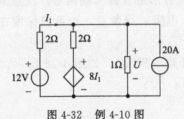

图 4-32　例 4-10 图　　　　　　　图 4-33　计算开路电压

（2）对含源二端网络计算等效电阻 R_{eq}。

方法一：外加电压源法。将内部独立电源全部置零后，计算无源二端网络的输入电阻，如图 4-34 所示。

$$R_{eq} = \dfrac{u}{i} = \dfrac{2I_1}{I_1 + \dfrac{2I_1 + 8I_1}{2}} = \dfrac{1}{3} \Omega$$

方法二：开路短路法。直接对含源二端网络计算短路电流，利用已经计算出来的开路电压与短路电流的比值，求解等效电阻 R_{eq}，如图 4-35 所示。

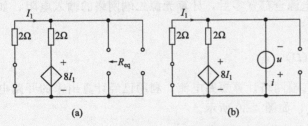 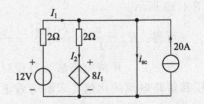

图 4-34　外加电源法计算等效电阻　　　　图 4-35　开路短路法计算等效电阻

列写 12V 电压源、2Ω 电阻及短路线所围成的回路方程，有 $2I_1 - 12 = 0$

可得 $I_1=6$A

同理有 $2I_2+8I_1=0$

得 $I_2=-24$A

则有 $i_{sc}=20+I_1-I_2=50$ (A)

等效电阻 $R_{eq}=\dfrac{u_{oc}}{i_{sc}}=\dfrac{\frac{50}{3}}{50}=\dfrac{1}{3}$ (Ω)

(3) 利用戴维宁等效电路求解原电路中电压 U。如图 4-36 所示。

$$U=\dfrac{1}{\frac{1}{3}+1}\times\dfrac{50}{3}=\dfrac{50}{4}=12.5 \text{ (V)}$$

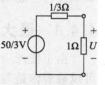

图 4-36 戴维宁等效电路

【例 4-11】应用诺顿定理求图 4-37 所示电路中的电流 I。

解：(1) 将待求变量 I 所在支路断开，其余电路形成了一个含源二端网络。

计算其短路电流 i_{sc}，如图 4-38 所示。

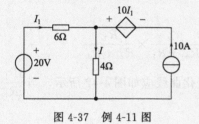

图 4-37 例 4-11 图

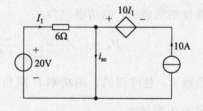

图 4-38 计算短路电流

可得 $6I_1-20=0$，则有 $I_1=\dfrac{10}{3}$A

可得：$i_{sc}=10+I_1=\dfrac{40}{3}$ (A)

(2) 对含源二端网络计算等效电阻 R_{eq}。

采用外加电压源法（将内部独立电源全部置零后，计算无源二端网络的输入电阻），如图 4-39 所示。

$$R_{eq}=\dfrac{u}{i}=\dfrac{6I_1}{I_1}=6\,\Omega$$

(3) 应用诺顿等效电路求解原电路中 4Ω 电阻的电流 I。如图 4-40 所示。

$$I=\dfrac{40}{3}\times\dfrac{6}{6+4}=8 \text{ (A)}$$

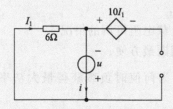

图 4-39 外加电源法计算等效电阻

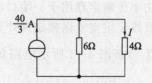

图 4-40 诺顿等效电路

4.4 最大功率传输定理

含源二端网络所接的负载不同,电路传输给负载的功率也不同。下面讨论当负载满足什么条件时,能从电路获得最大的功率。

4.4.1 最大功率传输定理的内容

由于任意一个含源二端网络都可以等效为戴维宁等效电路,如图 4-41 所示。所以负载可以被看作是与一个电压源和电阻的串联组合相连。

定理内容为:当负载电阻 R_L 等于二端网络的等效内阻 R_{eq},即 $R_L=R_{eq}$ 时,含源二端网络传输给负载的功率最大,也称为最大功率匹配条件。

负载获取的最大功率为:$P_{max}=\dfrac{u_{oc}^2}{4R_{eq}}$

4.4.2 最大功率传输定理的证明

电源传给负载 R_L 的功率应为:

$$P_L=I_L^2 R_L=\left(\dfrac{u_{oc}}{R_{eq}+R_L}\right)^2 R_L=\dfrac{u_{oc}^2}{R_{eq}+R_L}\times\dfrac{R_L}{R_{eq}+R_L}$$

若负载 R_L 是可调的,则功率 P 随负载 R_L 的变化曲线应如图 4-42 所示,当 $\dfrac{dP_L}{dR_L}=0$ 时,负载获得的功率最大。

对功率求导,有

$$\dfrac{dP_L}{dR_L}=u_{oc}^2\times\dfrac{(R_{eq}+R_L)^2-R_L\times 2(R_{eq}+R_L)}{(R_{eq}+R_L)^4}=0 \tag{4-7}$$

由式(4-7)可知,当负载电阻 R_L 等于二端网络的等效内阻 R_{eq} 时,含源二端网络传输给负载的功率最大。

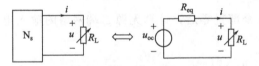

图 4-41 最大功率传输定理

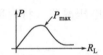

图 4-42 功率 P 随负载 R_L 的变化曲线

4.4.3 最大功率传输定理的应用举例

应用最大功率传输定理需要注意以下几个问题:
① 最大功率传输定理用于一端口电路给定,负载电阻可调的情况。
② 应用戴维宁定理或诺顿定理计算最大功率问题最方便。

【例 4-12】分析图 4-43 所示电路负载电阻 R_L 为何值时负载获得最大功率,并求最大功率。

解:将电路等效成戴维宁等效电路,如图 4-44 所示。

可知,当负载电阻 $R_L=R_{eq}=5\Omega$ 时,负载获得最大功率。

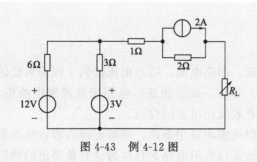
图 4-43 例 4-12 图

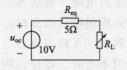
图 4-44 戴维宁等效电路

负载获取的最大功率 $P_{\max}=\dfrac{u_{oc}^2}{4R_{eq}}=\dfrac{10^2}{4\times 5}=5$ （W）

4.5 实践与应用

实际工作中，经常需要确定信号源的带负载能力或功率传输问题。根据戴维宁定理和最大功率传输定理可知，当负载电阻与电源内阻相等时，电源的传输功率最大，如图 4-45 所示。下面分析如何确定信号源的内阻。

确定信号源内阻的方法很多，这里主要介绍如何利用半压法确定信号源内阻。

① 使用电压表测量信号源的开路电压 U_S，如图 4-46 所示。

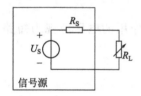

图 4-45 电路定理的实际应用

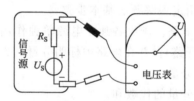

图 4-46 测量信号源的开路电压

② 在信号源的输出端外接一个可变电阻 R，先将阻值调至最大值，测量电阻的电压值，如图 4-47 所示。

③ 减小阻值，观察电压表的读数，当实测电压为开路电压 U_S 的一半时，此时可变电阻 R 的阻值就是信号源的内阻。如图 4-48 所示。

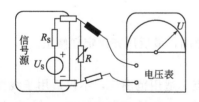

图 4-47 外接可变电阻 R

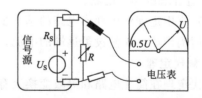

图 4-48 调整电阻电压至开路电压的一半

通过外接可变电阻 R，可以无须计算就直接得到信号源的内阻。若外接已知阻值的固定电阻 R_L，通过测量信号源的开路电压 U_S 和外接电阻的负载电压 u_L，也可以得到信号源的内阻 R_S。

根据 $\dfrac{u_{oc}}{R_S+R_L}=\dfrac{u_L}{R_L}$，则有 $R_S=(\dfrac{u_{oc}}{u_L}-1)R_L$。

本章小结

第 3 章的电路分析法为求解各支路电流、回路电流、结点电压提供了较为系统的电路方法。但当方程组数目过多时，计算较烦琐。相比一般分析法，电路定理求解电路更为灵活，尤其在求解某一支路或部分电路时，可以有效简化电路的分析。

在学习本章时，要做到明确定理的适用范围和应用条件；理解定理内容；熟练掌握定理在电路分析中的具体方法和步骤。本章虽然是以电阻电路为具体讨论对象得出的结论，但所得结论具有通用性，在后续章节中仍然适用。

1. 叠加定理

叠加定理是一种常用的电路定理。它能够将多个独立电源共同作用的复杂电路，分解成各独立电源单独作用的简单电路，从而简化电路的分析计算。同时，叠加定理为线性网络的定性分析提供了理论依据，是其他线性定理的理论基础，在理论上和应用上都具有重要意义，应熟练掌握。

(1) 定理应用的条件

① 线性电路；

② 含有多个（两个或两个以上）独立电源；

③ 求解电流或电压。

(2) 应用定理解题的基本步骤

① 分解电路。画出各独立电源单独作用的电路（不作用的电压源视为短路，不作用的电流源视为开路）；并在电路中标明分量和方向。

② 计算分量。

③ 求解分量的代数和。

(3) 定理应用中受控源的处理

受控源不同于独立电源，不能单独作用。应与电阻一样，保留在电路原位置。

2. 齐次定理

(1) 定理应用的条件和适用电路

① 线性电路；

② 适合求解梯形电路。

(2) 应用定理求解梯形电路的基本步骤

采用倒推法。先假设最远端的电流，倒推至电源端，最后用齐次定理修正。

3. 替代定理

替代定理在简化电路和等效变换上有独特的优点，适用范围广，不仅适用于线性电路，非线性电路也同样适用。

(1) 定理应用的条件和适用电路

① 线性和非线性电路；

② 替代后网络的解必须具有唯一性。

③ 适用于简化电路；

(2) 应用定理简化电路的基本步骤

① 已知电压值的组合可以简化为单个电压源。

② 已知电流值的组合可以简化为单个电流源。
③ 已知电压值和电流值的组合，可以简化为单个电压源，也可以简化为单个电流源，还可以简化为单个电阻，阻值为电压与电流的比值。

4. 戴维宁定理和诺顿定理

(1) 定理应用的条件

含源的二端网络（一端口）。

(2) 应用定理解题的基本步骤

① 断开待求变量所在支路，得到含源的二端网络（一端口）。
② 计算含源二端网络（一端口）的开路电压 u_{oc} 或短路电流 i_{sc}。
③ 计算无源二端网络（一端口）的等效电阻 R_{eq}。

方法一：外加电源法（需将内部独立电源置零）。

$$R_{eq} = \frac{u}{i}$$

方法二：开路短路法（内部独立电源不置零）。

$$R_{eq} = \frac{u_{oc}}{i_{sc}}$$

④ 利用计算得到的戴维宁等效电路或诺顿等效电路求解待求变量。

5. 最大功率传输定理

(1) 定理应用的条件

电阻性负载可调。

(2) 应用定理解题的基本步骤

① 求解负载外电路的戴维宁等效电路。
② 当 $R_L = R_{eq}$ 时，负载获取的功率最大。
③ 负载获取的最大功率为：

$$P_{max} = \frac{u_{oc}^2}{4R_{eq}}$$

习　　题

一、填空题

1. 叠加定理适用于（　　）电路。
2. 应用叠加定理可以求解电路中的（　　）或（　　），不能求解（　　）。
3. 应用叠加定理时，若电压源作用置零视为（　　），若电流源作用置零视为（　　）。
4. 应用叠加定理时，电路中受控源作为（　　），不能单独作用。
5. 当线性电路只有一个激励时，响应与激励成（　　）比。
6. 梯形电路的求解适合采用（　　）法。
7. 替代定理既适用于（　　）电路，也适用于（　　）电路。
8. 任何一个线性（　　）网络，都可以等效成一个电压源与电阻串联的组合，也可以等效成一个（　　）与（　　）并联的组合。

9. 含源（有源）是指电路中有（   ），无源是指电路中无（   ），含有多个独立电源是指电路中独立电源的个数为（   ）。

10. 最大功率匹配条件是（   ）。

二、选择题

1. 以下描述正确的是（   ）。
   A. 叠加定理适用于线性电路和非线性电路
   B. 叠加定理适用于求解线性电路中的电压、电流或功率
   C. 电压源作用置零视为短路，电流源作用置零视为开路
   D. 应用叠加定理时，总量与分量的参考方向必须一致

2. 题图 4-1 所示电路中 $I_1=2A$，若电流源单独作用，则电流 I_1 应该为（   ）。
   A. 1A   B. $-$1A   C. 3A   D. $-$3A

3. 题图 4-2 所示电路，线性无源网络在外加激励共同作用时，当 $U_S=10V$，$I_S=10A$ 时，$U_2=3V$；当 $U_S=5V$，$I_S=10A$ 时，$U_2=2.5V$；则 $U_S=30V$，$I_S=5A$ 时，U_2 应该等于（   ）。
   A. 1V   B. 2V   C. 3V   D. 4V

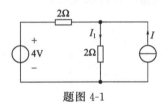
题图 4-1

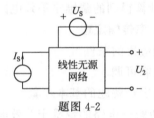
题图 4-2

4. 题图 4-3 所示电路转换为电流源模型，则其电流 I_S 和电阻 R 应为（   ）。
   A. 1A，1Ω   B. 5A，1Ω   C. 5A，2Ω   D. 10A，2Ω

5. 题图 4-4 所示电路转换为电压源模型，则其电压 U_S 和电阻 R 应为（   ）。
   A. 2V，1Ω   B. 10V，1Ω   C. 12V，1Ω   D. 20V，1Ω

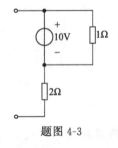
题图 4-3

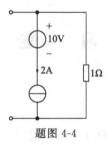
题图 4-4

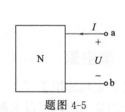
题图 4-5

6. 题图 4-5 所示网络端口的电压电流关系为 $4U=40+8I$，则该网络的等效电路为（   ）。

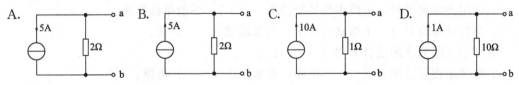

7. 题图 4-6 所示电路中电阻 R_L 等于（   ）时，电路的功率最大。
   A. 2Ω   B. 3Ω   C. 4Ω   D. 7Ω

8. 题图 4-7 所示电路的最大功率等于（　　）。
A. 1W B. 5W C. 12.5W D. 50W

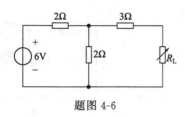

题图 4-6

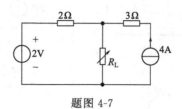

题图 4-7

三、计算题

1. 应用叠加定理求解题图 4-8 所示电路的电流 I。
2. 应用叠加定理求解题图 4-9 所示电路的电压 U。

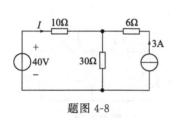

题图 4-8

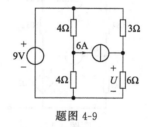

题图 4-9

3. 电路如题图 4-10 所示，当 U_S 和 5A 电流源共同作用时，$U_{AB}=4V$。分析电压源 U_S 单独作用时，电压 U_{AB} 应为多少。

4. 应用叠加定理求解题图 4-11 所示电路的电流 I。

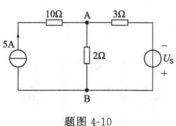

题图 4-10

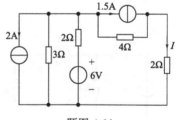

题图 4-11

5. 应用叠加定理求解题图 4-12 所示电路的电流 i。
6. 求解题图 4-13 所示电路中的各支路电流。
7. 将题图 4-14 所示的二端网络简化为电流源模型。

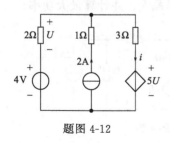

题图 4-12

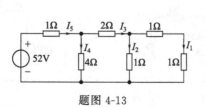

题图 4-13

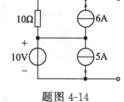

题图 4-14

8. 将题图 4-15 所示二端网络简化为电压源模型。

9. 求解题图 4-16 所示二端网络的戴维宁等效电路和诺顿等效电路。

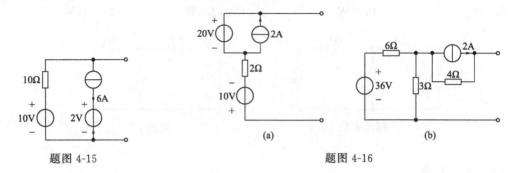

题图 4-15 题图 4-16

10. 求解题图 4-17 所示电路的戴维宁等效电路和诺顿等效电路。
11. 应用戴维宁定理求解题图 4-18 所示电路中的电压 U。

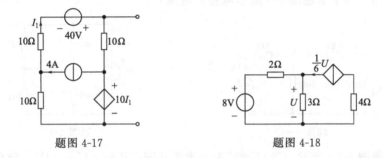

题图 4-17 题图 4-18

12. 题图 4-19 所示电路的可变电阻 R_L 为何值时，其获得的功率最大，并计算最大功率。

13. 题图 4-20 所示电路的可变电阻 R_L 为何值时，其获得的功率最大，并计算最大功率。

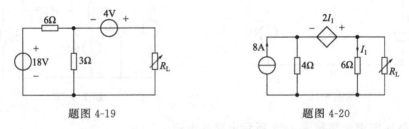

题图 4-19 题图 4-20

14. 题图 4-21 所示电路的可变电阻 R_L 为何值时，其获得的功率最大，并计算最大功率。

15. 题图 4-22 所示电路的可变电阻 R_L 为何值时，获得的功率最大，并计算最大功率。

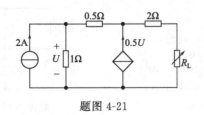 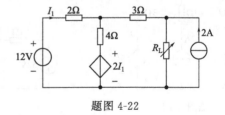

题图 4-21 题图 4-22

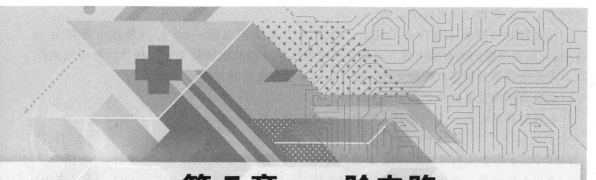

第 5 章 一阶电路

引言:

前面几章的电路分析局限于电阻电路,电阻对能量的吸收是不可逆的,即电阻为耗能元件,与之不同的是电容和电感元件,它们不会消耗能量,只会把能量储存起来,因而称之为储能元件。

纯电阻电路在实际生产生活中十分少见,多数情况是电阻、电容、电感同时存在于电路中。因此,了解电容和电感的特性与应用十分必要。电路中存在电容、电感这两种元件时,若电路状态发生变化,依电容和电感的储能特性,电路响应是需要一个过程的。本章主要讨论电路中只含有一个电容或一个电感的情况。

5.1 储能元件

5.1.1 电容

电容(capacitance)是一种可以在电场中储存电能的无源二端元件,广泛地应用在电子、通信、计算机以及电力系统中,常见电容器如图 5-1 所示。

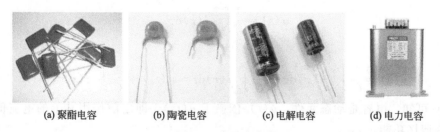

(a) 聚酯电容　　　(b) 陶瓷电容　　　(c) 电解电容　　　(d) 电力电容

图 5-1　常见电容器

电容器可以描述为两块中间充满电介质的金属极板,电介质一般为空气、陶瓷、绝缘纸或云母等,金属极板通常为铝箔。则:

$$C = \frac{\varepsilon S}{d} \tag{5-1}$$

式中,C 是电容;ε 是电介质的介电常数;S 是极板的面积;d 是两极板距离。可见电容的大小是由电容自身属性决定的。

在电容的两极板上加上电压后，一个极板上聚集正电荷$+q$，另一极板上聚集负电荷$-q$，在两极板间的介质中建立电场，移除电压后，电荷依旧聚集在极板上，电场依然存在，可见电容器是储存电荷的元件，也可以说是储存电场能量的元件。

电容的结构及电路符号如图5-2所示。

电容储存的电荷q与加在其上的电压u成正比，即：

$$q = Cu \tag{5-2}$$

式中，q的单位为C（库仑）；u的单位为V（伏特）；C的单位为F（法拉，库/伏）。F是一个较大的单位，常用的电容单位还有毫法（mF）、μF（微法）、纳法（nF）、pF（皮法）等，它们的换算关系是：

$$1F = 10^3 mF$$
$$1F = 10^6 \mu F$$
$$1F = 10^9 nF$$
$$1F = 10^{12} pF$$

满足图5-3特性关系的电容为线性电容器（本书未特定指出，均研究的是线性电容）。

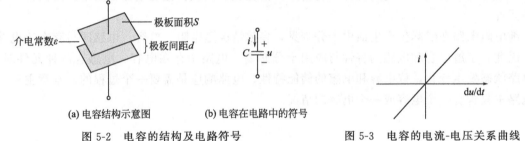

(a) 电容结构示意图　　(b) 电容在电路中的符号

图5-2　电容的结构及电路符号　　　　图5-3　电容的电流-电压关系曲线

对式（5-2）两边求导：

$$\frac{dq}{dt} = i = C\frac{du}{dt} \tag{5-3}$$

即在图5-2（b）所示u与i关联参考方向下，电容器中电流i与电压u的关系式。对式（5-3）两端积分得到电容器中电压u与电流i的关系式：

$$u(t) = \frac{1}{C}\int_{-\infty}^{t} i(\tau)d\tau \tag{5-4}$$

或

$$u(t) = \frac{1}{C}\int_{-\infty}^{t_0} i(\tau)d\tau + \frac{1}{C}\int_{t_0}^{t} i(\tau)d\tau = u(t_0) + \frac{1}{C}\int_{t_0}^{t} i(\tau)d\tau \tag{5-5}$$

由式（5-5）可知，电容是动态元件，$u(t)$依赖于$u(t_0)$，即之前作用其上的电流值，这说明电容具有记忆功能。

由：

$$p = ui = uC\frac{du}{dt} = Cu\frac{du}{dt} \tag{5-6}$$

得：

$$W_C = \int_{-\infty}^{t} p\,d\tau = \int_{-\infty}^{t} u(\tau)i(\tau)d\tau = \int_{-\infty}^{t} Cu(\tau)\frac{du(\tau)}{d\tau}d\tau$$

$$= C\int_{u(-\infty)}^{u(t)} u(\tau) \mathrm{d}u(\tau)$$

$$= \frac{1}{2}Cu^2(t) - \frac{1}{2}Cu^2(-\infty) \tag{5-7}$$

若设：$t=-\infty$ 时，$u(-\infty)=0$，则：

$$W_C = \frac{1}{2}Cu^2(t) \tag{5-8}$$

即电容器上 u 与 i 关联参考方向下吸收的能量。

电容的主要性质：

① 由式（5-3）可见，当电容器上电压不随时间变化，则通过其电流为零，电容器处于开路状态，此即隔断直流效应。

② 由于能量变化的连续性，由式（5-8）可见，电容电压一定连续，即电容电压不会突变。

③ 电容器吸收的能量不会被消耗，而是储存在电场中，需要时可以全部释放给需要的电路或元件。

【例 5-1】有一 $50\mu F$ 的电容器，其上加载电压如图 5-4（a）所示，试计算通过该电容的电流，并画出电流波形。

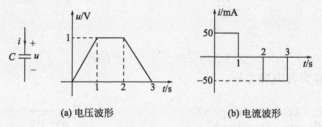

(a) 电压波形　　　　　　(b) 电流波形

图 5-4　例 5-1 图

解：由图可知电容电压可分段表示为：

$$u(t) = \begin{cases} t & 0 < t \leqslant 1 \\ 1 & 1 < t \leqslant 2 \\ -t+3 & 2 < t \leqslant 3 \\ 0 & \text{其他} \end{cases}$$

由于 $i = C\dfrac{\mathrm{d}u}{\mathrm{d}t}$，且 $C=50\mu F$，对电压求导得：

$$i(t) = 50\times 10^{-6} \times \begin{cases} 1 & 0 < t \leqslant 1 \\ 0 & 1 < t \leqslant 2 \\ -1 & 2 < t \leqslant 3 \\ 0 & \text{其他} \end{cases} = \begin{cases} 50\ (\mathrm{mA}) & 0 < t \leqslant 1 \\ 0 & 1 < t \leqslant 2 \\ -50\ (\mathrm{mA}) & 2 < t \leqslant 3 \\ 0 & \text{其他} \end{cases}$$

通过电容的电流波形如图 5-4（b）所示。

(1) 电容的串联

如图 5-5 所示，依据 KVL 得：

$$u = u_1 + u_2 + \cdots + u_N$$

$$= \frac{1}{C_1}\int_{-\infty}^t i\,d\tau + \frac{1}{C_2}\int_{-\infty}^t i\,d\tau + \cdots + \frac{1}{C_N}\int_{-\infty}^t i\,d\tau$$

$$= \left(\frac{1}{C_1} + \frac{1}{C_2} + \cdots + \frac{1}{C_N}\right)\int_{-\infty}^t i\,d\tau$$

$$= \frac{1}{C_{eq}}\int_{-\infty}^t i\,d\tau \tag{5-9}$$

式中：

$$\frac{1}{C_{eq}} = \frac{1}{C_1} + \frac{1}{C_2} + \cdots + \frac{1}{C_N} \tag{5-10}$$

串联电容的等效电容为每个电容的倒数之和的倒数。

（2）电容的并联

如图 5-6 所示，依据 KCL 得：

$$i = i_1 + i_2 + \cdots + i_N$$

$$= C_1 \frac{du}{dt} + C_2 \frac{du}{dt} + \cdots + C_N \frac{du}{dt}$$

$$= (C_1 + C_2 + \cdots + C_N)\frac{du}{dt}$$

$$= C_{eq}\frac{du}{dt} \tag{5-11}$$

式中：

$$C_{eq} = C_1 + C_2 + \cdots + C_N \tag{5-12}$$

并联电容的等效电容为各电容之和。

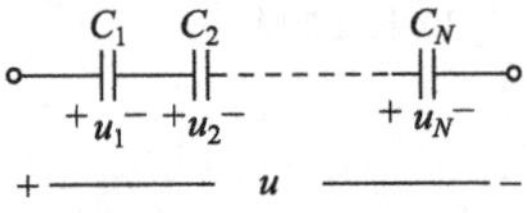

图 5-5　电容串联 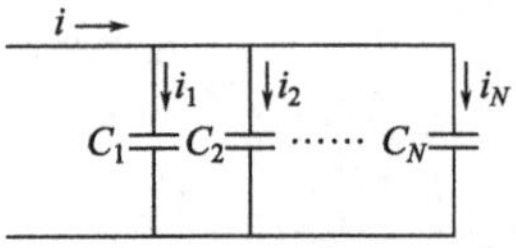　　　　图 5-6　电容并联

【例 5-2】求图 5-7 所示电路终端的等效电容。

解：2F 和 3F 并联，它们的等效电容为：2+3=5（F）

5F 和 20F 串联，等效电容为：$\frac{5 \times 20}{5 + 20} = 4$（F）

4F 和 1F 并联，它们的等效电容为：4+1=5（F）

5F 和 5F 串联，等效电容为：$\frac{5 \times 5}{5 + 5} = 2.5$（F）

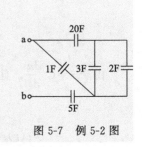

图 5-7　例 5-2 图

5.1.2　电感

电感（inductance）是应用导线绕制的线圈，也是闭合回路的一种属性。当线圈通过电流后，在线圈中形成感应磁场，感应磁场又会产生感应电流来抵制通过线圈中的电流。这种电流与线圈的相互作用关系称为电的感抗，即电感。电感广泛地应用于电力系统、无线电、广播电视、通信雷达、电动机等领域，常见电感如图 5-8 所示。

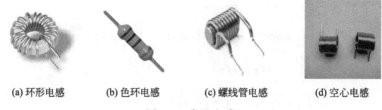

| (a) 环形电感 | (b) 色环电感 | (c) 螺线管电感 | (d) 空心电感 |

图 5-8 常见电感

实际应用的电感均由导线绕成线圈，电感的感应系数取决于电感自身的性质，如图 5-9（a）所示的螺线管电感，其电感为：

式中，N 是线圈匝数；μ 是磁芯的磁导率；S 是横截面积；l 是长度。可见电感的大小是由电感自身属性决定的。

$$L = N^2 \frac{\mu S}{l} \tag{5-13}$$

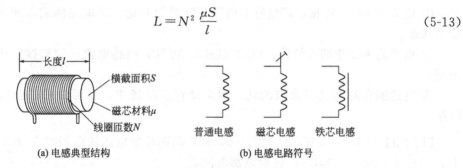

(a) 电感典型结构　　　　　(b) 电感电路符号

图 5-9 电感典型结构及电路符号

电感的电路符号如图 5-9（b）所示，电感磁芯一般由铁、钢、塑料或空气制成。

电感的单位为 H（亨利，伏·秒/安），H 是一个较大的单位，常用的电感单位还有 mH（毫亨）、μH（微亨）等，它们的换算关系是：

$$1H = 10^3 mH$$
$$1H = 10^6 \mu H$$

当电流通过电感时，在 u 与 i 关联参考方向下，电感上的电压 u 与电流 i 的关系式为：

$$u = L \frac{di}{dt} \tag{5-14}$$

即电感上的电压与其电流变化率成正比。这也说明电感中若通有恒定电流时，其两端电压为零。若电感的电压与电流满足图 5-10 的特性关系，则该电感为线性电感（本书未特定指出，均研究的是线性电感）。对式（5-14）进行积分得：

$$\begin{aligned} i &= \frac{1}{L} \int_{-\infty}^{t} u(\tau) d\tau \\ &= \frac{1}{L} \int_{-\infty}^{t_0} u(\tau) d\tau + \frac{1}{L} \int_{t_0}^{t} u(\tau) d\tau \\ &= i(t_0) + \frac{1}{L} \int_{t_0}^{t} u(\tau) d\tau \end{aligned} \tag{5-15}$$

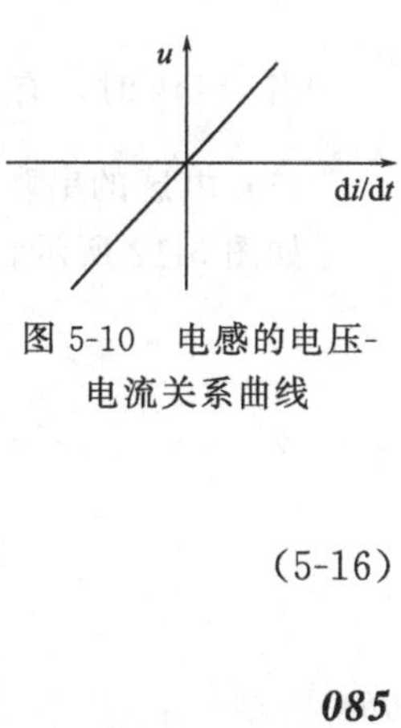

图 5-10 电感的电压-电流关系曲线

由此可见，电感与电容类似，也是动态元件，也具有记忆功能。

由：

$$p = ui = L \frac{di}{dt} i = Li \frac{di}{dt} \tag{5-16}$$

得：

$$W_L = \int_{-\infty}^{t} p\,d\tau = \int_{-\infty}^{t} u(\tau)i(\tau)\,d\tau = \int_{-\infty}^{t} Li(\tau)\frac{di(\tau)}{d\tau}d\tau$$

$$= L\int_{i(-\infty)}^{i(t)} i(\tau)\,di(\tau)$$

$$= \frac{1}{2}Li^2(t) - \frac{1}{2}Li^2(-\infty) \tag{5-17}$$

若设：$t=-\infty$ 时，$i(-\infty)=0$，则：

$$W_L = \frac{1}{2}Li^2(t) \tag{5-18}$$

即电感上 u 与 i 关联参考方向下吸收的能量。

电感的主要性质：

① 由式（5-16）可见，若电感上电流不随时间变化，则电感两端电压为零，电感处于短路状态。

② 由于能量变化的连续性，由式（5-18）可见，电感电流一定连续，即电感电流不会突变。

③ 电感储存的能量不会被消耗，而是储存在磁场中，需要时可以全部释放给需要的电路。

【例 5-3】已知 $L=2H$，且 $i(0)=0$，加在其两端的电压波形如图 5-11（b）所示，试求当 $t=1s$，$t=2s$，$t=3s$，$t=4s$ 时电感电流 i。

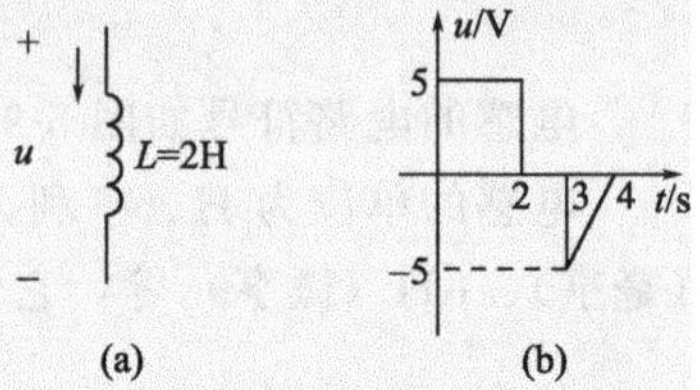

解：由电压波形得：

$$u(t) = \begin{cases} 5 & 0 \leqslant t \leqslant 2 \\ 0 & 2 < t \leqslant 3 \\ 5t-20 & 3 < t \leqslant 4 \end{cases}$$

由电感电压与电流的关系：

$$i(t) = i(t_0) + \frac{1}{L}\int_{t_0}^{t} u(\tau)\,d\tau$$

图 5-11 例 5-3 图

当 $t=1s$ 时，有：$i(1) = 0 + \frac{1}{L}\int_0^1 5\,dt = \frac{1}{2}\times 5t\Big|_0^1 = 2.5$（A）

当 $t=2s$ 时，有：$i(2) = 2.5 + \frac{1}{2}\int_1^2 5\,dt = 2.5 + \frac{1}{2}\times 5t\Big|_1^2 = 5$（A）

当 $t=3s$ 时，有：$i(3) = 5 + \frac{1}{2}\int_2^3 0\,dt = 5$（A）

当 $t=4s$ 时，有：$i(4) = 5 + \frac{1}{2}\int_3^4 (5t-20)\,dt = 5 + \frac{1}{2}\times(\frac{5}{2}t^2 - 20t)\Big|_3^4 = 3.75$（A）

（1）电感的串联

如图 5-12 所示，依据 KVL 得：

$$u = u_1 + u_2 + \cdots + u_N$$

$$= L_1\frac{di}{dt} + L_2\frac{di}{dt} + \cdots + L_N\frac{di}{dt}$$

$$= (L_1 + L_2 + \cdots + L_N)\frac{di}{dt}$$

$$= L_{eq}\frac{di}{dt}$$

式中：
$$L_{eq}=L_1+L_2+\cdots+L_N \tag{5-19}$$

串联电感的等效电感为每个电感的电感之和。

（2）电感的并联

如图 5-13 所示，依据 KCL 得：
$$i=i_1+i_2+\cdots+i_N$$
$$=\frac{1}{L_1}\int_{-\infty}^{t}u\,dt+\frac{1}{L_2}\int_{-\infty}^{t}u\,dt+\cdots+\frac{1}{L_N}\int_{-\infty}^{t}u\,dt$$
$$=\left(\frac{1}{L_1}+\frac{1}{L_2}+\cdots+\frac{1}{L_N}\right)\int_{-\infty}^{t}u\,dt$$
$$=\frac{1}{L_{eq}}\int_{-\infty}^{t}u\,dt \tag{5-20}$$

式中：
$$\frac{1}{L_{eq}}=\frac{1}{L_1}+\frac{1}{L_2}+\cdots+\frac{1}{L_N} \tag{5-21}$$

并联电感的等效电感为每个电感的电感倒数之和的倒数。

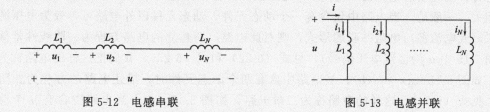

图 5-12　电感串联　　　　　　　图 5-13　电感并联

【例 5-4】求图 5-14 所示电路终端的等效电感。

解：根据电感的串并联等效原则：

8H 和 8H 并联等效电感为：$\dfrac{1}{\frac{1}{8}+\frac{1}{8}}=4$（H）

4H 和 2H 串联等效电感为：$4+2=6$（H）

6H 和 3H 并联等效电感为：$\dfrac{1}{\frac{1}{6}+\frac{1}{3}}=2$（H）

2H 和 8H 串联等效电感为：$2+8=10$（H）

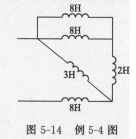

图 5-14　例 5-4 图

5.2　电路动态过程和初始条件

前一节我们学习了电容和电感两种元件，这两种元件的电压和电流的约束关系是由微分或积分表达的，所以称之为动态元件。若电路中存在电容和电感元件，依据 KCL、KVL 和元件本身 VCR 关系建立的电路方程为微分方程。

5.2.1 电路动态过程

电路中若含有电容或电感这样的动态元件,则该电路为动态电路。对图 5-15 中三个电路列 KVL 方程,分别得到式(5-22)~式(5-24)。

图 5-15(a) KVL 方程:

$$u=u_R+u_C=iR+u_C=RC\frac{du_C}{dt}+u_C \tag{5-22}$$

图 5-15(b) KVL 方程:

$$u=u_R+u_L=iR+u_L=iR+L\frac{di}{dt} \tag{5-23}$$

图 5-15(c) KVL 方程:

$$\begin{aligned}u&=u_R+u_L+u_C\\&=iR+L\frac{di}{dt}+u_C\\&=RC\frac{du_C}{dt}+L\frac{di}{dt}+u_C\\&=LC\frac{d^2u_C}{dt^2}+RC\frac{du_C}{dt}+u_C\end{aligned} \tag{5-24}$$

可见,描述动态电路的 KVL 方程均为微分方程,方程阶数与所含动态元件个数和电路结构相关。一般地,当电路中仅含有一个动态元件,动态元件以外电路可等效为电压源与电阻串联,或电流源与电阻并联的形式,则对此电路,所建立的电路方程为一阶线性常微分方程(图 5-15 中 u 为恒定电压信号),见式(5-22)和式(5-23),我们把这样的电路称为一阶电路,如图 5-15(a)和(b);当电路中含有两个动态元件时,描述电路的方程为二阶微分方程,见式(5-24),这样的电路称为二阶电路,如图 5-15(c);当电路中含有 n 个动态元件时,描述电路的方程为 n 阶微分方程,这样的电路称为 n 阶电路。

求解上述微分方程,得到的 u_C 或 i 是一个时间变量,因此,对于动态电路,当电路因某种原因状态发生改变时,其响应有一个过渡过程。

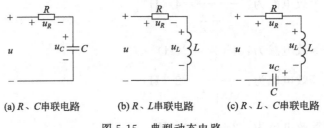

(a) R、C 串联电路　　(b) R、L 串联电路　　(c) R、L、C 串联电路

图 5-15　典型动态电路

5.2.2 初始条件

动态电路的过渡过程始于电路的初始状态,即电路结构或参数发生变化瞬间,也就是电路发生换路的那一刻。一般地,把换路瞬间定义为时刻 $t=0$,而换路前的最终时刻记为 $t=0_-$,换路后的最初时刻记为 $t=0_+$,换路经历的时间从 0_- 到 0_+。

初始条件是指电路中所有响应在 $t=0_+$ 时的值,也称初始值。

由式（5-8）和式（5-18），电容上的电压和电感中的电流均为能量函数，根据能量不会跃变原理，得到 $u_C(t)$ 和 $i_L(t)$ 在其定义域内一定连续。因而有如下换路定则：

$$u_C(0_-) = u_C(0_+) \tag{5-25}$$
$$i_L(0_-) = i_L(0_+) \tag{5-26}$$

一般把 $u_C(0_+)$ 和 $i_L(0_+)$ 称为独立初始条件，电路中其他响应的初始值称为非独立初始条件。

确定初始条件的方法：

① 首先，依据 $t=0_-$ 时电路稳态情况（C 视为开路，L 视为短路），计算 $u_C(0_-)$ 和 $i_L(0_-)$；

② 利用换路定则确定 $u_C(0_+)$ 和 $i_L(0_+)$；

③ 将 $u_C(0_+)$ 视为电压源，$i_L(0_+)$ 视为电流源，画出 $t=0_+$ 时刻等效电路；

④ 求解 $t=0_+$ 时刻等效电路各响应结果，即为各响应的初始条件。

【例 5-5】 确定图 5-16（a）所示电路中各电压和电流的初始值。设换路前电路处于稳态。

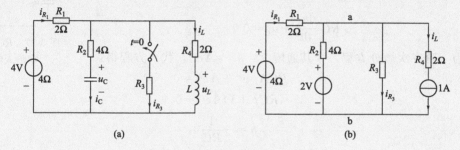

图 5-16 例 5-5 图

解： 换路前电路处于稳态，所以

$$i_L(0_-) = \frac{4}{2+2} = 1(\text{A}), \quad i_L(0_-) = i_L(0_+) = 1\text{A}$$

$$u_C(0_-) = 1 \times 2 = 2(\text{V}), \quad u_C(0_-) = u_C(0_+) = 2\text{V}$$

$t=0_+$ 时刻等效电路如图 5-16（b）所示。

$$u_{ab}(0_+) = \frac{\dfrac{4}{2} + \dfrac{2}{4} - 1}{\dfrac{1}{2} + \dfrac{1}{4} + \dfrac{1}{4}} = 1.5 \text{ (V)}$$

$$i_{R_3}(0_+) = \frac{1.5}{4} = 0.375 \text{ (A)}$$

$$i_C(0_+) = \frac{1.5 - 2}{4} = -0.125 \text{ (A)}$$

$$i_{R_1}(0_+) = \frac{4 - 1.5}{2} = 1.25 \text{ (A)}$$

$$u_L(0_+) = 1.5 - 1 \times 2 = -0.5 \text{ (V)}$$

由题解可见，$u_C(0_-) = u_C(0_+) = 2\text{V}$，电容电压不能跃变，而 $i_C(0_-) = 1\text{A}$，$i_C(0_+) = -0.125\text{A}$，电容电流可以跃变；$i_L(0_-) = i_L(0_+) = 1\text{A}$，电感电流不能跃变，而 $u_L(0_-) = 0$，$u_L(0_+) = -0.5\text{V}$，电感电压可以跃变。

5.3 一阶电路的零输入响应

所谓一阶电路，就是含有一个动态元件电容或电感的电路，描述电路状态的方程是一阶微分方程。一阶电路的零输入响应是指电路无外施激励，只有动态元件初始储能作用于电路产生的响应。

5.3.1 RC 电路的零输入响应

如图 5-17 所示 RC 电路中，开关 S 闭合前，电容 C 已充电，设其电压 $u_C=U_0$。开关闭合后，电容储存的能量将通过电阻 R 释放。设 $t=0$ 时刻开关闭合，则 $t \geqslant 0$ 时，由 KVL 得：

$$u_R - u_C = 0$$

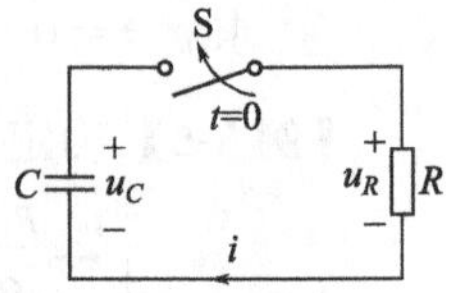

将 $u_R = iR$，$i = -C\dfrac{du_C}{dt}$ 代入上式，则：

$$RC\dfrac{du_C}{dt} + u_C = 0$$

此为一阶齐次微分方程，令其通解为：$u_C = Ae^{pt}$，代入方程得：

$$RCApe^{pt} + Ae^{pt} = 0$$
$$(RCp+1)Ae^{pt} = 0$$
$$p = -\dfrac{1}{RC}$$

图 5-17 RC 电路的零输入响应

$u_C(0_-) = u_C(0_+) = U_0$，代入 $u_C = Ae^{pt}$，得 $A = U_0$。

所以：$u_C = U_0 e^{-\frac{1}{RC}t}$，若令 $\tau = RC$，则：

$$u_C = U_0 e^{-\frac{1}{\tau}t} \tag{5-27}$$

$$u_R = u_C = U_0 e^{-\frac{1}{\tau}t}$$

$$i = -C\dfrac{du_C}{dt} = -C\dfrac{d(U_0 e^{-\frac{1}{\tau}t})}{dt} = \dfrac{U_0}{R} e^{-\frac{1}{\tau}t} \tag{5-28}$$

电路中 $u_C(t)$、$u_R(t)$ 和 $i(t)$ 响应的过渡过程均是按照相同的指数规律衰减的。其变化过程如图 5-18 所示，对于 $u_C(t)$ 而言，列于表 5-1。

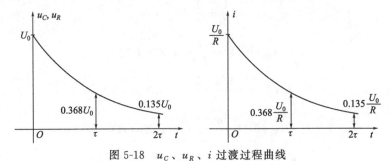

图 5-18 u_C、u_R、i 过渡过程曲线

表 5-1 $u_C(t)$ 过渡过程表

t	0	τ	2τ	3τ	4τ	5τ	...
$u_C(t)$	U_0	$0.368U_0$	$0.135U_0$	$0.05U_0$	$0.018U_0$	$0.0067U_0$	...

从表 5-1 中可以看出，$u_C(t)$ 在 5τ 时的值不到 U_0 的 1%，因此，习惯上认为电容器在 5τ 后进入稳定状态（在要求不太严格的条件下，也可以认为 3τ 后达到稳态），即电容器放电（或充电）结束。值得注意的是，每经过一个时间常数 τ 间隔，电压降低至前一个值的 36.8%，即：

$$u_C(t+\tau)=u_C(t)\mathrm{e}^{-1}=0.368u_C(t) \tag{5-29}$$

与 t 的值无关，如图 5-19 所示。

电容放电的过程，也是电阻吸收耗电的过程，电阻吸收的电能为：

$$W_R=\int_0^\infty i^2(t)R\,\mathrm{d}t=\int_0^\infty (\frac{U_0}{R}\mathrm{e}^{-\frac{1}{\tau}t})^2 R\,\mathrm{d}t$$

$$=\frac{U_0^2}{R}\int_0^\infty \mathrm{e}^{-\frac{2}{\tau}t}\,\mathrm{d}t=-\frac{1}{2}CU_0^2 \mathrm{e}^{-\frac{2}{\tau}t}\Big|_0^\infty$$

$$=\frac{1}{2}CU_0^2$$

上述过程说明，电容器储存的电能，全部释放给电阻消耗掉，再次证明电容器是储能元件，不耗能。RC 电路的零输入响应，就是电容放电的过程。

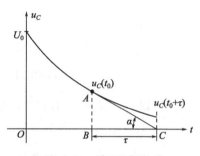

如图 5-19 时间常数意义

【例 5-6】如图 5-20 所示，开关长期合在位置 1 处，如在 $t=0$ 时把开关合到位置 2，试求电容器上的电压 $u_C(t)$ 和电流 $i(t)$。

解：开关长期合在位置 1 处，即达到稳态，所以：$u_C(0_-)=6\mathrm{V}$

在 $t=0$ 时把开关合到位置 2，电路处于零输入状态，且 $u_C(0_+)=6\mathrm{V}$

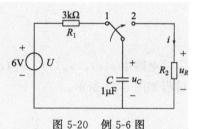

图 5-20 例 5-6 图

$$u_C-u_R=0$$

$$R_2 C\frac{\mathrm{d}u_C}{\mathrm{d}t}+u_C=0$$

$$u_C=U_0\mathrm{e}^{-\frac{1}{\tau}t}=6\mathrm{e}^{-\frac{1}{R_2 C}t}=6\mathrm{e}^{-\frac{1}{3\times 10^3\times 1\times 10^{-6}}t}=6\mathrm{e}^{-\frac{1000}{3}t} \quad (\mathrm{V})$$

$$i=-C\frac{\mathrm{d}u_C}{\mathrm{d}t}=2\times 10^{-3}\mathrm{e}^{-\frac{1000}{3}t}\mathrm{A}$$

5.3.2 RL 电路的零输入响应

如图 5-21 所示 RL 串联电路中，换路前，开关合在位置 1 上，电感元件中有电流通过。在 $t=0$ 时将开关从位置 1 合到位置 2，使电路脱离电源（设此开关能保证断开 1 的同时与 2 接通）。此时，电感元件已储有能量，其中电流的初始值 $i(0_+)=I_0=U/R$。

根据基尔霍夫电压定律，列出 $t\geqslant 0$ 时的电路的微分方程：

$$u_L+u_R=0$$

因为 $u_L=L\dfrac{\mathrm{d}i}{\mathrm{d}t}$，$u_R=iR$，所以：

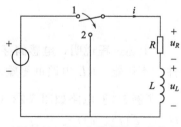

图 5-21 RL 电路零输入响应

$$L\frac{di}{dt}+iR=0 \quad (5\text{-}30)$$

$$\frac{L}{R}\times\frac{di}{dt}+i=0$$

令其通解为：$i=Ae^{pt}$，代入方程得：

$$\frac{L}{R}Ape^{pt}+Ae^{pt}=0$$

$$\left(\frac{L}{R}p+1\right)Ae^{pt}=0$$

$$p=-\frac{R}{L}$$

$i_L(0_-)=i_L(0_+)=I_0$，代入 $i=Ae^{pt}$，得 $A=I_0$。

所以：$i=I_0e^{pt}=I_0e^{-\frac{R}{L}t}$，令 $\tau=\frac{L}{R}$，则：

$$i=I_0e^{-\frac{1}{\tau}t} \quad (5\text{-}31)$$

此式表明 RL 电路的零输入响应是初始电流按指数衰减。电路中 u_R 和 u_L 分别为：

$$u_R=iR=RI_0e^{-\frac{1}{\tau}t} \quad (5\text{-}32)$$

$$u_L=L\frac{di}{dt}=-RI_0e^{-\frac{1}{\tau}t} \quad (5\text{-}33)$$

电路中 $i(t)$、$u_R(t)$、$u_L(t)$ 响应的过渡过程均是按照相同的指数规律衰减的。其变化过程如图 5-22 所示。

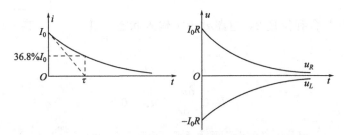

图 5-22 RL 电路零输入响应过渡过程

电感释放能量的过程，也是电阻吸收耗能的过程，电阻吸收的能量为：

$$W_R=\int_0^\infty i^2(t)R\,dt=\int_0^\infty (I_0e^{-\frac{1}{\tau}t})^2R\,dt$$

$$=I_0^2R\int_0^\infty e^{-\frac{2}{\tau}t}\,dt=-\frac{1}{2}LI_0^2e^{-\frac{2}{\tau}t}\Big|_0^\infty$$

$$=\frac{1}{2}LI_0^2$$

上述过程说明，电感储存的磁场能量，全部释放给电阻消耗掉，再次证明电感是储能元件，不耗能。RL 电路的零输入响应，就是电感释放磁场能量的过程。

【例 5-7】 电路如图 5-23（a）所示，开关打开，电路已达稳态，$t=0$ 时合上开关，试求 $i(t)$、$i'(t)$、$u(t)$。

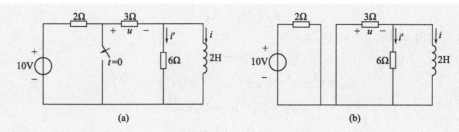

图 5-23　例 5-7 图

解：由开关打开，电路已达稳态知：$i(0_-)=\dfrac{10}{2+3}=2$（A）

由换路定则，得：

$$i(0_+)=i(0_-)=2\text{A}$$

$t=0$ 时，合上开关，电路如图 5-23（b）所示，右侧为零输入响应

$$R_{eq}=\dfrac{3\times 6}{3+6}=2\,(\Omega),\ \tau=\dfrac{L}{R_{eq}}=\dfrac{2}{2}=1\,(\text{s})$$

$$i(t)=i(0_+)\text{e}^{-\frac{1}{\tau}t}=2\text{e}^{-t}\text{A}$$

$$i'(t)=-i(t)\times\dfrac{3}{3+6}=-\dfrac{2}{3}\text{e}^{-t}\text{A}$$

$$u(t)=-i(t)\times\dfrac{6}{3+6}\times 3=-2\text{e}^{-t}\times 2=-4\text{e}^{-t}\,(\text{V})$$

5.4　一阶电路的零状态响应

零状态响应是指电路中的动态元件初始储能为零，在外加激励作用下产生的响应。

5.4.1　RC 电路的零状态响应

如图 5-24 所示，开关闭合前，电容器 C 处于零状态，即 $u_C(0_-)=0$，当 $t=0$ 时开关闭合，由 KVL 得：

$$u_R+u_C=U_s \tag{5-34}$$

$$iR+u_C=U_s$$

$$RC\dfrac{\text{d}u_C}{\text{d}t}+u_C=U_s \tag{5-35}$$

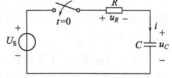

图 5-24　RC 电路零状态响应典型电路

上面的方程为一阶线性非齐次方程，其解为其特解 u_C' 和对应齐次方程通解 u_C'' 之和，即：

$$u_C=u_C'+u_C'' \tag{5-36}$$

其中：

$$u_C'=U_s$$

$$u_C''=A\text{e}^{-\frac{1}{\tau}t}$$

所以：

$$u_C = U_s + Ae^{-\frac{1}{\tau}t}$$

代入初始值 $u_C(0_-) = u_C(0_+) = 0$

$$A = -U_s$$

$$u_C = u' + u'' = U_s - U_s e^{-\frac{1}{\tau}t} = U_s(1 - e^{-\frac{1}{\tau}t}) \tag{5-37}$$

$$u_R = U_s - u_C = U_s e^{-\frac{1}{\tau}t} \tag{5-38}$$

$$i = C\frac{du_C}{dt} = \frac{U_s}{R}e^{-\frac{1}{\tau}t} \tag{5-39}$$

所求电压 u_C、u_R 和 i 随时间变化曲线如图 5-25 所示。

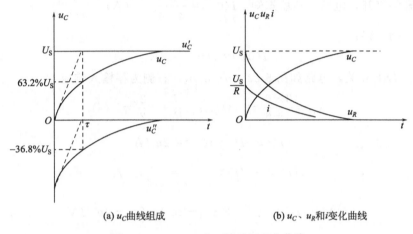

(a) u_C 曲线组成 (b) u_C、u_R 和 i 变化曲线

图 5-25 u_C、u_R 和 i 随时间变化曲线

其中，u_C' 不随时间变化而变化，u_C'' 按指数规律衰减，最终趋于零。因此，电压 u_C 按指数规律随时间增加而趋于稳态值 U_s。

当 $t = \tau$ 时

$$u_C = U_s(1 - e^{-\frac{1}{\tau}t}) = U_s(1 - e^{-1}) = 63.2\% U_s$$

可见，整个过渡过程中电容元件两端的电压 u_C 可视为两个分量相加：其一是 u_C'，即到达稳定状态时的电压，称为稳态分量，它的变化规律和大小都与电源电压 U_s 有关；其二是 u_C''，仅存在于暂态过程中，称为暂态分量，它的变化规律与电源电压无关，总是按指数规律衰减，但是它的大小与电源电压有关。当电路中储能元件的能量增长到某一稳态值时，电路的暂态过程随即结束，暂态分量也趋于零。

RC 电路接通直流电压源 U_s 的过程，即电源通过电阻对电容充电的过程。在充电过程中，电源供给的能量一部分转换成电场能量储存于电容中，一部分被电阻转变为热能消耗，电阻消耗的电能为：

$$\begin{aligned}
W_R &= \int_0^\infty i^2(t) R \, dt \\
&= \int_0^\infty \left(\frac{U_s}{R} e^{-\frac{1}{\tau}t}\right)^2 R \, dt \\
&= \frac{U_s^2}{R}\left(-\frac{RC}{2}\right) e^{-\frac{2}{RC}t} \bigg|_0^\infty \\
&= \frac{1}{2}CU_s^2
\end{aligned}$$

由此可见，不论电路中电容 C 和电阻 R 的数值为多少，在充电过程中，电源提供的能量只有一半转变成电场能量储存于电容中，另一半则为电阻所消耗，也就是充电效率只有 50%。

【例 5-8】 如图 5-26（a）所示，已知 $C=0.5F$，$R_1=3\Omega$，$R_2=6\Omega$，$U_S=15V$，开关动作前电容器电压为零。试求开关合上后 u_C 和 i。

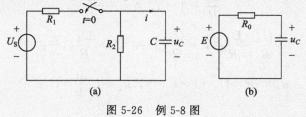

图 5-26 例 5-8 图

解：依据戴维宁定理，换路后的等效电路如图 5-26（b）所示，等效电源的电动势和内阻分别为：

$$E=\frac{R_2}{R_1+R_2}U_S=\frac{6}{3+6}\times 15=10 \text{ (V)}$$

$$R_0=R_1/\!/R_2=\frac{R_1R_2}{R_1+R_2}=\frac{3\times 6}{3+6}=2 \text{ (}\Omega\text{)}$$

$$\tau=R_0C=2\times 0.5=1 \text{ (s)}$$

由式（5-37）得

$$u_C=E(1-e^{-\frac{1}{\tau}t})=10(1-e^{-t})\text{V}$$

$$i=C\frac{du_C}{dt}=0.5\times 10e^{-t}=5e^{-t} \text{ (A)}$$

5.4.2 RL 电路的零状态响应

图 5-27 是 RL 串联电路。在 $t=0$ 时将开关合上，电路与一恒定电压为 U_S 的电压源接通。在换路前电感元件未储有能量，即 $i(0_-)=i(0_+)=0$，电路处于零状态。

根据基尔霍夫电压定律 KVL，列出 $t\geqslant 0$ 时的电路方程为：

$$U_S=u_R+u_L$$

$$U_S=iR+L\frac{di}{dt} \qquad (5\text{-}40)$$

上面的方程为一阶线性非齐次方程，解为其特解 i' 和对应齐次方程通解 i'' 之和，即：

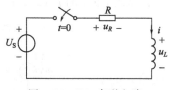

图 5-27 RL 串联电路

$$i'=\frac{U_S}{R}$$

方程式（5-40）的特征方程为：

$$Lp+R=0$$

$$p=-\frac{R}{L}$$

所以：

$$i''=Ae^{pt}=Ae^{-\frac{R}{L}t}$$

则：

$$i = i' + i'' = \frac{U_s}{R} + A e^{-\frac{R}{L}t}$$

$t = 0_+$ 时，$i = 0$，则：

$$\frac{U_s}{R} + A = 0, \quad A = -\frac{U_s}{R}$$

$$i = \frac{U_s}{R} - \frac{U_s}{R} e^{-\frac{R}{L}t} = \frac{U_s}{R}(1 - e^{-\frac{R}{L}t}) = \frac{U_s}{R}(1 - e^{-\frac{1}{\tau}t}) \tag{5-41}$$

$$u_R = iR = U_s(1 - e^{-\frac{1}{\tau}t}), \quad u_L = L\frac{di}{dt} = U_s e^{-\frac{1}{\tau}t}$$

式中，$\tau = \dfrac{L}{R}$。图 5-28 为 i、u_L 和 u_R 随时间变化的曲线。

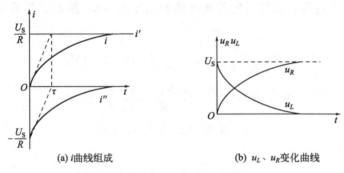

(a) i 曲线组成 (b) u_L、u_R 变化曲线

图 5-28 i、u_L 和 u_R 随时间变化曲线

时间常数 τ 的大小决定过渡过程的快慢，τ 越小过渡过程进行得越快，因为 L 越小，其阻碍电流变化的作用越小，即 $e_L = -L\dfrac{di}{dt}$；而 R 越大，在相同电压下电流的稳态值越小，这都使过渡过程加快。反之，过渡过程变慢。可见，改变电路参数的大小，可以改变过渡过程的快慢。

【例 5-9】电路如图 5-29（a）所示，开关动作之前，电路状态已稳定，$t = 0$ 时开关闭合，试求 $t \geqslant 0$ 的 $i_L(t)$，$u_R(t)$。

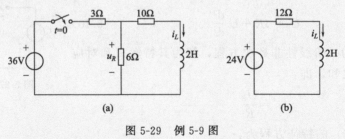

图 5-29 例 5-9 图

解：开关动作之前，电路状态已稳定，显然 $i_L(0_-) = 0$，电路处于零状态，当 $t = 0$ 时开关闭合，则电路为零状态响应。

$t \geqslant 0$，依据戴维宁定理，换路后的等效电路如图 5-29（b）所示，等效电源的电动势和内阻分别为：

$$U_{oc} = \frac{36}{3+6} \times 6 = 24 \text{ (V)}$$

$$R_{eq} = 10 + 3 /\!/ 6 = 12 \text{ (Ω)}$$

$$\tau = \frac{L}{R} = \frac{12}{12} = 1 \text{ (s)}$$

由式（5-41）得：

$$i_L(t) = \frac{U_S}{R}(1 - e^{-\frac{1}{\tau}t}) = \frac{24}{12}(1 - e^{-t}) = 2(1 - e^{-t}) \text{ (A)}$$

$$u_L(t) = L\frac{di_L(t)}{dt} = 12\frac{d[2(1-e^{-t})]}{dt} = 24e^{-t} \text{ (V)}$$

$$u_R(t) = 10i_L(t) + u_L(t) = (20 + 24e^{-t}) \text{ V}$$

5.5 一阶电路的全响应

由电路中动态元件初始储能和外施激励共同作用所产生的响应称为全响应。

图 5-30 所示电路为一个已储电能的电容器经电阻 R 接到电源 U_S 上，设电容器初始电压为 U_0，接通电路后得：

$$u_R + u_C = U_S$$
$$iR + u_C = U_S$$
$$RC\frac{du_C}{dt} + u_C = U_S$$

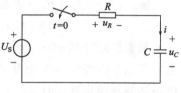

图 5-30 一阶电路全响应

初始条件：

$$u_C(0_-) = u_C(0_+) = U_0$$

方程的解为：

$$u_C = u_C' + u_C''$$

其中 u_C' 为特解，即换路后达到稳态时电容器端电压，所以

$$u_C' = U_S$$

u_C'' 为对应齐次方程的通解：

$$u_C'' = Ae^{-\frac{1}{\tau}t}$$

所以：

$$u_C = U_S + Ae^{-\frac{1}{\tau}t}$$

由初始条件得：

$$A = U_0 - U_S$$

所以：

$$u_C = U_S + (U_0 - U_S)e^{-\frac{1}{\tau}t} \tag{5-42}$$

或：

$$u_C = U_0 e^{-\frac{1}{\tau}t} + U_S(1 - e^{-\frac{1}{\tau}t}) \tag{5-43}$$

由式（5-42）可以看出，右边的第一项是电路微分方程的特解，其变化规律与电路施加的激励相同，所以称为强制分量，右边第二项对应的是微分方程的通解，它的变化规律取决

于电路参数而与外施激励无关，所以称之为自由分量，即

$$全响应＝强制分量＋自由分量$$

由式（5-43）可以看出，右边的第一项是电路的零输入响应，右边的第二项则是电路的零状态响应，这说明全响应是零输入响应和零状态响应的叠加，即

$$全响应＝零输入响应＋零状态响应$$

无论是把全响应分解为零状态响应和零输入响应，还是分解为强制分量和自由分量，都不过是从不同角度去分析全响应的。而全响应总是由初始值、特解和时间常数三个要素决定的。在直流电源激励下，若初始值为 $f(0_+)$，特解为稳态解 $f(\infty)$，时间常数为 τ，则全响应 $f(t)$ 可写为

$$f(t)=f(\infty)+[f(0_+)-f(\infty)]e^{-\frac{1}{\tau}t} \tag{5-44}$$

可见，只要知道 $f(0_+)$、$f(\infty)$ 和 τ 这三个要素，就可以根据式（5-44）直接写出直流激励下一阶电路的全响应，这种方法称为三要素法。

既然全响应可以等效为零输入响应和零状态响应的叠加，当然也就可以视零输入响应、零状态响应为全响应的特例。因此，零输入响应和零状态响应也可以运用三要素法进行求解。

【例 5-10】如图 5-31 所示，开关处于闭合状态时电路已达稳定状态，$t=0$ 时开关打开，试求，$t \geqslant 0$ 的 i 和 u。

解：在开关处于闭合状态时电路已达稳定状态

$$u(0_-)=10\text{V}$$

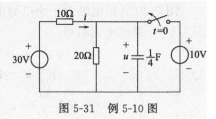

图 5-31　例 5-10 图

根据换路定则 $u(0_-)=u(0_+)=10\text{V}$，在开关断开后，电容器储存电能和 30V 电压源共同作用，为全响应过程，电路达到新稳定状态时

$$u(\infty)=\frac{20}{10+20}\times 30=20 \text{ (V)}$$

$$\tau=\frac{10\times 20}{10+20}\times \frac{1}{4}=\frac{5}{3} \text{ (s)}$$

由式（5-44）得：

$$u=u(\infty)+[u(0_+)-u(\infty)]e^{-\frac{1}{\tau}t}$$

$$u=[20+(10-20)e^{-\frac{3}{5}t}]\text{V}$$

$$u=(20-10e^{-\frac{3}{5}t})\text{V}$$

$$i=\frac{30-u}{10}=\frac{30-20+10e^{-\frac{3}{5}t}}{10}=(1+e^{-\frac{3}{5}t}) \text{ (A)}$$

【例 5-11】如图 5-32 所示，当 $t=0$ 时开关 S1 闭合，4s 后开关 S2 闭合，试求 $t>0$ 时的 $i(t)$，并确定当 $t=3\text{s}$ 和 $t=5\text{s}$ 时的 $i(t)$ 的值。

解：$t<0$ 时 S1 和 S2 是断开的，所以

$$i(0_-)=i(0_+)=i(0)=0$$

若 S1 闭合，S2 永远不闭合

$$i(\infty)=\frac{40}{4+6}=4(\text{A})$$

$$\tau = \frac{L}{R} = \frac{5}{4+6} = 0.5 \text{ (s)}$$

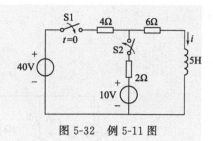

图 5-32 例 5-11 图

所以，当 $0 \leqslant t \leqslant 4s$

$$i(t) = i(\infty) + [i(0) - i(\infty)]e^{-\frac{1}{\tau}t} = 4(1-e^{-2t})\text{A}$$

当 $t=4s$，再次换路，由换路定则得

$$i(4_-) = i(4_+) = i(4) = 4(1-e^{-8}) \approx 4\text{A}$$

开关 S2 闭合后，电路达到稳态时，即

$$i(\infty) = \frac{\frac{40}{4} + \frac{10}{2}}{\frac{1}{4} + \frac{1}{2} + \frac{1}{6}}/6 = \frac{30}{11} = 2.73\text{(A)}$$

$$\tau = \frac{L}{R} = \frac{5}{6+4//2} = \frac{15}{22}(\text{s})$$

$$i(t) = i(\infty) + [i(4) - i(\infty)]e^{-\frac{1}{\tau}(t-4)}$$
$$= [2.73 + 1.27e^{-1.47(t-4)}]\text{A} \qquad t \geqslant 4$$

综上所述：

$$i(t) = \begin{cases} 4(1-e^{-2t})\text{A} & 0 \leqslant t \leqslant 4 \\ [2.73 + 1.27e^{-1.47(t-4)}]\text{A} & t \geqslant 4 \end{cases}$$

所以，当 $t=2s$ 时 $\quad i(t) = 4(1-e^{-2t}) = 4(1-e^{-4}) = 3.93\text{ (A)}$

$t=5s$ 时 $\quad i(t) = 2.73 + 1.27e^{-1.47(t-4)} = 2.73 + 1.27e^{-1.47} = 3.02\text{ (A)}$

【例 5-12】 电路如图 5-33（a）所示，开关 S 闭合前电路已达稳态，$t=0$ 时 S 闭合，求 $t>0$ 时电容电压 $u_C(t)$。

解：S 闭合前电容电压

$$u_C(0_-) = 1.5u_1 \times 4 + u_1$$

$$\frac{u_1}{2} = 1 + 1.5u_1$$

$$u_1 = -1\text{V}$$

$$u_C(0_-) = 1.5 \times (-1) \times 4 - 1 = -7\text{ (V)}$$

由换路定则得 $\quad u_C(0_-) = u_C(0_+) = -7\text{ (V)}$

S 闭合后，根据戴维宁定理，电容所接等效电路的 u_{oc}

$$u_{oc} = 1.5u_1 \times 4 + u_1 = 1.5 \times 0.5 \times 4 + 0.5 = 3.5\text{ (V)}$$

等效电阻 R_{eq}，见图 5-33（b）。

$$u = (i + 1.5u_1) \times 4 = 4i$$

$$R_{eq} = \frac{u}{i} = 4\Omega$$

$$\tau = RC = 4 \times 0.5 = 2\text{ (s)}$$

S 闭合后，电路达到稳态时

$$u_C(\infty) = 1.5u_1 \times 4 + u_1 = 1.5 \times 0.5 \times 4 + 0.5 = 3.5\text{ (V)}$$

$$u = u(\infty) + [u(0_+) - u(\infty)]e^{-\frac{1}{\tau}t}$$
$$= 3.5 + (-7 - 3.5)e^{-\frac{1}{2}t}$$
$$= (3.5 - 10.5e^{-\frac{1}{2}t})\text{V}$$

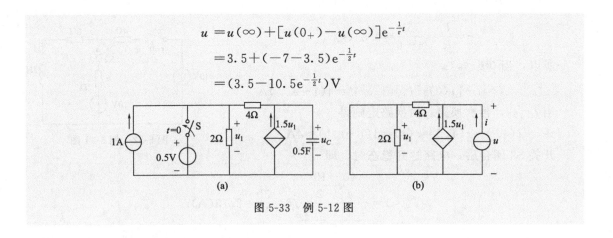

图 5-33 例 5-12 图

5.6 一阶电路的阶跃响应

单位阶跃函数激励作用于一阶电路的零状态响应称为单位阶跃响应,简称为阶跃响应。

这里的激励可以是电压源,也可以是电流源,阶跃响应可视为单位直流电源激励下的零状态响应。

如图 5-34 所示,单位阶跃函数 $\varepsilon(t)$ 的定义:

$$\varepsilon(t) = \begin{cases} 0 & t<0 \\ 1 & t>0 \end{cases}$$

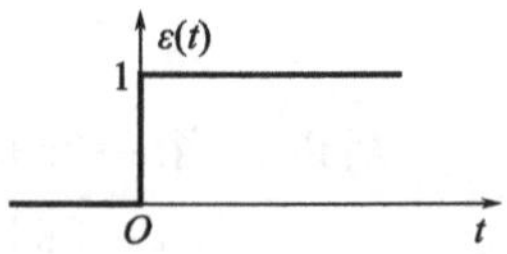

由于单位阶跃函数 $\varepsilon(t)$ 仅在 $t>0$ 时才不等于零,因此一个 $\varepsilon(t)$ 电源相当于一个单位直流电源与一个开关的组合,如图 5-35 所示。这样,求阶跃响应可转化为求单位直流电源激励下的零状态响应。

图 5-34 单位阶跃函数

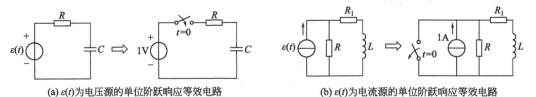

(a) $\varepsilon(t)$ 为电压源的单位阶跃响应等效电路   (b) $\varepsilon(t)$ 为电流源的单位阶跃响应等效电路

图 5-35 单位阶跃响应可视为一个单位直流电源与一个开关的组合

【例 5-13】电路如图 5-36(a)所示,激励 $f(t) = \begin{cases} 5\text{A}, & 0<t<t_0 \\ 0, & \text{其他} \end{cases}$,若 $u_C(0_-)=0$,试求 $t \geq 0$ 的 $u_C(t)$。

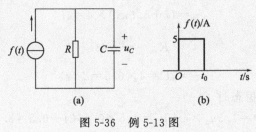

图 5-36 例 5-13 图

解: 由图 5-36（b）知，$f(t)$ 由 $5\varepsilon(t)$ 和 $-5\varepsilon(t-t_0)$ 叠加而成，即

$$f(t)=5\varepsilon(t)-5\varepsilon(t-t_0)$$

$5\varepsilon(t)$ 和 $-5\varepsilon(t-t_0)$ 单独作用产生的响应分别为：

$$u_{C1}(t)=5R(1-\mathrm{e}^{-\frac{1}{\tau}t})\varepsilon(t)$$

$$u_{C2}(t)=-5R(1-\mathrm{e}^{-\frac{1}{\tau}(t-t_0)})\varepsilon(t-t_0)$$

式中 $\tau=RC$

$$u_C(t)=u_{C1}(t)+u_{C2}(t)$$

图解如图 5-37 所示。

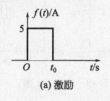
(a) 激励

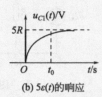
(b) $5\varepsilon(t)$ 的响应

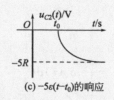
(c) $-5\varepsilon(t-t_0)$ 的响应

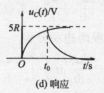
(d) 响应

图 5-37 例 5-13 图解

5.7 一阶电路的冲激响应

单位冲激函数激励作用于一阶电路的零状态响应称为单位冲激响应，简称为冲激响应。这里的激励同样可以是电压源，也可以是电流源。

单位冲激函数 $\delta(t)$ 的定义：

$$\delta(t)=\begin{cases} 0 & t<0 \\ 未定义 & t=0 \\ 0 & t>0 \end{cases} \quad 且 \quad \int_{0-}^{0+}\delta(t)\mathrm{d}t=1$$

由定义可知，单位冲激函数实质是一个脉冲宽度趋于零，幅度趋于无限大的面积为 1 的脉冲，如图 5-38 所示。单位冲激函数 $\delta(t)$ 对时间的积分等于单位阶跃函数 $\varepsilon(t)$，即

图 5-38 单位冲激函数

$$\int_{0-}^{0+}\delta(\xi)\mathrm{d}\xi=\varepsilon(t) \tag{5-45}$$

反之，阶跃函数 $\varepsilon(t)$ 对时间的一阶导数等于冲激函数 $\delta(t)$，即

$$\frac{\mathrm{d}\varepsilon(t)}{\mathrm{d}t}=\delta(t) \tag{5-46}$$

当把一个单位冲激电流 $\delta_i(t)$（其单位为 A）加到初始电压为零且 $C=1\mathrm{F}$ 的电容，电容电压 u_C 为

$$u_C=\frac{1}{C}\int_{0-}^{0+}\delta_i(t)\mathrm{d}t=\frac{1}{C}=1\mathrm{V}$$

这相当于单位冲激电流瞬时把电荷转移到电容上，使电容电压从零跃变到 1V。

同理，如果把 1 个单位冲激电压 $\delta_u(t)$（其单位为 V）加到初始电流为零且 $L=1\mathrm{H}$ 的电感上，则电感电流为

$$i_L=\frac{1}{L}\int_{0-}^{0+}\delta_u(t)\mathrm{d}t=\frac{1}{L}=1\mathrm{A}$$

所以单位冲激电压瞬时在电感内建立了 1A 的电流,即电感电流从零值跃变到 1A。

当冲激函数作用于零状态的一阶 RC 或 RL 电路,在 $t=0_-$ 到 $t=0_+$ 的区间内它使电容电压或电感电流发生跃变。$t \geqslant 0_+$ 时,冲激函数为零,但 $u_C(0_+)$ 或 $i_L(0_+)$ 不为零,电路中将产生相当于初始状态引起的零输入响应。所以,一阶电路冲激响应的求解,关键在于计算在冲激函数作用下的 $u_C(0_+)$ 或 $i_L(0_+)$ 的值。

【例 5-14】 图 5-39(a)为一个在单位冲激电流 $\delta_i(t)$ 激励下的 RC 电路。试求,冲激响应 $u_C(t)$。

解:对图 5-39(a)列 KVL 方程

$$C \frac{\mathrm{d}u_C}{\mathrm{d}t} + \frac{u_C}{R} = \delta_i(t) \quad t \geqslant 0_-$$

对方程两边积分得

$$\int_{0_-}^{0_+} C \frac{\mathrm{d}u_C}{\mathrm{d}t} \mathrm{d}t + \int_{0_-}^{0_+} \frac{u_C}{R} \mathrm{d}t = \int_{0_-}^{0_+} \delta_i(t) \mathrm{d}t$$

$$C[u_C(0_+) - u_C(0_-)] = 1$$

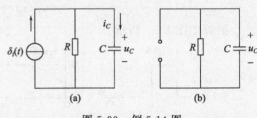

图 5-39 例 5-14 图

依据冲激响应的定义知

$$u_C(0_-) = 0$$

$$u_C(0_+) = \frac{1}{C}$$

当 $t \geqslant 0_+$ 时,冲激电流源相当于开路,电路如图 5-39(b)所示,所以

$$u_C(t) = u_C(0_+) \mathrm{e}^{-\frac{1}{\tau}t} = \frac{1}{C} \mathrm{e}^{-\frac{1}{\tau}t}$$

式中 $\tau = RC$。

5.8 实践与应用

RC 和 RL 电路的应用十分广泛,例如常见的信号滤波、平滑电路、微分器、积分器、延迟电路和继电器电路等。下面举两个例子作简单介绍。

5.8.1 闪光灯电路原理

闪光灯的柱形玻璃管充满了氙气,阳极和阴极电极直接接触气体,气体击穿的电压范围是几千伏特,一旦发生击穿,闪光灯阻抗降到小于 1Ω。气体击穿时的高电流会产生强烈的可见光。事实上,所需的大电流要求闪光灯发光前处于低阻抗状态。电离过程击穿了气体,使之处于低阻抗状态。低阻抗使大量电流能在阳极和阴极间通过,并产生强烈的光线。

基于上述原理,电子闪光灯电路可以利用 RC 电路的充放电过程来实现,电路主要利用了电容器的端电压不能发生突变的性质。

图 5-40 所示为一个简化的电路,其中 U_S 与 R_1 为一个高电压的直流电源模型,当开关处于位置 1 时,电源给电容器慢充电,充电时间常数为 $\tau_1 = R_1 C$,电容器(设初始为零状态)中的电压从零逐渐上升到 U_S,而通过电容的电流从 $I_1 = \dfrac{U_S}{R_1}$ 逐渐减小到零。充电时间大约为时间常数的 5 倍,即:

$$t_1 = 5\tau_1 = 5R_1C$$

当开关处于位置 2 后，电容器放电。闪光灯等效为低值电阻 R_2，在一段短时间内允许存在高放电电流，这个电流的峰值为 $I_2 = \dfrac{U_s}{R_2}$，放电时间大约为时间常数的 5 倍，即：

$$t_2 = 5\tau_2 = 5R_2C$$

上述过程用图像表示，如图 5-41 所示，RC 电路提供了一个持续时间短的大电流脉冲。

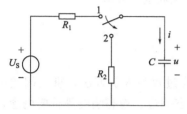
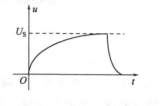

图 5-40　电子闪光灯基本原理电路　　　　图 5-41　电容器电压、电流慢充快放过程

5.8.2　汽车点火电路

电感器抵抗电流快速变化的能力使其有助于电弧或电火花的产生（形成产生电弧的高电压）。汽车点火系统利用的就是这个特点。

汽油发动机的启动需要每个气缸的混合燃料在适当的时间里被点燃，这是由火花塞装置来实现的，如图 5-42 所示。它的基本构成是一对由空气间隙隔开的电极。在电极之间施加一个高电压（几千伏），形成横跨空气的间隙电火花，从而点燃燃料。汽车电源由蓄电池提供，其电压一般为 12V，如何由 12V 电源获得高达几千伏的电压呢？这一任务由点火线圈 L 来完成。

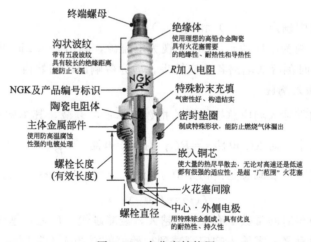

图 5-42　火花塞结构图

图 5-43 所示为汽车点火原理电路图，电感两端的电压 $u_L = L\dfrac{\mathrm{d}i}{\mathrm{d}t}$，因此可以在非常短的时间内产生巨大变化的工作电流，出现高电压。当点火开关 S 切换到关闭状态时，通过电感器的电流增加并逐渐达到 $i = \dfrac{U_s}{R}$ 的稳态值，此处 $U_s = 12\text{V}$。另外，电感器充电所用时间是电路的时间常数 5 倍，即

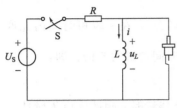

图 5-43 汽车点火原理电路图

$$t = 5\tau = 5\frac{L}{R}$$

在稳定状态下，i 是常数，$\frac{di}{dt}=0$，感应电压 $u=0$。当点火开关突然打开时，电感两端产生一个高电压（由于磁场迅速消失），在活塞空气间隙引起火花或电弧，火花一直继续，直到电感器储存的能量在火花放电中耗散。

本章小结

本章重点讨论 RC、RL 一阶电路在恒定激励下的响应过程与求解方法，重点阐述了初始值、时间常数、零输入响应、零状态响应、全响应、暂态响应、稳态响应等重要概念，要求学习者熟练掌握用三要素公式求解恒定激励的一阶电路响应。此外，还介绍了一阶电路的阶跃响应和冲激响应的基本概念。

在此，对本章主要内容做一小结。

1. 换路定则与初始值

在动态电路中，电容上的电压和电感中的电流均为能量函数，根据能量不会跃变原理，得到 $u_C(t)$ 和 $i_L(t)$ 在其定义域内一定连续。因而有如下换路定则：

$$u_C(0_-)=u_C(0_+);\ i_L(0_-)=i_L(0_+)$$

一般定义 $t=0_+$ 时刻的电路参数为初始值，如 $u_C(0_+)$ 和 $i_L(0_+)$。

确定初始值的方法：

(1) 首先，依据 $t=0_-$ 时电路稳态情况（C 视为开路，L 视为短路），计算 $u_C(0_-)$ 和 $i_L(0_-)$；

(2) 利用换路定则确定 $u_C(0_+)$ 和 $i_L(0_+)$；

(3) 将 $u_C(0_+)$ 视为电压源，$i_L(0_+)$ 视为电流源，画出 $t=0_+$ 时刻等效电路；

(4) 求解 $t=0_+$ 时刻等效电路各响应结果，即为各响应的初始值。

2. 一阶电路零输入响应

(1) 一阶电路的零输入响应总按相同的指数规律 $e^{-\frac{1}{\tau}t}$ 衰减，其本质是初始储能被电路中电阻耗能的过程。其中，对 RC 电路 $\tau=RC$；对 RL 电路 $\tau=\frac{L}{R}$。

(2) 电路中各响应的衰减总是由初始值 $f(0_+)$ 开始，当 $t\to\infty$ 时为零，即

$$f(t)=f(0_+)e^{-\frac{1}{\tau}t}$$

(3) 衰减的快慢与时间常数 τ 有关，τ 越大，衰减越慢；反之，越快。

(4) 时间常数的意义：零输入响应衰减到初始值的 0.368（即 1/e）所需要的时间。

(5) 衰减的过程是由一个稳态过渡到另一个稳态的过渡过程。工程上根据需要，一般认为，当 $t=(3\sim5)\tau$ 时，过渡过程已经结束。

(6) 任意一阶电路，动态元件两端以外的有源二端网络都可等效为戴维宁等效电路。

3. 一阶电路零状态响应

(1) 一阶电路的零状态响应也是按指数规律变化的（$e^{-\frac{1}{\tau}t}$ 或 $1-e^{-\frac{1}{\tau}t}$）。

(2) 电容的电压和电感的电流总是按指数规律增长的，即储能过程。增长总是由 0 开

始，当 $t\to\infty$ 时到达新的稳态值 $u_C(\infty)$ 或 $i_L(\infty)$ 即

$$u_C(t)=u_C(\infty)(1-e^{-\frac{1}{\tau}t}) \quad 或 \quad i_L(t)=i_L(\infty)(1-e^{-\frac{1}{\tau}t})$$

（3）变化的快慢与时间常数 τ 有关，变化的过程是由一个稳态过渡到另一个稳态的过渡过程。工程上根据需要，一般认为，当 $t=(3\sim5)\tau$ 时，过渡过程已经结束。

（4）任意一阶电路，动态元件两端以外的有源二端网络都可等效为戴维宁等效电路。

4. 一阶电路全响应

对于一阶电路全响应而言，只需要求出响应的初始值 $f(0_+)$、稳态值 $f(\infty)$ 和时间常数 τ，代入公式

$$f(t)=f(\infty)+[f(0_+)-f(\infty)]e^{-\frac{1}{\tau}t}$$

即得到全响应的响应结果的表达式，并且此公式适用于电路的所有响应。通过求初始值 $f(0_+)$、稳态值 $f(\infty)$ 和时间常数 τ 这三个要素来求解全响应的方法称为三要素法。由于一阶线性时不变电路的零输入响应和零状态响应实质是全响应的特例，故也可由三要素法求解。

5. 阶跃响应和冲激响应

（1）阶跃响应可视为单位直流电源激励下的零状态响应；

（2）冲激响应可以转化为零输入响应。

习　题

一、填空题

1．暂态是指从一种（　　）态过渡到另一种（　　）态所经历的过程。

2．一阶电路是指用（　　）阶微分方程来描述的电路。

3．动态电路及其暂态过程产生的原因：电路（　　）和（　　）。

4．在电路中，电源的突然接通或断开，电源瞬时值的突然跳变，某一元件的突然介入或被移去等，统称为（　　）。

5．换路定则指出：一阶电路发生换路时，状态变量不能发生跳变。该定律用公式可表示为（　　）和（　　）。

6．电容充放电的快慢与（　　）有关，其中 C 越大则充放电速度越（　　）。

7．零输入响应是指（　　），其实质是（　　），即 $f(t)=f(0_+)e^{-\frac{t}{\tau}}$。

8．零状态响应是指（　　），其实质是（　　），即 $f(t)=f(\infty)(1-e^{-\frac{t}{\tau}})$。

9．全响应是指（　　）。

10．1Ω 电阻和 2H 电感并联一阶电路中，电感电压零输入响应为（　　）。

11．一阶电路的三要素法中的三要素指的是（　　）、（　　）和（　　）。

12．求三要素法的稳态值 $f(\infty)$ 时，应该将电感 L（　　）处理，电容 C（　　）处理，然后求其他稳态值。

13．一阶 RC 电路的时间常数 $\tau=$（　　）；一阶 RL 电路的时间常数 $\tau=$（　　）。时间常数 τ 的取值决定于电路的（　　）和（　　）。

14．10Ω 电阻和 0.2F 电容并联电路的时间常数为（　　）。

15. 由时间常数可知，在一阶 RL 电路中，L 一定时，R 值越大，过渡过程进行的时间就越（　　）。

16. 换路后瞬间（$t=0_+$），电容可用（　　）等效替代，电感可用（　　）等效替代。若储能元件初值为零，则电容相当于（　　），电感相当于（　　）。

17. 冲激函数有把一个函数在某一时刻的值"筛"出来的本领，这一性质称为（　　）。

18. 题图 5-1 所示电路在开关断开时的电容电压 $u_C(0_+)$ 等于（　　）。

19. 题图 5-2 所示电路在开关断开后的时间常数等于（　　）。

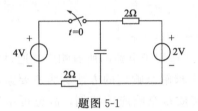

题图 5-1

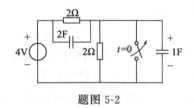

题图 5-2

20. 一阶电路电容电压的完全响应为 $u_C(t)=8-3\mathrm{e}^{-10t}$ V，则电容电压的零输入响应为（　　）。

二、选择题

1. 下列说法正确的是（　　）。
   A. 电感电压为有限值时，电感电流可以跃变
   B. 电感电流为有限值时，电感电压不能跃变
   C. 电容电压为有限值时，电容电流不能跃变
   D. 电容电流为有限值时，电容电压不能跃变

2. 通常在下列哪种电路中，电容按开路处理，电感按短路处理（　　）。
   A. 暂态　　　　B. 稳态　　　　C. 过渡过程　　　　D. 以上均可

3. 工程上认为 $R=25\Omega$、$L=50$mH 的串联电路中发生暂态过程时将持续（　　）。
   A. 30～50ms　　B. 37.5～62.5ms　　C. 6～10ms　　D. 10～15ms

4. 电路如题图 5-3 所示，换路前电路已处于稳态，已知 $U_{S1}=10$V，$U_{S2}=1$V，$C_1=0.6\mu$F，$C_2=0.4\mu$F。$t=0$ 时，开关由 1 置向 2，则电路在换路后瞬间的电容电压 $u_{C_1}(0_+)=$（　　），$u_{C_2}(0_+)=$（　　）。
   A. 6.4；6.4　　B. 1；10　　C. 0；0　　D. 26.7；26.7

5. 题图 5-4 所示的电路的时间常数 $\tau=$（　　）s。
   A. 0.08　　B. 0.1　　C. 3　　D. 2.5

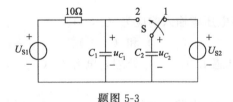

题图 5-3

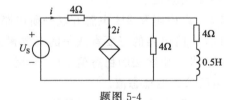

题图 5-4

6. 某 RC 串联电路中，u_C 随时间的变化曲线如题图 5-5 所示，则 $t \geqslant 0$ 时 $u_C(t)=$（　　）V。
   A. $3+6\mathrm{e}^{-\frac{t}{2}}$　　B. $3+3\mathrm{e}^{-\frac{t}{4}}$　　C. $3+3\mathrm{e}^{-\frac{t}{2}}$　　D. $3+6\mathrm{e}^{-\frac{t}{4}}$

7. 如题图 5-6 所示的电路,开关在 $t=0$ 时刻动作,开关动作前电路已处于稳态,则 $i(0_+)=($)A。

A. 0.25　　　　B. 1　　　　C. 0.14　　　　D. 1.25

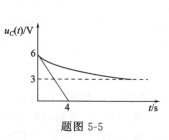

题图 5-5

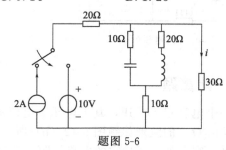

题图 5-6

8. 如题图 5-7 所示,电路换路前已达稳态,在 $t=0$ 时断开开关 S,则该电路(   )。

A. 电路没有储能元件,不会产生过渡过程

B. 电路有储能元件 C 且发生换路,要产生过渡过程

C. 因为换路时元件 C 的电压储能不发生变化,所以该电路不产生过渡过程

D. 不确定

9. 题图 5-8 所示电路的开关闭合后,电感电流 $i(t)$ 等于(   )。

A. $5e^{-2t}$ A　　B. $5e^{-0.5t}$ A　　C. $5(1-e^{-2t})$ A　　D. $5(1-e^{-0.5t})$ A

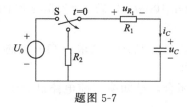

题图 5-7

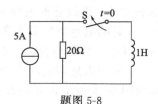

题图 5-8

10. RC 一阶电路的全响应 $u_C=(10-6e^{-10t})$V,若仅将电容的初始储能增加一倍,则相应 u_C 变为(   )。

A. $10-2e^{-10t}$　　B. $10+2e^{-10t}$　　C. $20+15e^{-10t}$　　D. $20-15e^{-10t}$

11. 由动态元件的初始储能所产生的响应(   )。

A. 仅有稳态分量　　　　　　　　　B. 仅有暂态分量

C. 既有稳态分量,又有暂态分量　　D. 既无稳态分量,也无暂态分量

12. 无初始储能的动态电路在外加激励作用下引起的响应(   )。

A. 仅有稳态分量　　　　　　　　　B. 仅有暂态分量

C. 既有稳态分量,又有暂态分量　　D. 既无稳态分量,也无暂态分量

13. 题图 5-9 所示电路原来处于稳定,在 $t=0$ 时,开关闭合,$t=2s$ 时,电容两端上电压 $u_C=($)。

A. 3.15V　　　　B. 10V　　　　C. 7.2V　　　　D. 6.3V

14. 题图 5-10 所示电路的冲激响应电流 $i_L(t)=($)。

A. $2e^{-2t}\varepsilon(t)$A　　B. $\delta(t)+e^{-2t}\varepsilon(t)$A　　C. $\varepsilon(t)$A　　D. $\delta(t)+e^{-0.5t}\varepsilon(t)$A

15. 电压波形如题图 5-11 所示,现用单位阶跃函数 $\varepsilon(t)$ 表示,则 $u(t)=($)。

A. $\varepsilon(t)+2\varepsilon(t-1)$

B. $\varepsilon(t)+\varepsilon(t-1)-2\varepsilon(t+2)$

C. $\varepsilon(t)+\varepsilon(t-1)-2\varepsilon(t-2)$

D. $\varepsilon(t)+\varepsilon(t+1)$

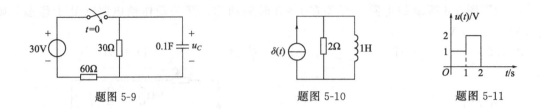

题图 5-9　　　　　题图 5-10　　　　　题图 5-11

三、计算题

1. 一个电容 $C=0.5$F，其上电压、电流的参考方向为非关联，如题图 5-12（a）所示，若其电压 $u_C(t)$ 的波形如题图 5-12（b）所示，试求电容电流 $i_C(t)$，并画出波形图。

2. 某电容元件，通过它的电流如题图 5-13（b）所示，若 $u_C(0_-)=1$V，试求：(1) 电容两端的电压 $u_C(t)$ 并画出波形图；(2) 求 $t=1$s，$t=2$s，$t=3$s 时电容储能。

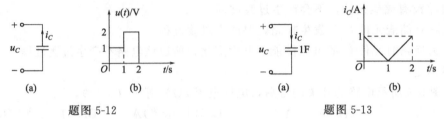

题图 5-12　　　　　　　　　　题图 5-13

3. 一个电感元件，通过它的电流为 $i_L(t)=2\sin100\pi t$ A，若 $t=2.5$ms 时的电感电压为 0.8V，则 $t=1$ms 时的电感电压应为多少？

4. 电感元件及通过它的电流 i_L 的波形如题图 5-14 所示，试求：(1) 电感电压 u_L，并画出波形图；(2) 画出电感瞬时功率 P_L 的波形图。

5. 电路如题图 5-15 所示，开关 S 在 $t=0$ 时闭合，已知换路前电路已处于稳定。求 i_1、i_2 和 i_3 的初始值。

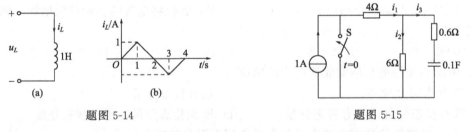

题图 5-14　　　　　　　　　　题图 5-15

6. 电路如题图 5-16 所示，开关 S 在 $t=0$ 时闭合，已知换路前电路已处于稳定。求 u_{L_1} 和 u_{L_2} 的初始值。

7. 电路如题图 5-17 所示，开关 S 在 $t=0$ 时由"1"置于"2"，已知开关在"1"时电路已处于稳定。求 u_C、i_C、u_L 和 i_L 的初始值。

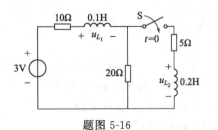　　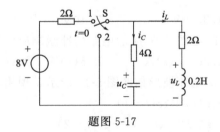

题图 5-16　　　　　　　　　　题图 5-17

8. 电路如题图 5-18 所示，开关 S 在 $t=0$ 时闭合，已知换路前电路已稳定，且电容未储能。求 i 和 u 的初始值。

9. 电路如题图 5-19 所示，已知当 $t<0$ 时 S 打开，电路工作于稳态。在 $t=0$ 时刻 S 闭合，求当 $t>0$ 时的响应 $i(t)$，并画出曲线。

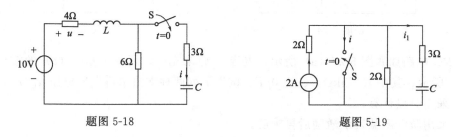

题图 5-18　　　　　　　　题图 5-19

10. 电路如题图 5-20 所示，当 $t<0$ 时 S 闭合，电路处于稳态。若 $t=0$ 时刻打开 S，求当 $t>0$ 时的响应 $u_C(t)$ 和 $u(t)$，并画出它们的曲线。

11. 电路如题图 5-21 所示，当 $t<0$ 时 S 在 "1" 位置，电路已达稳态。若 $t=0$ 时刻将 S 扳到 "2" 位置，求当 $t>0$ 时的 $u(t)$，并画出曲线。

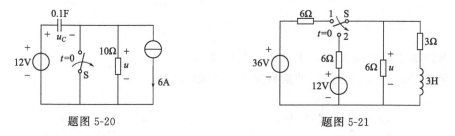

题图 5-20　　　　　　　　题图 5-21

12. 电路如题图 5-22 所示，当 $t<0$ 时 S 打开，电路工作于稳态。若 $t=0$ 时刻闭合 S，求当 $t>0$ 时的 $i(t)$。

13. 电路如题图 5-23 所示，当 $t<0$ 时 S 打开，电路已工作于稳态。若 $t=0$ 时刻闭合 S，求当 $t>0$ 时的 $u(t)$。

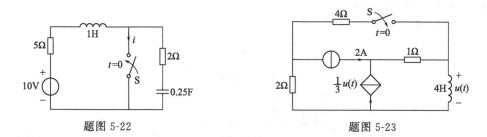

题图 5-22　　　　　　　　题图 5-23

14. 电路如题图 5-24 所示，当 $t<0$ 时 S 打开，电路已工作于稳态。若 $t=0$ 时刻闭合 S，求当 $t>0$ 时的 $u(t)$。

15. 换路后的电路如题图 5-25 所示，已知 $R_1=1\Omega$，$R_2=2\Omega$，$C=1F$，$\alpha=1$，$u_C(0_+)=1V$，试求零输入响应 u_C、i_1、i_2。

16. 电路如题图 5-26 所示，开关闭合前电容无储能，若 $t=0$ 时刻闭合 S，求当 $t\geqslant 0$ 时的 $u_C(t)$。

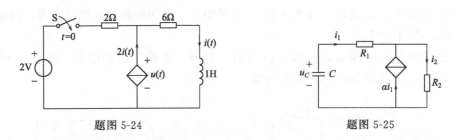

题图 5-24　　　　　　　　　　题图 5-25

17. RC 电路如题图 5-27（a）所示，电容 C 原未充电，所加电压 $u_S(t)$ 的波形如题图 5-27（b）所示，其中 $R=1\text{k}\Omega$，$C=10\mu\text{F}$。试用下列两种方法求解电容电压 $u_C(t)$。

(1) 采用分段计算；

(2) 采用阶跃函数表示激励后再求解。

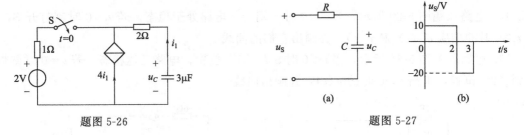

题图 5-26　　　　　　　　　　题图 5-27

18. 电路如题图 5-28 所示，求阶跃响应 $i(t)$。

19. 求题图 5-29 所示电路的冲激响应 $u_L(t)$ 和 $i_L(t)$。

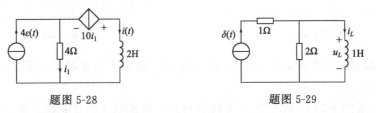

题图 5-28　　　　　　　　　　题图 5-29

20. 电路如题图 5-30 所示，电容原未充电。求当 i_S 给定为下列情况时的 u_C、i_C。

(1) $i_S(t)=25\varepsilon(t)\text{mA}$；

(2) $i_S(t)=\delta(t)\text{mA}$。

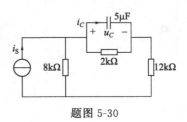

题图 5-30

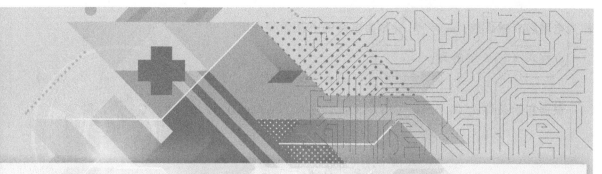

第 6 章 二阶电路

引言:

上一章讨论的是一阶电路,即带有一个动态元件(一个电容或一个电感)的电路,这种电路是用一阶微分方程描述的,所以称之为一阶电路。本章要讨论的是含有两个动态元件的电路,由于描述这种电路的方程是一个二阶微分方程或两个联立的一阶微分方程,故称之为二阶(second-order)电路。

二阶电路的典型例子是 RLC 串联电路和 GLC 并联电路,与一阶电路不同的是,二阶电路可能出现振荡形式的响应。

6.1 二阶电路的零输入响应

下面通过 RLC 串联电路这一最简单的二阶电路来分析讨论二阶电路的零输入响应。

RLC 串联电路如图 6-1 所示,设 $u_C(0_-)=U_0$,$i_L(0_-)=I_0$,$t=0$ 时,开关 S 闭合。依据 KVL 有

$$u_C = u_R + u_L$$

将 $i=-C\dfrac{\mathrm{d}u_C}{\mathrm{d}t}$,$u_L=L\dfrac{\mathrm{d}i}{\mathrm{d}t}=-LC\dfrac{\mathrm{d}^2 u_C}{\mathrm{d}t^2}$ 代入上式得

$$LC\dfrac{\mathrm{d}^2 u_C}{\mathrm{d}t^2}+RC\dfrac{\mathrm{d}u_C}{\mathrm{d}t}+u_C=0 \tag{6-1}$$

这是一个线性常系数二阶齐次微分方程,其解的形式由特征根决定,特征方程为

图 6-1 RLC 串联电路

$$LCp^2+RCp+1=0$$

$$\left.\begin{aligned} p_1 &= -\dfrac{R}{2L}+\sqrt{\left(\dfrac{R}{2L}\right)^2-\dfrac{1}{LC}} \\ p_2 &= -\dfrac{R}{2L}-\sqrt{\left(\dfrac{R}{2L}\right)^2-\dfrac{1}{LC}} \end{aligned}\right\} \tag{6-2}$$

可见,特征根只与电路参数和电路结构有关,与初始状态和激励无关。式中,$\alpha=\dfrac{R}{2L}$,

称为电路的衰减系数；$\omega_0 = \sqrt{\dfrac{1}{LC}}$ 称为电路的谐振角频率。

方程式（6-1）的解为

$$u_C = A_1 e^{p_1 t} + A_2 e^{p_2 t} \tag{6-3}$$

根据初始条件 $u_C(0_+) = u_C(0_-) = U_0$，$i_L(0_+) = i_L(0_-) = I_0$ 和 $i = -C\dfrac{\mathrm{d}u_C}{\mathrm{d}t}$，得

$$\left. \begin{aligned} A_1 + A_2 &= U_0 \\ A_1 p_1 + A_2 p_2 &= -\dfrac{I_0}{C} \end{aligned} \right\} \tag{6-4}$$

$$\left. \begin{aligned} A_1 &= \dfrac{1}{p_2 - p_1}\left(p_2 U_0 + \dfrac{I_0}{C}\right) \\ A_2 &= \dfrac{1}{p_1 - p_2}\left(p_1 U_0 + \dfrac{I_0}{C}\right) \end{aligned} \right\} \tag{6-5}$$

为使问题简化，这里只讨论 $U_0 \neq 0$，而 $I_0 = 0$ 的情况，即已充电电容通过 R、L 放电的过程，则

$$\left. \begin{aligned} A_1 &= \dfrac{1}{p_2 - p_1} p_2 U_0 \\ A_2 &= \dfrac{1}{p_1 - p_2} p_1 U_0 \end{aligned} \right\} \tag{6-6}$$

将 A_1、A_2 代入式（6-3）可得 RLC 串联电路零输入响应的表达式

$$u_C = \dfrac{1}{p_2 - p_1} p_2 U_0 e^{p_1 t} + \dfrac{1}{p_1 - p_2} p_1 U_0 e^{p_2 t} \tag{6-7}$$

由于电路参数 R、L、C 不同，特征根存在三种情况：①特征根为两个不相等的负实数；②特征根为两个相等的负实数；③特征根为一对共轭复数。

（1）特征根为两个不相等的负实数——过阻尼情况

满足 $R^2 > 4\dfrac{L}{C}$ 时，特征根为两个不相等的负实数，电容电压响应为式（6-7），整理得

$$u_C = \dfrac{1}{p_2 - p_1} U_0 (p_2 e^{p_1 t} - p_1 e^{p_2 t}) \tag{6-8}$$

$$\left. \begin{aligned} i &= -C\dfrac{\mathrm{d}u_C}{\mathrm{d}t} \\ &= -\dfrac{CU_0 p_1 p_2}{p_2 - p_1}(e^{p_1 t} - e^{p_2 t}) \\ &= -\dfrac{U_0}{L(p_2 - p_1)}(e^{p_1 t} - e^{p_2 t}) \end{aligned} \right\} \tag{6-9}$$

利用初等数学韦达定理 $p_1 p_2 = \dfrac{1}{LC}$

$$\left. \begin{aligned} u_L &= L\dfrac{\mathrm{d}i}{\mathrm{d}t} \\ &= -\dfrac{U_0}{(p_2 - p_1)}(p_1 e^{p_1 t} - p_2 e^{p_2 t}) \end{aligned} \right\} \tag{6-10}$$

【例 6-1】 在图 6-2 所示 RLC 串联电路中，若 $u_C(0_-)=10\text{V}$，$i_L(0_-)=0$，$R=40\Omega$，$C=0.25\text{F}$，$L=4\text{H}$，试求 u_C、i_L 和 u_L 响应过程（$t=0$ 时，开关 S 闭合）。

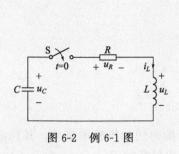

图 6-2 例 6-1 图

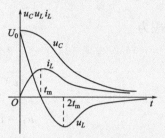

图 6-3 过阻尼放电过程波形图

解：由题中参数得

$$\frac{R}{2L}=\frac{40}{2\times 4}=5;\quad \frac{1}{LC}=\frac{1}{4\times 0.25}=1$$

$$p_1=-\frac{R}{2L}+\sqrt{\left(\frac{R}{2L}\right)^2-\frac{1}{LC}}=-5+\sqrt{5^2-1}=-0.101$$

$$p_2=-\frac{R}{2L}-\sqrt{\left(\frac{R}{2L}\right)^2-\frac{1}{LC}}=-5-\sqrt{5^2-1}=-9.899$$

特征根为两个不等的负实根，所以响应为过阻尼。

$$u_C=\frac{1}{p_2-p_1}p_2 U_0 e^{p_1 t}+\frac{1}{p_1-p_2}p_1 U_0 e^{p_2 t}$$

$$u_C=10.103e^{-0.101t}-0.1031e^{-9.899t}\text{V}$$

$$i_L=-C\frac{du_C}{dt}=0.255e^{-0.101t}-0.255e^{-9.899t}\text{A}$$

$$u_L=L\frac{di}{dt}=10.097e^{-9.899t}-0.103e^{-0.101t}\text{V}$$

由题解可见，$u_C>0$，$i_L\geq 0$，表明 u_C 和 i_L 的方向始终不变，说明过阻尼响应过程中，电容器释放所储存的电能，而电路的初始条件告诉我们 $i_L(0_-)=i_L(0_+)=0$，说明电流 $i_L(t)$ 由 $i_L(0)=0$ 到 $i_L(\infty)=0$，是一个先增加再减小的过程，可以通过求 $\frac{di_L}{dt}=0$ 确定 $i_L(t)$ 达到极值的时刻 t_m

$$t_m=\frac{\ln\left(\frac{p_2}{p_1}\right)}{p_1-p_2} \tag{6-11}$$

$t<t_m$ 时，电感吸收能量，建立磁场；$t=t_m$ 时，电感电压过零点；$t>t_m$ 时，电感释放能量，磁场衰减而尽，上述过程曲线如图 6-3 所示。

(2) 特征根为两个相等的负实数——临界阻尼情况

满足 $R^2=4\dfrac{L}{C}$ 时，特征根为两个相等的负实数，$p_1=p_2=-\dfrac{R}{2L}=-\alpha$，方程（6-1）的通解为

$$u_C=(A_1+A_2 t)e^{-\alpha t}$$

根据初始条件

$$\left.\begin{array}{l}A_1=U_0\\A_2=\alpha U_0\end{array}\right\}$$

电路响应为

$$u_C=U_0(1+\alpha t)\mathrm{e}^{-\alpha t} \tag{6-12}$$

$$i_L=-C\frac{\mathrm{d}u_C}{\mathrm{d}t}=\frac{U_0}{L}t\mathrm{e}^{-\alpha t} \tag{6-13}$$

$$u_L=L\frac{\mathrm{d}i}{\mathrm{d}t}=U_0(1-\alpha t)\mathrm{e}^{-\alpha t} \tag{6-14}$$

上述表达式说明 u_C、i_L、u_L 不发生振荡过程，随时间的推移而衰减，其相应过程类似于图 6-3，是振荡与非振荡过程的分界，称之为临界非振荡过程。

【例 6-2】 在图 6-2 所示 RLC 串联电路中，若 $u_C(0_-)=1\mathrm{V}$，$i_L(0_-)=0$，$R=1\Omega$，$C=1\mathrm{F}$，$L=0.25\mathrm{H}$，试求 u_C、i_L 和 u_L 响应过程（$t=0$ 时，开关 S 闭合）。

解： 由题中参数得

$$\frac{R}{2L}=\frac{1}{2\times0.25}=2；\frac{1}{LC}=\frac{1}{0.25\times1}=4$$

$$p_1=-\frac{R}{2L}+\sqrt{\left(\frac{R}{2L}\right)^2-\frac{1}{LC}}=-2+\sqrt{(2)^2-4}=-2$$

$$p_2=-\frac{R}{2L}-\sqrt{\left(\frac{R}{2L}\right)^2-\frac{1}{LC}}=-2-\sqrt{(2)^2-4}=-2$$

$$u_C=U_0(1+\delta t)\mathrm{e}^{-\delta t}=\left(1+\frac{1}{2\times0.25}t\right)\mathrm{e}^{-\frac{1}{2\times0.25}t}=(1+2t)\mathrm{e}^{-2t}\mathrm{V}$$

$$i_L=-C\frac{\mathrm{d}u_C}{\mathrm{d}t}=\frac{U_0}{L}t\mathrm{e}^{-\delta t}=\left(1-\frac{1}{2\times0.25}t\right)\mathrm{e}^{-\frac{1}{2\times0.25}t}=\frac{1}{0.25}t\mathrm{e}^{-\frac{1}{2\times0.25}t}=4t\mathrm{e}^{-2t}\mathrm{A}$$

$$u_L=L\frac{\mathrm{d}i}{\mathrm{d}t}=U_0(1-\delta t)\mathrm{e}^{-\delta t}=\left(1-\frac{1}{2\times0.25}t\right)\mathrm{e}^{-\frac{1}{2\times0.25}t}=(1-2t)\mathrm{e}^{-2t}\mathrm{V}$$

(3) 特征根为一对共轭复数——欠阻尼情况

满足 $R^2<4\dfrac{L}{C}$ 时，特征根为一对共轭复数。

$$\left.\begin{array}{l}p_1=-\dfrac{R}{2L}+\sqrt{\left(\dfrac{R}{2L}\right)^2-\dfrac{1}{LC}}=-\alpha+\mathrm{j}\omega\\[2mm]p_2=-\dfrac{R}{2L}-\sqrt{\left(\dfrac{R}{2L}\right)^2-\dfrac{1}{LC}}=-\alpha-\mathrm{j}\omega\end{array}\right\}$$

其中，$\alpha=\dfrac{R}{2L}$，$\mathrm{j}\omega=\sqrt{-\omega^2}=\sqrt{\left(\dfrac{R}{2L}\right)^2-\dfrac{1}{LC}}$，$\mathrm{j}=\sqrt{-1}$。

令 $\omega_0^2=\alpha^2+\omega^2$，$\theta=\arctan\left(\dfrac{\omega}{\alpha}\right)$，则 $\alpha=\omega_0\cos\theta$，$\omega=\omega_0\sin\theta$，如图 6-4 所示，根据欧拉公式：

$$\left.\begin{array}{l}\mathrm{e}^{\mathrm{j}\theta}=\cos\theta+\mathrm{j}\sin\theta\\\mathrm{e}^{-\mathrm{j}\theta}=\cos\theta-\mathrm{j}\sin\theta\end{array}\right\} \quad 得 \quad \left.\begin{array}{l}p_1=-\omega_0\mathrm{e}^{-\mathrm{j}\theta}\\p_2=-\omega_0\mathrm{e}^{\mathrm{j}\theta}\end{array}\right\}$$

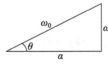

图 6-4 α、ω、ω_0、θ 之间的关系

所以
$$u_C = \frac{1}{p_2-p_1}U_0(p_2 e^{p_1 t} - p_1 e^{p_2 t})$$
$$= \frac{U_0}{-j2\omega}[-\omega_0 e^{j\theta} e^{(-\alpha+j\omega)t} + \omega_0 e^{-j\theta} e^{(-\alpha-j\omega)t}]$$
$$= \frac{U_0 \omega_0}{\omega} e^{-\alpha t}\left[\frac{e^{j(\omega t+\theta)} - e^{-j(\omega t+\theta)}}{2}\right]$$
$$= \frac{U_0 \omega_0}{\omega} e^{-\alpha t}\sin(\omega t+\theta) \tag{6-15}$$

根据
$$i_C = -C\frac{du_C}{dt}$$

得
$$i = \frac{U_0}{\omega L}e^{-\alpha t}\sin(\omega t) \tag{6-16}$$
$$u_L = -\frac{U_0 \omega_0}{\omega}e^{-\alpha t}\sin(\omega t-\theta) \tag{6-17}$$

上述结果表明，u_C、u_L、i 的波形呈衰减振荡状态，波形如图 6-5 所示。在衰减过程中，两种储能元件相互交换能量，见表 6-1。

表 6-1 元件之间能量交换表

项目	$0<\omega t<\theta$	$\theta<\omega t<(\pi-\theta)$	$(\pi-\theta)<\omega t<\pi$
电容	释放	释放	吸收
电感	吸收	释放	释放
电阻	消耗	消耗	消耗

从欠阻尼情况下 u_C、u_L、i 的表达式还能得到如下结论：

① $\omega t = k\pi$，$k=0,1,2,3,\cdots$ 为电流 i 的过零点，即 u_C 的极值点；

② $\omega t = k\pi+\theta$，$k=0,1,2,3,\cdots$ 为电感电压 u_L 的过零点，即电流 i 的极值点；

③ $\omega t = k\pi-\theta$，$k=0,1,2,3,\cdots$ 为电容电压 u_C 的过零点。

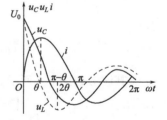

图 6-5 欠阻尼过程波形图

在欠阻尼状态下，随着电容器的放电，电容电压逐渐下降，电流的绝对值逐渐增大，电场放出的能量一部分转化为磁场能量，另一部分转化为热能消耗于电阻上；在电容放电结束时，电流并不为零，仍按原方向继续流动，但绝对值在逐渐减小。当电流衰减为零时，电容器上又反向充电到一定电压，这时又开始放电，送出反方向的电流。此后，电压、电流的变化与前一阶段相似，只是方向与前阶段相反。由此周而复始地进行充放电，就形成了电压、电流的周期性交变，这种现象称为电磁振荡。在振荡过程中，由于电阻的存在，要不断地消耗能量，所以电压和电流的振幅逐渐减小，直至为零，即电路中的原始能量全部消耗在电阻上后，振荡被终止。这种振荡称为减幅振荡。

【例 6-3】在图 6-2 所示 RLC 串联电路中，若 $u_C(0_-)=1V$，$i_L(0_-)=1A$，$R=1\Omega$，$C=1F$，$L=1H$，试求 $u_C(t)$ 响应过程（$t=0$ 时，开关 S 闭合）。

解： 由题中参数得

$$\alpha = \frac{R}{2L} = \frac{1}{2\times 1} = \frac{1}{2}; \quad \omega = \sqrt{\frac{1}{LC} - \left(\frac{R}{2L}\right)^2} = \sqrt{\frac{1}{1\times 1} - \left(\frac{1}{2\times 1}\right)^2} = \frac{\sqrt{3}}{2}; \quad \omega_0 = \sqrt{\alpha^2 + \omega^2} = 1$$

$$p_1 = -\frac{R}{2L} + \sqrt{\left(\frac{R}{2L}\right)^2 - \frac{1}{LC}} = -\frac{1}{2} + j\frac{\sqrt{3}}{2}$$

$$p_2 = -\frac{R}{2L} - \sqrt{\left(\frac{R}{2L}\right)^2 - \frac{1}{LC}} = -\frac{1}{2} - j\frac{\sqrt{3}}{2}$$

由式（6-3）

$$u_C = A_1 e^{p_1 t} + A_2 e^{p_2 t}$$

得

$$u_C = A_1 e^{(-\frac{1}{2} + j\frac{\sqrt{3}}{2})t} + A_2 e^{(-\frac{1}{2} - j\frac{\sqrt{3}}{2})t}$$

由题意得 $u_C(0_+) = u_C(0_-) = 1$；$u'_C(0_+) = \dfrac{i_C(0_+)}{C} = \dfrac{i_L(0_+)}{C} = 1$

$$\begin{cases} A_1 + A_2 = 1 \\ \left(-\dfrac{1}{2} + j\dfrac{\sqrt{3}}{2}\right)A_1 + \left(-\dfrac{1}{2} - j\dfrac{\sqrt{3}}{2}\right)A_2 = 1 \end{cases}; \quad \begin{cases} A_1 = \dfrac{1}{2} - j\dfrac{\sqrt{3}}{2} \\ A_2 = \dfrac{1}{2} + j\dfrac{\sqrt{3}}{2} \end{cases}$$

$$u_C = \left(\frac{1}{2} - j\frac{\sqrt{3}}{2}\right)e^{(-\frac{1}{2} + j\frac{\sqrt{3}}{2})t} + \left(\frac{1}{2} + j\frac{\sqrt{3}}{2}\right)e^{(-\frac{1}{2} - j\frac{\sqrt{3}}{2})t}$$

$$= e^{-\frac{1}{2}t}\left[\frac{1}{2}(e^{j\frac{\sqrt{3}}{2}t} + e^{-j\frac{\sqrt{3}}{2}t}) - j\frac{\sqrt{3}}{2}(e^{j\frac{\sqrt{3}}{2}t} - e^{-j\frac{\sqrt{3}}{2}t})\right]$$

$$= e^{-\frac{1}{2}t}\left[\frac{1}{2}\cos\frac{\sqrt{3}}{2}t + \sqrt{3}\sin\frac{\sqrt{3}}{2}t\right]$$

$$= 2e^{-\frac{1}{2}t}\sin\left(\frac{\sqrt{3}}{2}t + \frac{\pi}{6}\right) \text{V}$$

$$i_L(t) = i_C(t) = -C\frac{du_C(t)}{dt} = 2e^{-\frac{1}{2}t}\sin\left(\frac{\sqrt{3}}{2}t + \frac{2\pi}{3}\right) \text{A}$$

其波形如图 6-6 所示。

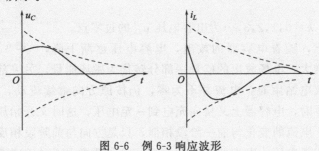

图 6-6 例 6-3 响应波形

6.2 二阶电路的零状态响应、阶跃响应和全响应

二阶电路的初始储能为零，仅由外施激励引起的响应称为二阶电路的零状态响应。以图 6-7 所示的 RLC 串联电路为例说明求解过程。

设图中电容的初始电压为 $u_C(0_+) = 0$，初始储能为零；电感的初始电流 $i_L(0_+) = 0$，初始储能也为零。电路有独立源激励，属于零状态响应，分析如下。

根据 KVL 得：

$$LC\frac{d^2u_C}{dt^2}+RC\frac{du_C}{dt}+u_C=U_s \quad (6-18)$$

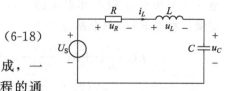

图 6-7 RLC 串联电路

这是二阶常系数非齐次微分方程，其解由两部分组成，一部分为非齐次方程的特解 u'_C，另一部分为对应齐次方程的通解 u''_C，即 $u_C=u'_C+u''_C$。方程的通解求法与求零输入响应相同，特解则是求电路的稳态值，再根据初始条件确定积分常数，从而得到全解。

图 6-7 中 U_S 换成 $\varepsilon(t)$，即二阶电路在阶跃激励下的零状态响应称为二阶电路的阶跃响应。阶跃响应和零状态响应的求解方法相同。

如果二阶电路具有初始储能，又接入外施激励，则电路的响应称为全响应。全响应是零输入响应和零状态响应的叠加，可以通过求解二阶非齐次方程的方法求得全响应。

【例 6-4】 电路如图 6-8 所示，已知 $u_C(0_-)=0$，$i_L(0_+)=0.5A$，$t=0$ 时开关 S 闭合，求开关闭合后电感中的电流 $i_L(t)$。

解： 开关 S 闭合前，电感中的电流 $i_L(0_-)=0.5A$，具有初始储能；开关 S 闭合后，直流激励源作用于电路，故为二阶电路的全响应。

（1）列出开关闭合后的电路微分方程，由 KCL 得

$$\frac{10-L\frac{di}{dt}}{R}-i_L-C\frac{du_C}{dt}=0$$

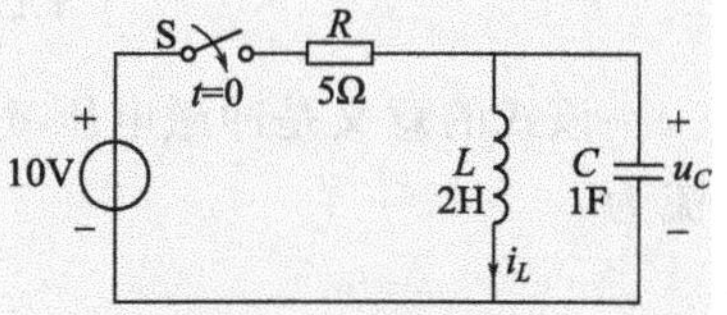

$$RLC\frac{d^2i_L}{dt^2}+L\frac{di_L}{dt}+i_LR=10;\quad \frac{d^2i}{dt^2}+\frac{1}{5}\times\frac{di_L}{dt}+\frac{1}{2}Ri_L=1$$

设电路全响应为 $i_L(t)=i'_L+i''_L$

其中特解 $i'_L=\frac{10}{5}=2A$

求通解：特征方程为

$$p^2+\frac{1}{5}p+\frac{1}{2}=0$$

$$p_1=-0.1+j0.7;\quad p_2=-0.1-j0.7$$

特征根为一对共轭复根，所以换路后暂态过程的性质为欠阻尼性质，即

$$i''_L=Ae^{-0.1t}\sin(0.7t+\theta)$$

$$i_L(t)=i'_L+i''_L=2+Ae^{-0.1t}\sin(0.7t+\theta)$$

由初始条件 $i_L(0_-)=i_L(0_+)=0.5A$；$\frac{di_L}{dt}\big|_{t=0+}=\frac{u_C(0_-)}{L}=0$ 得

$$\begin{cases}2+A\sin\theta=0.5\\0.7A\cos\theta-0.1A\sin\theta=0\end{cases}\begin{cases}A=1.52\\\theta=261.9°\end{cases}$$

全响应 $i_L(t)=[2+1.52e^{-0.1t}\sin(0.7t+261.9°)]A$

6.3 二阶电路的冲激响应

处于零状态的二阶电路在单位冲激函数激励下的响应称为二阶电路的冲激响应。图 6-9

是一个零状态的 RLC 串联电路,在 $t=0$ 时与冲激电压 $\delta(t)$ 接通,若以电容电压 $u_C(t)$ 为变量,根据 KVL 列电路方程为

$$LC\frac{d^2 u_C}{dt^2}+RC\frac{du_C}{dt}+u_C=\delta(t),\ t=0 \quad (6-19)$$

$$u_C(0_-)=0,\ i_L(0_-)=0$$

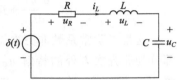

图 6-9 二阶电路的冲激响应

对式(6-19)在 $t=0_-$ 到 $t=0_+$ 区间积分并考虑冲激函数的性质,得:

$$\int_{0_-}^{0_+}LC\frac{d^2 u_C}{dt^2}dt+\int_{0_-}^{0_+}RC\frac{du_C}{dt}dt+\int_{0_-}^{0_+}u_C dt=\int_{0_-}^{0_+}\delta(t)dt=1$$

$$LC\left[\frac{du_C}{dt}\bigg|_{t=0_+}-\frac{du_C}{dt}\bigg|_{t=0_-}\right]+RC[u_C(0_+)-u_C(0_-)]+\int_{0_-}^{0_+}u_C dt=1$$

上式若成立,u_C 不能跃变,则有:

$$LC\left[\frac{du_C}{dt}\bigg|_{t=0_+}-\frac{du_C}{dt}\bigg|_{t=0_-}\right]=1$$

根据零状态条件 $u_C(0_-)=0$,$i_L(0_-)=0$,有 $\frac{du_C}{dt}\bigg|_{t=0_-}=0$,则:

$$LC\frac{du_C}{dt}\bigg|_{t=0_+}=1,\ 即\frac{du_C}{dt}\bigg|_{t=0_+}=\frac{1}{LC}$$

该式的意义是冲激电压 $\delta(t)$ 在 $t=0_-$ 到 $t=0_+$ 区间使电感电流发生跃变,跃变后电流为

$$i_L(0_+)=i_C(0_+)=C\frac{du_C}{dt}\bigg|_{t=0_+}=\frac{1}{L}$$

所以,电感中储存了磁场能量,而冲激响应就是由该磁场能量引起的变化过程。$t>0_+$ 后,冲激电压消失,电路转化为零输入响应问题。

$t>0_+$ 电路方程为:$LC\dfrac{d^2 u_C}{dt^2}+RC\dfrac{du_C}{dt}+u_C=0$

二阶电路零输入响应结果得,$t\geqslant 0_+$ 过渡过程为

$$u_C=A_1 e^{p_1 t}+A_2 e^{p_2 t}$$

根据初始条件 $u_C(0_+)=0$,$\dfrac{du_C}{dt}\bigg|_{t=0_+}=\dfrac{1}{LC}$ 得

$$\begin{cases}A_1+A_2=0\\ p_1 A_1+p_2 A_2=\dfrac{1}{LC}\end{cases}$$

解得

$$A_1=-A_2=\frac{-\dfrac{1}{LC}}{p_2-p_1}$$

$$u_C=-\frac{1}{LC(p_2-p_1)}(e^{p_1 t}-e^{p_2 t})$$

若 $R^2<4\dfrac{L}{C}$,电路为振荡放电过程,冲激响应为

$$u_C=\frac{1}{\omega LC}e^{-\alpha t}\sin(\omega t)$$

式中 $\alpha = \dfrac{R}{2L}$，$\omega = \sqrt{\dfrac{1}{LC} - \left(\dfrac{R}{2L}\right)^2}$。

6.4 实践与应用

RLC 电路常用于控制和通信电路中，例如谐振电路、平滑电路及滤波器等。在此讨论两个简单的应用：谐振电路和高压电源电路。

6.4.1 RLC 串联谐振电路

RLC 串联谐振电路在无线电工工程中多有应用。图 6-10（a）是接收机中典型接收电路，其作用是将需要接收的信号从天线所收到的诸多不同频率的信号中挑选出来，同时对其他不需要的信号加以抑制。输入电路主要是由天线线圈 L_1、电感线圈 L 和可调电容器 C 组成的串联谐振电路。天线所收到的各种不同频率的信号都会在 LC 谐振电路中感应出相应的电动势 $e_1、e_2、\cdots、e_n$。图 6-10（b）是输入电路的等效电路，图中的 R 是线圈 L 的电阻。改变 C，使电路在不同频率信号作用下产生串联谐振，那么 LC 回路中该频率的电流最大，在可调电容器两端的该频率的电压也就比较高。其他不同频率的信号虽然也在接收机里出现，但由于它们没有达到谐振，所以在回路中引起的电流很小。这样就起到了选择信号和抑制干扰的作用（RLC 串联谐振原理在第 9 章中有详细介绍）。如果 $L = 0.3\text{mH}$，$C = 204\text{pF}$，收听到的广播信号频率为 640kHz。

6.4.2 油开关灭弧能力试验

工程中有时会用 LC 电路来当高压电源。例如，为了试验油开关熄灭电弧的能力，需要在开关中通以数十千安、频率为 50Hz 的正弦电流。工程中一般会采用 LC 放电电路作为试验电源。其工作原理如图 6-11 所示：首先打开开关 S_2，接通 S_1，使电容充电到电压 U_0，然后打开开关 S_1，接通开关 S_2，于是电容器就开始对电感线圈放电。选择电路参数 L 和 C 的大小以及充电电压 U_0 的数值，就可得到试验所需要的正弦电流了。在开关闭合的适当时间，借助自动装置把被试油开关的触头 A 拉开，便可以测试高压开关的灭弧功能了。

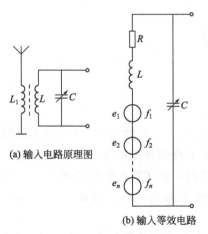

（a）输入电路原理图

（b）输入等效电路

图 6-10 接收机中典型输入电路

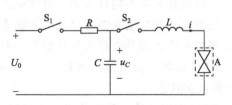

图 6-11 油开关灭弧能力试验电路原理图

如参数选择为 $C=3800\mu F$, $L=2.67mH$, $U_0=14.14kV$, 则：

$$\omega_0=\frac{1}{\sqrt{LC}}=\frac{1}{\sqrt{2.67\times10^{-3}\times3800\times10^{-6}}}=314rad/s$$

$$i(t)=\frac{U_0}{\sqrt{\frac{L}{C}}}\sin\frac{1}{\sqrt{LC}}t=16.9\sin(314t)(kA)$$

综上所述，RLC 电路在实际中的应用很广泛，实际生活中用到二阶电路的工程技术很多。

本章小结

本章重点讨论 RLC 串联电路的响应过程与求解方法，重点阐述零输入响应、零状态响应、阶跃响应、全响应、冲激响应过程。

1. 对于 RLC 电路的电路方程可以用二阶微分方程描述，称该电路为二阶电路。以 RLC 串联电路为例，其特征方程为：

$$LCp^2+RCp+1=0$$
$$或\quad p^2+2\alpha p+\omega_0^2=0$$

式中，$\alpha=\frac{R}{2L}$，称为电路的衰减系数；$\omega_0=\sqrt{\frac{1}{LC}}$，称为电路的谐振角频率。

2. 二阶电路的动态响应是欠阻尼还是过阻尼或是临界阻尼，取决于特征方程的根。当特征根相等（即 $\alpha=\omega_0$）时，响应为临界阻尼；特征根为不相等的实根（即 $\alpha>\omega_0$）时，响应为过阻尼；特征根为共轭复数根（即 $\alpha<\omega_0$）时，响应为欠阻尼。

3. RLC 二阶电路在换路后不存在独立电源的作用，其响应称为零输入响应；二阶电路在换路后有独立电源作用，其响应为瞬态响应与稳态响应之和。

4. 二阶电路在阶跃激励下的零状态响应称为二阶电路的阶跃响应。阶跃响应和零状态响应的求解方法相同。

5. 处于零状态的二阶电路在单位冲激函数激励下的响应称为二阶电路的冲激响应。

习 题

一、填空题

1. 用二阶微分方程描述的动态电路称为（　　）。
2. 二阶电路响应中的自由分量可使电路呈现振荡、（　　）和（　　）3 种不同形式。
3. 二阶电路的零输入响应呈现临界状态，其微分方程的特征根为（　　）。
4. 当二阶电路微分方程的特征根为一对共轭复数时，则零输入响应呈现（　　）状态。
5. RLC 串联二阶电路，当 R（　　）时，电路处于振荡状态；当 R（　　）时，电路处于临界振荡状态。
6. RLC 串联二阶电路原处于临界阻尼状态，若在电容两端再并联一个电容，其结果将使电路成为（　　）状态。

7. 二阶电路微分方程的特征根仅与电路的结构和参数有关,而与(　　)和(　　)无关。

8. 电路对于单位阶跃函数输入的零状态响应称为(　　)。

9. 当冲击函数作用于零状态的一阶电路时,在 $t=0_-$ 到 $t=0_+$ 的区间内它使电容电压或电感电流发生(　　)。

10. $\dot{x}=Ax+Bv$ 称为状态方程的标准形式,x 称为(　　),v 称为输入向量。

二、选择题

1. 二阶电路的非振荡放电过程又称为(　　)放电。
   A. 欠阻尼　　　B. 过阻尼　　　C. 振荡　　　D. 临界

2. 二阶电路零输入响应呈现非振荡放电过程时,其微分方程的特征根为(　　)。
   A. 两个相等的负实数　　　　B. 两个相等的正实数
   C. 两个不等的负实数　　　　D. 两个不等的正实数

3. 判断题图 6-1 所示电路是(　　)情况。
   A. 欠阻尼　　　B. 过阻尼　　　C. 临界振荡　　　D. 不确定

4. 判断题图 6-2 所示电路是(　　)情况。
   A. 欠阻尼　　　B. 过阻尼　　　C. 临界振荡　　　D. 不确定

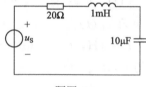
题图 6-1

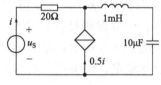
题图 6-2

5. RLC 串联二阶电路,当(　　)时,过渡过程称为临界非振荡过程。
   A. $R<2\sqrt{\dfrac{L}{C}}$　　B. $R<2\sqrt{\dfrac{L}{C}}$　　C. $R=2\sqrt{\dfrac{L}{C}}$　　D. $R=2\sqrt{\dfrac{C}{L}}$

6. 二阶电路的初始储能为零,仅由外施激励引起的响应为二阶电路的(　　)。
   A. 零状态响应　　B. 微分响应　　C. 零输入响应　　D. 全响应

7. 二阶电路的初始储能不为零,外施激励为零,响应为二阶电路的(　　)。
   A. 零状态响应　　B. 微分响应　　C. 零输入响应　　D. 全响应

8. 二阶电路的初始储能不为零,外施激励不为零,二阶电路对应的微分方程解由(　　)。
   A. 通解构成　　B. 特解构成　　C. 通解+特解构成　　D. 指数函数构成

9. 若把未充电的电容与独立电压源骤然接通,电容上的电压(　　)。
   A. 不跃变　　B. 可能跃变　　C. 必然跃变　　D. 不确定

10. 冲击激励是阶跃激励的(　　)。
    A. 二阶导数　　B. 零输入响应　　C. 全响应　　D. 一阶导数

三、计算题

1. RLC 串联二阶电路中,电容的微分方程为下列表达式,则电路属于哪种情况?

(1) $\dfrac{d^2 u_C}{dt^2}+4\dfrac{du_C}{dt}+3u_C=0$　　　　(2) $\dfrac{d^2 u_C}{dt^2}+4\dfrac{du_C}{dt}+4u_C=0$

(3) $\dfrac{d^2 u_C}{dt^2} + 4u_C = 0$ (4) $\dfrac{d^2 u_C}{dt^2} + 4\dfrac{du_C}{dt} + 13u_C = 0$

2. RLC 串联二阶电路中，已知初始条件 $i_L(0_+) = I_0$、$u_C(0_+) = U_0$。固有频率为

(1) $p_1 = -1$；$p_2 = -3$ (2) $p_1 = p_2 = -2$

(3) $p_1 = j2$；$p_2 = -j2$ (4) $p_1 = -2 + j3$；$p_2 = -2 - j3$

试写出 $t \geq 0$ 时各种情况下的零输入响应 $u_C(t)$ 的表达式。

3. 电路如题图 6-3 所示，开关在位置 1 时电路已达稳态，$t=0$ 时开关 S 打向位置 2，求解初始值 $u_C(0_+)$、$i_L(0_+)$ 和稳态值 $u_C(\infty)$、$i_L(\infty)$。

4. 电路如题图 6-4 所示，已知 $u_C(0_+) = 2\text{V}$，$R = 5\Omega$，$L = 4\text{H}$，$C = 1\text{F}$，$t = 0$ 时开关闭合，求开关闭合后的 $u_C(t)$。

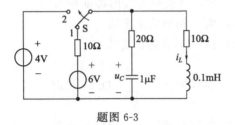

题图 6-3 题图 6-4

5. 电路如题图 6-5 所示，已知 $R_1 = 5\Omega$，$R_2 = 2\Omega$，$L = 1\text{H}$，$C = 1\text{F}$，$t<0$ 时开关闭合，电路已达稳定。$t=0$ 时刻打开开关 S，求 $t \geq 0$ 时的 $u_C(t)$ 和 $i_L(t)$。

6. 电路如题图 6-6 所示，已知 $R_1 = 1.2\Omega$，$R_2 = 2\Omega$，$L = 1\text{H}$，$C = 1/6\text{F}$，$t<0$ 时开关闭合，电路已达稳定。$t=0$ 时刻打开开关 S，求 $t \geq 0$ 时的 $u_C(t)$。

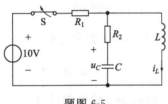 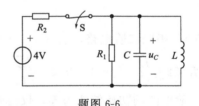

题图 6-5 题图 6-6

7. 电路如题图 6-7 所示，已知 $R = 5\Omega$，$L = 10\text{mH}$，$C = 1\text{F}$，$t<0$ 时开关闭合，电路已达稳定。$t=0$ 时刻打开开关 S，求 $t \geq 0$ 时的 $u_C(t)$。

8. RLC 串联电路如题图 6-8 所示，已知 $R = 10\Omega$，$L = 9\text{H}$，$C = 1\text{F}$，外加激励 $U_S = 10\text{V}$，$u_C(0_+) = 2\text{V}$，$i(0_+) = 1\text{A}$。求全响应 $u_C(t)$、$i(t)$。

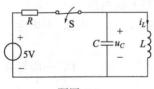 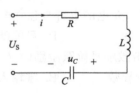

题图 6-7 题图 6-8

9. 电路如题图 6-9 所示，已知 $R = 3\Omega$，$L = 4.5\text{H}$，$C = 1\text{F}$，$t<0$ 时开关接在位置 "1"，电路已达稳定。$t=0$ 时刻开关 S 接到位置 "2"，求 $t \geq 0$ 时的 $u_C(t)$、$i_L(t)$。

10. 电路如题图 6-10 所示，$R = 2\Omega$，$L = 1\text{H}$，$C = 1\text{F}$，$U_S = 10\text{V}$，电路已达稳定状态。

设 $t=0$ 时开关打开，求 $t \geqslant 0$ 时的 $u_R(t)$。

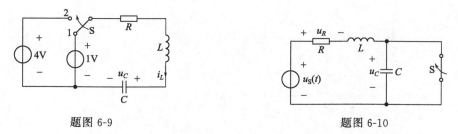

题图 6-9　　　　　　　　题图 6-10

11. 电路如题图 6-11 所示，已知 RLC 串联电路中 $R=0.75\Omega$，$L=125\mathrm{mH}$，$C=1\mathrm{F}$，求电路的单位阶跃响应 $u_C(t)$ 和 $i(t)$。

12. 电路如题图 6-12 所示，已知 RLC 并联电路中 $R=2.5\Omega$，$L=2\mathrm{H}$，$C=0.1\mathrm{F}$，求 $t \geqslant 0$ 时电路的响应 $i_L(t)$。

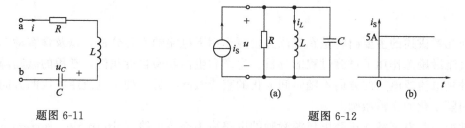

题图 6-11　　　　　　　　题图 6-12

13. 电路如题图 6-13 所示，已知 RLC 串联电路中 $R=4\Omega$，$L=2\mathrm{H}$，$C=0.5\mathrm{F}$，求电路的冲击响应 $u_C(t)$ 和 $i(t)$。

14. 电路如题图 6-14 所示，求电路的冲击响应 $u_C(t)$。

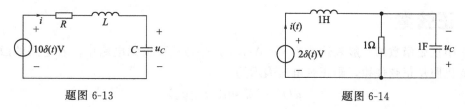

题图 6-13　　　　　　　　题图 6-14

第7章 正弦稳态电路的分析

引言：

前面几章讲述的主要内容是在直流激励源作用下电路的稳态分析，以及含有动态元件的电路在直流激励源作用下过渡过程的分析。生产和生活经验告诉我们，常用的激励源分为两种，一种是电流或电压的方向不随时间变化的直流激励，另一种是电流或电压的方向随一定的时间间隔变化的交流激励。

通常把正弦电流源或正弦电压源激励的电路称为交流电路（alternating current circuit）。19世纪末，由于交流电在长距离传输中的高效性和经济性，对交流电路的分析研究越来越重视。

7.1 正弦量

数学中正弦函数的一般表达式为 $y=A\sin(\omega t+\varphi)$，移植到电路中，若电路的激励源输出量的变化服从正弦规律，则正弦电压表示为：

$$u(t)=U_m\sin(\omega t+\varphi_u) \tag{7-1}$$

正弦电流表示为：

$$i(t)=I_m\sin(\omega t+\varphi_i) \tag{7-2}$$

式中，U_m、I_m 分别为正弦电压、电流的幅值；ω 为正弦电压、电流的角频率；φ_u、φ_i 分别为正弦电压、电流的初始相位。正弦电压与正弦电流可以用波形图表示，如图7-1所示。一般称幅值、角频率、初始相位为正弦信号三要素。

电路中的正弦信号既可以用正弦函数表示，也可以用余弦函数表示。这是由于正弦函数与余弦函数存在如下转换关系

$\sin(\omega t\pm180°)=-\sin(\omega t)$；$\cos(\omega t\pm180°)=-\cos(\omega t)$

$\sin(\omega t\pm90°)=\pm\cos(\omega t)$；$\cos(\omega t\pm90°)=\mp\sin(\omega t)$

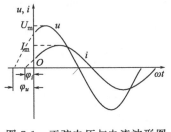

图 7-1 正弦电压与电流波形图

对两个正弦信号进行比较时，将二者表示为幅度为正的正弦函数或余弦函数会给分析带来方便。

7.1.1 频率与周期

为了简便直观地认识正弦量的角频率、频率和周期的关系，重新构建一个初相位为零的正弦波，如图 7-2 所示。正弦量变化一周所需的时间称为周期，用 T 表示，单位为秒（s）；每秒内变化的周数称为频率，用 f 表示，单位为赫兹（Hz）。

角频率、频率和周期的关系：

$$\omega = 2\pi f \tag{7-3}$$

$$f = \frac{1}{T} \tag{7-4}$$

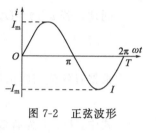

图 7-2 正弦波形

我国采用 50Hz 作为电力系统标准频率，即俗称的"工频"。在不同领域正弦交流信号的频率各不相同，常见的正弦信号频率见表 7-1。

表 7-1 常见的正弦信号频率

正弦交流信号应用领域	频率范围
高频加热炉	200～300kHz
高速电动机	150～2000Hz
收音机中波频段	530～1600kHz
移动通信	900MHz,1800MHz

7.1.2 幅值和有效值

正弦电压和电流可以用函数或图像两种形式描述，反映了电压和电流在任一瞬间的大小与方向。瞬时值对电路分析意义不大，也不方便。瞬时值中最大的值称为幅值或最大值，一般用带下标 m 的大写字母表示，如图 7-2 中 I_m。

由于电流、电压作用在电阻上，会产生热量，从能量角度定义的正弦信号的有效值可以表征其大小，因此有效值定义为：令正弦电流 $i(t)$ 和直流电流 I，分别通过阻值相同的电阻 R，如图 7-3 所示，若它们在相同时间 T（T 为正弦信号的一个周期）内消耗的能量相等，则称直流电流的量值为正弦电流的有效值，记为 I。

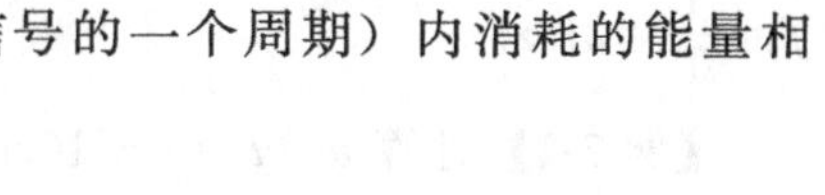

设：$i(t) = I_m \sin(\omega t)$

$$\int_0^T Ri^2(t)dt = RI^2T$$

$$I = \sqrt{\frac{1}{T}\int_0^T i^2(t)dt} \tag{7-5}$$

$$I = \sqrt{\frac{1}{T}\int_0^T [I_m \sin(\omega t)]^2 dt}$$

(a) 直流电流　　(b) 交流电流

图 7-3 有效值定义

因为

$$\int_0^T \sin^2(\omega t)dt = \int_0^T \frac{1-\cos(2\omega t)}{2}dt$$

$$= \frac{1}{2}\int_0^T dt - \frac{1}{2}\int_0^T \cos(2\omega t)dt$$

$$= \frac{T}{2} - 0 = \frac{T}{2}$$

所以

$$I=\sqrt{\frac{1}{T}I_m^2\frac{T}{2}}=\frac{I_m}{\sqrt{2}}=0.707I_m \tag{7-6}$$

同理，若 $u(t)=U_m\sin(\omega t)$ 则：

$$U=\frac{U_m}{\sqrt{2}}=0.707U_m \tag{7-7}$$

根据有效值与幅值的关系，式（7-1）、式（7-2）可以改写为如下形式

$$u(t)=\sqrt{2}U\sin(\omega t+\varphi_u);\ i(t)=\sqrt{2}I\sin(\omega t+\varphi_i)$$

式中，U、I 为有效值，用大写字母表示。

7.1.3 初相位和相位差

正弦电流表达式 $i(t)=I_m\sin(\omega t+\varphi_i)$ 中的 $(\omega t+\varphi_i)$ 称为相位角，$t=0$ 时的相位角就是初相位。图 7-1 的正弦电压初相位为 φ_u，正弦电流初相位为 φ_i，图 7-2 的正弦电流初相位为零。

两个同频率正弦量的相位角之差或初相位角之差，称为相位差，用 $\Delta\varphi$ 表示。在图 7-1 中，$u(t)$ 和 $i(t)$ 的相位差为

$$\Delta\varphi=(\omega t+\varphi_u)-(\omega t+\varphi_i)=\varphi_u-\varphi_i \tag{7-8}$$

由图 7-1 的正弦波形可见，因为 $u(t)$ 和 $i(t)$ 的初相位不同（不同相），所以它们的变化步调是不一致的，即不是同时到达正的幅值或零值。图中 $\varphi_u>\varphi_i$，所以 $u(t)$ 较 $i(t)$ 先到达正的幅值。这就是说，在相位上 $u(t)$ 比 $i(t)$ 超前 $\Delta\varphi$，或者 $i(t)$ 比 $u(t)$ 滞后 $\Delta\varphi$。

【例 7-1】 试求正弦信号 $u(t)=30\sin(4\pi t-75°)$ V 的幅度、相位、周期和频率。

解： 幅度 $U_m=30$V，相位 $-75°$，角频率 $\omega=4\pi$rad/s，周期 $T=\frac{2\pi}{\omega}=\frac{2\pi}{4\pi}=0.5$s，频率 $f=\frac{1}{T}=2$Hz。

【例 7-2】 计算 $u_1(t)=-10\cos(\omega t+50°)$V 与 $u_2(t)=12\sin(\omega t-10°)$ 之间的相位差，并说明哪一个信号超前。

解： 将 $u_1(t)$ 用正弦函数表示为：$u_1(t)=-10\cos(\omega t+50°)$
$$=10\sin(\omega t+50°-90°)$$
$$=10\sin(\omega t-40°)\text{V}$$

与 $u_2(t)=12\sin(\omega t-10°)$V 比较

$$\Delta\varphi=(\omega t-40°)-(\omega t-10°)=-30°$$

说明 $u_1(t)$ 较 $u_2(t)$ 滞后 30°。

7.2 相量法的基础

在分析计算正弦稳态电路时，经常要计算同频率的正弦量的和、差、积分、导数等，例如，要计算两条支路电流之和，电流分别为 i_1、i_2：

$$i_1 = I_{m1}\sin(\omega t + \varphi_1)$$
$$i_2 = I_{m2}\sin(\omega t + \varphi_2)$$

如果用前面介绍过的正弦量描述方法（函数和图像）来计算，那么一种方法是用三角函数式求和；另一种方法是先将 i_1、i_2 的正弦波形画在同一坐标平面内，然后在每个时刻对两个波形逐点相加从而得到正弦量和。事实上这两种方法都很烦琐。

可以证明同频率的正弦量相加仍是一个同频率的正弦量。如果正弦量的频率已知，只要确定正弦量初相位和幅值（或有效值），就可以用相量描述正弦量，这一思想由德裔奥地利数学家和电气工程师查尔斯·普洛特斯·斯坦梅茨于1893年首次提出。

因为复数包含一个模和一个幅角两个参量，如果把复数的这两个参量和正弦量的初相和幅值这两个要素对应起来，用复数计算来代替正弦量的计算是可行的。

7.2.1 复数及其运算

（1）复数的表示方法

相量是一个表示正弦信号的幅度和相位的复数，复数 z 的直角坐标形式为：

$$z = x + jy \tag{7-9}$$

式中，$j = \sqrt{-1}$，x 是 z 的实部，y 是 z 的虚部。

复数 z 也可以表示为极坐标形式或指数形式：

$$z = r\angle\varphi = re^{j\varphi} \tag{7-10}$$

式中，r 为 z 的模值，φ 为 z 的相位。复数 z 的三种表示形式：

$$z = x + jy \quad \text{直角坐标形式}$$
$$z = r\angle\varphi \quad \text{极坐标形式}$$
$$z = re^{j\varphi} \quad \text{指数形式} z$$

直角坐标形式与极坐标形式之间的关系如图 7-4 所示，其中 x 轴表示复数 z 的实部，y 轴表示复数 z 的虚部。给定 x 与 y，即可得到 r 与 φ：

$$r = \sqrt{x^2 + y^2},\ \varphi = \arctan\frac{y}{x} \tag{7-11}$$

反之，如果已知 r 与 φ，也可以求得 x 与 y：

$$x = r\cos\varphi,\ y = r\sin\varphi \tag{7-12}$$

复数 z 可以表示为

$$z = x + jy = r\angle\varphi = r\cos\varphi + jr\sin\varphi \tag{7-13}$$

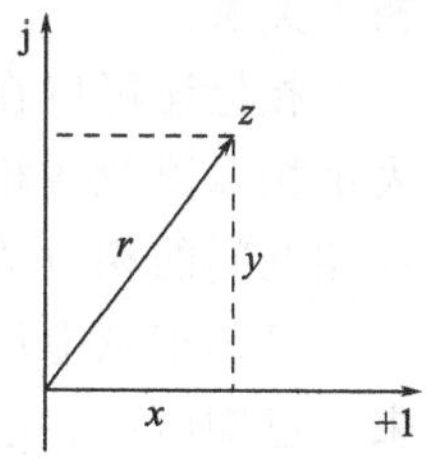

（2）复数的运算

设复数分别为：$z_1 = x_1 + jy_1 = r_1\angle\varphi_1$，$z_2 = x_2 + jy_2 = r_2\angle\varphi_2$，

显然，复数的加减运算利用直角坐标表示更为方便，而乘除运算则用极坐标更好。

图 7-4 直角坐标形式与极坐标形式之间的关系

加法运算：$z_1 + z_2 = (x_1 + jy_1) + (x_2 + jy_2) = (x_1 + x_2) + j(y_1 + y_2)$ （7-14）

减法运算：$z_1 - z_2 = (x_1 + jy_1) - (x_2 + jy_2) = (x_1 - x_2) + j(y_1 - y_2)$ （7-15）

乘法运算：$z_1 \cdot z_2 = r_1\angle\varphi_1 \cdot r_2\angle\varphi_2 = r_1 \cdot r_2 \angle \varphi_1 + \varphi_2$ （7-16）

除法运算：$\dfrac{z_1}{z_2} = \dfrac{r_1\angle\varphi_1}{r_2\angle\varphi_2} = \dfrac{r_1}{r_2}\angle\varphi_1 - \varphi_2$ （7-17）

7.2.2 正弦量的相量表示及运算

相量表达方式的依据是欧拉公式：

$$e^{j\varphi} = \cos\varphi + j\sin\varphi \tag{7-18}$$

式中，$\cos\varphi$ 与 $\sin\varphi$ 分别看作 $e^{j\varphi}$ 的实部与虚部，即：

$$\cos\varphi = \text{Re}(e^{j\varphi}) \tag{7-19}$$

$$\sin\varphi = \text{Im}(e^{j\varphi}) \tag{7-20}$$

式中，Re 与 Im 分列表示实部（real）与虚部（imaginary）。

已知正弦信号 $u(t) = U_m\cos(\omega t + \varphi)$，则利用式 (7-19) 可将 $u(t)$ 表示为：

$$u(t) = U_m\cos(\omega t + \varphi) = \text{Re}[U_m e^{j(\omega t + \varphi)}]$$

$$u(t) = \text{Re}(U_m e^{j\omega t} e^{j\varphi})$$

$$u(t) = \text{Re}(\dot{U}_m e^{j\omega t})$$

$$\dot{U}_m = U_m e^{j\varphi} = U_m \angle \varphi$$

如果设 $u(t) = U_m\sin(\omega t + \varphi)$，则利用式 (7-20) 可将 $u(t)$ 表示为：

$$u(t) = U_m\sin(\omega t + \varphi) = \text{Im}[U_m e^{j(\omega t + \varphi)}]$$

$$u(t) = \text{Im}(U_m e^{j\omega t} e^{j\varphi})$$

$$u(t) = \text{Im}(\dot{U}_m e^{j\omega t})$$

$$\dot{U}_m = U_m e^{j\varphi} = U_m \angle \varphi$$

由此可知，式 (7-19) 或式 (7-20) 均可用于推导相量的概念，但习惯上通常采用式 (7-19) 作为标准形式。因此，在此之后，本书均按照余弦函数定义正弦量。

$\dot{U}_m$ 称为正弦信号 $u(t)$ 的相量表示，换句话说，相量就是正弦信号的幅度与相位的复数表示。$\dot{U}_m$ 是复数，它的模 U_m 是正弦量的幅值，它的幅角 $\angle \varphi$ 是正弦量的初相位。

通常，相量符号用大写字母头顶上加一点表示，如 $\dot{U}_m$，这个符号包含相量的两个信息，即幅值和初相位，没有反映频率信息。因此，正弦量与相量间的关系是对应关系，而非相等关系。

相量还可以在复平面上用有向线段来表示，如图 7-4 中相量 z。在复平面上用有向线段表示相量以及各相量之间相互关系的图称为相量图。相量图能直观地描述各个正弦量的大小和相互间的相位关系，利用相量图辅助分析电路，有时可以达到事半功倍的作用。

已知正弦电压、电流的瞬时值表达式，可以直接写出对应的电压、电流相量式。反过来，已知电压、电流相量式，也可以直接写出对应的正弦电压、电流的瞬时值表达式。

【例 7-3】计算如下复数的值。

(1) $40\angle 50° + 20\angle -30°$；(2) $\dfrac{3-j4}{10\angle 135°}$

解：(1) $40\angle 50° = 40\cos 50° + j40\sin 50° = 25.71 + j30.64$

$20\angle -30° = 20\cos(-30°) + j20\sin(-30°) = 17.32 - j10$

$40\angle 50° + 20\angle -30° = 43.03 + j20.64 = 47.72\angle 25.63°$

(2) $3 - j4 = 5\angle -53.1°$

$\dfrac{3-j4}{10\angle 135°} = \dfrac{5\angle -53.1°}{10\angle 135°} = 0.5\angle -188.1° = 0.5\angle 171.9°$

【例 7-4】 写出下列正弦信号对应的相量。

(1) $u(t)=6\cos(50t-40°)$V；(2) $i(t)=-14.14\sin(10^3t-60°)$A

解：(1) $u(t)=6\cos(50t-40°)$V 的幅值为 6，初相位为 $-40°$，对应相量为 $\dot{U}_m=6\angle-40°$V。

(2) 本书采用余弦函数表示正弦量的标准，因为 $-\sin\omega t=\cos(\omega t+90°)$ 所以
$i(t)=-14.14\sin(10^3t-60°)=14.14\cos(10^3t-60°+90°)=10\sqrt{2}\cos(10^3t+30°)$A，对应相量为 $\dot{U}=10\angle30°$A。

说明： 在相量表达式中模的大小可以用幅值表示，如 $\dot{U}_m=U_m\angle\varphi$；也可以用有效值表示，如 $\dot{U}=U\angle\varphi$。

【例 7-5】 写出下列相量对应的正弦信号。

(1) $\dot{I}=(-3+j4)$A；(2) $\dot{U}=j8e^{-j60°}$V；(3) $\dot{U}=-50\angle40°$V

解：(1) $\dot{I}=(-3+j4)$A $=5\angle126.8°$A 对应正弦信号为：
$$i(t)=5\sqrt{2}\cos(\omega t+126.87°)\text{A}$$

(2) $\dot{U}=j8e^{-j60°}$V 可看成相量 $1\angle90°$ 和 $8\angle-60°$ 的乘积，所以
$$\dot{U}=j8e^{-j60°}\text{V}=(1\angle90°)(8\angle-60°)=8\angle30°\text{V}$$

对应正弦信号为：
$$i(t)=8\sqrt{2}\cos(\omega t+30°)\text{A}$$

(3) $\dot{U}=-50\angle40°$V $=50\angle40°\pm180°=50\angle220°$V（或 $50\angle-140°$V）

对应正弦信号为：$u(t)=50\sqrt{2}\cos(\omega t+220°)$V

或 $u(t)=50\sqrt{2}\cos(\omega t-140°)$V

7.3 电路元件的相量形式

7.3.1 电阻元件的相量形式

如果流过电阻元件的电流为 $i=I_m\cos(\omega t+\varphi)$，则由欧姆定律可知，其两端电压为：
$$u=iR=RI_m\cos(\omega t+\varphi)$$

这里 i 和 u 对应的相量表达式分别为 $\dot{I}_m=I_m\angle\varphi$，$\dot{U}_m=U_m\angle\varphi=RI_m\angle\varphi$。

显然：
$$\dot{U}_m=R\dot{I}_m \tag{7-21}$$
$$\dot{U}=R\dot{I} \tag{7-22}$$

上式说明，电阻上的电压与电流的相量表达式依然服从欧姆定律，与时域情况一致，如图 7-5 所示。其中式（7-21）的模采用的是幅值，式（7-22）的模采用的是有效值，以后本书均采用有效值表示模。电阻的相量图如图 7-6 所示。

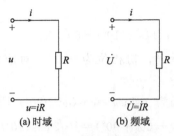
图 7-5 电阻电压与电流关系

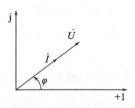
图 7-6 电阻的相量图

7.3.2 电感元件的相量形式

设流过电感 L 的电流为 $i = I_m\cos(\omega t + \varphi)$，则电感两端电压为：

$$u = L\frac{di}{dt} = L\frac{dI_m\cos(\omega t + \varphi)}{dt} = -\omega L I_m \sin(\omega t + \varphi) \tag{7-23}$$

由 $-\sin\omega t = \cos(\omega t + 90°)$ 得：

$$u = \omega L I_m \cos(\omega t + \varphi + 90°) \tag{7-24}$$

因此，i 和 u 对应的相量表达式分别为：

$$\dot{I}_m = I_m \angle \varphi$$

$$\dot{U}_m = \omega L I_m e^{j(\varphi + 90°)} = \omega L I_m e^{j\varphi} e^{j90°} = j\omega L \dot{I}_m \tag{7-25}$$

$$\dot{U} = j\omega L \dot{I} \tag{7-26}$$

式（7-25）说明，电感两端电压的幅值为 $\omega L I_m$，相位为 $(\varphi + 90°)$，电压超前电流 $90°$，电压与电流的相位差为 $90°$，如图 7-7 所示。电感电压与电流关系如图 7-8 所示。

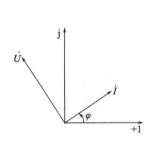
图 7-7 电感的相量图

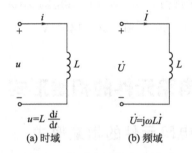
图 7-8 电感电压与电流关系

7.3.3 电容元件的相量形式

设电容两端的电压为 $u = U_m\cos(\omega t + \varphi)$，则流过电容的电流为：

$$i = C\frac{du}{dt} = C\frac{dU_m\cos(\omega t + \varphi)}{dt} = -\omega C U_m \sin(\omega t + \varphi) \tag{7-27}$$

由 $-\sin\omega t = \cos(\omega t + 90°)$ 得：

$$i = \omega C U_m \cos(\omega t + \varphi + 90°) \tag{7-28}$$

因此，u 和 i 对应的相量表达式分别为：

$$\dot{U}_m = U_m \angle \varphi$$

$$\dot{I}_m = \omega C U_m e^{j(\varphi + 90°)} = \omega C U_m e^{j\varphi} e^{j90°} = j\omega C \dot{U}_m \tag{7-29}$$

$$\dot{U}_\mathrm{m} = \frac{\dot{I}_\mathrm{m}}{\mathrm{j}\omega C} = -\mathrm{j}\frac{1}{\omega C}\dot{I}_\mathrm{m} \tag{7-30}$$

$$\dot{U} = -\mathrm{j}\frac{1}{\omega C}\dot{I} \tag{7-31}$$

式（7-30）表明，对于电容而言，流过电容的电流幅值为 $\omega C U_\mathrm{m}$，相位为 $(\varphi + 90°)$，电流超前电压 $90°$，电流与电压的相位差为 $90°$，如图 7-9 所示。电容电压与电流关系如图 7-10 所示。

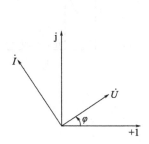

图 7-9　电容的相量图

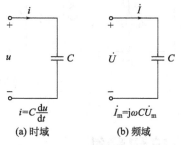

图 7-10　电容电压与电流关系

【例 7-6】 图 7-8 所示电路，$L = 100\mathrm{mH}$，$f = 50\mathrm{Hz}$。(1) 已知 $i = 7\sqrt{2}\cos(\omega t)\mathrm{A}$，求电压 u；(2) 已知 $\dot{U} = 127\angle -30°\mathrm{V}$，求 $\dot{I}$，并画出相量图。

解：(1) $i = 7\sqrt{2}\cos(\omega t) = 7\sqrt{2}\cos(314t)(\mathrm{A})$，对应的相量为：

$$\dot{I} = 7\angle 0°$$

由式（7-26）得　$\dot{U} = \mathrm{j}\omega L \dot{I} = \mathrm{j}2\pi f L \dot{I}$
$= 2 \times 3.14 \times 50 \times 100 \times 10^{-3} \times 1\angle 90° \times 7\angle 0°$
$= 219.8\angle 90°\ (\mathrm{V})$

转化为瞬时表达式为：　$u = 219.8\sqrt{2}\cos(314t + 90°)\mathrm{V}$

(2) 由 $\dot{U} = \mathrm{j}\omega L \dot{I}$

$\dot{I} = \dfrac{\dot{U}}{\omega L} = -\mathrm{j}\dfrac{\dot{U}}{\omega L}$

$= (1\angle -90°) \times \dfrac{127\angle -30°}{2 \times 3.14 \times 50 \times 100 \times 10^{-3}}$

$= 4\angle -120°\ (\mathrm{A})$

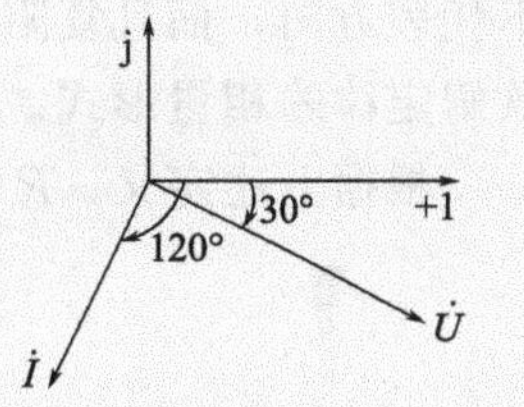

图 7-11　例 7-6 (2) 相量图

相量图如图 7-11 所示。

【例 7-7】 电路如图 7-12 (a) 所示，已知 $R = 4\Omega$，$C = 0.1\mathrm{F}$，$u = 10\sqrt{2}\cos 5t\mathrm{V}$，试求 i，I，$\dot{I}$。

解： 图 7-12 (a) 所示电路为时域模型，对应相量模型如图 7-12 (b) 所示。

由电压源时域表达式 $u = 10\sqrt{2}\cos 5t\ \mathrm{V}$ 知对应的相量式为：

$$\dot{U} = 10\angle 0°\mathrm{V}$$

由式（7-22）得：$\dot{I}_1 = \dfrac{\dot{U}}{R} = \dfrac{10\angle 0°}{4} = 2.5\angle 0°\ (\mathrm{A})$

由式（7-31）得：$\dot{I}_2 = \mathrm{j}\omega C \dot{U} = (1\angle 90°) \times 5 \times 0.1 \times 10\angle 0° = 5\angle 90°\ (\mathrm{A})$

相量图如图 7-12 (c)，所以

$$I=\sqrt{I_1^2+I_2^2}=\sqrt{2.5^2+5^2}=5.59 \text{ (A)}$$

$$\varphi=\arctan\frac{I_2}{I_1}=\arctan\frac{5}{2.5}=63.4°$$

$$\dot{I}=I\angle\varphi=5.59\angle63.4°\text{A}$$

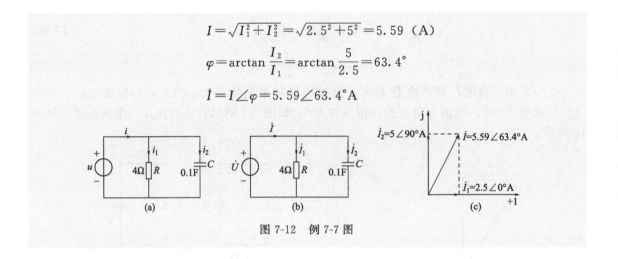

图 7-12 例 7-7 图

7.4 阻抗和导纳

设 N_0 为一无源一端口电路，若在其端口施加的电压相量为 $\dot{U}=U\angle\varphi_u$，通过的电流相量为 $\dot{I}=I\angle\varphi_i$，我们将 $\dot{U}$ 与 $\dot{I}$ 的比值定义为该端口的阻抗，用 Z 表示，单位为欧姆（Ω）。阻抗的倒数定义为导纳，用 Y 表示，单位为西门子（S）。因 $\dot{U}$ 与 $\dot{I}$ 是复数，所以 Z 与 Y 也是复数，又称复阻抗和复导纳。据此定义得：

$$Z=\frac{\dot{U}}{\dot{I}}=\frac{U\angle\varphi_u}{I\angle\varphi_i}=\frac{U}{I}\angle(\varphi_u-\varphi_i)=|Z|\angle\varphi_Z \tag{7-32}$$

$$Y=\frac{\dot{I}}{\dot{U}}=\frac{I\angle\varphi_i}{U\angle\varphi_u}=\frac{I}{U}\angle(\varphi_i-\varphi_u)=|Y|\angle\varphi_Y \tag{7-33}$$

值得注意的是，复阻抗和复导纳不是相量，因为 $\varphi_Z=\varphi_u-\varphi_i$ 和 $\varphi_Y=\varphi_i-\varphi_u$ 是相位差，不代表方向，而且复阻抗和复导纳也不服从正弦变化的规律。式（7-32）是用阻抗 Z 表示的欧姆定律的相量形式。

根据上述定义，R、L、C 三个基本元件在正弦电路中的阻抗和导纳分别为：

$$Z=\frac{\dot{U}}{\dot{I}}=R \text{；} Y=\frac{\dot{I}}{\dot{U}}=\frac{1}{R}$$

$$Z=\frac{\dot{U}}{\dot{I}}=j\omega L \text{；} Y=\frac{\dot{I}}{\dot{U}}=\frac{1}{j\omega L}$$

$$Z=\frac{\dot{U}}{\dot{I}}=\frac{1}{j\omega C} \text{；} Y=\frac{\dot{I}}{\dot{U}}=j\omega C$$

一般地，复阻抗 Z 作为一个复数，可以在复平面表示，如图 7-13 所示，其代数形式为：

$$Z=R+jX=|Z|\angle\varphi_Z \tag{7-34}$$

式中 $R=\text{Re}Z$ 为电阻，$X=\text{Im}Z$ 为电抗。$X>0$，电抗为感性，称为感抗；$X<0$，电抗为容性，称为容抗。电抗、感抗、容抗的单位都是欧姆（Ω）。

$$|Z|=\sqrt{R^2+X^2}, \varphi_Z=\arctan\frac{X}{R} \tag{7-35}$$

$$R=|Z|\cos\varphi_Z, X=|Z|\sin\varphi_Z \tag{7-36}$$

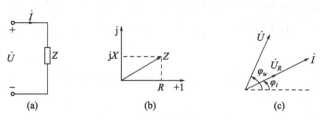

图 7-13 无源一端口 N_0 的阻抗

导纳 Y 作为一个复数，其代数形式为：

$$Y=G+jB=|Y|\angle\varphi_Y \tag{7-37}$$

式中 $G=\mathrm{Re}Y$ 为电导，$B=\mathrm{Im}Y$ 为电纳。导纳、电导、电纳的单位都是西门子（S）。根据定义有：

$$G+jB=\frac{1}{R+jX}$$

$$G+jB=\frac{1}{R+jX}\times\frac{R-jX}{R-jX}=\frac{R-jX}{R^2+X^2}$$

$$G=\frac{R}{R^2+X^2}, B=\frac{-X}{R^2+X^2} \tag{7-38}$$

可见，只有 $X=0$ 时，$G=\frac{1}{R}$，其他时候 $G\neq\frac{1}{R}$。

【例 7-8】 求图 7-14 所示电路中的 u、i。

解：由 $u_S=20\sqrt{2}\cos(10t+30°)\mathrm{V}$ 得：

$\dot{U}_S=20\angle30°\mathrm{V}$

$Z=R+jX=R+j\omega L$

$\quad=4+j(10\times0.2)=4+j2=2\sqrt{5}\angle26.57°$ （Ω）

$\dot{I}=\dfrac{\dot{U}_S}{Z}=\dfrac{20\angle30°}{2\sqrt{5}\angle26.57°}=2\sqrt{5}\angle3.43°$ （A）

$i=2\sqrt{10}\cos(10t+3.43°)$ A

$\dot{U}=j\omega L\dot{I}=1\angle90°\times10\times0.2\times2\sqrt{5}\angle3.43°=4\sqrt{5}\angle93.43°$ （V）

$u=4\sqrt{10}\cos(10t+93.43°)$ V

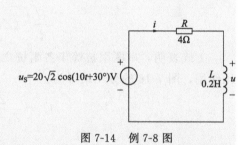

图 7-14 例 7-8 图

7.5 基尔霍夫定律的相量形式

基尔霍夫定律是电路分析的基础，对于 KCL 而言，在任一时刻，流入（或流出）某一结点的所有支路电流代数和等于零。当电路处于正弦稳态时，各支路电流都是同频正弦量，如果设各关联支路电流为 i_1、i_2、$\cdots$、i_n，则有：

$$i_1+i_2+\cdots+i_n=0 \tag{7-39}$$

在正弦稳态下，各电流可以用正弦量表示，即

$$I_{m1}\cos(\omega t+\varphi_1)+I_{m2}\cos(\omega t+\varphi_2)+\cdots+I_{mn}\cos(\omega t+\varphi_n)=0$$

$$\text{Re}(I_{m1}e^{j\varphi_1}e^{j\omega t})+\text{Re}(I_{m2}e^{j\varphi_2}e^{j\omega t})+\cdots+\text{Re}(I_{mn}e^{j\varphi_n}e^{j\omega t})=0$$

$$\text{Re}[(I_{m1}e^{j\varphi_1}+I_{m2}e^{j\varphi_2}+\cdots+I_{mn}e^{j\varphi_n})e^{j\omega t}]=0$$

令 $\dot{I}_k=I_{mk}e^{j\varphi_k}$，则：

$$\text{Re}[(\dot{I}_{m1}+\dot{I}_{m2}+\cdots+\dot{I}_{mn})e^{j\omega t}]=0$$

由于 $e^{j\omega t}\neq 0$，所以：

$$\dot{I}_{m1}+\dot{I}_{m2}+\cdots+\dot{I}_{mn}=0 \tag{7-40}$$

$$\dot{I}_1+\dot{I}_2+\cdots+\dot{I}_n=0 \tag{7-41}$$

$$\sum\dot{I}=0 \tag{7-42}$$

上式表明 KCL 对于相量依然成立。

同理，对于任意闭合回路中的电压，KVL 的相量形式依然成立。设闭合回路中的电压分别为 u_1、u_2、$\cdots$、u_n，则有：

$$u_1+u_2+\cdots+u_n=0 \tag{7-43}$$

$$\dot{U}_{m1}+\dot{U}_{m2}+\cdots+\dot{U}_{mn}=0 \tag{7-44}$$

$$\dot{U}_1+\dot{U}_2+\cdots+\dot{U}_n=0 \tag{7-45}$$

$$\sum\dot{U}=0 \tag{7-46}$$

根据 KVL 的相量形式，图 7-15 存在如下表达式：

$$\dot{U}=\dot{U}_1+\dot{U}_2+\cdots+\dot{U}_n$$

$$\dot{U}=\dot{I}Z_1+\dot{I}Z_2+\cdots+\dot{I}Z_n=\dot{I}(Z_1+Z_2+\cdots+Z_n)$$

$$\frac{\dot{U}}{\dot{I}}=(Z_1+Z_2+\cdots+Z_n)=Z_{eq} \tag{7-47}$$

上式表明，串联阻抗等于各阻抗之和，这与电阻的串联情况一致。因此，串联阻抗有分压作用，图 7-16 的分压结果为：

$$\dot{U}_1=\frac{Z_1}{Z_1+Z_2}\dot{U},\ \dot{U}_2=\frac{Z_2}{Z_1+Z_2}\dot{U} \tag{7-48}$$

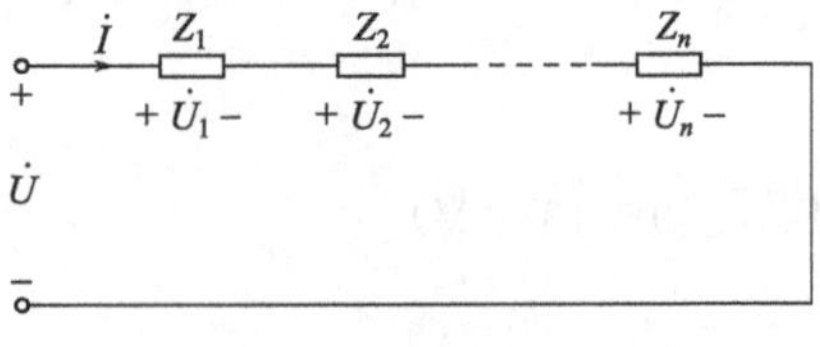

图 7-15　阻抗串联电路 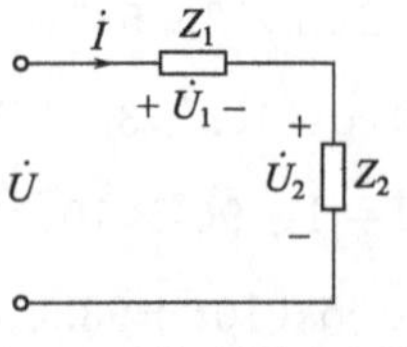　　　　　图 7-16　阻抗串联分压电路

根据 KCL 的相量形式，图 7-17 存在如下表达式：

$$\dot{I}=\dot{I}_1+\dot{I}_2+\cdots+\dot{I}_n$$

$$\dot{I}=\frac{\dot{U}}{Z_1}+\frac{\dot{U}}{Z_2}+\cdots+\frac{\dot{U}}{Z_n}=\left(\frac{1}{Z_1}+\frac{1}{Z_2}+\cdots+\frac{1}{Z_n}\right)\dot{U}$$

$$\frac{\dot{I}}{\dot{U}}=\frac{1}{Z_1}+\frac{1}{Z_2}+\cdots+\frac{1}{Z_n}=\frac{1}{Z} \tag{7-49}$$

$$Y_1+Y_2+\cdots+Y_n=Y_{eq} \tag{7-50}$$

上式表明，并联阻抗的倒数等于各阻抗倒数之和，或者说并联导纳的等效导纳等于各导纳之和，这与电阻的并联情况一致。因此，并联阻抗有分流作用，图 7-18 的分流结果为：

$$\dot{I}_1=\frac{Z_2}{Z_1+Z_2}\dot{I}, \dot{I}_2=\frac{Z_1}{Z_1+Z_2}\dot{I} \tag{7-51}$$

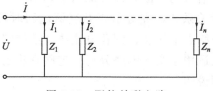
图 7-17 阻抗并联电路

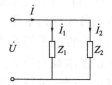
图 7-18 阻抗并联分流电路

【例 7-9】 图 7-19（a）所示电路 $Z=(10+j157)\Omega$，$Z_1=1000\Omega$，$Z_2=-j318.47\Omega$，$U=100V$，$\omega=314rad/s$，试求：(1) $\dot{I}$，$\dot{I}_1$，$\dot{I}_2$，$\dot{U}_0$；(2) 等效电路。

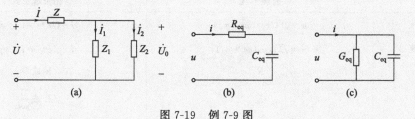
图 7-19 例 7-9 图

解：(1) 设 $\dot{U}=100\angle 0°V$

$$Z_{eq}=Z+Z_1//Z_2=Z+\frac{Z_1 Z_2}{Z_1+Z_2}$$

$$\begin{aligned}Z_{eq}&=(10+j157)+\frac{1000(-j318.47)}{1000-j318.47}\\&=(10+j157)+(92.11-j289.13)\\&=102.11-j132.13\\&=166.99\angle -52.30°\ (\Omega)\end{aligned}$$

$$\dot{I}=\frac{\dot{U}}{Z_{eq}}=\frac{100\angle 0°}{166.99\angle -52.30°}=0.6\angle 52.30°\ (A)$$

$$\dot{I}_1=\frac{Z_2}{Z_1+Z_2}\dot{I}=\frac{-j318.47}{1000-j318.47}\times 0.6\angle 52.30°=0.18\angle -20.03°\ (A)$$

$$\dot{I}_2=\frac{Z_1}{Z_1+Z_2}\dot{I}=\frac{1000}{1000-j318.47}\times 0.6\angle 52.30°=0.57\angle 69.96°\ (A)$$

$$\begin{aligned}\dot{U}_0&=\dot{I}_1 Z_1\\&=0.18\angle -20.03°\times 1000\\&=180\angle -20.03°\ (V)\end{aligned}$$

(2) 根据 $Z_{eq}=(102.11-j132.13)\Omega$，该电路等效电路为图 7-19（b）。

其中：$R_{eq}=102.11\Omega$，$C_{eq}=24.1\mu F$

或等效电路为图 7-19（c）。

其中：$G_{eq}=3.66\times 10^{-3}S$（或 $R_{eq}=273.22\Omega$），$C_{eq}=15.09\mu F$

7.6 正弦稳态电路的分析与计算

前面几节我们介绍了用相量法表示正弦信号的方法，并且证明了基尔霍夫定律相量表示形式成立，以及各元件的电压、电流的相量关系式，在分析正弦交流电路时可以直接使用。同样在直流电路分析时采用的支路电流法、结点电压法、网孔电流法、戴维宁定理、诺顿定理、叠加定理以及电源变换等分析方法，也适用于交流电路分析。这些方法已经在直流电路的分析中讲解过，因此本节的重点在于举例说明。

一般交流电路的分析过程分为三个步骤：

① 将时域电路转换成相量域（或频域）电路，方法见表 7-2。

表 7-2 时域信号和元件与相量域信号和元件的转换关系

项目	时域形式	相量域形式
正弦电压	$u=\sqrt{2}U\cos(\omega t+\varphi_u)$	$\dot{U}=Ue^{j\varphi_u}=U\angle\varphi_u$
正弦电流	$i=\sqrt{2}I\cos(\omega t+\varphi_i)$	$\dot{I}=Ie^{j\varphi_i}=I\angle\varphi_i$
电阻	R	R 或 G
电感	L	$j\omega L$ 或 $\dfrac{1}{j\omega L}$
电容	C	$\dfrac{1}{j\omega C}$ 或 $j\omega C$

② 根据 KCL、KVL 和元件的 VCR，利用相应的电路分析方法（支路电流法、网孔电流法、结点电压法等）求解电路：

$$\text{KCL}：\sum_{k=1}^{n}\dot{I}_k=0；\quad \text{KVL}：\sum_{k=1}^{n}\dot{U}_k=0；\quad \text{VCR}：\dot{U}=\dot{I}Z,\ \dot{I}=\dot{U}Y$$

③ 根据要求，将分析结果的相量表达式转换为时域表达式，见表 7-2。

上述步骤并非一成不变，要根据具体电路的具体要求灵活掌握。

7.6.1 支路电流法

和直流电路一样，正弦交流电路常采用支路电流法来分析与计算，所不同的是，正弦交流电路中的电压和电流应以相量表示，电阻、电感和电容及其组成的电路应以阻抗来表示。下面举例说明。

【例 7-10】 在图 7-20 所示的电路中，已知 $\dot{U}_1=230\angle 0°\text{V}$，$\dot{U}_2=227\angle 0°\text{V}$，$Z=(5+j5)\Omega$，$Z_1=(0.1+j0.5)\Omega$，$Z_2=(0.1+j0.5)\Omega$。试用支路电流法求电流 $\dot{I}_1$、$\dot{I}_2$ 和 $\dot{I}$。

解：应用基尔霍夫定律列出下列相量表示式方程：

$$\begin{cases} \dot{I}_1+\dot{I}_2=\dot{I} \\ \dot{I}_1Z_1+\dot{I}Z=\dot{U}_1 \\ \dot{I}_2Z_2+\dot{I}Z=\dot{U}_2 \end{cases}$$

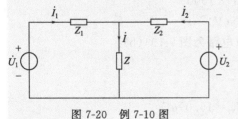

图 7-20 例 7-10 图

代入已知,得:

$$\begin{cases} \dot{I}_1 + \dot{I}_2 = \dot{I} \\ \dot{I}_1(0.1+j0.5) + \dot{I}(5+j5) = 230\angle 0°\text{A} \\ \dot{I}_2(0.1+j0.5) + \dot{I}(5+j5) = 227\angle 0°\text{A} \end{cases}$$

解得:

$$\begin{cases} \dot{I}_1 = 28.42\angle -36.3°\text{A} \\ \dot{I}_2 = 17.53\angle -54.0°\text{A} \\ \dot{I} = 31.37\angle -46.1°\text{A} \end{cases}$$

【例 7-11】 电路如图 7-21(a)所示,已知电感电流 $i_L = \sqrt{2}\cos(10t)$A。试用支路电流法求电流 i、u_C 和 u_S。

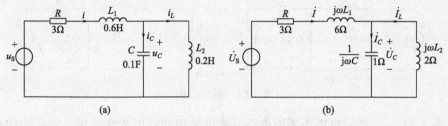

图 7-21 例 7-11 图

解: 画出图 7-21(a)所示的相量模型,如图 7-21(b)所示。
应用 KCL 列相量表示式方程:

$$\begin{cases} \dot{I} = \dot{I}_L + \dot{I}_C \\ \dot{I}(R+j\omega L_1) + \dot{I}_C \dfrac{1}{j\omega C} = \dot{U}_S \\ \dot{I}_C \dfrac{1}{j\omega C} = \dot{I}_L j\omega L_2 \end{cases}$$

已知 $\omega = 10\text{rad/s}$,设 $\dot{I}_L = 1\angle 0°\text{A}$,则 $j\omega L_1 = j6\Omega$,$j\omega L_2 = j2\Omega$,$\dfrac{1}{j\omega C} = -j\Omega$ 代入上式得:

$$\begin{cases} \dot{I} = \dot{I}_L + \dot{I}_C \\ \dot{I}(3+j6) - j\dot{I}_C = \dot{U}_S \\ -j\dot{I}_C = \dot{I}_L j2 \end{cases}$$

解得:

$$\dot{I}_C = -2\dot{I}_L = -2\angle 0° = -2(\text{A})$$

$$\dot{I} = \dot{I}_L + \dot{I}_C = \dot{I}_L - 2\dot{I}_L = -\dot{I}_L = -1\text{A}$$

$$\dot{U}_C = \dot{I}_C \dfrac{1}{j\omega C} = -2\times(-j) = 2\angle 90°(\text{V})$$

$$\dot{U}_S = \dot{I}(R+j\omega L_1) + \dot{I}_C \dfrac{1}{j\omega C} = -1\times(3+j6) - 2\times(-j) = -3-j4 = 5\angle -126.9°(\text{V})$$

时域表达式分别为:

$$i = \sqrt{2}\cos(10t+180°)\text{A}$$

$$u_C = 2\sqrt{2}\cos(10t+90°)\text{V}$$

$$u_S = 5\sqrt{2}\cos(\omega t - 126.9°)\text{V}$$

7.6.2 网孔电流法

网孔电流法依据的是基尔霍夫电压定律 KVL，已经证明 KVL 相量形式对于正弦交流电路是适用的。下面通过实例进一步说明。

【例 7-12】 电路如图 7-22（a）所示，图中电压源 $u_S=10.39\sqrt{2}\sin(2t+60°)\text{V}$，电流源 $i_S=3\sqrt{2}\cos(2t-30°)\text{A}$。试用网孔电流法求 i_L。

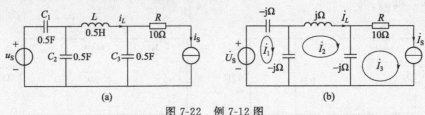

图 7-22 例 7-12 图

解： 图 7-22（a）所示电路为平面电路，故可采用网孔电流法求解，转化为相量域电路如图 7-22（b）所示，设网孔电流从左到右依次为 $\dot{I}_1$、$\dot{I}_2$、$\dot{I}_3$，方向为顺时针。

$$u_S=10.39\sqrt{2}\sin(2t+60°)\text{V}=10.39\sqrt{2}\cos(2t-30°)\text{V}\Rightarrow\dot{U}_S=10.39\angle-30°\text{V}=6\sqrt{3}\text{V}$$

$$i_S=3\sqrt{2}\cos(2t-30°)\text{A}\Rightarrow\dot{I}_S=3\angle-30°\text{A}$$

对网孔 1 应用 KVL，得：
$$(-j-j)\dot{I}_1-(-j)\dot{I}_2=\dot{U}_S$$

对网孔 2 应用 KVL，得：
$$-(-j)\dot{I}_1+(-j+j-j)\dot{I}_2-(-j)\dot{I}_3=0$$

对网孔 3 应用 KVL，得：
$$\dot{I}_3=\dot{I}_S=3\angle-30°\text{A}$$

解得：
$$\dot{I}_2=\dot{I}_L=12\angle30°\text{A}$$

转化为时域表示为：
$$i_L=12\sqrt{2}\cos(2t+30°)\text{A}$$

【例 7-13】 电路如图 7-23 所示，试求图中电流 $\dot{I}_0$。

解： 对网孔 1 应用 KVL，得：
$$\dot{I}_1=5\text{A}$$

对网孔 2 应用 KVL，得：
$$(4-j2-j2)\dot{I}_2-(-j2)\dot{I}_1-(-j2)\dot{I}_3=-20\angle90°\text{A}$$

对网孔 3 应用 KVL，得：
$$(8+j10-j2)\dot{I}_3-j10\dot{I}_1-(-j2)\dot{I}_2=0$$

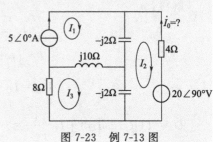

图 7-23 例 7-13 图

联立上述三个方程，得：
$$\begin{cases}\dot{I}_1=5\\(4-j4)\dot{I}_2+j2\dot{I}_1+j2\dot{I}_3=-20\angle90°\\(8+j8)\dot{I}_3-j10\dot{I}_1+j2\dot{I}_2=0\end{cases}$$

将 $\dot{I}_1 = 5$ 代入，得：$\begin{cases}(4-j4)\dot{I}_2 + j10 + j2\dot{I}_3 = -20j \\ (8+j8)\dot{I}_3 - j50 + j2\dot{I}_2 = 0\end{cases}$

整理，得：$\begin{cases}(4-j4)\dot{I}_2 + j2\dot{I}_3 = -j30 \\ j2\dot{I}_2 + (8+j8)\dot{I}_3 = j50\end{cases}$

解得：$\dot{I}_2 = 6.12\angle -35.22°\text{A}$

$\dot{I}_0 = -\dot{I}_2 = 6.12\angle 144.78°\text{A}$

7.6.3 结点电压法

结点电压法依据的是基尔霍夫电流定律 KCL，已经证明 KCL 相量形式对于正弦交流电路是适用的。下面通过实例进一步说明。

【例 7-14】 电路如图 7-22（a）所示，图中电压源 $u_S = 10.39\sqrt{2}\sin(2t+60°)\text{V}$，电流源 $i_S = 3\sqrt{2}\cos(2t-30°)\text{A}$。试用结点电压法求 i_L。

解：将图 7-22（a）所示电路转化为相量域电路，如图 7-24 所示，并加注结点⓪、①、②。

$u_S = 10.39\sqrt{2}\sin(2t+60°)\text{V} = 10.39\sqrt{2}\cos(2t-30°)\text{V} \Rightarrow \dot{U}_S = 10.39\angle -30° = 6\sqrt{3}\angle -30°\text{ (V)}$

$i_S = 3\sqrt{2}\cos(2t-30°)\text{A} \Rightarrow \dot{I}_S = 3\angle -30°\text{A}$

$\begin{cases}(2j-j)\dot{U}_{10} - (-j)\dot{U}_{20} = j\dot{U}_S \\ -(-j)\dot{U}_{10} + (j-j)\dot{U}_{20} = -\dot{I}_S\end{cases}$

$\begin{cases}j\dot{U}_{10} + j\dot{U}_{20} = j10.39\angle -30° \\ j\dot{U}_{10} = -3\angle -30°\end{cases}$

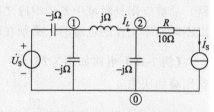

图 7-24 例 7-14 相量域电路图

解得：

$$\dot{I}_L = \frac{\dot{U}_{10} - \dot{U}_{20}}{j} = 12\angle 30°\text{A}$$

$$i_L = 12\sqrt{2}\cos(2t+30°)\text{ A}$$

【例 7-15】 电路如图 7-25（a）所示，图中电压源 $u_S = 20\sqrt{2}\cos(4t)\text{V}$，受控电流源 $i_S = 2i_C$。试用结点电压法求 i_C。

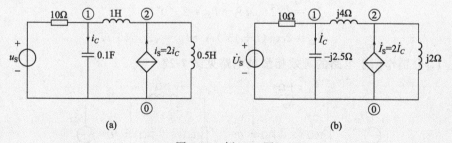

图 7-25 例 7-15 图

解：首先将时域电路转换到相量域：

$$u_S = 20\sqrt{2}\cos(4t)\text{V} \rightarrow \dot{U}_S = 20\angle 0°\text{V}, \omega = 4\text{rad/s}$$

$$1\text{H} \to j\omega L = j4\Omega, 0.5\text{H} \to j\omega L = j2\Omega$$

$$0.1\text{F} \to \frac{1}{j\omega C} = -j2.5\Omega, i_s = 2i_C \to \dot{I}_S = 2\dot{I}_C$$

相量域电路如图 7-25（b）所示，加注结点⓪、①、②见图中标注。

对结点 1 有：$\left(\dfrac{1}{10} + \dfrac{1}{-j2.5} + \dfrac{1}{j4}\right)\dot{U}_{10} - \dfrac{1}{j4}\dot{U}_{20} = \dfrac{\dot{U}_S}{10}$

对结点 2 有：$\left(\dfrac{1}{j4} + \dfrac{1}{j2}\right)\dot{U}_{20} - \dfrac{1}{j4}\dot{U}_{10} = 2\dot{I}_C$

增补方程：$\dot{I}_C = \dfrac{\dot{U}_{10}}{-j2.5}$

解得：$\dot{U}_{10} = 18.97\angle 18.43°\text{V}$，$\dot{U}_{20} = 13.91\angle 198.3°\text{V}$，$\dot{I}_C = 7.59\angle 108.4°\text{A}$

7.6.4 叠加定理

根据线性电路的定义，只要正弦交流电路中各元件是线性元件，正弦电路就是线性电路，所以叠加定理在交流电路中仍然适用。不过，值得注意的是，如果电路中包括以不同频率工作的若干个电源，由于阻抗取决于频率，因此对于不同的频率必须采用不同的频域电路，总响应则是时域中各个响应之和。在相量域叠加响应是不正确的。因此，当电路中包括以不同频率工作的电源时，必须在时域中完成各频率响应的叠加。

【例 7-16】电路如图 7-26（a）所示，图中电压源 $i_{S1} = 2\sqrt{2}\cos t\,\text{A}$，$i_{S2} = 2\cos(t+45°)\text{A}$，试用叠加法求 u。

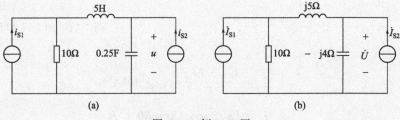

图 7-26 例 7-16 图

解：两个同频率电流源作用于电路，转化为相量域电路如图 7-26（b）所示，其中

$$i_{S1} = 2\sqrt{2}\cos t\,\text{A} \to \dot{I}_{S1} = 2\angle 0°\text{A}$$

$$i_{S2} = 2\cos(t+45°)\text{A} \to \dot{I}_{S2} = \sqrt{2}\angle 45°\text{A}$$

$\dot{I}_{S1}$、$\dot{I}_{S2}$ 分别作用于电路的等效相量域电路见图 7-27。

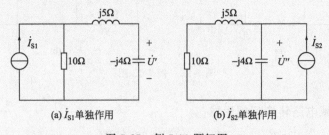

(a) $\dot{I}_{S1}$ 单独作用   (b) $\dot{I}_{S2}$ 单独作用

图 7-27 例 7-16 题解图

求解图 7-27（a）中 $\dot{U}'$

$$\dot{U}' = \frac{10}{10+j5-j4} \times 2 \times (-j4) = \frac{-j80}{10+j} \text{ (V)}$$

求解图 7-27（b）中 $\dot{U}''$

$$\dot{U}'' = \frac{10+j5}{10+j5-j4} \times \sqrt{2}\angle 45° \times (-j4) = \frac{60-j20}{10+j} \text{ (V)}$$

根据叠加定理得：

$$\dot{U} = \dot{U}' + \dot{U}'' = \frac{-j80}{10+j} + \frac{60-j20}{10+j} = \frac{60-j100}{10+j} \approx 11.6\angle -65.64° \text{ (V)}$$

【例 7-17】电路如图 7-28 所示，试用叠加法求 u。

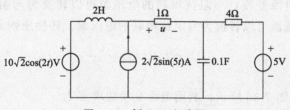

图 7-28 例 7-17 电路图

解：电路中有三个不同频率的激励源作用，它们单独作用在电路中的等效电路如图 7-29 所示。

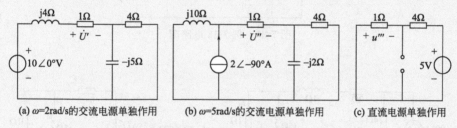

(a) $\omega=2$rad/s 的交流电源单独作用　　(b) $\omega=5$rad/s 的交流电源单独作用　　(c) 直流电源单独作用

图 7-29 例 7-17 题解图

$$\dot{U}' = \frac{10\angle 0°}{1+j4+4/\!/(-5j)} \times 1 = \frac{10}{1+j4+2.439-j1.951}$$

$$= \frac{10}{3.439+j2.049} = 2.498\angle -30.79° \text{ (V)}$$

$$\dot{U}'' = \frac{j10}{j10+1+4/\!/(-j2)} \times 2\angle -90° \times 1$$

$$= \frac{j10}{j10+1+0.8-j1.6} \times 2\angle -90° \times 1$$

$$= \frac{j10}{1.8+j8.4} \times 2\angle -90° = 2.328\angle -80° \text{ (V)}$$

将相量式转化为时域表达式

$$u' = 2.498\sqrt{2}\cos(2t-30.79°) \text{ V}$$

$$u'' = 2.328\sqrt{2}\cos(5t-80°) \text{ V} = 2.328\sqrt{2}\sin(5t+10°) \text{ V}$$

直流电源单独作用下：
$$u''=-\frac{5}{4+1}\times 1=-1 \text{ (V)}$$

时域叠加：
$$\begin{aligned}u&=u'+u''+u'''\\&=2.498\sqrt{2}\cos(2t-30.79°)+2.328\sqrt{2}\sin(5t+10°)-1\\&=[-1+2.498\sqrt{2}\cos(2t-30.79°)+2.328\sqrt{2}\sin(5t+10°)] \text{ (V)}\end{aligned}$$

7.6.5 电源变换

类似于直流电路电源变换，与阻抗串联的电压源可以转换为与阻抗并联的电流源；反之，与阻抗并联的电流源可以转换为与阻抗串联的电压源。转换原则是：

$$\dot{U}_\text{s}=\dot{I}_\text{s}Z \Leftrightarrow \dot{I}_\text{s}=\frac{\dot{U}_\text{s}}{Z}$$

【例 7-18】电路如图 7-30 所示，利用电源变换法求解 $\dot{I}_0$。

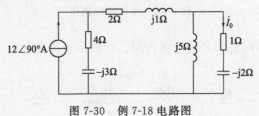

图 7-30 例 7-18 电路图

解：

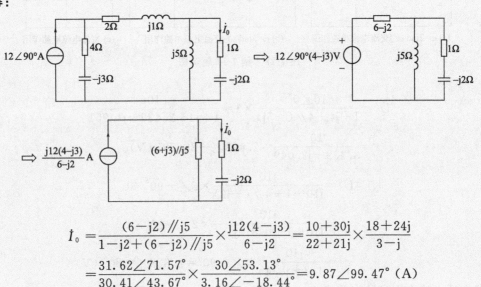

$$\begin{aligned}\dot{I}_0&=\frac{(6-j2)//j5}{1-j2+(6-j2)//j5}\times\frac{j12(4-j3)}{6-j2}=\frac{10+30j}{22+21j}\times\frac{18+24j}{3-j}\\&=\frac{31.62\angle 71.57°}{30.41\angle 43.67°}\times\frac{30\angle 53.13°}{3.16\angle -18.44°}=9.87\angle 99.47° \text{ (A)}\end{aligned}$$

7.6.6 戴维宁和诺顿等效电路

戴维宁定理与诺顿定理在交流电路中的应用与在直流电路中的应用是相同的，即线性含源二端网络可以等效为一个电压源与阻抗串联电路，或等效为一个电流源与阻抗并联电路。

戴维宁定理等效原则：等效电路电压源为被等效电路的开路电压，等效阻抗为被等效电路的端口阻抗。

诺顿定理等效原则：等效电路电流源为被等效电路的短路电流，等效阻抗为被等效电路的端口阻抗。

【例 7-19】电路如图 7-31（a）所示，求其戴维宁等效电路。已知 $\omega=1\text{rad/s}$。

解：$\dot{I}_1=\dfrac{\text{j}1}{1+\text{j}1}\times 5\angle 0°=\dfrac{1}{2}(5+\text{j}5)(\text{A})$

$\dot{U}_{OC}=5\angle 0°(\text{j}2)+4\dot{I}_1=\text{j}10+4\dot{I}_1$

$\dot{U}_{OC}=10+\text{j}20=10\sqrt{5}\angle 63.4°\ (\text{V})$

$u_{OC}=10\sqrt{10}\cos(t+63.4°)\text{V}$

等效阻抗 Z_0，含源二端网络对应的无源二端网络见图 7-31（b）。

$$\dot{I}_1=0,\ Z_0=\text{j}2\Omega,\ L=2\text{H}$$

其戴维宁等效电路见图 7-31（c）。

若 $\omega=1\text{rad/s}$，则时域戴维宁等效电路如图 7-31（d）所示。

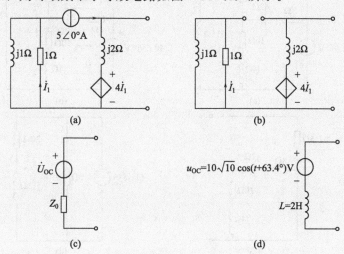

图 7-31　例 7-19 图

【例 7-20】电路如图 7-32（a）所示，利用诺顿定理求图中电流 $\dot{I}_0$。

解：将 $\dot{I}_0$ 流经的支路从电路中摘除，并将原处短路，如图 7-32（b）所示，求出短路电流 $\dot{I}_{SC}$。

设网孔电流分别为 $\dot{I}_1$、$\dot{I}_2$、$\dot{I}_3$，电流源端电压为 $\dot{U}$。由网孔法

$$\begin{cases}(8-\text{j}2+10+\text{j}4)\dot{I}_1-(8-\text{j}2)\dot{I}_2-(10+\text{j}4)\dot{I}_3=\text{j}40\\(5+8-2\text{j})\dot{I}_2-(8-\text{j}2)\dot{I}_1=-\dot{U}\\(10+\text{j}4)\dot{I}_3-(10+\text{j}4)\dot{I}_1=\dot{U}\end{cases}$$

整理得：

$$\begin{cases}(18+j2)\dot{I}_1-(8-j2)\dot{I}_2-(10+j4)\dot{I}_3=j40\\(13-2j)\dot{I}_2+(10+j4)\dot{I}_3-(18+j2)\dot{I}_1=0\end{cases}$$

上两式相加得：

$$5\dot{I}_2=40j,\ \dot{I}_2=j8\text{A}$$

因为：$\dot{I}_3-\dot{I}_2=3\angle0°\text{A}$

所以：$\dot{I}_3=(3+j8)$ A

$\dot{I}_{SC}=\dot{I}_3=(3+j8)$ A

将 $\dot{I}_0$ 流经的支路从电路中摘除，令电路中电源不作用，变成无源二端网络，如图 7-32（c）所示。

所以：$Z_0=5\Omega$，诺顿等效电路如图 7-32（d）所示。

$$\dot{I}_0=\frac{5}{5+20+j15}\dot{I}_{SC}=\frac{3+j8}{5+j3}=1.47\angle38.44°\ (\text{A})$$

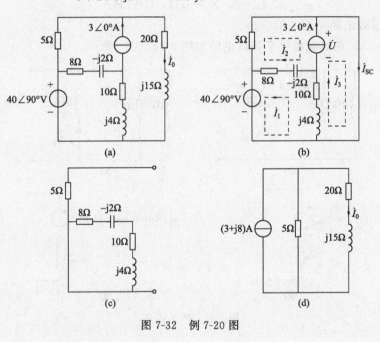

图 7-32 例 7-20 图

7.7 正弦稳态电路的功率

无论是工业生产使用的电气设备，还是日常生活使用的家用电器，多数由交流电源供电，它们都有一定的额定功率，在额定功率下，它们可以长期安全地运行。因此，讨论正弦稳态电路的功率是非常必要的。

7.7.1 瞬时功率

任意二端网络如图 7-33 所示，设端电压 u、电流 i 为关联参考方向，且

$$u(t) = U_m \cos(\omega t + \varphi_u) \text{V}$$
$$i(t) = I_m \cos(\omega t + \varphi_i) \text{A}$$

其中，U_m 与 I_m 为幅值，φ_u 与 φ_i 分别为电压与电流的初相位。则该二端网络吸收的功率为：

$$p(t) = u(t)i(t) = U_m I_m \cos(\omega t + \varphi_u)\cos(\omega t + \varphi_i) \tag{7-52}$$

根据 $\cos\alpha\cos\beta = \dfrac{1}{2}[\cos(\alpha-\beta) + \cos(\alpha+\beta)]$

$$p(t) = \dfrac{U_m I_m}{2}[\cos(\varphi_u - \varphi_i) + \cos(2\omega t + \varphi_u + \varphi_i)]$$
$$= UI\cos(\varphi_u - \varphi_i) + UI\cos(2\omega t + \varphi_u + \varphi_i)$$
$$p(t) = UI\cos\varphi_Z + UI\cos(2\omega t + \varphi_u + \varphi_i) \tag{7-53}$$

其中 φ_Z 为电压与电流的相位差：$\varphi_Z = \varphi_u - \varphi_i$。

式（7-53）表明，瞬时功率包括两部分，第一部分为常量，与时间无关，其值取决于电压与电流的相位差；第二部分为正弦函数，其频率为 2ω，即电压或电流角频率的两倍。

$p(t)$ 的波形图如图 7-34 所示，由图可见，$p(t)$ 为周期信号，$p(t) = p(t+T_0)$，其周期 $T_0 = \dfrac{T}{2}$（T 为电压 u 或电流 i 的周期），$p(t)$ 的频率是电压或电流频率的 2 倍。同时还可以看出，在一个周期的部分时间 $p(t)$ 为正，其余时间 $p(t)$ 为负。当 $p(t)$ 为正时，电路吸收功率；而当 $p(t)$ 为负时，电源吸收功率，也就是说功率由电路传送到电源，这种情况在电路中包括储能元件（电感器或电容器）时是可能的。

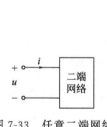

图 7-33 任意二端网络

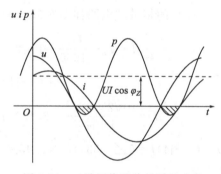

图 7-34 二端网络吸收的瞬时功率

瞬时功率是随时间而变化的，反映的是某一时刻二端网络吸收的功率，实际难以测量，工程上难以使用。所以，需要一个既能反映实际情况，又易于测量的功率，这就是平均功率。

7.7.2 平均功率

平均功率（单位为瓦特，用 W 表示）也称有功功率，是指一个周期内瞬时功率的平均值。平均功率表示为：

$$P = \dfrac{1}{T}\int_0^T p(t)\,\mathrm{d}t \tag{7-54}$$

$$P = \dfrac{1}{T}\int_0^T [UI\cos\varphi_Z + UI\cos(2\omega t + \varphi_u + \varphi_i)]\,\mathrm{d}t$$

$$P = \frac{1}{T}\int_0^T UI\cos\varphi_Z \, dt + \frac{1}{T}\int_0^T UI\cos(2\omega t + \varphi_u + \varphi_i)\, dt \tag{7-55}$$

上式中的第一项为常量，其平均仍为原常量；第二项为正弦函数的积分，而正弦函数一周期内平均值等于零，因此，式（7-55）中的第二项为零，于是平均功率为：

$$P = UI\cos\varphi_Z \tag{7-56}$$

式（7-56）是求平均功率的时域表达式，也可以在相量域中求平均功率，设二端网络端口中 $u(t)$ 与 $i(t)$ 的相量形式分别为 $\dot{U} = U\angle\varphi_u$ 与 $\dot{I} = I\angle\varphi_i$，则：

$$\dot{U}\dot{I}^* = UI\angle\varphi_u - \varphi_i = UI[\cos\varphi_Z + j\sin\varphi_Z] \tag{7-57}$$

$$P = \text{Re}[\dot{U}\dot{I}^*] = UI\cos\varphi_Z \tag{7-58}$$

式中 $\dot{I}^*$ 是 $\dot{I}$ 的共轭复数。

【例 7-21】 电路如图 7-35（a）所示，已知 $i_s(t) = 20\cos(100t)$ mA，试求电阻、受控源、独立电源的有功功率。

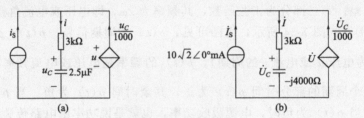

图 7-35　例 7-21 图

解： 图 7-35（a）的相量域电路如图 7-35（b）所示。

$$\dot{I} = \dot{I}_s + \frac{\dot{U}_C}{1000} = 10\sqrt{2}\times 10^{-3} + 10^{-3}\dot{U}_C$$

$$\dot{U}_C = -j4000\dot{I}$$

$$\dot{I} = \frac{10\sqrt{2}\times 10^{-3}}{1+j4} = 3.43\times 10^{-3}\angle -75.96°\text{（A）}$$

$$\dot{U} = (3-j4)\dot{I} = 5\angle -53.13°\times 3.43\angle -75.96° = 17.15\angle -129°\text{（V）}$$

电阻吸收功率：

$$P_R = I^2 R = (3.43\times 10^{-3})^2 \times 3000 = 35.3 \text{（mW）}$$

受控源有功功率：

$$\begin{aligned}
P_{\text{VCCS}} &= \text{Re}\left[\dot{U}\left(\frac{\dot{U}_C}{1000}\right)^*\right] = \text{Re}\left[\dot{U}\left(\frac{-j4000\dot{I}}{1000}\right)^*\right] \\
&= \text{Re}[\dot{U}(-j4\dot{I})^*] = \text{Re}[(17.15\angle -129°)\times (-j4\times 3.43\times 10^{-3}\angle -75.96°)^*] \\
&= \text{Re}[(17.15\angle -129°)\times (13.72\times 10^{-3}\angle -165.96°)^*] \\
&= \text{Re}[(17.15\angle -129°)\times (13.72\times 10^{-3}\angle 165.96°)^*] \\
&= 235.3\cos 36.96° \\
&= 188 \text{（mW）}
\end{aligned}$$

图中受控源的电流与电压方向非关联，$P_{\text{VCCS}} > 0$，所以释放功率。

独立电源有功功率：
$$P_\mathrm{s} = \mathrm{Re}[\dot{U}_\mathrm{s}\dot{I}_\mathrm{s}^*] = \mathrm{Re}[\dot{U}\dot{I}_\mathrm{s}^*] = \mathrm{Re}[(17.15\angle -129°)\times 10\sqrt{2}\times 10^{-3}]$$
$$= -152.7(\mathrm{mW})$$

图中独立电源的电流与电压方向非关联，$P_\mathrm{s}<0$，所以吸收功率。

7.7.3 无功功率

按式（7-56）计算电感或电容的有功功率，结果当然为零，说明电感、电容是非耗能元件。但它们能够吸收能量，并把吸收的能量释放出来，即与外电路实现能量交换。如何描述电感与电容的这一特性呢？工程上引入无功功率的概念来反映电感和电容与外电路或电源进行能量交换的特性。

无功功率用 Q 来表示，单位是乏（var），定义为：
$$Q = UI\sin\varphi_Z \tag{7-59}$$

式（7-59）是求无功功率的时域表达式，与有功功率类似，也可以在相量域中求无功功率，仍设二端网络端口中 $u(t)$ 与 $i(t)$ 的相量形式分别为 $\dot{U}=U\angle\varphi_u$ 与 $\dot{I}=I\angle\varphi_i$，则：
$$\dot{U}\dot{I}^* = UI\angle\varphi_u - \varphi_i = UI[\cos\varphi_Z + \mathrm{j}\sin\varphi_Z]$$
$$Q = \mathrm{Im}[\dot{U}\dot{I}^*] = UI\sin\varphi_Z \tag{7-60}$$

对于感性负载 $\varphi_Z>0$，所以，$Q>0$；对于容性负载 $\varphi_Z<0$，所以，$Q<0$。

7.7.4 视在功率

有功功率 $P=UI\cos\varphi_Z$，其中 UI 定义为视在功率，用 S 表示，单位伏安（V·A），以区别有功功率和无功功率，显然，视在功率是电压与电流的有效值乘积。工程上常用视在功率描述电气设备的容量，即设备额定电压（有效值）与额定电流（有效值）的乘积。

$$S = UI \tag{7-61}$$

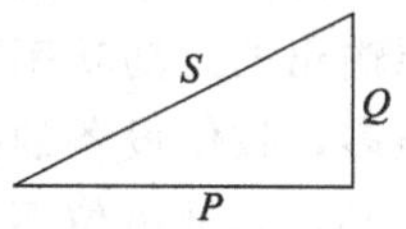

S、P、Q 的关系可以用图 7-36 所示三角形描述。

$$S^2 = P^2 + Q^2 \tag{7-62}$$

图 7-36 功率三角形

7.7.5 功率因数及其提高

有功功率的计算用到式（7-56），其中的 $\cos\varphi_Z$ 被定义为功率因数，它是二端口网络端口电压与电流的相位差的余弦，也是端口阻抗幅角的余弦值，显然功率因数的大小取决于端口负载的性质。

纯电阻负载，因为其端电压与通过的电流相位差为零，它的功率因数 $\cos\varphi_Z=1$；而感性和容性负载，由于其端电压与通过的电流存在相位差，所以功率因数 $\cos\varphi_Z<1$，这时电路发生能量交换，出现无功功率 $Q=UI\sin\varphi_Z$。

实际应用中，如果功率因数过低会引起以下两方面的问题。

（1）电源设备的容量不能得到充分的利用

举个例子来看，某变压器容量 $S=1000\mathrm{kV\cdot A}$，若负载功率因数 $\cos\varphi_Z=1$，则该变压器发出的有功功率为：

$$P = UI\cos\varphi_Z = 1000 \times 1 = 1000 \text{ (kW)}$$

电路无须提供无功功率，这台变压器可带 100 台功率 10kW 的电炉工作。

若负载的功率因数 $\cos\varphi_Z = 0.7$，这台变压器发出的有功功率为：

$$P = UI\cos\varphi_Z = 1000 \times 0.7 = 700 \text{ (kW)}$$

此时，这台变压器可带 70 台功率 10kW 的电炉工作，同时电路需提供的无功功率约为：

$$Q = UI\sin\varphi_Z = 1000 \times 0.714 = 714 \text{ (var)}$$

可见，功率因数 $\cos\varphi_Z$ 越低，电源设备的利用效率就越低；所以提高电路的 $\cos\varphi_Z$ 能够使电源设备得到充分利用。

（2）增加输电线路和发电机绕组的功率损耗

假设输电线和发电机绕组的电阻为 r。由于 $P = U_N I_N \cos\varphi_Z$（$P$、$U_N$ 一定），则线路电流为：

$$I_N = \frac{P}{U_N \cos\varphi_Z}$$

显然，功率因数 $\cos\varphi_Z$ 越低，输电线路中的电流 I_N 越大，输电线上的电压降增加，导致负载端电压降低，影响负载工作；同时输电线路中功率损耗会大大增加，降低电网输电效率；输电线路中电流增大，导致电路导线的横截面积增大，增加有色金属使用量，加大了供电成本，更为严重的是电流增大将导致发电机绕组的能耗增加，会造成发电机过热引起绝缘等级降低的安全问题。

综上所述，功率因数的提高，能使电源设备得到充分利用，同时也能节约大量电能。所以，提高功率因数势在必行。

提高功率因数原则：必须保证原负载的工作状态不变，即加至负载上的电压和负载的有功功率应保持不变。常用方法是在负载两端并联一个合适的电容，提高整体电路的功率因数。同时也不影响负载的正常工作。

提高功率因数的基本原理，就是用电容的无功功率去补偿感性负载的无功功率，以使电源输出的无功功率减少。一般情况下不必要将功率因数提高到 1，因为这样将使电容量增大很多，致使设备的投资过大。按照供用电规则，高压供电的工业企业的平均功率因数不低于 0.95，其他单位不低于 0.9 即可。

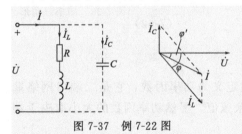

图 7-37 例 7-22 图

【例 7-22】电路如图 7-37 所示，有一感性负载，其功率 $P = 10\text{kW}$，功率因数 $\cos\varphi = 0.6$，接到 220V、50Hz 交流电源上。采用并联电容方法提高功率因数到 $\cos\varphi' = 0.95$，应并联多大的电容？并联前后电路的总电流各为多大？如将 $\cos\varphi$ 提高到 1，问还需并多大的电容？

解： 由已知得：$\cos\varphi = 0.6$，$\varphi = 53.1°$，$\cos\varphi' = 0.95$，$\varphi' = 18.2°$

$$I_C = I_L \sin\varphi - I \sin\varphi'$$
$$= \left(\frac{P}{U\cos\varphi}\right)\sin\varphi - \left(\frac{P}{U\cos\varphi'}\right)\sin\varphi'$$
$$= \frac{P}{U}(\tan\varphi - \tan\varphi')$$
$$I_C = \frac{U}{X_C} = U\omega C$$

$$U\omega C = \frac{P}{U}(\tan\varphi - \tan\varphi')$$

$$C = \frac{P}{\omega U^2}(\tan\varphi - \tan\varphi') \tag{7-63}$$

$$C = \frac{P}{\omega U^2}(\tan\varphi - \tan\varphi') = \frac{10 \times 10^3}{2\pi \times 50 \times 220^2} \times (\tan 53.1° - \tan 18.2°) = 660(\mu F)$$

并联电容前电路的总电流：

$$I = \frac{P}{U\cos\varphi} = \frac{10 \times 10^3}{220 \times 0.6} = 75.76(A)$$

并联电容后电路的总电流：

$$I = \frac{P}{U\cos\varphi} = \frac{10 \times 10^3}{220 \times 0.95} = 47.85(A)$$

将 $\cos\varphi$ 提高到1，需并的电容

$$C = \frac{P}{\omega U^2}(\tan\varphi - \tan\varphi') = \frac{10 \times 10^3}{2\pi \times 50 \times 220^2} \times (\tan 18° - \tan 0°) = 213.8(\mu F)$$

可见，当功率因数接近1时，再继续提高所需电容很大，在经济上不划算，所以一般情况下不必要把功率因数提高到1。

7.7.6 复功率

在7.7.1小节中，讨论有功功率时，设二端网络端口中 $u(t)$ 与 $i(t)$ 的相量形式分别为 $\dot{U} = U\angle\varphi_u$ 与 $\dot{I} = I\angle\varphi_i$，$\dot{I}$ 的共轭相量 $\dot{I}^* = I\angle -\varphi_i$，于是定义复功率 $\bar{S} = \dot{U}\dot{I}^*$。

$$\bar{S} = \dot{U}\dot{I}^* = UI\angle\varphi_u - \varphi_i = UI[\cos\varphi_Z + j\sin\varphi_Z] = P + jQ \tag{7-64}$$

上式表明，复功率的实部是二端网络吸收的有功功率，虚部是二端网络吸收的无功功率。

复功率是为了方便计算正弦稳态电路中的各种功率而人为引入的概念，没有实际意义，不代表正弦量，只是一个辅助计算功率的复数。它将正弦稳态电路的三个功率及功率因数简单地统一在一个公式中，因此，只要计算出电路中的电压相量和电流相量，各种功率就可以很方便地计算出来。

复功率的单位与视在功率相同，也是伏安（V·A）。

复功率包含了给定负载的所有与功率有关的信息，具体见表7-3。

表 7-3 功率信息关系表

名称	符号	表达式
复功率	$\bar{S}$	$\bar{S} = \dot{U}\dot{I}^* = UI\angle\varphi_u - \varphi_i = P + jQ$
视在功率	S	$S = UI = \|\bar{S}\| = \sqrt{P^2 + Q^2}$
有功功率	P	$\mathrm{Re}[\bar{S}] = S\cos(\varphi_u - \varphi_i) = S\cos\varphi_Z$
无功功率	Q	$\mathrm{Im}[\bar{S}] = S\sin(\varphi_u - \varphi_i) = S\cos\varphi_Z$
功率因数	$\cos\varphi_Z$	$\cos\varphi_Z = \cos(\varphi_u - \varphi_i) = \frac{P}{S}$

可以证明，对任意一个电路，整个电路的复功率守恒，即：

$$\sum \bar{S}=0, \quad \sum P=0, \quad \sum Q=0 \tag{7-65}$$

【例 7-23】 电路如图 7-38 所示，一电压源经传输线给负载供电，传输线等效阻抗为 $Z_1 = (4+\text{j}2)\Omega$，负载为 $Z_L = (15-\text{j}10)\Omega$。试求：(1) 电源吸收的有功功率与无功功率；(2) 传输线吸收的有功功率与无功功率；(3) 负载吸收的有功功率与无功功率。

解：传输线等效阻抗 $Z_1 = 4+\text{j}2 = 4.472\angle 26.57°$（Ω）

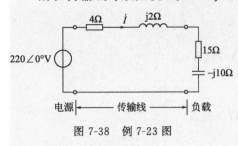

图 7-38 例 7-23 图

负载阻抗 $Z_L = 15-\text{j}10 = 18.028\angle -33.69°$（Ω）

总阻抗 $Z = Z_1 + Z_L = 4+\text{j}2+15-\text{j}10 = 19-\text{j}8 = 20.62\angle -22.83°$（Ω）

线路电流 $\dot{I} = \dfrac{\dot{U}}{Z} = \dfrac{220\angle 0°}{20.62\angle -22.83°}$

$\qquad = 10.67\angle 22.83°$（A）

$\dot{I}^* = 10.67\angle -22.83°$ A

(1) 电源的复功率

$\bar{S} = \dot{U}\dot{I}^* = UI\angle \varphi_u - \varphi_i = 220\times 10.67\angle -22.83 = 2347.4\angle -22.83 = (2163.5-\text{j}910.8)$ V·A

电源吸收的有功功率 $P = 2163.5$ W

电源吸收的无功功率 $Q = 910.8$ var（超前）

(2) 传输线的复功率

$\bar{S}_1 = \dot{U}\dot{I}^* = \dot{I}Z_1\dot{I}^*$

$\qquad = 10.67\angle 22.83°\times 4.472\angle 26.57°\times 10.67\angle -22.83°$

$\qquad = 509.13\angle 26.57° = (455.36+\text{j}227.73)$（V·A）

传输线吸收的有功功率 $P_1 = 455.36$ W

传输线吸收的无功功率 $Q_1 = 227.73$ var（滞后）

(3) 负载的复功率

$\bar{S}_L = \dot{U}\dot{I}^* = \dot{I}Z_L\dot{I}^*$

$\qquad = 10.67\angle 22.83°\times 18.028\angle -33.69°\times 10.67\angle -22.83°$

$\qquad = 2052.47\angle -33.69° = (1707.76-\text{j}1138.50)$（V·A）

负载吸收的有功功率 $P_L = 1707.76$ W

负载吸收的无功功率 $Q_L = 1138.50$ var（超前）

比较上述结果得：$\bar{S} = \bar{S}_1 + \bar{S}_L$，$P = P_1 + P_L$，$Q = Q_1 + Q_L$。

7.8 正弦稳态电路的最大功率传输

下面将讨论在正弦稳态电路中，负载从电源获得最大功率的条件。

图 7-39 (a) 所示的电路为一含源二端网络，外接一可变阻抗（导纳）。根据戴维宁定理，图 7-39 (a) 所示的电路可以等效为图 7-39 (b) 所示电路。

设：$Z_{eq} = R_{eq} + \text{j}X_{eq}$，$Z = R + \text{j}X$

则：$\dot{I} = \dfrac{\dot{U}_{oc}}{Z_{eq}+Z} = \dfrac{\dot{U}_{oc}}{R_{eq}+\text{j}X_{eq}+R+\text{j}X} = \dfrac{\dot{U}_{oc}}{(R_{eq}+R)+\text{j}(X_{eq}+X)}$

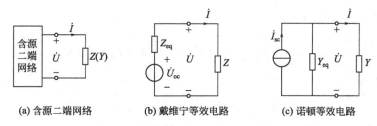

(a) 含源二端网络 (b) 戴维宁等效电路 (c) 诺顿等效电路

图 7-39 外接可变阻抗（导纳）的含源二端网络

$$I=|\dot{I}|=\frac{U_{oc}}{\sqrt{(R_{eq}+R)^2+(X_{eq}+X)^2}}$$

负载吸收的有功功率：$P=I^2R=\dfrac{RU_{oc}^2}{(R_{eq}+R)^2+(X_{eq}+X)^2}$

如果 R 和 X 可任意改变，其他参数不变，求上式中功率 P 的极值。由于 X 只出现在分母中，显然对于任意 R 来说，当 $X=-X_{eq}$ 时分母的值最小，因此 P 的极值一定在 $X=-X_{eq}$ 时产生。X 确定后，P 的表达式为：

$$P=\frac{RU_{oc}^2}{(R_{eq}+R)^2}$$

为确定 R 值，将 P 对 R 求导，并令其为零，则：

$$\frac{d}{dR}\left[\frac{RU_{oc}^2}{(R_{eq}+R)^2}\right]=0$$

解得：$R=R_{eq}$

所以，获得最大功率的负载阻抗为：

$$Z=R_{eq}-jX_{eq}=Z_{eq}^* \tag{7-66}$$

此时，获得最大功率为：

$$P_{max}=\frac{U_{oc}^2}{4R_{eq}} \tag{7-67}$$

当用诺顿等效电路时，如图 7-39（c）所示，获得最大功率的负载导纳为：

$$Y=Y_{eq}^* \tag{7-68}$$

获得最大功率为：

$$P_{max}=\frac{I_{sc}^2}{4G_{eq}} \tag{7-69}$$

上述获得最大功率的条件，称为共轭匹配或最佳匹配。

【例 7-24】 电路如图 7-40（a）所示，求负载阻抗取何值时获得最大有功功率，最大有功功率为多少？

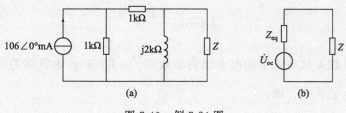

图 7-40 例 7-24 图

解：将 Z 断开，求戴维宁等效电路参数

开路电压 $\dot{U}_{oc}$：

$$\dot{U}_{oc} = \frac{1}{1+1+j2} 106\angle 0° \times j2 = 74.95\angle 45° \text{ (V)}$$

等效阻抗 Z_{eq}：

$$Z_{eq} = (1+1)//j2 = \sqrt{2}\angle 45° = (1+j) \text{ (k}\Omega\text{)}$$

所以，$Z = \sqrt{2}\angle -45° = (1-j)$ (kΩ) 时，获得最大有功功率。

最大有功功率为：

$$P_{max} = \frac{U_{oc}^2}{4R_{eq}} = \frac{74.95^2}{4\times 1} = 1.405 \text{ (W)}$$

7.9 实践与应用

7.9.1 电能表原理

首先来了解电能的计量单位——千瓦·时(kW·h)，即功率为1kW 的用电器连续工作 1h 所消耗的电量，也就是平时所说的 1 度电。显然，千瓦·时是计量消耗电能的有功部分。电能的计量装置是电能表，一般家庭使用的电能表是单相电能表。

电能表按结构原理分为感应式和电子式两种。

(1) 感应式电能表

感应式电能表原理如图 7-41 所示，电压电磁铁和电流电磁铁产生的交变磁场穿过转盘产生电磁感应，在转盘中出现感应电流（涡流）从而产生驱动转盘转动的转矩：

$$M = k_1 UI\cos\varphi$$

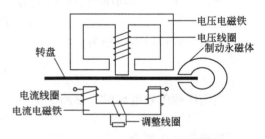

图 7-41 单相感应式电能表原理图

制动永磁体的磁场使转动的转盘中出现涡流，产生制动作用，制动转矩随驱动转矩的变化而变化，制动转矩 M_Z 与转盘的转速 n 成正比：

$$M_Z = k_2 n$$

当制动转矩 M_Z 与驱动转矩 M 相等时转盘匀速转动，则有：

$$M = M_Z$$
$$k_1 UI\cos\varphi = k_2 n$$
$$UI\cos\varphi = \frac{k_2}{k_1} n$$

用一个比例系数 k 代替式中的两个比例系数 $\frac{k_1}{k_2}$，$UI\cos\varphi$ 为负载的有功功率 P，功率 P 与转盘的转速 n 成正比，即：

$$P = kn$$

经过一定时间 t 后耗用的电能 $W = Pt$，在此时间 t 内转盘的转数 $N = nt$，则有：

$$W = kN$$

即转盘的转数 N 与耗用的电能 W 成正比。

令 $C=\dfrac{1}{k}$，则有：

$$C=\dfrac{N}{W}$$

C 被称为电能表常数，表示电能表每计量 1kW·h 电能转盘转过的转数。常数 C 一般标示在电能表的表盘上，图 7-42 为单相感应式电能表接线图。图 7-43 为当前居民住户常用的单相电能表，C 分别为 $1920\text{r}/(\text{kW·h})$，$1440\text{r}/(\text{kW·h})$。

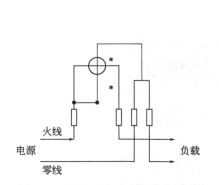

图 7-42　单相感应式电能表接线图　　　　图 7-43　单相感应式电能表实物图

（2）电子式电能表

电子式电能表是在数字功率表的基础上发展起来的，采用乘法器实现对电功率的测量。改用乘法器来代替感应式的测量机构对电功率的测量，特点是损耗小、精度高、使用寿命长等，而且有利于实现远程抄表等智能化管理。

在结构上，尽管各种电子式电能表的具体结构不同，但其测量组件的结构及所实现的功能是一致的。电子式电能表的主要结构部件有输入级、电能计量单元（乘法器、电压/频率转换器）、输出级（分频器、计数器、计度器）等，图 7-44 所示为它的原理图。

图 7-44　电子式电能表原理图

① 输入级　输入级的功能是通过电压变换器和电流变换器将被测电网的高电压、大电流转换为低电压、小电流并进行采样，再将采样所得到的模拟量信号转换成与被测量成线性比例变化的数字信号后，送给乘法器。

② 乘法器　乘法器的功能是完成电压和电流瞬时值相乘，再将其转换成能反映有功或无功功率大小的数字信号，即输出一个与该段时间内的平均功率成正比例的直流电压 U，然后再将此信号输入给电压/频率（U/f）转换器。

③ 电压/频率（U/f）转换器　在各种模拟乘法器的输出端接以数字电压表，便构成一

台电子式功率表。若要测量电能，则需要将乘法器的输出电压首先进行电压/频率（U/f）转换，转换成频率正比于该电压的脉冲串，即得到频率 f 正比于平均功率的信号，再将该信号送至分频器、计数器或微机处理器进行处理达到相应的电能量的数值信号，即用户实际消耗的电能数值。

④ 分频器、计数器、计度器　分频器和计数器的功能是将由电压/频率转换器送来的正比于平均功率的脉冲频率 f 信号进行分频，并驱动附有步进电动机的计度器进行电能累加或转换成数码显示出相应的电能量的数值。

电子式电能表常数 C 标的是每用电 $1\text{kW}\cdot\text{h}$ 时的脉冲数，图 7-45 所示的电子式电能表常数 C 是 $1600\text{imp}/(\text{kW}\cdot\text{h})$。

图 7-45　单相电子式电能表实物图

7.9.2　电能表的选用举例

随着人们生活水平的不断提高，家用电器的使用种类越来越多，数量越来越大，原来使用的电能表容量可能不够，涉及更新，如何选用电能表呢？下面就来讨论这个问题。

以某一家庭为例，该户拥有家用电器 42 件，总功率 15kW，如何选用电能表？

由于各种电器不可能同时使用，计算时应乘以需用系数 k_x，即经常使用的电器功率与所拥有的全部电器总功率的比值。

家庭需用系数 k_x 一般在 0.3~0.5 之间，拥有电器总数越多需用系数越小，上述家庭电器总数多达 42 件，取 $k_x=0.3$ 进行计算，则计算负载：

$$P_j = k_x \sum P = 0.3 \times 15 = 4.5 \text{ (kW)}$$

取功率因数 $\cos\varphi=0.8$，则计算电流：

$$I_j = \frac{P_j}{U\cos\varphi} = \frac{4500}{220 \times 0.8} = 25.6 \text{ (A)}$$

根据以上计算可考虑选用：

$I_b=10\text{A}$，$I_{\max}=40\text{A}$，$U=220\text{V}$，$f=50\text{Hz}$ 单相电能表（这是目前住宅设计通常的选择）。其中 I_b 为标定电流，$I_{\max}$ 为额定最大电流，U 为额定电压，f 为频率。

7.9.3　电能表的铭牌标志及含义

电能表的铭牌上通常标注了名称、型号、准确度等级、电能计算单位、标定电流和额定最大电流、额定电压、电能表常数、频率、制造厂名称或商标、工厂制造年份和厂内编号、电能表产品生产许可证的标记和编号、计度器显示数的整数位与小数位的窗口。该窗口应有不同的颜色，在它们之间应有区分的小数点、使用条件和包装运输条件分组的代号（将代号置于一个三角形内），对具有止逆器的电能表应标明"止逆"字样。

① 电能表名称。标明该电能表按用途分类的名称（如单相电能表或三相有功电能表）。

② 电能表型号。我国对电能表型号的表示方式规定如下：

第一部分：类别代号（D——电能表）；

第二部分：组别代号（D——单相、S——三相三线有功、T——三相四线有功、X——三相无功、B——标准、Z——最大需量）；

第三部分：设计序号（如 DD28——单相 28 型电能表、DS15——三相三线 15 型有功电能表、DT8——三相四线 8 型有功电能表、DX15——三相 15 型无功电能表、DZ1——1 型最大需量电能表、DB2——2 型单相标准电能表、DBS25——25 型三相三线标准电能表）。

③ 准确度等级。用置于圆圈内的数字来表示。

④ 电能计量单位。有功电能表为"千瓦·时"（kW·h），无功电能表为"千乏·时"（kvar·h），电子表为脉冲常数 [imp/(kW·h)]。

⑤ 标定电流和额定最大电流。如 5（20）A，10（40）A。

⑥ 电能表常数。以每千瓦·时圆盘的转数或脉冲数表示，如 800r/(kW·h)、800r/(kvar·h)、4000imp/(kW·h)。

⑦ 计度器的小数点位一般用红色或白色区分，并标有×0.1 或×10^{-1}。

本章小结

本章介绍了电路分析中用到的正弦信号的基本概念，它有别于数学中正弦的概念。一般地，在电路分析中正弦信号是指具有正弦函数或余弦函数形式的信号，其一般表达式为：

$$u(t)=U_m\cos(\omega t+\varphi)$$

其中，U_m 为幅度（振幅），$\omega=2\pi f$ 为角频率，$\omega t+\varphi$ 为辐角，φ 为相位。

1. 相量与正弦量

用相量表示正弦信号幅度与相位，有效降低了正弦电路分析过程的复杂程度，给定正弦信号 $u(t)=U_m\cos(\omega t+\varphi)$ 的相量用 $\dot{U}$ 表示为：

$$\dot{U}=U_m\angle\varphi \text{ 或 } \dot{U}=U\angle\varphi$$

其中用幅度 U_m 代表相量的大小，或用有效值 U 代表相量的大小，φ 为相位。

2. 单一元件的特性

在交流电路中，不同性质元件的电压相位与电流相位，在任何时刻均存在固定的关系。对于电阻元件而言，$\varphi_u=\varphi_i$ 即同相；对于电容元件而言，φ_i 超前 $\varphi_u 90°$；对于电感元件而言，φ_i 滞后 $\varphi_u 90°$。

在正弦交流电路中，定义电路两端的电压与流过它的电流相量之比为电路的阻抗，用符号 Z 表示，即：

$$Z=\frac{\dot{U}}{\dot{I}}=R+jX(\omega)$$

Z 的倒数称为导纳，用符号 Y 表示，即：

$$Y = \frac{1}{Z} = \frac{\dot{I}}{\dot{U}} = G + jB(\omega)$$

阻抗的串并联等效替换方法与电阻的串并联等效替换方法相同，即串联时阻抗相加，并联时导纳相加。

单一元件的阻抗：电阻的阻抗为 $Z=R$，电感的阻抗为 $Z=jX=j\omega L$，电容的阻抗为 $Z=-jX=1/j\omega C$。

3. 正弦交流电路分析方法

在正弦交流电路中，电路的基本定律（欧姆定律和基尔霍夫定律）同样适用，其形式与直流电路中的基本定律相同，但电压、电流必须使用相量，即：

$$\dot{U} = Z\dot{I} \text{；} \sum I_k = 0 \text{；} \sum U_k = 0$$

同样，分压/分流原理、阻抗/导纳的串联/并联合并、电路的化简以及 Y-△ 转换等方法均适用于交流电路的分析。

由于 KCL 与 KVL 适用于电路的相量形式，所以结点电压法、网孔电流法、电源等效转换、戴维宁等效和诺顿等效仍然适用于分析交流电路。

在求解电路的稳态响应时，如果电路中包含不同频率的多个独立源，则必须分别考虑每个独立源。分析这类电路最基本的方法是采用叠加定理。对应于不同频率的相量电路必须单独求解，并将相应的响应转换为时域响应，电路总响应则为各个相量电路的时域响应之和。

4. 功率

元件吸收的瞬时功率等于该元件两端的电压与流过该元件的电流的乘积：

$$p = ui$$

平均功率即有功功率 P（单位为瓦特），等于瞬时功率的平均值：

$$P = \frac{1}{T}\int_0^T p\,dt = \frac{1}{2}U_m I_m \cos(\varphi_u - \varphi_i) = UI\cos\varphi$$

电容器与电感器不吸收平均功率，电阻器吸收的平均功率为 $P=I^2R$。

当负载阻抗等于从负载端看进去的戴维宁阻抗的共轭复数，即 $Z_L = Z_0^*$ 时，传递给负载的平均功率最大。

5. 功率因数 $\cos\varphi$

功率因数等于负载阻抗辐角的余弦值，或者是有功功率与无功功率之比。如果电流滞后于电压，则为感性负载；如果电流超前于电压，则为容性负载。若考虑经济因素，则功率因数校正是必需的。降低总的无功功率即可改善负载的功率因数。

6. 视在功率、无功功率、复功率

视在功率 S（单位为 V·A）等于电压有效值与电流有效值的乘积：

$$S = UI$$
$$|S| = \sqrt{P^2 + Q^2}$$

其中 P 为有功功率，Q 为无功功率。

无功功率（单位为 var）为：

$$Q = UI\sin\varphi$$

复功率 $\overline{S}$（单位为 V·A）等于电压相量有效值与电流相量有效值的共轭复数的乘积，也等于有功功率 P 与无功功率 Q 的复数和：

$$\overline{S} = \dot{U}\dot{I}^* = UI\angle\varphi = P + jQ$$

电路网络总的复功率等于各个元件的复功率之和，同理，总的有功功率与无功功率也分别等于各个元件的有功功率与无功功率之和。但是，总的视在功率不守恒。

7. 功率表

功率表是测量平均功率的仪器。用电量可以用电能表来度量。

习　题

一、填空题

1. RLC 串联电路中 $L=1\text{mH}$、$C=10\mu\text{F}$，若（复）阻抗 $Z=10\angle0°\Omega$，则正弦交流电路的角频率为（　　）。
2. 已知 $Z=(30+\text{j}40)\Omega$，则 $|Z|=$（　　），$\varphi_Z=$（　　）。
3. 已知 $Z=(30+\text{j}40)\Omega$，则 $|Y|=$（　　），$\varphi_Y=$（　　）。
4. 已知某复阻抗的端电压 $u=10\cos(\omega t+60°)\text{V}$，电流 $i=5\cos(\omega t+30°)\text{A}$，则复阻抗的 $Z=$（　　），$Y=$（　　）。
5. 当 $f=1\text{Hz}$ 时，$Z=(10+\text{j}5)\Omega$，那么 $f=2\text{Hz}$ 时，$Z=$（　　）。
6. 正弦交流电路中 $p_R\geqslant0\text{W}$，表明电阻的（　　）特性。
7. 已知电路的 $P=1000\text{W}$、$Q=1000\text{var}$，则 $S=$（　　）。
8. 已知某无源二端网络 $Z_{\text{eq}}=(30+\text{j}40)\Omega$，则其功率因数为（　　）。
9. 已知某含源一端口 N_S（等效为 $\dot{U}_{\text{oc}}$ 串联 Z_{eq}）向负载 Z_L 传输功率，当满足条件 $Z_\text{L}=$（　　）时，负载可获得最大有功功率。
10. 某有源二端网络 N_S（等效为 $\dot{U}_{\text{oc}}$ 串联 Z_{eq}）外接 $Z_\text{L}=R_\text{L}+X_\text{L}$，当满足阻抗匹配条件时，$P_{\text{Lmax}}=$（　　）。

二、选择题

1. 某复阻抗的端电压 $u=10\cos(\omega t-60°)\text{V}$，电流 $i=5\cos(\omega t-15°)\text{A}$，则复阻抗的 Z 为（　　）阻抗。
   A. 感性　　　　　　B. 容性　　　　　　C. 电阻性　　　　　　D. 电导性
2. 分析正弦稳态电路时，下列式子正确的是（　　）。
   A. $\sum U=0$　　　　B. $\sum u=0$　　　　C. $U=IZ$　　　　D. $\dot{U}=IZ$
3. 下列关于相量图描述正确的是（　　）。
   A. 相量图只描述相量的大小　　　　　B. 相量图只描述相量的方向
   C. 相量图描述相量的大小及方向　　　D. 相量图只描述相量的角度
4. RLC 并联的电路中，端电压 $u\neq0$，$P_\text{L}=0$，说明（　　）。
   A. 电感没有电流通过　　　　　　　　B. 电感在电路中没有作用
   C. 电感不消耗能量　　　　　　　　　D. 电感不储存能量
5. 关于无功功率的说法正确的是（　　）。
   A. 无用的功率　　　　　　　　　　　B. "无功"是不被消耗的意思
   C. 可有可无　　　　　　　　　　　　D. 单位是"W"
6. 关于功率表达式下列不对的是（　　）。

A. $\sum \bar{S}=0$ B. $\sum P=0$ C. $\sum S=0$ D. $\sum Q=0$

7. 电路如题图 7-1 所示，已知 $u\neq 0$，$L=10\text{H}$，$C=10\mu\text{F}$，若 $i=0$，则（　　）。

A. $i_1=i_2$ B. $\dot{I}_1=\dot{I}_2$
C. $I_1=I_2$ D. $I_1=-I_2$

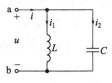

题图 7-1

8. 已知某阻抗的复功率为 $\bar{S}=(10+\text{j}10)\text{V}\cdot\text{A}$，则该阻抗的视在功率为（　　）$\text{V}\cdot\text{A}$。

A. 10   B. 20   C. $10\sqrt{3}$ D. $10\sqrt{2}$

9. 已知某电路接一感性负载，其功率因数为 0.5，若想要提高电路的功率因数到 0.9，则应在感性负载端（　　）。

A. 串联一个合适的电容   B. 串联一个合适的电感
C. 并联一个合适的电容   D. 并联一个合适的电感

10. 电压源 u_S 串联 Z_L 和 Z_eq 组成一个单回路，当（　　）时，Z_L 可获得最大能量。

A. $Z_\text{L}=Z_\text{eq}$ B. $Z_\text{L}=Z_\text{eq}^*$ C. $Z_\text{L}=-Z_\text{eq}^*$ D. $Z_\text{L}=-Z_\text{eq}$

三、计算题

1. 已知某一端口网络 u、i 的瞬时表达式如下，求等效阻抗 Z_eq，导纳 Y_eq。

(1) $\begin{cases} u=100\cos(\omega t+30°)\text{V} \\ i=5\cos(\omega t-15°)\text{A} \end{cases}$ (2) $\begin{cases} u=100\sin(\omega t+30°)\text{V} \\ i=5\cos(\omega t-15°)\text{A} \end{cases}$

(3) $\begin{cases} u=10\cos(\omega t-70°)\text{V} \\ i=5\cos(\omega t+20°)\text{A} \end{cases}$ (4) $\begin{cases} u=10\sin(\omega t-70°)\text{V} \\ i=5\sin(\omega t+20°)\text{A} \end{cases}$

2. 求出题图 7-2 电路中等效阻抗 Z_ab。

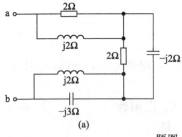 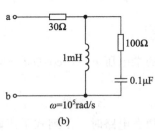

题图 7-2

3. 已知题图 7-3（a）中 $Z_\text{ab}=3+\text{j}3\Omega$、$Z_1=1+\text{j}1\Omega$、$Z_2=4\Omega$，求 Z_3；题图 7-3（b）中 $Z_\text{ab}=1-\text{j}1\Omega$、$Z_1=2\Omega$、$Z_2=\text{j}2\Omega$，求 Z_3。

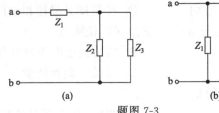 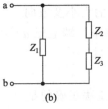

题图 7-3

4. 电路如题图 7-4 所示，当 $\omega=2\text{rad/s}$ 时，求电路总阻抗 Z_ab。当 $\omega=4\text{rad/s}$ 时，求电路总阻抗 Z_ab。

5. 已知题图 7-5（a）中 $I=1\text{A}$，利用相量图求解其对应的 U；题图 7-5（b）中 $U=6\text{V}$，利用相量图求解其对应的 I。

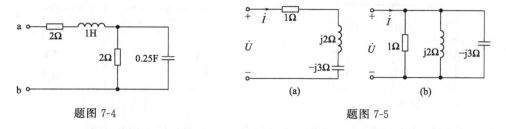

题图 7-4　　　　　　　　　　　题图 7-5

6. 求题图 7-6 中未知仪表的读数。

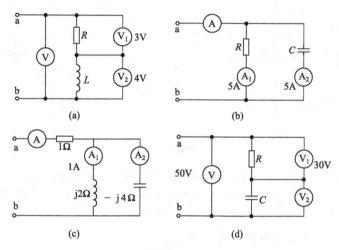

题图 7-6

7. 电路如题图 7-7 所示，已知 $U_S=100\text{V}$，$R=X_L=-X_C=10\Omega$，求 I_1，I_2，I_3。

8. 电路如题图 7-8 所示，已知 $Z_1=(5+\text{j}5)\Omega$，$Z_2=\text{j}X_C$，当 X_C 为何值时，u、i 同相？

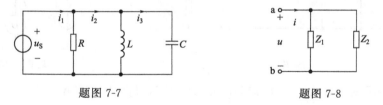

题图 7-7　　　　　　　　　　　题图 7-8

9. 电路如题图 7-9 所示，已知 $u=20\cos(\omega t+30°)\text{V}$，$Z_1=(5+\text{j}5)\Omega$，$Z_2$ 为何值时，I 最大，最大值为多少？

10. 电路如题图 7-10 所示，正弦电流的频率为 50Hz 时，电压表和电流表的读数分别为 100V 和 15A；当频率为 100Hz 时，读数为 100V 和 10A。试求电阻 R 和电感 L。

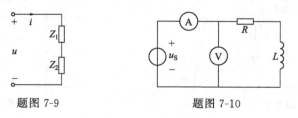

题图 7-9　　　　　　　　　　　题图 7-10

11. 电路如题图 7-11 所示，已知 $\dot{U}_S=100\angle 0°\text{V}$，求 a、b 之间电压 $\dot{U}_{ab}$。

12. 电路如题图 7-12 所示，已知 $I_1=4\text{A}$，求 I。

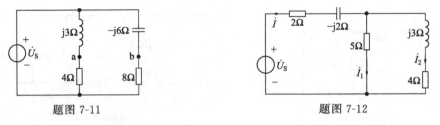

题图 7-11　　　　　题图 7-12

13. 电路如题图 7-13 所示，列出电路的回路电流方程和结点电压方程。

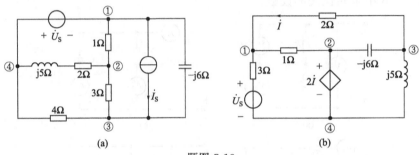

题图 7-13

14. 电路如题图 7-14 所示，已知 $\dot{U}_{S1}=5\sqrt{2}\angle 45°\text{V}$，$\dot{I}_{S1}=1\angle 0°\text{A}$，$\dot{I}_{S2}=3\angle 90°\text{A}$，$Z_1=(1+j1)\Omega$，$Z_2=(1-j1)\Omega$，$Z_3=-j2\Omega$。试求 U_S 和 Z_0，将图（a）等效为图（b）。

15. 电路如题图 7-15 所示，已知电动机 D 的功率因数为 0.8，$P_D=1000\text{W}$，$U=220\text{V}$，$f=50\text{Hz}$，$C=30\mu\text{F}$，求负载电路的功率因数。

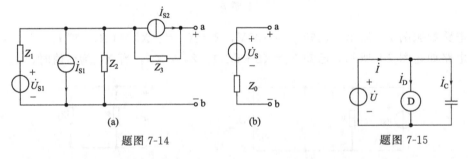

题图 7-14　　　　　题图 7-15

16. 电路如题图 7-16 所示，已知 $\dot{U}_1=20\angle 60°\text{V}$，$\dot{I}_1=2\angle 30°\text{A}$，$\dot{U}_2=30\angle 50°\text{V}$，$Z_2=10\Omega$，$\dot{U}_3=40\angle 0°\text{V}$，$\dot{I}_3=1\angle -45°\text{A}$，求解电路的总有功功率、无功功率、视在功率。

17. 电路如题图 7-17 所示，利用三表法测元器件参数。已知 $f=50\text{Hz}$，且测得 $U=50\text{V}$，$I=1\text{A}$，$P=30\text{W}$，Z 为电感性负载，求：(1) Z；(2) 等效电阻 R_{eq}；(3) 等效电感 L_{eq}。

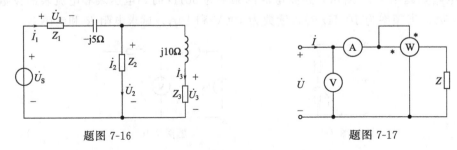

题图 7-16　　　　　题图 7-17

18. 某工厂有三个车间，已知第一个车间有功功率为 50kW，功率因数为 1；第二个车间有功功率为 40kW，无功功率为 30kvar（容性）；第三个车间有功功率为 200kW，功率因数为 0.8（感性）。问该工厂的 P，Q，$\bar{S}$，S 分别为多少？

19. 电路如题图 7-18 所示，$\dot{U}_S = 100\angle 0°\text{V}$，$\dot{I}_S = 10\angle 90°\text{A}$，$Z_1 = (5+j5)\Omega$，$Z_2 = -j10\Omega$，$Z_3 = j10\Omega$，$Z_4 = (6+j8)\Omega$，求 Z_L 能获得的最大功率。

20. 电路如题图 7-19 所示，已知 $\dot{U}_S = 100\angle 0°\text{V}$，电路中的 R 为何值时，电压源发出的功率 P_S 最大，P_S 最大为多少？

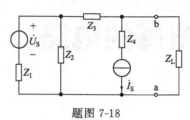

题图 7-18

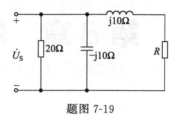

题图 7-19

第 8 章 耦合电感的电路

引言：

前面研究了电源或者信号源通过电路元件连接实现了能量或信号的传递与转换功能，通过元件连接传递信号，属于接触式，称为电耦合。那么，日常用的公交卡，并没有与读卡器直接相连接，是如何完成信号传递的呢？这就是要研究的另一类问题。当电流通过一个线圈时，在线圈周围就形成一个磁场，磁场中储存着磁场能量，用电感来表征。如果两个线圈相互靠近，那么其中一个线圈中电流产生的磁通将有一部分穿过另一个线圈，虽然没有直接相连，但通过两个线圈间形成磁的耦合，实现了非接触式的能量或信号的传递与转换。这两个线圈称为一对耦合线圈，当其满足某些条件时，其特性可以用互感、耦合变压器、理想变压器等模型来表示。这就是本章主要研究的问题。

8.1 互感耦合电路

8.1.1 互感 互感电压

(1) 互感和互感电压

图 8-1 所示分别是两个处于不同位置的相互靠近的线圈，当其中的一个线圈与一个交流电压源相接，而另一个线圈开路时，如果用电压表测开路线圈两端的电压，则此电压并不为零。这是由于线圈之间的磁耦合作用的结果，这个电压称为感应电压或互感电压。那么这个互感电压的大小是多少，它又与线圈的参数有什么关系呢？下面就以图 8-1 为例通过讨论两个线圈均接通电流的情形进行说明。

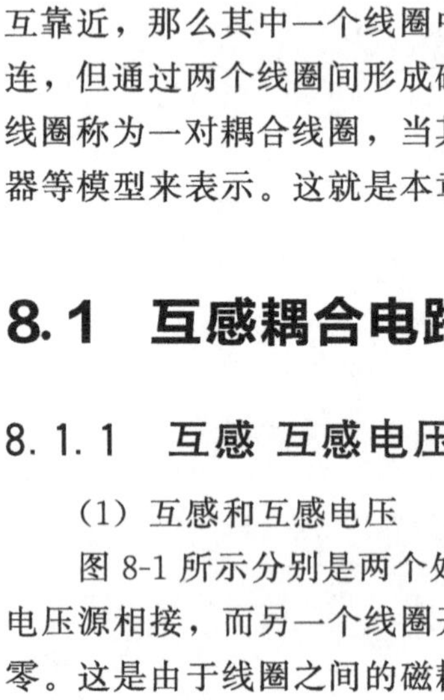

设线圈 1 的匝数为 N_1，通过的电流为 i_1；线圈 2 的匝数为 N_2，通过的电流为 i_2，电流 i_1 和 i_2 称为施感电流。两个线圈的绕向及电流方向如图 8-1 所示。根据两个线圈的绕向、施感电流的参考方向，按右手螺旋法则确定施感电流产生的磁通方向和彼此交链的情况。线圈 1 中电流 i_1 产生的磁通全部穿过线圈 1，同时还会有部分磁通穿过线圈 2。同理，线圈 2 中电流 i_2 产生的磁通也全部穿过线圈 2，同时也有部分穿过线

图 8-1 具有耦合的电感线圈

圈1。这样每个线圈中就有两部分磁通：一部分是由本身电流产生的磁通，称为自感磁通；另一部分是由耦合线圈电流产生的磁通，称为互感磁通。用公式表示如下：

线圈1中的磁通 $\phi_1 = \phi_{11} + \phi_{12}$

线圈2中的磁通 $\phi_2 = \phi_{22} + \phi_{21}$

其中，ϕ_{11}是线圈1的自感磁通，ϕ_{12}是线圈1的互感磁通，ϕ_{22}是线圈2的自感磁通，ϕ_{21}是线圈2的互感磁通。

由本身线圈电流产生的、只穿过本身线圈的磁通称为漏磁通。ϕ_{s1}就是线圈1的漏磁通，ϕ_{s2}就是线圈2的漏磁通。所以，自感磁通可以看作是由互感磁通和漏磁通两部分组成的，即 $\phi_{11} = \phi_{21} + \phi_{s1}$，$\phi_{22} = \phi_{12} + \phi_{s2}$。线圈与线圈交链产生磁通链，简称磁链。线圈1、2的磁链分别为

$$\Psi_1 = \Psi_{11} + \Psi_{12} = N_1\phi_{11} + N_1\phi_{12} = L_1 i_1 + M_{12} i_2 \tag{8-1a}$$

$$\Psi_2 = \Psi_{22} + \Psi_{21} = N_2\phi_{22} + N_2\phi_{21} = L_2 i_2 + M_{21} i_1 \tag{8-1b}$$

同理，将 Ψ_{11} 和 Ψ_{22} 称为自感磁链，Ψ_{12} 和 Ψ_{21} 称为互感磁链。式中，L_1、L_2 分别是线圈1、线圈2本身的电感，称为自感，M_{12} 和 M_{21} 反映了两个线圈之间的耦合作用，称为互感系数，简称互感。当通过线圈的电流变化时，引起磁链变化，从而产生感应电压。在图8-1所示的电压、电流参考方向下，两个线圈中的感应电压分别为

$$u_1 = \frac{\mathrm{d}\Psi_1}{\mathrm{d}t} = \frac{\mathrm{d}(L_1 i_1 + M_{12} i_2)}{\mathrm{d}t} = L_1 \frac{\mathrm{d}i_1}{\mathrm{d}t} + M_{12} \frac{\mathrm{d}i_2}{\mathrm{d}t} = u_{11} + u_{12} \tag{8-2a}$$

$$u_2 = \frac{\mathrm{d}\Psi_2}{\mathrm{d}t} = \frac{\mathrm{d}(L_2 i_2 + M_{21} i_1)}{\mathrm{d}t} = L_2 \frac{\mathrm{d}i_2}{\mathrm{d}t} + M_{21} \frac{\mathrm{d}i_1}{\mathrm{d}t} = u_{22} + u_{21} \tag{8-2b}$$

其中，$u_{11} = L_1 \frac{\mathrm{d}i_1}{\mathrm{d}t}$、$u_{12} = M_{12} \frac{\mathrm{d}i_2}{\mathrm{d}t}$ 分别称为线圈1的自感电压和互感电压；$u_{22} = L_2 \frac{\mathrm{d}i_2}{\mathrm{d}t}$、$u_{21} = M_{21} \frac{\mathrm{d}i_1}{\mathrm{d}t}$ 分别称为线圈2的自感电压和互感电压。可见，在两个线圈之间有耦合的情况下，每个线圈中的电压由两部分组成：一部分为本身电流产生的自感电压，另一部分是耦合线圈中的电流产生的互感电压。

当两个线圈处于相同的环境时，两个线圈之间的互感系数相等，即 $M_{12} = M_{21} = M$。

在图8-1所示的电压、电流参考方向及线圈绕向情况下，互感磁链和自感磁链方向一致，线圈中总的磁链被增强，称为同向耦合，所以式（8-2）中互感电压前为正号；如果互感磁链和自感磁链方向相反，则线圈中的总的磁链被削弱，称为反向耦合，所以互感电压前为负号。但在分析含有互感的电路时，通常不能看到线圈的绕向，而且也不像图8-1中这样表示电感线圈，而是用电感符号表示，那么如何来判断互感电压的方向呢？为此，引入同名端的概念。

（2）同名端

给两个线圈的某一端子分别通以电流（流入），如果这两个电流在两个线圈中产生的磁通相互加强，则定义这两个线圈的这两个端子为同名端。互感元件的符号如图8-2所示，其中标记"·"的两个端子为同名端，当然，不标记"·"的两个端子也互为同名端，标记"·"的端子和不标记"·"的两个端子为异名端。同名端也可用"*"或者"Δ"表示，特别是当电路中多个电感元件间有耦合时，要用不同的符号表示两个电感线圈相互之间的同名端。

有了同名端的概念后，就容易根据同名端确定互感电压的极性，即如果一个线圈中的电流从同名端流入，则另一个线圈的同名端就是在该线圈中产生的互感电压的正极性端。例如在图 8-3（a）所示电路中，当 $i_1=0$，$i_2\neq 0$ 时，电压 $u_1=M\dfrac{\mathrm{d}i_2}{\mathrm{d}t}$。在图 8-3（b）所示电路中，当 $i_1\neq 0$，$i_2=0$ 时，电压 $u_2=-M\dfrac{\mathrm{d}i_1}{\mathrm{d}t}$。

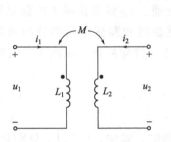

图 8-2 互感元件的符号

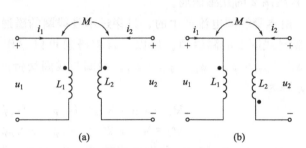

图 8-3 互感电压的计算

8.1.2 耦合电感的电压、电流关系

有了互感电压的概念后，下面就来讨论耦合电感元件的电压、电流关系。

（1）电压、电流关系

图 8-4（a）所示为一耦合电感元件，在如图所示的电压电流参考方向和同名端下，两个线圈的端电压分别为

$$u_1=L_1\dfrac{\mathrm{d}i_1}{\mathrm{d}t}+M\dfrac{\mathrm{d}i_2}{\mathrm{d}t} \qquad u_2=L_2\dfrac{\mathrm{d}i_2}{\mathrm{d}t}+M\dfrac{\mathrm{d}i_1}{\mathrm{d}t} \tag{8-3}$$

由此可见，互感电压可以用一受控源表示，因此，耦合电感元件可以用图 8-4（b）所示的电路模型表示。注意，此时等效模型中的电感之间不再有耦合，成为一般的电感元件。在正弦激励情况下，耦合电感元件的电压、电流关系又有如下相量形式

$$\dot{U}_1=\mathrm{j}\omega L_1\dot{I}_1+\mathrm{j}\omega M\dot{I}_2 \qquad \dot{U}_2=\mathrm{j}\omega L_2\dot{I}_2+\mathrm{j}\omega M\dot{I}_1 \tag{8-4}$$

这时的相量模型如图 8-4（c）所示。

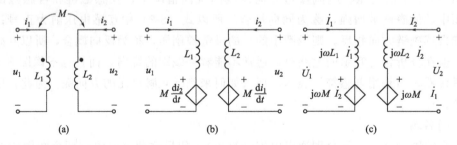

图 8-4 耦合电感元件及其受控源模型

如果图 8-4（a）所示电路中耦合电感的同名端变为如图 8-5（a）所示的情况，则其电压、电流关系为

$$u_1=L_1\dfrac{\mathrm{d}i_1}{\mathrm{d}t}-M\dfrac{\mathrm{d}i_2}{\mathrm{d}t} \qquad u_2=L_2\dfrac{\mathrm{d}i_2}{\mathrm{d}t}-M\dfrac{\mathrm{d}i_1}{\mathrm{d}t} \tag{8-5}$$

在正弦激励情况下，耦合电感元件的电压、电流关系又有如下相量形式

$$\dot{U}_1=j\omega L_1\dot{I}_1-j\omega M\dot{I}_2 \quad \dot{U}_2=j\omega L_2\dot{I}_2-j\omega M\dot{I}_1 \tag{8-6}$$

相量模型如图 8-5（b）所示。

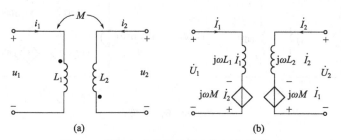

图 8-5 耦合电感元件及其受控源相量模型

通过上面的分析可以看出，如果两个线圈的电流均从同名端流入，则互感磁通和自感磁通方向一致，从而互感电压与自感电压极性一致，否则，互感电压与自感电压极性相反。因此，关于耦合电感上的电压可以总结如下：

①在具有耦合的电感线圈上存在着两种电压，即自感电压和互感电压；②自感电压前的正、负号由 u 与 i 的参考方向决定，关联方向取正，非关联方向取负；③互感电压前的正、负号由承受互感的线圈的电压参考方向与产生互感的电流的参考方向共同决定（根据同名端确定）。

（2）耦合系数

一个线圈中互感磁链的多少与两个耦合的电感线圈的相互位置有关，互感磁链只能小于或等于另一个线圈的自感磁链。为了衡量两个耦合线圈之间的耦合程度，引入耦合系数的概念：

$$k=\sqrt{\frac{|\Psi_{12}|}{\Psi_{11}}\times\frac{|\Psi_{21}|}{\Psi_{22}}} \tag{8-7}$$

将 $\Psi_{11}=L_1i_1$，$\Psi_{12}=Mi_2$，$\Psi_{22}=L_2i_2$，$\Psi_{21}=Mi_1$ 代入式（8-7）中得

$$k=\sqrt{\frac{M}{L_1}\times\frac{M}{L_2}}=\frac{M}{\sqrt{L_1L_2}} \tag{8-8}$$

式（8-8）是常用的计算耦合系数的公式。通常互感磁链小于自感磁链，即 $M\leqslant\sqrt{L_1L_2}$，所以 $0\leqslant k\leqslant 1$。改变两个耦合线圈之间的位置，也就改变了耦合系数的大小，从而使互感系数 M 发生变化。工程上，根据 k 的大小对耦合程度进行区分：$k=1$ 称为全耦合；$k>0.5$ 称为强耦合或紧耦合；$k<0.5$ 称为弱耦合或松耦合；$k\approx 0$ 称为无耦合。k 越大，说明漏磁通越少，互感磁链越接近自感磁链。

（3）耦合电感元件的功率和储能

耦合电感元件的瞬时功率为

$$p=u_1i_1+u_2i_2 \tag{8-9}$$

耦合电感元件的储能为

$$\omega=\frac{1}{2}L_1i_1^2+\frac{1}{2}L_2i_2^2\pm Mi_1i_2 \tag{8-10}$$

式中最后一项的正负号根据自感磁通与互感磁通的方向确定。如果自感磁通与互感磁通的方向一致，则取正号；否则，取负号。

【例 8-1】求如图 8-6（a）所示电路中的电流 $\dot{I}_1$ 和 $\dot{I}_2$。已知电源角频率为 10rad/s。

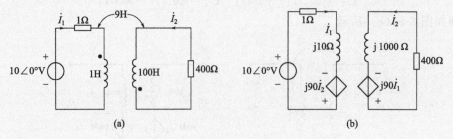

图 8-6 例 8-1 图

解：先将互感电压用受控源表示，得到电路的相量模型如图 8-6（b）所示，然后分别对电流 $\dot{I}_1$ 和 $\dot{I}_2$ 所在回路列回路方程。

$$\begin{cases}(1+j10)\dot{I}_1-j90\dot{I}_2=10\angle0°\\-j90\dot{I}_1+(400+j1000)\dot{I}_2=0\end{cases}$$

解得　$\dot{I}_1=2.03\angle-38.5°\text{A}$　$\dot{I}_2=0.17\angle-16.7°\text{A}$

8.1.3 耦合电感的去耦

对于有耦合的电感元件，为了分析方便，可以通过某种方式将耦合系数进行转换，从而得到等效的无耦合电感元件，这个过程称为去耦。本小节将介绍几种情况下的去耦方法。

（1）串联

耦合电感串联电路分两种情况，如图 8-7（a）所示的耦合电感电路是反向耦合，所以称为反向串联（另一种为同向耦合，称为同向串联），按照图示参考方向，列 KVL 方程为

$$u_1=R_1 i+(L_1\frac{\mathrm{d}i}{\mathrm{d}t}-M\frac{\mathrm{d}i}{\mathrm{d}t})=R_1 i+(L_1-M)\frac{\mathrm{d}i}{\mathrm{d}t}$$

$$u_2=R_2 i+(L_2\frac{\mathrm{d}i}{\mathrm{d}t}-M\frac{\mathrm{d}i}{\mathrm{d}t})=R_2 i+(L_1-M)\frac{\mathrm{d}i}{\mathrm{d}t}$$

根据上述方程可以给出一个无耦合等效电路，如图 8-7（b）所示。根据 KVL 有

$$u=u_1+u_2=(R_1+R_2)i+(L_1+L_2-2M)\frac{\mathrm{d}i}{\mathrm{d}t}$$

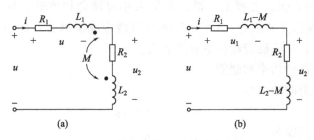

图 8-7 耦合电感的反向串联电路

等效电路为电阻 $R(R=R_1+R_2)$ 和等效电感 $L_{\text{eq}}(L_{\text{eq}}=L_1+L_2-2M)$ 的串联电路。对正弦稳态电路，可采用相量形式表示为

$$\dot{U}_1 = [R_1 + j\omega(L_1 - M)]\dot{I} \quad \dot{U}_2 = [R_2 + j\omega(L_2 - M)]\dot{I}$$
$$\dot{U} = [R_1 + R_2 + j\omega(L_1 + L_2 - 2M)]\dot{I}$$

电流 $\dot{I}$ 为

$$\dot{I} = \frac{\dot{U}}{(R_1 + R_2) + j\omega(L_1 + L_2 - 2M)}$$

每一条耦合电感支路的阻抗和电路的输入阻抗分别为

$$Z_1 = R_1 + j\omega(L_1 - M) \quad Z_2 = R_2 + j\omega(L_2 - M)$$
$$Z = Z_1 + Z_2 = (R_1 + R_2) + j\omega(L_1 + L_2 - 2M)$$

可以看出，反向串联时，每一条耦合电感支路阻抗和输入阻抗都比无互感时的阻抗小（电抗变小），这是由于互感的反向耦合作用，它类似于电容串联的作用，常称为互感的"容性"效应。每一耦合电感支路的等效电感分别为 $(L_1 - M)$ 和 $(L_2 - M)$，有可能其中之一为负值，但不可能都为负值，整个电路仍呈感性。

对同向串联电路，不难得出每一耦合电感支路的阻抗为

$$Z_1 = R_1 + j\omega(L_1 + M) \quad Z_2 = R_2 + j\omega(L_2 + M)$$

而总阻抗为

$$Z = Z_1 + Z_2 = (R_1 + R_2) + j\omega(L_1 + L_2 + 2M)$$

(2) 并联

图 8-8 (a) 所示电路为耦合电感的一种并联电路，由于同名端连接在同一个结点上，称为同侧并联电路。当异名端连接在同一个结点上时，则称为异侧并联电路，如图 8-8 (b) 所示。正弦稳态情况下，对同侧电路有

$$\left. \begin{array}{l} \dot{U} = (R_1 + j\omega L_1)\dot{I}_1 + j\omega M \dot{I}_2 \\ \dot{U} = j\omega M \dot{I}_1 + (R_2 + j\omega L_2)\dot{I}_2 \\ \dot{I}_3 = \dot{I}_1 + \dot{I}_2 \end{array} \right\} \quad (8\text{-}11a)$$

对异侧并联电路可类似地得出

$$\left. \begin{array}{l} \dot{U} = (R_1 + j\omega L_1)\dot{I}_1 - j\omega M \dot{I}_2 \\ \dot{U} = -j\omega M \dot{I}_1 + (R_2 + j\omega L_2)\dot{I}_2 \\ \dot{I}_3 = \dot{I}_1 + \dot{I}_2 \end{array} \right\} \quad (8\text{-}11b)$$

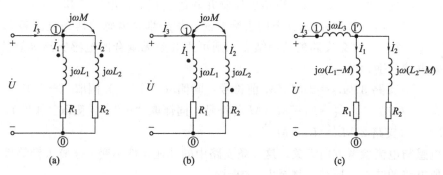

图 8-8 耦合电感的并联电路

令 $Z_1 = R_1 + j\omega L_1$，$Z_2 = R_2 + j\omega L_2$，$Z_M = j\omega M$，式 (8-11a) 和式 (8-11b) 改写为

$$\left.\begin{array}{l}\dot{U}=Z_1\dot{I}_1\pm Z_M\dot{I}_2\\ \dot{U}=\pm Z_M\dot{I}_1+Z_2\dot{I}_2\\ \dot{I}_3=\dot{I}_1+\dot{I}_2\end{array}\right\} \qquad (8\text{-}11c)$$

式中，"+"号对应同侧并联电路。根据上述的电路方程就可以对耦合电感的并联电路进行分析求解。

【例 8-2】图 8-8（a）中，设正弦电压的 $U=50\text{V}$，$R_1=3\Omega$，$\omega L_1=7.5\Omega$，$R_2=5\Omega$，$\omega L_2=12.5\Omega$，$\omega M=8\Omega$，求电路的输入阻抗及支路 1、2 的电流。

解：令 $\dot{U}=50\angle 0°\text{V}$，根据式（8-11c）解得

$$\dot{I}_1=\frac{Z_2-Z_M}{Z_1Z_2-Z_M^2}\dot{U}=\frac{5+\text{j}4.5}{-14.75+\text{j}75}\dot{U}=4.40\angle-59.14°\text{A}$$

$$\dot{I}_2=\frac{Z_1-Z_M}{Z_1Z_2-Z_M^2}\dot{U}=\frac{3-\text{j}0.5}{-14.75+\text{j}75}\dot{U}=1.99\angle-110.59°\text{A}$$

求得输入阻抗 Z_i 为

$$Z_i=\frac{\dot{U}}{\dot{I}_1+\dot{I}_2}=\frac{Z_1Z_2-Z_M^2}{Z_1+Z_2-2Z_M}=\frac{-14.75+\text{j}75}{8+\text{j}4}\Omega$$

$$=8.55\angle 74.56°\Omega=(2.28+\text{j}8.24)\Omega$$

如果 $R_1=R_2=0$，Z_i 为输入电抗，有

$$Z_i=\text{j}X=\frac{(\text{j}\omega L_1)(\text{j}\omega L_2)-(\text{j}\omega M)^2}{(\text{j}\omega L_1)+(\text{j}\omega L_2)-2(\text{j}\omega M)}$$

$$=\text{j}\omega\frac{L_1L_2-M^2}{L_1+L_2-2M}=\text{j}\omega L_\text{eq}=\text{j}7.44\Omega$$

根据同侧并联耦合电路方程式（8-11a）可推出去耦等效电路。用 $\dot{I}_2=\dot{I}_3-\dot{I}_1$ 消去支路 1 方程中的 $\dot{I}_2$，用 $\dot{I}_1=\dot{I}_3-\dot{I}_2$ 消去支路 2 方程中的 $\dot{I}_1$，有

$$\left.\begin{array}{l}\dot{U}=\text{j}\omega M\dot{I}_3+[R_1+\text{j}\omega(L_1-M)]\dot{I}_1\\ \dot{U}=\text{j}\omega M\dot{I}_3+[R_2+\text{j}\omega(L_2-M)]\dot{I}_2\end{array}\right\}$$

根据上述方程可获得无耦合的等效电路，如图 8-8（c）所示。无耦合等效电路又称为去耦等效电路。同理，按式（8-11c）可得出异侧并联的去耦等效电路，其差别仅在于互感 M 前的"+""−"号。可以归纳出如下的去耦方法：如果耦合电感的两条支路各有一端与第 3 条支路形成一个仅含 3 条支路的共同结点，则可用 3 条无耦合的电感支路等效替代，3 条支路的等效电感分别为

（支路 3）$L_3=\pm M$（M 前符号：同侧取"+"，异侧取"−"）

（支路 1）$L_1'=L_1\mp M$（M 前符号：同侧取"−"，异侧取"+"）

（支路 2）$L_2'=L_2\mp M$

等效电感与电流参考方向无关。这 3 条支路中的其他元件不变。注意去耦等效电路中的结点不是原电路的结点，原结点移至 L_3 的前面。

8.2 耦合电感电路的计算

对于含有耦合电感元件的电路，当利用 8.1.3 节介绍的方法进行去耦后，就可以利用正弦稳态电路的分析方法进行分析求解，当然也可以直接列 KVL、KCL 方程求解。下面通过几个例题进行说明。

【例 8-3】已知如图 8-9（a）所示电路，$\dot{U}_S = 10\angle 0°\text{V}$，$R_1 = R_2 = 3\Omega$，$\omega L_1 = \omega L_2 = 4\Omega$，$\omega M = 2\Omega$，求 ab 端的戴维宁等效电路。

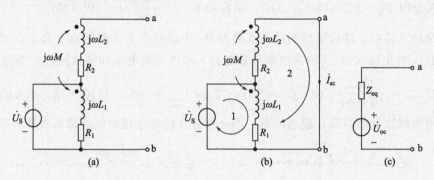

图 8-9 例 8-3 图

解：ab 端的开路电压（方向由 a 指向 b）为

$$\dot{U}_{oc} = \frac{\dot{U}_S}{R_1 + j\omega L_1} \times j\omega M + \dot{U}_S = (1 + \frac{j\omega M}{R_1 + j\omega L_1})\dot{U}_S = (1 + \frac{j2}{3+j4}) \times 10\angle 0°$$
$$= 13.42\angle 10.3°(\text{V})$$

利用短路电流法求等效阻抗。按照如图 8-9（b）所示电路中的网孔方向列写网孔方程为

$$\begin{cases} (R_1 + j\omega L_1)\dot{I}_{m1} - (R_1 + j\omega L_1)\dot{I}_{m2} - j\omega M\dot{I}_{m2} = \dot{U}_S \\ -(R_1 + j\omega L_1)\dot{I}_{m1} + (R_1 + j\omega L_1 + R_2 + j\omega L_2)\dot{I}_{m2} + j\omega M\dot{I}_{m2} - j\omega M(\dot{I}_{m1} - \dot{I}_{m2}) = 0 \\ \dot{I}_{sc} = \dot{I}_{m2} \end{cases}$$

代入数据并整理得 $\begin{cases} (3+j4)\dot{I}_{m1} - (3+j6)\dot{I}_{sc} = 10\angle 0° \\ -(3+j6)\dot{I}_{m1} + (6+j12)\dot{I}_{sc} = 0 \end{cases}$

解得 $\dot{I}_{sc} = 2.77\angle -33.69°\text{A}$

所以等效阻抗 $Z_{eq} = \dfrac{\dot{U}_{oc}}{\dot{I}_{sc}} = \dfrac{13.42\angle 10.3°}{2.77\angle -33.69°} = 4.84\angle 43.99°(\text{A})$。等效电路如图 8-9（c）所示。

【例 8-4】图 8-10（a）所示电路中 $\omega L_1 = \omega L_2 = 10\Omega$，$\omega M = 5\Omega$，$R_1 = R_2 = 6\Omega$，$U_S = 12\text{V}$。求 Z_L 最佳匹配时获得的功率 P。

解：求解本题的一般方法是用戴维宁（诺顿）等效电路。当一端口电路中含有耦合电感时，求解方法与含有受控源的一端口电路相同。现用一步法解本例题。在端口 1-1′置电流源

$\dot{I}$ 替代 Z_L,求外特性 $\dot{U}_{11'}=f(\dot{I})$。列网孔（顺时针）方程及 $\dot{U}_{11'}$ 的表达式为

$$(R_1+R_2+j\omega L_1)\dot{I}_1-(R_2+j\omega M)\dot{I}=\dot{U}_S（左网孔）$$

$$\dot{U}_{11'}=-(R_2+j\omega L_2)\dot{I}+(R_2+j\omega M)\dot{I}_1（右网孔）$$

解得 $\dot{U}_{11'}=\dfrac{1}{2}\dot{U}_S-(3+j7.5)\dot{I}$

戴维宁等效电路参数为 $\dot{U}_{oc}=\dfrac{1}{2}\dot{U}_S=6\angle 0°\text{V}$, $Z_{eq}=(3+j7.5)\Omega$。

最佳匹配时 $Z_L=Z_{eq}^*=(3-j7.5)\Omega$,求得功率 $P=\dfrac{\dot{U}_{oc}^2}{4R_{eq}}=\dfrac{36}{12}\text{W}=3\text{W}$

本例题的电路中，耦合电感的两条支路与 R_2 形成两个 3 支路结点 a 和 $1'$，所以可以用去耦法求解。图 8-10（b）所示为去耦等效电路，求得开路电压和等效阻抗分别为

$$\dot{U}_{11'oc}=\dfrac{\dot{U}_S}{2(6+j5)}\times(6+j5)=\dfrac{1}{2}\dot{U}_S \quad Z_{eq}=[\dfrac{1}{2}(6+j5)+j5]\Omega=(3+j7.5)\Omega$$

本例用去耦法显然容易。应当注意，不是所有含耦合电感的电路都有去耦等效电路。

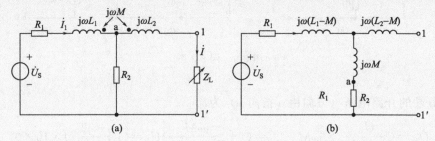

图 8-10 例 8-4 图

【例 8-5】 图 8-11（a）所示电路中，已知 $C=0.5\mu\text{F}$, $L_1=2\text{H}$, $L_2=1\text{H}$, $M=0.5\text{H}$, $R=1000\Omega$, $u_S=150\sqrt{2}\cos(1000t+60°)\text{V}$。求电容支路的电流 i_C。

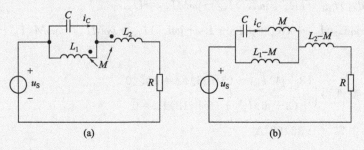

图 8-11 例 8-5 图

解：用去耦等效求解。耦合电感 L_1 与 L_2 为同侧并联，将电路化为无互感的等效电路如图 8-11（b）所示，有

$$\dfrac{1}{\omega C}=\dfrac{1}{1000\times 0.5\times 10^{-6}}=2000（\Omega） \qquad \omega M=1000\times 0.5=500（\Omega）$$

$$\omega(L_1-M)=1000\times(2-0.5)=1500（\Omega） \qquad \omega(L_2-M)=1000\times(1-0.5)=500（\Omega）$$

由阻抗的串、并联公式可得此电路的复阻抗为

$$Z = \frac{(-j\frac{1}{\omega C}+j\omega M)j\omega(L_1-M)}{(-j\frac{1}{\omega C}+j\omega M)+j\omega(L_1-M)} + j\omega(L_2-M)+R$$

$$= \frac{(-j2000+j500)\times j1500}{-j2000+j500+j1500} + j500+1000 = \infty$$

由此可知电容 C 和电感 L_1 并联部分对电源频率发生并联谐振，故阻抗为无穷大。因此，i_C 支路的电压为电源电压，则

$$\dot{I}_C = \frac{\dot{U}_S}{-j\frac{1}{\omega C}+j\omega M} = \frac{150\angle 60°}{-j2000+j500} = \frac{150\angle 60°}{-j1500} = 0.1\angle 150°\ (\text{A})$$

$$i_C = 0.1\sqrt{2}\cos(1000t+150°)\ \text{A}$$

【例 8-6】 图 8-12（a）所示电路，已知 $u_S = \sqrt{2}U_S\cos(\omega t)$，试列写电路的网孔电流方程。

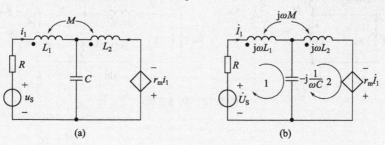

图 8-12　例 8-6 图

解： 首先画出电路的相量模型，如图 8-12（b）所示，然后按照图中选定的网孔绕行方向列写网孔电流方程为

$$\begin{cases} (R+j\omega L_1-j\frac{1}{\omega C})\dot{I}_{m1} + j\frac{1}{\omega C}\dot{I}_{m2} + j\omega M\dot{I}_{m2} = \dot{U}_S \\ j\frac{1}{\omega C}\dot{I}_{m1} + j\omega M\dot{I}_{m1} + (j\omega L_2-j\frac{1}{\omega C})\dot{I}_{m2} = r_m\dot{I}_1 \\ \dot{I}_1 = \dot{I}_{m1} \end{cases}$$

整理得

$$\begin{cases} (R+j\omega L_1-j\frac{1}{\omega C})\dot{I}_{m1} + j(\frac{1}{\omega C}+\omega M)\dot{I}_{m2} = \dot{U}_S \\ (j\frac{1}{\omega C}+j\omega M-r_m)\dot{I}_{m1} + (j\omega L_2-j\frac{1}{\omega C})\dot{I}_{m2} = 0 \end{cases}$$

注意：在不用去耦方法分析含有耦合电感元件的电路时，一定不要忘了考虑互感电压，同时还要注意根据同名端和电流方向正确判断互感电压的极性。通常不用结点电压法分析含有耦合电感元件的电路，因为不能直接写出导纳项。

【例 8-7】 图 8-13（a）所示为一正弦交流电源通过一个升压自耦变压器向负载供电的电路，已知 $u_{in} = \sqrt{2}\cos(\omega t)$，试求输出和输入的电压比 $\frac{\dot{U}_{out}}{\dot{U}_{in}}$ 和电流比 $\frac{\dot{I}_{out}}{\dot{I}_{in}}$。

解：先将电路去耦，得到去耦后电路的相量模型如图 8-13（b）所示。
对网孔 1、2 列方程如下

$$\begin{cases} [-j\omega M + j\omega(L_1+M)]\dot{I}_{m1} - j\omega(L_1+M)\dot{I}_{m2} = \dot{U}_{in} \\ -j\omega(L_1+M)\dot{I}_{m1} + [j\omega(L_1+M) + j\omega(L_2+M) + Z_L]\dot{I}_{m2} = 0 \end{cases}$$

解方程得 $\dot{I}_{m1} = \dfrac{j\omega(L_1+L_2+2M)+Z_L}{\omega^2(M^2-L_1L_2)+j\omega L_1 Z_L}\dot{U}_{in}$，$\dot{I}_{m2} = \dfrac{j\omega(L_1+M)}{\omega^2(M^2-L_1L_2)+j\omega L_1 Z_L}\dot{U}_{in}$

输出电压为 $\dot{U}_{out} = Z_L \dot{I}_{m2} = \dfrac{j\omega(L_1+M)Z_L}{\omega^2(M^2-L_1L_2)+j\omega L_1 Z_L}\dot{U}_{in}$

所以输出电压与输入电压及输出电流与输入电流之比分别为

$$\frac{\dot{U}_{out}}{\dot{U}_{in}} = \frac{j\omega(L_1+M)Z_L}{\omega^2(M^2-L_1L_2)+j\omega L_1 Z_L} \qquad \frac{\dot{I}_{out}}{\dot{I}_{in}} = \frac{\dot{I}_{m2}}{\dot{I}_{m1}} = \frac{j\omega(L_1+M)}{j\omega(L_1+L_2+2M)+Z_L}$$

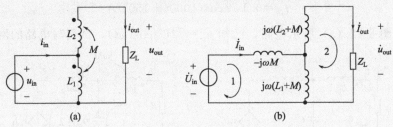

图 8-13 例 8-7 图

8.3 空心变压器

变压器是电工、电子技术中利用互感来实现电能传递的一种电气设备，是耦合电感工程实际应用的典型例子，在其他课程有专门的论述，这里仅对电路原理做简要的介绍。它由两个耦合线圈绕在一个共同的芯子上制成，其中，一个线圈作为输入端口，接入电源后形成一个回路，称为一次回路（或一次侧，旧称原边回路、初级回路）；另一线圈作为输出端口，接入负载后形成另一个回路，称为二次回路（或二次侧，旧称副边回路、次级回路）。

空心变压器大多用在无线电技术和某些测量系统中，其芯子是非铁磁材料制成的，其电路模型如图 8-14 所示，图中的负载设为 Z_L。变压器通过耦合作用，将输入一次侧的一部分能量传递到二次侧输出。在正弦稳态下，按照图中各电压、电流的参考方向，可以列出一次侧、二次侧的网孔方程为

$$\left. \begin{array}{r} (R_1+j\omega L_1)\dot{I}_1 + j\omega M \dot{I}_2 = \dot{U}_1 \\ j\omega M \dot{I}_1 + (R_2+j\omega L_2+Z_L)\dot{I}_2 = 0 \end{array} \right\} \quad (8\text{-}12)$$

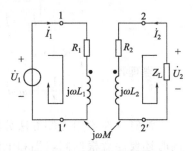

图 8-14 变压器电路模型

上述方程由一次侧和二次侧两个独立回路方程组成，它们通过互感的耦合联系在一起，试分析变压器性能的依据。

令 $Z_{11} = R_1 + j\omega L_1$，称为一次回路阻抗；$Z_{22} = R_2 + j\omega L_2 + Z_L$，称为二次回路阻抗，$Z_M = j\omega M$ 为互感抗，则上述方程式可简写为

$$\left.\begin{array}{l}Z_{11}\dot{I}_1+Z_M\dot{I}_2=\dot{U}_1\\Z_M\dot{I}_1+Z_{22}\dot{I}_2=0\end{array}\right\} \qquad (8\text{-}13)$$

工程上根据不同的需要，采用不同的等效电路来分析研究变压器的输入端口或输出端口的状态及相互影响。由式（8-13）解得变压器一次电路中的电流 $\dot{I}_1$ 为

$$\dot{I}_1=\frac{\dot{U}_1}{Z_{11}-Z_M^2 Y_{22}}=\frac{\dot{U}_1}{Z_{11}+(\omega M)^2 Y_{22}}=\frac{\dot{U}_1}{Z_i}$$

表明变压器一次等效电路的输入阻抗可由两个阻抗的串联组成，其中 $-Z_M^2 Y_{22}=(\omega M)^2 Y_{22}$ 称为引入阻抗。引入阻抗的性质与 Z_{22} 相反，即感性（容性）变为容性（感性）。等效电路如图 8-15（a）所示。

变压器输入端口的工作状态已隐含了二次输出端口的工作状态，根据式（8-13）可以将输出端口的电流 $\dot{I}_2$、电压 $\dot{U}_2$ 用输入电流 $\dot{I}_1$ 表示出，即

$$\dot{I}_2=-\frac{Z_M}{Z_{22}}\dot{I}_1 \qquad \dot{U}_2=-Z_L\dot{I}_2=\frac{Z_M Z_L}{Z_{22}}\dot{I}_1$$

也可以用二次等效电路从输出端来研究一、二次侧的关系。将上式电流 $\dot{I}_2$ 的表达式改写

$$\dot{I}_2=-\frac{Z_M}{Z_{22}}\times\frac{\dot{U}_1}{Z_{11}-Z_M^2 Y_{22}}=-\frac{Z_M}{Z_{22}}\times\frac{\dot{U}_1}{Z_{11}+(\omega M)^2 Y_{22}}=-\frac{(Z_M\dot{U}_1)/Z_{11}}{Z_{22}+(\omega M)^2 Y_{11}}=-\frac{\dot{U}_{oc}}{Z_{eq}+Z_L}$$

上式电流 $\dot{I}_2$ 是戴维宁等效回路的解答［也可以直接从式（8-13）解得］。分母是等效电路的回路阻抗，它由三部分阻抗串联组成，即一次回路反映到二次回路的引入阻抗 $(\omega M)^2 Y_{11}$、二次线圈的阻抗 $R_2+j\omega L_2$ 以及负载阻抗 Z_L，其中 $Z_{22}=R_2+j\omega L_2+Z_L$。而 $Z_{eq}=(\omega M)^2 Y_{11}+R_2+j\omega L_2$ 是一端口 2-2′ 的戴维宁等效阻抗，其等效回路如图 8-15（b）所示。

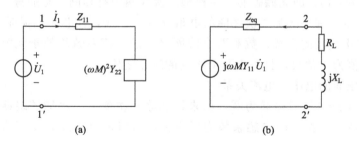

图 8-15　变压器的等效电路

【例 8-8】　图 8-14 所示空心变压器电路中，已知 $R_1=R_2=0$，$L_1=5H$，$L_2=1.2H$，$M=2H$，一次侧端口电源电压 $u_1=100\cos(10t)V$，二次侧负载阻抗为 $Z_L=3\Omega$，试求一次侧电流 i_1 和二次测电流 i_2。

解：首先用图 8-15（a）所示一次侧等效回路求电流 $\dot{I}_1$，由题给条件，一次侧回路阻抗和引入阻抗分别为

$$Z_{11}=R_1+j\omega L_1=j50\Omega$$

$$(\omega M)^2 Y_{22}=(\omega M)^2\frac{1}{Z_{22}}=\frac{(10\times 2)^2}{3+j\times 10\times 1.2}=\frac{400}{3+j12}=(7.84-j31.37)(\Omega)$$

令 $\dot{U}_1 = \frac{100}{\sqrt{2}} \angle 0°$ V 为参考相量，可得电流 $\dot{I}_1$ 为

$$\dot{I}_1 = \frac{\dot{U}_1}{Z_{11} - Z_M^2 Y_{22}} = \frac{\dot{U}_1}{Z_{11} + (\omega M)^2 Y_{22}} = \frac{\frac{100}{\sqrt{2}}}{j50 + 7.84 - j31.37} = 3.50 \angle -67.2° \text{ (A)}$$

$$\dot{I}_2 = -\frac{Z_M}{Z_{22}} \dot{I}_1 = -\frac{j10 \times 2 \times 3.5 \angle -67.2°}{3 + j12} = 5.66 \angle 126.84° \text{ (A)}$$

即 $i_1 = 3.50\sqrt{2} \cos(10t - 67.2°)$ A $i_2 = 5.66\sqrt{2} \cos(10t + 126.84°)$ A

8.4 理想变压器

本节将要介绍的理想变压器，是实际变压器理想化模型，理想变压器不是偶然想象的产物，而是科学思维的必然结果，因为分析研究耦合电感时，总会促使人们进一步思考，如果耦合电感无限增大而更紧密耦合时，将会出现怎样的结果。

(1) 理想变压器的条件

如果一次侧、二次侧线圈的自感系数和两线圈之间的互感系数均趋于无穷大，但两个线圈自感系数的比值仍为一常数 n 且等于两个线圈的匝数之比，即

$$\sqrt{\frac{L_1}{L_2}} = \frac{N_1}{N_2} = n \tag{8-14}$$

则得到了一种特殊的变压器——理想变压器，其中 n 称为变比。因此，理想变压器满足如下三个条件：

① 全耦合 ($k=1$)，即无漏磁通，一次和二次线圈中有相同的磁通量；
② 不消耗能量，即一次和二次线圈的电阻 $R_1 = R_2 = 0$，铁芯无热损耗；
③ 一次和二次线圈的自感系数和两个线圈之间的互感系数均趋于无穷大，但是两个线圈自感系数的比值为一常数，且等于两个线圈的匝数之比。

(2) 理想变压器的电压、电流关系

根据全耦合 ($k=1$) 漏磁通为零，如果再忽略一次侧、二次侧的绕线电阻，并考虑到理想变压器一次侧、二次侧的自感系数为无穷大，所以可得到理想变压器的电压、电流关系为

$$\dot{U}_1 = n\dot{U}_2 \quad \dot{I}_1 = -\frac{1}{n}\dot{I}_2 \tag{8-15}$$

理想变压器的符号如图 8-16 所示，下面进行说明。

设一次侧线圈的自感磁通为 ϕ_{11}，二次侧线圈的自感磁通为 ϕ_{22}，则根据理想变压器的第一个条件有以下关系 $\phi_{21} = \phi_{11}$，$\phi_{12} = \phi_{22}$。

两个线圈中的磁链分别为

$$\Psi_1 = \Psi_{11} + \Psi_{12} = N_1(\phi_{11} + \phi_{12}) = N_1(\phi_{11} + \phi_{22}) = N_1 \phi$$

$$\Psi_2 = \Psi_{22} + \Psi_{21} = N_2(\phi_{22} + \phi_{21}) = N_2(\phi_{11} + \phi_{22}) = N_2 \phi$$

根据第二个条件可知

$$u_1 = \frac{d\Psi_1}{dt} = N_1 \frac{d\phi}{dt} \quad u_2 = \frac{d\Psi_2}{dt} = N_2 \frac{d\phi}{dt}$$

所以有以下关系

$$\frac{u_1}{u_2}=\frac{N_1}{N_2}=n$$

在正弦稳态下上式又可以写为

$$\frac{\dot{U}_1}{\dot{U}_2}=\frac{N_1}{N_2}=n$$

即一次侧电压与二次侧电压之比等于它们的匝数之比，也即一次侧、二次侧电压与其匝数成正比。分析如图 8-17 所示理想变压器电路，对一次侧回路有 $\dot{U}_1=\mathrm{j}\omega L_1\dot{I}_1+\mathrm{j}\omega M\dot{I}_2$，

则 $\dot{I}_1=\dfrac{\dot{U}_1}{\mathrm{j}\omega L_1}-\dfrac{\mathrm{j}\omega M}{\mathrm{j}\omega L_1}\dot{I}_2=\dfrac{\dot{U}_1}{\mathrm{j}\omega L_1}-\dfrac{M}{L_1}\dot{I}_2=\dfrac{\dot{U}_1}{\mathrm{j}\omega L_1}-\sqrt{\dfrac{L_2}{L_1}}\dot{I}_2$。

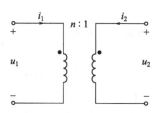
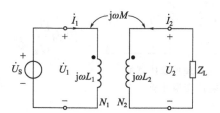

图 8-16　理想变压器符号　　　　　图 8-17　理想变压器电路

根据理想变压器的第三个条件，上式变为 $\dot{I}_1=-\sqrt{\dfrac{L_2}{L_1}}\dot{I}_2=-\dfrac{1}{n}\dot{I}_2$，即 $\dfrac{\dot{I}_1}{\dot{I}_2}=-\dfrac{1}{n}$ 或 $\dfrac{i_1}{i_2}=-\dfrac{1}{n}$。这说明理想变压器的一次侧的电流与二次侧电流之比等于其匝数比的倒数，也即一次侧、二次侧电流与其匝数成反比。

通过上面的分析可以得到如下结论：理想变压器在图 8-16 所示的电压、电流参考方向下的电压、电流关系（VCR）为

$$\frac{u_1}{u_2}=n \quad \frac{i_1}{i_2}=-\frac{1}{n} \quad \frac{\dot{U}_1}{\dot{U}_2}=n \quad \frac{\dot{I}_1}{\dot{I}_2}=-\frac{1}{n}$$

正弦稳态下理想变压器的 VCR 与电压、电流参考方向及同名端之间有如下规律。

① 如果电压 u_1、u_2 的参考方向与同名端相同，电流 i_1 从"·"端流入，电流 i_2 从"·"端流出，如图 8-18（a）所示，则 VCR 为

$$\frac{u_1}{u_2}=n \quad \frac{i_1}{i_2}=\frac{1}{n}$$

② 如果电压 u_1、u_2 的参考方向与同名端相反，电流 i_1 从"·"端流入，电流 i_2 也从"·"端流入，如图 8-18（b）所示，则 VCR 为

$$\frac{u_1}{u_2}=-n \quad \frac{i_1}{i_2}=-\frac{1}{n}$$

总之，可以得出如下结论：如果 u_1、u_2 的参考方向与同名端相同，则电压关系式前取正号，反之，则取负号；如果 i_1、i_2 均从同名端流入，则电流关系式前取负号，反之，则取正号。由理想变压器的 VCR 可以看出，它具有变换电压和电流的作用，但除此之外，它还具有变换阻抗的性质。

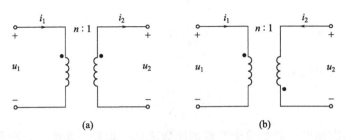

图 8-18 理想变压器的 VCR

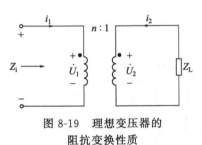

图 8-19 理想变压器的阻抗变换性质

(3) 理想变压器的阻抗变换性质

计算如图 8-19 所示电路的输入阻抗 Z_i，即 $Z_i = \dfrac{\dot{U}_1}{\dot{I}_1}$。

因为 $\dfrac{\dot{U}_1}{\dot{U}_2} = n$，$\dfrac{\dot{I}_1}{\dot{I}_2} = -\dfrac{1}{n}$，所以 $\dot{U}_1 = n\dot{U}_2$，$\dot{I}_1 = -\dfrac{1}{n}\dot{I}_2$，则

$$Z_i = \dfrac{\dot{U}_1}{\dot{I}_1} = \dfrac{n\dot{U}_2}{-\dfrac{1}{n}\dot{I}_2} = -n^2 \dfrac{\dot{U}_2}{\dot{I}_2} = n^2 Z_L \tag{8-16}$$

由此可见，理想变压器具有变换阻抗的作用。称 $n^2 Z_L$ 为二次侧阻抗 Z_L 对一次侧折合阻抗。

【例 8-9】 图 8-20（a）所示理想变压器，变比为 1∶10，已知 $u_S = 10\cos(10t)$ V，$R_1 = 1\Omega$，$R_2 = 100\Omega$。求 u_2。

解：通过两种方法可以求解。

方法一：按图 8-20（a）可以列出电路方程

$$R_1 i_1 + u_1 = u_S \quad R_2 i_2 + u_2 = 0$$

根据理想变压器的 VCR，有 $u_1 = -\dfrac{1}{10}u_2$，$i_1 = 10 i_2$

代入数据解得 $u_2 = -5 u_S = -50\cos(10t)$ V

方法二：利用理想变压器变换阻抗性质，先用一次等效电路求 u_1，再按电压之比方程求 u_2。端子 1-1' 右侧电路的输入电阻 R_{eq} 为：$R_{eq} = \dfrac{u_1}{i_1} = \dfrac{-\dfrac{1}{10}u_2}{10 i_2} = (0.1)^2 \left(-\dfrac{u_2}{i_2}\right) = (0.1)^2 R_2 = 1\Omega$，等效电路如图 8-20（b）所示，求得 $u_1 = \dfrac{u_S}{R_1 + R_{eq}} \times R_{eq} = \dfrac{1}{2} u_S$

$$u_2 = -10 u_1 = -5 u_S = -50\cos(10t) \text{V}$$

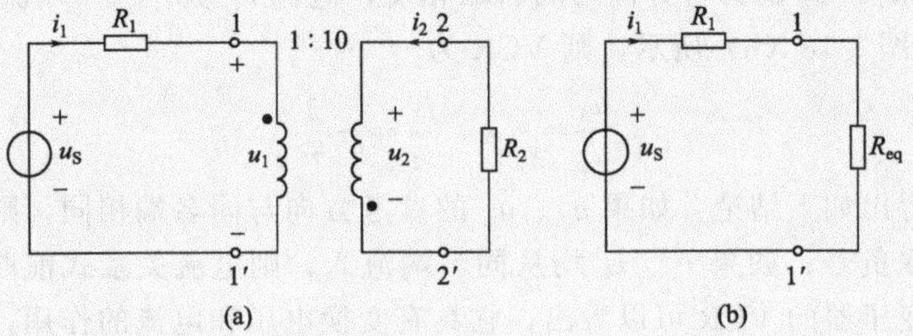

图 8-20 例 8-9 图

【例 8-10】 电路如图 8-21（a）所示，已知 ab 端的等效电阻为 $R_{ab}=8\Omega$，求变压器的变比 n。

解：二次侧对一次侧的折合电阻为 $10n^2\Omega$，$\dot{U}_2=\dfrac{1}{n}\dot{U}_1$，由此可画出一次侧等效电路如图 8-21（b）所示，由图 8-21（b）可知 $\dot{I}_S+\dfrac{3}{n}\dot{U}_1=\dot{I}_1$，$\dot{I}_1=\dfrac{\dot{U}_S}{2+10n^2}$，$\dot{U}_1=10n^2\dot{I}_1=\dfrac{10n^2\dot{U}_S}{2+10n^2}$。由上面三式消去 $\dot{U}_1$、$\dot{I}_1$，可得 $R_{ab}=\dfrac{\dot{U}_S}{\dot{I}_S}=\dfrac{2+10n^2}{1-30n}=8$，即 $10n^2+240n-6=0$，解方程得 $n=0.025$（取正值）

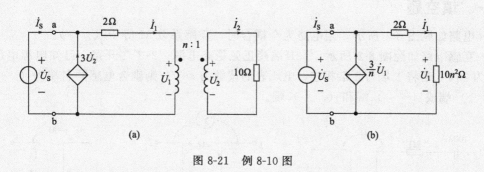

图 8-21 例 8-10 图

8.5 实践与应用

根据本章介绍的变压器知识可知，选择合适的变比就可以将 220V 的正弦交流变换为要求的正弦交流。下面介绍一种利用中间抽头变压器和两个二极管组成的降压和全波整流电路，如图 8-22 所示。

由图 8-22 可知，在 u_S 的正半周，$u_1>0$，$u_2>0$，所以 VD_1 导通，VD_2 截止，$u_o=u_1=\dfrac{1}{10}u_S$；而 u_S 的负半周，$u_1<0$，$u_2<0$，所以 VD_2 导通，VD_1 截止，$u_o=-u_2=-\dfrac{1}{10}u_S$。输入、输出波形示意图如图 8-23 所示。

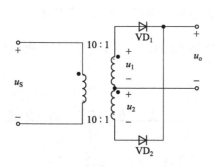

图 8-22 全波整流电路

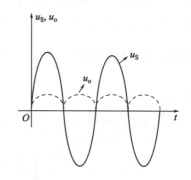

图 8-23 输入、输出波形

本章小结

本章主要介绍了耦合电感电路中的磁耦合现象、互感、互感电压、耦合电感的同名端和耦合系数的概念，还介绍了耦合的电感元件的电压、电流关系和电感电路的分析计算，空心变压器的电压、电流关系及其电路模型，理想变压器的电压、电流关系及其基本特性。

习 题

一、填空题

1. 电路如题图 8-1 所示，当电路为全耦合时，互感系数 M 等于（   ）。

2. 互感电路如题图 8-2 所示，1-1′端接正弦稳态电源，2-2′端开路。已知电源电压有效值 U_1 为 20V，若将 1′端与 2 端相连，电压表的读数为 40V，则耦合电感同名端为（   ）端和（   ）端或（   ）端和（   ）端。

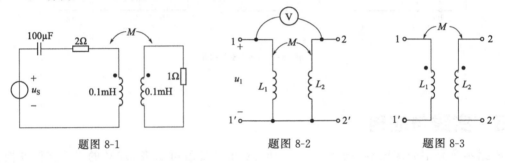

题图 8-1 　　　　　题图 8-2 　　　　　题图 8-3

3. 如题图 8-3 所示的耦合电感，耦合系数 $k=1$，$L_1=L_2=4\mathrm{H}$，下列各种情况的等效电感为：

(1) 连接 $1'-2'$ 时，L_{12} 等于（   ）；(2) 连接 $1'-2$，并且 L_2 有 $\frac{1}{4}$ 的圈数被短路时，$L_{12'}$ 等于（   ）；(3) 连接 $2'-2'$ 时，$L_{11'}$ 等于（   ）。

4. 自感为 L_1 和 L_2，互感为 M 的两线圈，已知 $L_1=4L_2$，耦合系数为 1，则当两线圈串联时用 L_2 来表示的等效电感可能是（   ）或（   ）。

5. 电路如题图 8-4 所示，已知 $M=0.04\mathrm{H}$，则电感的谐振频率 f_0 等于（   ）。

6. 电感耦合回路如题图 8-5 所示，则 1-1′端的输入阻抗 Z_i 等于（   ），电流比 $\dfrac{\dot{I}_1}{\dot{I}_2}$ 等于（   ）。

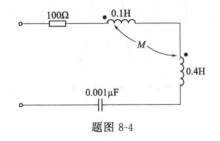

题图 8-4

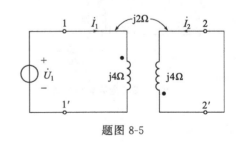

题图 8-5

7. 如题图 8-6 所示电路中，理想变压器的匝数之比 $\dfrac{N_1}{N_2}=10$，电压 u 应为（   ）。

8. 含理想变压器的电路如题图 8-7 所示，已知 $u_S=110\cos(\omega t)\text{V}$，则电压表的读数是（   ）。

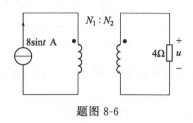

题图 8-6

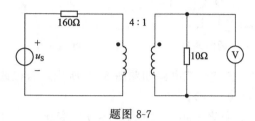

题图 8-7

二、选择题

1. 耦合线圈的自感 L_1 和 L_2 分别为 2H 和 8H，则互感至多只能为（   ）。

   A. 8H B. 16H C. 4H D. 6H

2. 正弦稳态电路如题图 8-8 所示，电源 u_1 的角频率 $\omega=10\text{rad/s}$，要使正弦电压 u_2 为最大，则电容 C 应为（   ）。

   A. 0.01F B. 2F C. 0.05F D. ∞

3. 如题图 8-9 所示耦合电感，已知 $M=10^{-3}\text{H}$，$i=10\sin(100t)\text{A}$，则电压 u 为（   ）。

   A. $\cos(100t)\text{V}$ B. $-\cos(100t)\text{V}$ C. $0.1\sin(100t)\text{V}$ D. $-0.1\sin(100t)\text{V}$

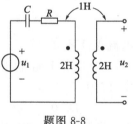 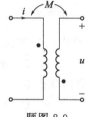 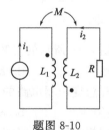

题图 8-8   题图 8-9   题图 8-10

4. 耦合电感电路如题图 8-10 所示，若按逆时针方向列写二次侧回路的 KVL 方程，此方程应为（   ）。

   A. $-M\dfrac{di_1}{dt}+Ri_2+L_2\dfrac{di_2}{dt}=0$ 　　 B. $-M\dfrac{di_1}{dt}-Ri_2-L_2\dfrac{di_2}{dt}=0$

   C. $M\dfrac{di_1}{dt}+Ri_2+L_2\dfrac{di_2}{dt}=0$ 　　　 D. $-M\dfrac{di_1}{dt}-Ri_2+L_2\dfrac{di_2}{dt}=0$

5. 正弦稳态时，题图 8-11 所示耦合电感一次侧电流 i_1 与二次侧电流 i_2 的相位关系（   ）。

   A. 一定是反相的 　　　　　　B. 一定是同相的
   C. 与二次侧所接负载有关 　　D. 与一次侧所接电源电压的初相位有关

6. 如题图 8-12 所示，并联的有互感线圈的等效电感为（   ）。

   A. L_1+L_2+2M B. L_1+L_2-2M C. $\dfrac{L_1L_2-M^2}{L_1+L_2-2M}$ D. $\dfrac{L_1L_2-M^2}{L_1+L_2+2M}$

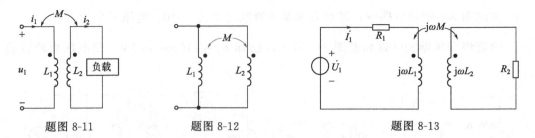

题图 8-11　　　　　题图 8-12　　　　　题图 8-13

7. 正弦交流电路如题图 8-13 所示，若仅改变图中同名端的位置，那么 $\dot{I}_1$ 和 $\dot{U}_1$ 的相位差将会（　　）。

A. 变化 $-90°$　　B. 不发生变化　　C. 变化 $180°$　　D. 变化 $90°$

8. 耦合电感电路如题图 8-14 所示，$L_1=5\text{H}$，$L_2=3.2\text{H}$，$k=0.5$，$i_1=2i_2=4\cos(100t-60°)\text{A}$，$t=0$ 时储能为（　　）。

A. 17.4J　　B. 11.6J　　C. 15.6J　　D. 7.6J

9. 题图 8-15 所示的电路，$t\geqslant 0$ 时，u_2 为（　　）。

A. $5e^{-5t}\text{V}$　　B. $5e^{-10t}\text{V}$　　C. $-5e^{-10t}\text{V}$　　D. $-5e^{-8t}\text{V}$

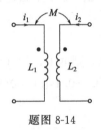　　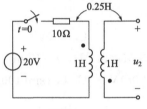　　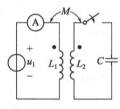

题图 8-14　　　　　题图 8-15　　　　　题图 8-16

10. 题图 8-16 所示的正弦交流电路中，当开关闭合后电流表读数（　　）。

A. 增大　　B. 减小　　C. 不变　　D. 不能确定

11. 含理想变压器电路的相量模型如题图 8-17 所示，$\dot{U}_2$ 应为（　　）。

A. $12\angle 0°\text{V}$　　B. $8\angle 0°\text{V}$　　C. $4\angle 0°\text{V}$　　D. 0

12. 含理想变压器电路如题图 8-18 所示，使负载电阻 R_L 获得最大功率时的变压器变比 n 为（　　）。

A. $\dfrac{1}{50}$　　B. 50　　C. 0.0004　　D. 2500

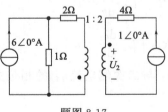　　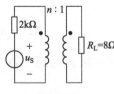　　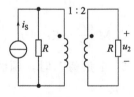

题图 8-17　　　　　题图 8-18　　　　　题图 8-19

13. 如题图 8-19 所示，含理想变压器电阻电路中输出电压 u_2 与激励电流 i_S 的关系表示为（　　）。

A. $u_2=2Ri_S$　　B. $u_2=4Ri_S$　　C. $u_2=\dfrac{2}{5}Ri_S$　　D. $u_2=-\dfrac{2}{3}Ri_S$

14. 如题图 8-20 所示，理想变压器变比为 1∶2，则 R_i 应为（　　）。
   A. 8Ω　　　　B. 4Ω　　　　C. 0.5Ω　　　　D. 1Ω

15. 若 20∶1 理想变压器的二次侧线圈中 0.6Ω 电阻的电压为 6V，则该变压器的二次侧电流和一次侧电流分别为（　　）。
   A. 10A　5A　　B. 5A　10A　　C. 10A　0.5A　　D. 0.5A　10A

16. 题图 8-21 所示含理想变压器的电路，欲使得负载 R 获得最大功率，则变比 n 等于（　　）。
   A. 100　　　　B. $\sqrt{125}$　　　　C. 10　　　　D. $\dfrac{1}{10}$

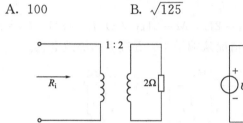
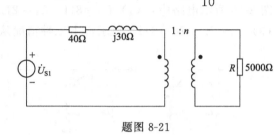

题图 8-20　　　　　　　　　　　　题图 8-21

三、计算题

1. 试确定题图 8-22 所示耦合线圈的同名端。

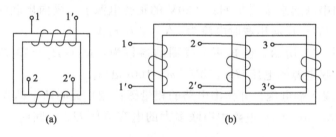

题图 8-22

2. 两个耦合的线圈如题图 8-23 所示（黑盒子），试根据题图中开关 S 闭合时或闭合后再打开时，电压表的偏转方向确定同名端。

3. 题图 8-24 所示电路中 $R_1=R_2=1\Omega$，$\omega L_1=3\Omega$，$\omega L_2=2\Omega$，$\omega M=2\Omega$，$U_1=100\text{V}$。求开关 S 打开和闭合时的电流 $\dot{I}_1$。

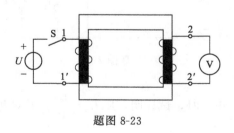
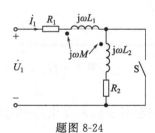

题图 8-23　　　　　　　　　　　　题图 8-24

4. 求题图 8-25 所示电路的输入阻抗 $Z(\omega=1\text{rad/s})$。

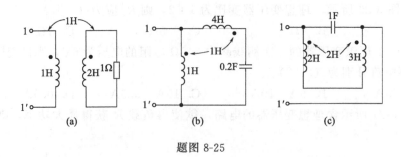

题图 8-25

5. 题图 8-26 所示电路中：(1) $L_1=8\text{H}$，$L_2=2\text{H}$，$M=2\text{H}$；(2) $L_1=8\text{H}$，$L_2=2\text{H}$，$M=4\text{H}$；(3) $L_1=L_2=M=4\text{H}$。试求以上三种情况从端子 1-1' 看进去的等效电感。

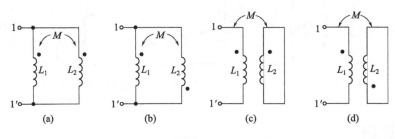

题图 8-26

6. 把两个线圈串联起来接到 50Hz、220V 的正弦电源上，同向串联时的电流 $I=2.7\text{A}$，吸收的功率为 218.7W；反向串联时电流为 7A。求互感 M。

7. 电路如题图 8-27 所示，已知两个线圈的参数为：$R_1=R_2=100\Omega$，$L_1=3\text{H}$，$L_2=10\text{H}$，$M=5\text{H}$，正弦电源的电压 $U=220\text{V}$，$\omega=100\text{rad/s}$。

(1) 试求两个线圈端电压，并作出电路的相量图；(2) 证明两个耦合电感反向串联时不可能有 $L_1+L_2-2M\leqslant 0$；(3) 电路中串联多大的电容可使 $\dot{U}$、$\dot{I}$ 同向？(4) 画出该电路的去耦等效电路。

8. 题图 8-28 所示电路中，$L_1=0.2\text{H}$，$L_2=M=0.1\text{H}$，$u_\text{S}=10\sqrt{2}\cos(2t+30°)\text{V}$。求图中表 W 的读数，并说明该读数有无实际意义。

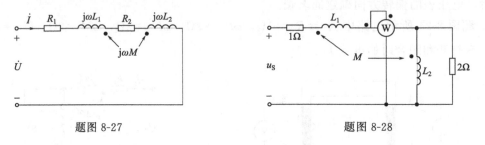

题图 8-27   题图 8-28

9. 当题图 8-29 所示电路中的电流 $\dot{I}_1$ 与 $\dot{I}_2$ 正交时，试证明：$R_1R_2=\dfrac{L_2}{C}$，并对此结果进行分析。

10. 试求题图 8-30 所示电路中电压源的角频率为何值时，功率表 W 的读数为零（图中元件的参数已知）？

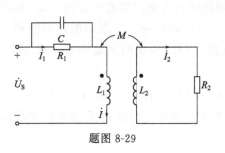
题图 8-29

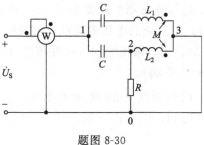
题图 8-30

11. 题图 8-31 所示电路中 $R=1\Omega$，$\omega L_1=2\Omega$，$\omega L_2=32\Omega$，耦合因数 $k=1$，$\dfrac{1}{\omega C}=32\Omega$。求电流 $\dot{I}_1$ 和电压 $\dot{U}_2$。

12. 求题图 8-32 所示电路中的阻抗 Z。已知电流表的读数为 10A，正弦电压有效值 $U=10\text{V}$。

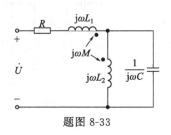
题图 8-31

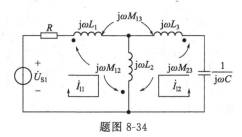
题图 8-32

13. 题图 8-33 所示电路中 $R=50\Omega$，$L_1=70\text{mH}$，$L_2=25\text{mH}$，$M=25\text{mH}$，$C=1\mu\text{F}$，正弦电源的电压 $\dot{U}=500\angle 0°\text{V}$，$\omega=10^4\text{rad/s}$。求各支路电流。

14. 列出题图 8-34 所示电路的回路电流方程。

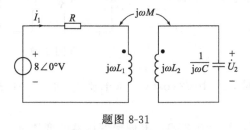

题图 8-33　　　　题图 8-34

15. 已知题图 8-35 中 $u_S=100\sqrt{2}\cos(\omega t)\text{V}$，$\omega L_2=120\Omega$，$\omega M=\dfrac{1}{\omega C}=20\Omega$。求负载 Z_L 为何值时获最大功率？并求出最大功率。

16. 如果使 10Ω 电阻能获得最大功率，试确定题图 8-36 所示电路中理想变压器的变比 n。

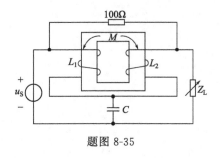
题图 8-35

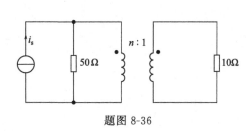
题图 8-36

17. 已知变压器如题图 8-37（a）所示，一次侧的周期性电流源波形如图（b）所示（一个周期），二次侧的电压表读数（有效值）为 25V。(1) 画出一、二次端电压的波形，并计算互感 M；(2) 画出它的等效受控源（CCVS）电路；(3) 如果同名端弄错，对 (1)、(2) 的结果有无影响？

18. 已知题图 8-38 所示电路中 $u_S = 10\sqrt{2}\cos(\omega t)$V，$R_1 = 10\Omega$，$L_1 = L_2 = 0.1$mH，$M = 0.02$mH，$C_1 = C_2 = 0.01\mu$F，$\omega = 10^6$rad/s。求 R_2 为何值时获最大功率？并求出最大功率。

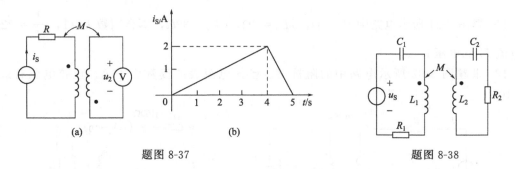

题图 8-37　　　　　　　　　　　题图 8-38

19. 题图 8-39 所示电路中开关 S 闭合时 $u_S = 10\sqrt{2}\cos t$V，求电流 i_1 和 i_2，并根据结果画出含理想变压器的等效电路。

20. 已知题图 8-40 所示电路的输入电阻 $R_{ab} = 0.25\Omega$，求理想变压器的变比 n。

21. 题图 8-41 所示电路中 $C_1 = 10^{-3}$F，$L_1 = 0.3$H，$L_2 = 0.6$H，$M = 0.2$H，$R = 10\Omega$，$u_1 = 100\sqrt{2}\cos(100t - 30°)$V，$C$ 可变动。试求 C 为何值时，R 可获得最大功率？

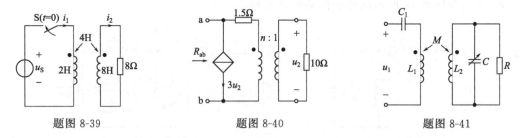

题图 8-39　　　　　　题图 8-40　　　　　　题图 8-41

第 9 章 电路的频率响应

引言：

电路中的电压和电流不仅是时间的函数，而且也是频率的函数，本章从频率领域研究电路的特性。首先介绍电路频率特性的描述方法，然后重点介绍串联谐振和并联谐振电路及其应用，最后简单介绍滤波电路。

9.1 网络函数

正弦稳态电路中动态元件的阻抗都是频率的函数，当不同频率的正弦信号作用于电路时，电路的阻抗不同，响应的振幅和相位都将随频率而变化。电路响应随激励信号的频率而变化的特性称为电路的频率响应或频率特性。

电路的频率特性通常用网络函数来描述。网络函数定义为电路的响应相量 $\dot{Y}$ 与电路激励相量 $\dot{X}$ 之比，用符号表示：

$$H(j\omega) = \frac{\dot{Y}}{\dot{X}}$$

式中的响应和激励相量既可以是电压相量，也可以是电流相量；响应相量和激励相量可以是同一端口处的相量，也可是不同端口处的相量。因此网络函数可以分为两大类：策动点函数与转移函数。

（1）策动点函数

若响应相量与激励相量属于同一个端口，网络函数称为策动点函数。又由于响应相量与激励相量取不同的相量，策动点函数又分为策动点阻抗函数与策动点导纳函数。

① 策动点阻抗函数　若激励是电流相量，响应是同一端口的电压相量，网络函数称为策动点阻抗函数。图 9-1 所示端口 1 的策动点阻抗为 $\dfrac{\dot{U}_1}{\dot{I}_1}$，端口 2 的策动点阻抗为 $\dfrac{\dot{U}_2}{\dot{I}_2}$。

② 策动点导纳函数　若激励是电压相量，响应是同一端口的电流相量，网络函数称为策动点导纳函数。图 9-1 所示端口 1 的策动点导纳为 $\dfrac{\dot{I}_1}{\dot{U}_1}$，端口 2 的策动点导纳为 $\dfrac{\dot{I}_2}{\dot{U}_2}$。

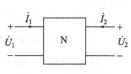

图 9-1　线性网络

(2) 转移函数

若响应相量与激励相量不属于同一个端口,网络函数称为转移函数。又由于响应相量与激励相量取不同的相量,转移函数又分为转移电压比函数、转移电流比函数、转移阻抗函数与转移导纳函数。

① 转移电压比函数 若激励和响应是不同端口的电压相量,网络函数称为转移电压比函数。图 9-1 所示的转移电压比函数为 $\dfrac{\dot{U}_1}{\dot{U}_2}$ 和 $\dfrac{\dot{U}_2}{\dot{U}_1}$。

② 转移电流比函数 若激励和响应是不同端口的电流相量,网络函数称为转移电流比函数。图 9-1 所示的转移电流比函数为 $\dfrac{\dot{I}_1}{\dot{I}_2}$ 和 $\dfrac{\dot{I}_2}{\dot{I}_1}$。

③ 转移阻抗函数 若激励是电流相量,响应是不同端口的电压相量,网络函数称为转移阻抗函数。图 9-1 所示的转移阻抗函数为 $\dfrac{\dot{U}_1}{\dot{I}_2}$ 和 $\dfrac{\dot{U}_2}{\dot{I}_1}$。

④ 转移导纳函数 若激励是电压相量,响应是不同端口的电流相量,网络函数称为转移导纳函数。图 9-1 所示的转移导纳函数为 $\dfrac{\dot{I}_1}{\dot{U}_2}$ 和 $\dfrac{\dot{I}_2}{\dot{U}_1}$。

网络函数不仅与电路的结构、参数有关,还与输入、输出变量的类型以及端口的相互位置有关。这犹如从不同"窗口"来分析研究网络的频率特性,可以从不同角度寻找电路比较优越的频率特性和电路工作的最佳频域范围。网络函数是网络性质的一种体现,与输入、输出幅值无关。应用网络函数描述电路的频率特性的优点是:

① 网络函数理论上描述了电路在不同频率下响应与激励的关系,并且通过相应的特性曲线直观地反映出激励频率变化时电路特性的变化情况。

② 简化了分析与计算。只要确定了电路的网络函数,就能方便地利用公式求出任意给定频率的激励作用下电路的响应,无须反复计算不同频率时电路的阻抗。

9.2 波特图

网络函数是一个复数,可以用指数形式表示为:

$$H(j\omega)=\frac{Ye^{j\varphi_Y}}{Xe^{j\varphi_X}}=\frac{Y}{X}e^{j(\varphi_Y-\varphi_X)}=|H(j\omega)|e^{j\varphi(j\omega)} \tag{9-1}$$

由式 (9-1) 可知,网络函数表示出响应与激励频率的关系。对电路和系统的频率特性进行分析时,为了直观地观察频率特性随频率变化的趋势和特征,需要准确地描绘频率响应曲线,这往往不是一件容易的事。工程上常采用对数坐标绘制曲线,这样做可以在不同频域内用直线近似代替曲线,使曲线局部直线化,整个曲线折线化,从而使频率曲线变得易于描绘。这种用对数坐标描绘的频率响应图就称为对数频率响应波特图 (H. W. Bode 图),简称波特图。

对数频率特性包括对数幅频特性与对数相频特性两个方面。

(1) 对数幅频特性

由式 (9-1) 得到的幅频 $|H(j\omega)|$,再对其取对数,且乘以 20 倍,这就是对数模值(其单位为分贝 dB)与对数频率(横坐标采用对数频率 $\lg\omega$)的关系,把它绘制成图就称为

幅频波特图。

$$H_{dB} = 20\lg[|H(j\omega)|]$$

（2）对数相频特性

由式（9-1）得到的相角与对数频率的关系 $\varphi(j\omega)$，纵坐标采用度表示，横坐标采用对数频率 $\lg\omega$ 表示，把它绘制成图就称为相频波特图。

【例 9-1】画出如下网络函数的波特图。

$$H(j\omega) = \frac{1000}{j\omega(j\omega+5)(j\omega+20)}$$

解： 首先将 $H(j\omega)$ 改写成如下形式：

$$H(j\omega) = \frac{10}{j\omega(1+\frac{j\omega}{5})(1+\frac{j\omega}{20})}$$

1. 对幅频波特图（单位 dB）为：

$$H_{dB} = 20\lg[|H(j\omega)|]$$
$$= 20\lg10 - 20\lg|j\omega| - 20\lg|1+j\frac{\omega}{5}| - 20\lg|1+j\frac{\omega}{20}|$$

① $20\lg10 = 20$，dB 为常量，为 20dB 的水平直线。

② $-20\lg(|j\omega|)$ 为 -20dB/10 倍频的直线。当 $\omega=1$ 时，$-20\lg(|j\omega|)=0$，当 $\omega=10$ 时，$-20\lg(|j\omega|)=-20$。

③ $-20\lg|1+j\frac{\omega}{5}|$ 可由两段直线逼近。$-20\lg|1+j\frac{\omega}{5}| = -20\lg\sqrt{1+\left(\frac{\omega}{5}\right)^2}$，当 $\omega<5$ 时，取 $-20\lg|1+j\frac{\omega}{5}| = -20\lg\sqrt{1+\left(\frac{\omega}{5}\right)^2} = -20\lg1 = 0$；当 $\omega>5$ 时，取 $-20\lg|1+j\frac{\omega}{5}| = -20\lg\sqrt{1+\left(\frac{\omega}{5}\right)^2} = -20\lg\frac{\omega}{5}$。这样，以 $\omega=5$ 为分界点，在 $\omega<5$ 区间，该项可用斜率为零的直线逼近；在 $\omega>5$ 区间，该项用斜率为 -20dB/10 倍频的直线逼近。

④ $-20\lg|1+j\frac{\omega}{20}|$ 的分析与③类似，以 $\omega=20$ 为分界点，$\omega<20$ 区间，该项可用斜率为零的直线逼近；在 $\omega>20$ 区间，该项用斜率为 -20dB/10 倍频的直线逼近。

将以上四项叠加，就得到图 9-2（a）中粗实线所示的幅频波特图。

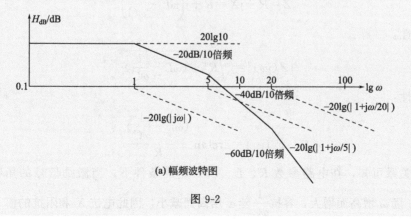

(a) 幅频波特图

图 9-2

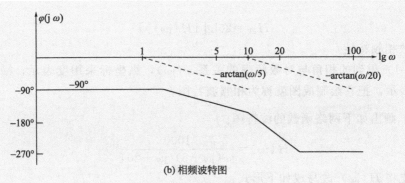

(b) 相频波特图

图 9-2 $H(j\omega)$ 的波特图

2. 对相频波特图（单位度）为：

$$\varphi(j\omega) = -90° - \arctan\left(\frac{\omega}{5}\right) - \arctan\left(\frac{\omega}{20}\right)$$

① $-90°$是一条与横轴平行的直线。

② $-\arctan\left(\frac{\omega}{5}\right)$，当 $\omega < 0$ 时，为 $-0°$，当 $\omega = 5$ 时，为 $-45°$，当 $\omega > \infty$ 时，为 $-90°$。

③ $-\arctan\left(\frac{\omega}{20}\right)$，当 $\omega < 0$ 时，为 $-0°$，当 $\omega = 20$ 时，为 $-45°$，当 $\omega > \infty$ 时，为 $-90°$。

将以上三项叠加，就得到图 9-2 (b) 中粗实线所示的相频波特图。

9.3 RLC 串联谐振电路

谐振现象是正弦稳态电路的一种特定的工作状态。谐振电路由于具有良好的选频特性，在通信与电子技术中得到了广泛应用。通常谐振电路由电感、电容和电阻组成，按照电路的连接方式可分为串联谐振电路、并联谐振电路。本节只讨论串联谐振电路的谐振条件、谐振时的特点以及谐振电路的频率响应。

(1) RLC 串联电路的阻抗特性

由 R、L、C 组成的串联电路如图 9-3 所示。

RLC 串联电路的总阻抗：

$$Z = R + jX = R + j\left(\omega L - \frac{1}{\omega C}\right)$$

幅频特性：

$$|Z(j\omega)| = \sqrt{R^2 + \left(\omega L - \frac{1}{\omega C}\right)^2}$$

相频特性：

$$\varphi_Z(j\omega) = \arctan\frac{\left(\omega L - \dfrac{1}{\omega C}\right)}{R}$$

由上述关系可知，在电路参数 R、L、C 一定的条件下，当激励信号的角频率 ω 变化时，感抗 ωL 随 ω 增高而增大，容抗 $\dfrac{1}{\omega C}$ 随 ω 增高而减小，因此电抗 X 和阻抗的模 $|Z(j\omega)|$ 随

ω 变化而改变。感抗、容抗、阻抗的模随角频率的变化情况如图 9-4 所示（实线部分）。

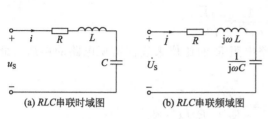

(a) RLC串联时域图　　(b) RLC串联频域图

图 9-3　RLC 串联电路图

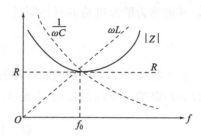

图 9-4　$|Z(\mathrm{j}\omega)|$ 频率响应曲线

由 9-4 可见，当电源角频率较低（$\omega < \omega_0$ 或频率 $f < f_0$）时，$\omega L < \dfrac{1}{\omega C}$ 时，电抗 X 为负值，电路呈容性，此时电流 $\dot{I}$ 超前电压 $\dot{U}_\mathrm{S}$。随着频率的逐渐升高，电抗 $|X|$ 减小，阻抗的模 $|Z|$ 也减小，电流的模增大。当电源的角频率增大到 ω_0（或频率增大到 f_0）时，$\omega_0 L = \dfrac{1}{\omega_0 C}$，这时电抗等于零，阻抗的模 $|Z|$ 达到最小值，电流 $\dot{I}$ 达到最大值，且与电源电压 $\dot{U}_\mathrm{S}$ 同相，电路呈电阻性。如电源角频率 ω（或频率 f）继续升高，则 $\omega L > \dfrac{1}{\omega C}$，电抗 X 为正值，电路呈感性，此时电流 $\dot{I}$ 滞后于电压 $\dot{U}_\mathrm{S}$。

(2) RLC 串联电路的谐振条件

因为 $\varphi(\mathrm{j}\omega_0) = 0°$，所以电压 $\dot{U}_\mathrm{S}$ 与电流 $\dot{I}$ 同相，工程上将电路的这一特殊状态定义为谐振，由于是在 RLC 串联电路中发生的谐振，又称为串联谐振。因此，RLC 串联电路的谐振条件为：

$$\mathrm{Im}[Z(\mathrm{j}\omega)] = X(\mathrm{j}\omega_0) = \omega_0 L - \frac{1}{\omega_0 C} = 0$$

由上式可知电路发生谐振的角频率 ω_0 和频率 f_0 为：

$$\omega_0 = \frac{1}{\sqrt{LC}} \quad f_0 = \frac{1}{2\pi\sqrt{LC}} \tag{9-2}$$

由式（9-2）可知，电路的谐振频率仅由回路元件参数 L 和 C 决定，与激励无关，说明谐振是电路的固有频率，所以把谐振频率又称为固有频率（或自由频率）。如果电路中 L、C 可调，改变电路的固有频率，则 RLC 串联电路就具有选择任一频率谐振（调谐），或避开某一频率谐振（失谐）的性能，也可以利用串联谐振现象，判别输入信号的频率。

(3) 串联谐振电路的特点

① RLC 串联电路谐振时，电路的电抗 $X = 0$，阻抗为纯电阻性，即电路呈现电阻性，且阻抗最小，等于 R。若谐振时电路的阻抗用 Z_0 表示，有

$$Z_0 = R$$

谐振时，若 $R = 0$，则从端口看进去，$Z_0 = R = 0$，相当于端口短路。

② RLC 串联电路谐振时，由于电抗 $X = 0$，电流 $\dot{I}_0$ 与电源电压 $\dot{U}_\mathrm{S}$ 同相，$\varphi_Z = \varphi_u - \varphi_i = 0$，并且 $\dot{I}_0$ 达到最大值，为：

$$\dot{I}_0 = \frac{\dot{U}_\mathrm{S}}{Z_0} = \frac{\dot{U}_\mathrm{S}}{R}$$

③ RLC 串联电路的品质因数 Q。RLC 串联电路谐振时,此时电路的感抗与容抗数值相等,其值称为谐振电路的特性阻抗,用 ρ 表示,即

$$\rho = \omega_0 L = \frac{1}{\omega_0 C} = \sqrt{\frac{L}{C}}$$

在工程中,常用电路的特性阻抗 ρ 与回路电阻 R 的比值来表征谐振电路的性质,此比值称为回路的品质因数,用 Q 表示,即

$$Q = \frac{\rho}{R} = \frac{1}{\omega_0 RC} = \frac{\omega_0 L}{R} = \frac{1}{R}\sqrt{\frac{L}{C}}$$

④ RLC 串联电路谐振时,电感电压和电容电压相位相反,数值相等,且达到最大值,可达到电源电压的几十到几百倍,故串联谐振又称为电压谐振。

谐振时各元件电压分别为:

$$\dot{U}_{R0} = R\dot{I}_0 = R\frac{\dot{U}_S}{R} = \dot{U}_S$$

$$\dot{U}_{L0} = j\omega_0 L\dot{I}_0 = j\frac{\omega_0 L}{R}\dot{U}_S = jQ\dot{U}_S \tag{9-3}$$

$$\dot{U}_{C0} = -j\frac{1}{\omega_0 C}\dot{I}_0 = -j\frac{1}{\omega_0 RC}\dot{U}_S = -jQ\dot{U}_S$$

式 (9-3) 中,Q 为电路的品质因数,Q 值一般为几十到几百。由于 RLC 串联电路谐振时,电感和电容电压可以达到激励电压的几十到几百倍,在通信和电子技术中,传输的信号电压很弱,因此可以利用电压谐振获得较高的接收信号电压。

由式 (9-3) 还可以得出 Q 的另一种定义方法:

$$Q = \frac{U_L}{U_S} = \frac{U_C}{U_S} = \frac{1}{\omega_0 RC} = \frac{\omega_0 L}{R} = \frac{1}{R}\sqrt{\frac{L}{C}}$$

⑤ 网络函数。以电阻电压为输出量,输入电压为输入量,其网络函数为:

$$H(j\omega) = \frac{\dot{U}_R}{\dot{U}_S} = \frac{\frac{\dot{U}_S}{R+j\left(\omega L - \frac{1}{\omega C}\right)}R}{\dot{U}_S} = \frac{1}{1+j\frac{\omega_0 L}{R}\left(\frac{\omega}{\omega_0} - \frac{\omega_0}{\omega}\right)} = \frac{1}{1+jQ\left(\frac{\omega}{\omega_0} - \frac{\omega_0}{\omega}\right)} \tag{9-4}$$

由式 (9-4) 得到幅频特性和相频特性

$$|H(j\omega)| = \frac{1}{\sqrt{1+Q^2\left(\frac{\omega}{\omega_0} - \frac{\omega_0}{\omega}\right)^2}}$$

$$\varphi(\omega) = -\arctan Q\left(\frac{\omega}{\omega_0} - \frac{\omega_0}{\omega}\right)$$

品质因数 Q 取不同值的幅频特性曲线和相频特性曲线如图 9-5 所示。

由图 9-5 (a) 可知,谐振电路对频率上有选择性。Q 值越高,幅频曲线越尖锐,电路对偏离谐振频率的信号抑制能力越强,电路的选择性越好,因此在电子电路中常用谐振电路从许多不同频率的各种信号中选择所需要的信号。事物总是一分为二的,实际信号都占有一定的频带宽度,由于频带宽度与 Q 成反比,Q 值过高会使电路带宽过窄,这样会过多削弱所需信号中的频率分量,使信号产生严重失真。例如,广播电台信号占有一定的频带宽度,收

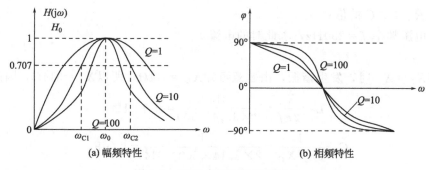

(a) 幅频特性　　　　　　　　　(b) 相频特性

图 9-5　RLC 串联电路频率响应

音机中选择电台信号的谐振电路必须同时具备两方面功能：一方面为了具有很好的选择性，有效抑制临近电台信号，希望电路的 Q 值越高越好；另一方面为了减小信号的失真，要求电路的频带宽度要宽一些，电路的 Q 值越小越好。因此在实际设计中，两方面都要兼顾，选择合适的 Q 值。

由图 9-5（a）可见，RLC 串联电路为带通电路，其中心频率 f_0 就是串联谐振频率，为：

$$\omega_0 = \frac{1}{\sqrt{LC}} \quad f_0 = \frac{1}{2\pi\sqrt{LC}}$$

电路具有两个截止频率，下限截止频率 ω_{C1} 和上限截止频率 ω_{C2}。由截止频率的定义，当 $|H(j\omega)| = \frac{1}{\sqrt{2}}|H(j\omega)|_{\max}$ 时，确定上、下限截止频率，有

$$\frac{1}{\sqrt{R^2 + \left(\omega L - \frac{1}{\omega C}\right)^2}} = \frac{1}{\sqrt{2}R}$$

计算上、下限截止频率为

$$\omega_{C1} = -\frac{R}{2L} + \sqrt{\left(\frac{R}{2L}\right)^2 + \frac{1}{LC}}$$

$$\omega_{C2} = \frac{R}{2L} + \sqrt{\left(\frac{R}{2L}\right)^2 + \frac{1}{LC}}$$

中心频率与上、下限截止频率的关系为：

$$\omega_0 = \sqrt{\omega_{C1}\omega_{C2}}$$

RLC 串联谐振电路的通频带 BW 为

$$BW = \omega_{C2} - \omega_{C1} = \frac{R}{L} = \frac{\omega_0}{\frac{\omega_0 L}{R}} = \frac{\omega_0}{Q}$$

或

$$BW_f = \frac{R}{2\pi L} = \frac{f_0}{Q}$$

由此可见，Q 与 BW 成反比，即品质因数越大，通频带越窄。

【例 9-2】图 9-3 所示的 RLC 串联电路，在频率为 $f = 500\text{Hz}$ 时发生谐振，谐振时 $I = 0.2\text{A}$，容抗 $X_C = 314\Omega$，品质因数 $Q = 20$。

(1) 求 R、L、C 的值；

(2) 若电源频率 $f=250 \text{Hz}$，求此时的电流 I。

解：

(1) 当 $X_L = X_C$ 时，发生谐振，由题意可知 $X_C = 314\Omega$，所以 $X_L = 314\Omega$，因此可得

$$L = \frac{X_L}{2\pi f} = \frac{314}{2 \times 3.14 \times 500} = 0.1 \text{ (H)}$$

$$C = \frac{1}{2\pi f X_C} = \frac{1}{2 \times 3.14 \times 500 \times 314} = 1 \text{ }(\mu\text{F})$$

因为：

$$Q = \frac{U_L}{U} = \frac{U_C}{U} = \frac{1}{\omega_0 CR} = \frac{\omega_0 L}{R}$$

$$R = \frac{\omega_0 L}{Q} = \frac{314}{20} = 15.7 \text{ }(\Omega)$$

电源电压：

$$U = \frac{U_L}{Q} = \frac{1}{2\pi f C} = \frac{314 \times 0.2}{20} = 3.14 \text{ (V)}$$

(2) $X_L = \omega L = 2\pi f L = 2 \times 3.14 \times 250 \times 0.1 = 157 \text{ }(\Omega)$

$$X_C = \frac{1}{\omega C} = \frac{1}{2\pi f C} = \frac{1}{2 \times 3.14 \times 250 \times 10^{-6}} = 637 \text{ }(\Omega)$$

$$Z = R + \text{j}(X_L - X_C) = 15.7 + \text{j}(157 - 628) = 480.3 \angle -88.1° \text{ }(\Omega)$$

$$I = \frac{U}{|Z|} = \frac{3.14}{480.3} = 6.54 \text{ (mA)}$$

9.4 RLC 并联谐振电路

串联谐振电路仅适用于信号源内阻较小的场合，如果信号源内阻较大，电路的 Q 值过低，以至于电路的选择性变差。为了获得较好的选频特性，常采用并联谐振电路。

并联谐振的定义与串联谐振的定义相同，即端口上的电压 $\dot{U}$ 与端口电流 $\dot{I}$ 同相。由于发生在并联电路中，所以称为并联谐振。

(1) RLC 并联电路的导纳

由 R、L、C 组成的并联电路如图 9-6 所示。

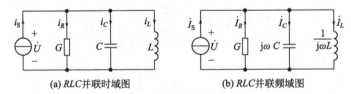

(a) RLC 并联时域图　　(b) RLC 并联频域图

图 9-6　RLC 并联电路图

其总的导纳

$$Y(\text{j}\omega) = G + \text{j}B = G + \left(\omega C - \frac{1}{\omega L}\right)$$

幅频特性：
$$|Y(j\omega)| = \sqrt{G^2 + \left(\omega C - \frac{1}{\omega L}\right)^2}$$

相频特性：
$$\varphi_Z(j\omega) = -\arctan\frac{\left(\omega C - \frac{1}{\omega L}\right)}{G}$$

(2) RLC 并联电路的谐振条件

在 RLC 并联电路中，当电路的电纳（虚部）等于零，即
$$\text{Im}[Y(j\omega)] = 0$$
$$B = \omega_0 C - \frac{1}{\omega_0 L} = 0$$

式中 ω_0 为并联谐振频率，为
$$\omega_0 = \frac{1}{\sqrt{LC}} \quad f_0 = \frac{1}{2\pi\sqrt{LC}} \tag{9-5}$$

(3) 并联谐振时电路的特点

① RLC 并联电路谐振时，电路的电纳 $B=0$，阻抗为纯电阻性，即电路呈现电阻性，且电纳最小，等于 G。电路的阻抗最大，有
$$Y_0 = G$$
$$Z_0 = \frac{1}{Y_0} = \frac{1}{G}$$

当 $G=0$ ($R=\infty$)，$Z_0 = \infty$

② RLC 并联电路谐振时，由于电纳 $B=0$，电压 $\dot{U}$ 与端口电流 $\dot{I}_S$ 同相，并且 $\dot{U}$ 达到最大值，为
$$\dot{U} = \frac{\dot{I}_S}{Y_0} = \frac{\dot{I}_S}{G}$$

③ RLC 并联电路谐振时，电感电流和电容电流相位相反，数值相等，且达到最大值，可达到电源电流的几十到几百倍，故并联谐振又称为电流谐振。

谐振时各元件电流分别为
$$\dot{I}_{G0} = G\dot{U} = G\frac{\dot{I}_S}{G} = \dot{I}_S$$
$$\dot{I}_{C0} = j\omega_0 C\dot{U}_0 = j\omega_0 C\frac{\dot{I}_S}{G} = jQ\dot{I}_S \tag{9-6}$$
$$\dot{I}_{L0} = \frac{1}{j\omega_0 L}\dot{I}_0 = -j\frac{1}{\omega_0 LG}\dot{I}_S = -jQ\dot{I}_S$$

④ RLC 并联电路的品质因数 Q。由式（9-6）可以看出 Q 的定义为
$$Q = \frac{I_C}{I_S} = \frac{I_L}{I_S} = \frac{1}{\omega_0 LG} = \frac{\omega_0 C}{G} = \frac{1}{G}\sqrt{\frac{C}{L}}$$

谐振电路的特性阻抗 ρ 为
$$\rho = \omega_0 L = \frac{1}{\omega_0 C} = \sqrt{\frac{L}{C}}$$

因此，回路的品质因数 Q 又可表达为

$$Q=\frac{\omega_0 C}{G}=\frac{1}{\omega_0 GL}=\frac{1}{G\rho}=\frac{1}{G}\sqrt{\frac{C}{L}}$$

【例 9-3】 如图 9-7 所示的电路，$U=220\text{V}$，(1) 当电源频率 $\omega_1=1000\text{rad/s}$ 时，$U_R=0$；(2) 当电源频率 $\omega_2=2000\text{rad/s}$ 时，$U_R=U=220\text{V}$。试求电路参数 L_1 和 L_2，并已知 $C=1\mu\text{F}$。

解：

(1) 当电源频率 $\omega_1=1000\text{rad/s}$ 时，$U_R=0$，即 $I=0$，说明电路断路，这时只有电路发生并联谐振，故

$$\omega_1 L_1=\frac{1}{\omega_1 C}$$

$$L_1=\frac{1}{\omega_1^2 C}=\frac{1}{1000^2\times 1\times 10^{-6}}=1\;(\text{H})$$

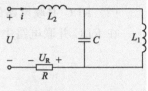

图 9-7 例 9-3 图

(2) 当电源频率 $\omega_2=2000\text{rad/s}$ 时，$U_R=U=220\text{V}$，说明电路处于串联谐振。先将 L_1C 并联电路等效为

$$Z_0=\frac{(j\omega_2 L_1)\left(-j\dfrac{1}{\omega_2 C}\right)}{j\left(\omega_2 L_1-\dfrac{1}{\omega_2 C}\right)}=-j\frac{\omega_2 L_1}{\omega_2^2 L_1 C-1}$$

$$\dot{U}=R\dot{I}+j\left(\omega_2 L_2-\frac{\omega_2 L_1}{\omega_2^2 L_1 C-1}\right)\dot{I}$$

在串联谐振时 $\dot{U}$ 和 $\dot{I}$ 相，虚部为零，即

$$\omega_2 L_2-\frac{\omega_2 L_1}{\omega_2^2 L_1 C-1}=0$$

$$L_2=\frac{1}{\omega_2^2 C-\dfrac{1}{L_1}}=\frac{1}{2000^2\times 1\times 10^{-6}-1}\text{H}=0.33\text{H}$$

9.5 滤波电路

所谓滤波就是利用容抗或感抗随频率而改变的特性，对不同频率的输入信号产生不同的响应，让需要的某一频带的信号顺利通过，而抑制不需要的其他频率的信号。

滤波电路通常可分为低通、高通和带通、带阻等多种。其电路图如图 9-8～图 9-11 所示。

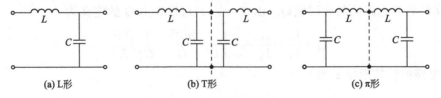

图 9-8 低通滤波器的单元电路

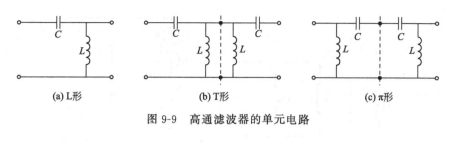

图 9-9 高通滤波器的单元电路

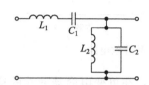

图 9-10 带通滤波器的单元电路

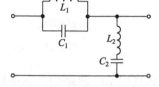

图 9-11 带阻滤波器的单元电路

各滤波器理想的幅频特性如图 9-12 所示。

从幅频特性上看，图 9-12（a）低通滤波器中，角频率低于 ω_C 的输入信号允许通过，称为滤波器的通带；高于 ω_C 的输入信号被极大地削弱，称为滤波器的阻带。通带与阻带的分界频率称为截止频率，低通滤波器的通频带 BW 为 $0 \sim \omega_C$。

从幅频特性上看，图 9-12（b）高通滤波器中，角频率低于 ω_C 的输入信号被极大地削弱，高于 ω_C 允许通过，高通滤波器的通频带 BW 为 $\omega_C \sim \infty$。

从幅频特性上看，图 9-12（c）带通滤波器中，角频率 ω_{C1}、ω_{C2} 称为下限、上限截止频率，角频率低于 ω_{C1} 或高于 ω_{C2} 的输入信号被极大地削弱，高于 ω_{C1} 且低于 ω_{C2} 的输入信号允许通过。带通滤波器的通频带 BW 为 $\omega_{C1} \sim \omega_{C2}$。

从幅频特性上看，图 9-12（d）带阻滤波器中，角频率 ω_{C1}、ω_{C2} 称为下限、上限截止频率，角频率高于 ω_{C1} 且低于 ω_{C2} 的输入信号被极大地削弱，低于 ω_{C1} 或高于 ω_{C2} 的输入信号允许通过。带阻滤波器的通频带 BW 为 $0 \sim \omega_{C1}$ 和 $\omega_{C2} \sim \infty$。

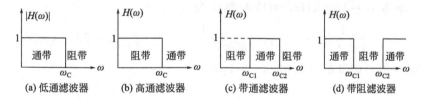

图 9-12 滤波器理想的幅频特性

9.6 实践与应用

串并联谐振电路在无线电工程中的应用较多，例如在接收机里被用来选择信号。图 9-13（a）所示是接收机里典型的调谐电路。它的作用是将需要收听的信号从天线收听到的许多频率不同的信号之中选出来，其他不需要的信号则尽量地加以抵制。

调谐电路的主要部分是天线线圈 L_1 和由电感线圈 L 与可变电容器 C 组成的串联谐振电路。天线所收到的各种频率不同的信号都会在 LC 谐振电路中感应出相应的电压 u_1、u_2、u_3、$\cdots$，如图 9-13（b）所示，图中的 R 是线圈 L 的电阻。改变 C，使电路在不同频率信号作用下产

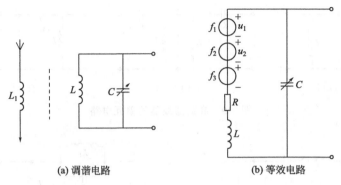

(a) 调谐电路　　　　　(b) 等效电路

图 9-13　收音机调谐电路及其等效电路

生串联谐振,那么这时 LC 回路中该频率的电流最大,在可变电容器两端的这种频率的电压也就较高。其他各种不同频率的信号也在接收机里出现,但由于它们没有达到谐振,在回路中引起的电流很小。这样就起了选择信号和抵制干扰的作用。

【例 9-4】 某调幅收音机的调谐电路如图 9-13（b）所示。已知电感线圈的电感 $L=0.25\mathrm{mH}$,要使谐振频率范围为 540～1600kHz,试求可变电容 C 的可调节范围是多少？

解：由式（9-5）有

$$\omega_0 = \frac{1}{\sqrt{LC}} \quad f_0 = \frac{1}{2\pi\sqrt{LC}}$$

可得到

$$C = \frac{1}{4\pi^2 f_0^2 L}$$

当谐振频率为 $f_0 = 540\mathrm{kHz}$,对应电容 C 为

$$C_1 = \frac{1}{4\pi^2 f_0^2 L} = \frac{1}{4\times\pi^2\times 540^2\times 10^6\times 0.25\times 10^{-3}} = 347\text{（pF）}$$

当谐振频率为 $f_0 = 1600\mathrm{kHz}$,对应电容 C 为

$$C_2 = \frac{1}{4\pi^2 f_0^2 L} = \frac{1}{4\times\pi^2\times 1600^2\times 10^6\times 0.25\times 10^{-3}} = 39.6\text{（pF）}$$

可变电容 C 的可调节范围是 39.6～347pF。

本章小结

1. 网络函数描述响应与激励的关系,网络函数分为策动点函数和转移函数两类。策动点函数描述同一端口响应与激励的关系；转移函数描述不同端口响应与激励的关系。网络函数用于描述电路的频率特性。

2. 网络函数是复数,为了直观地观察频率特性随频率变化的趋势,往往用波特图来描述。在叙述中介绍了波特图的画法,为后续课程打下了良好的基础。

3. 谐振是当电路的电抗等于零,端口电压与电流同相时,电路的特殊工作状态。谐振电路通常分为串联谐振电路、并联谐振电路。谐振电路由于具有良好的选频特性,在通信与电子技术中用于接收微弱信号、从多种频率信号中选择所需的一种频率信号、增强发射功率

等，应用非常广泛。但是在电力传输网络中，如果产生谐振会造成电网崩溃的灾难，又必须设法避免发生谐振。

4. RLC 串联电路发生谐振称为串联谐振，又称为电压谐振。电路发生谐振时的频率称为串联谐振频率 ω_0。串联谐振时的特点有：电路呈现阻性；电路中电感电压和电容电压大小相等，方向相反，且达到最大值，可达到电源电压的几十到几百倍。RLC 串联谐振电路是带通电路，具有选频特性，选频特性的优劣取决于电路的品质因数 Q，品质因数 Q 值越高，选频特性越好。

RLC 串联谐振电路的频率特性参数主要有中心频率 ω_0、下限截止频率 ω_{C1}、上限截止频率 ω_{C2}、通频带 BW 等。

5. RLC 并联电路发生谐振称为并联谐振，又称为电流谐振。电路发生谐振时的频率称为并联谐振频率 ω_0。并联谐振时的特点有：电路呈现阻性；电路中电感电流和电容电流大小相等，方向相反，且达到最大值，可达到电源电压的几十到几百倍。RLC 并联谐振电路是带通电路，具有选频特性，选频特性的优劣取决于电路的品质因数 Q，品质因数 Q 值越高，选频特性越好。

RLC 并联谐振电路的频率特性参数主要有中心频率 ω_0、下限截止频率 ω_{C1}、上限截止频率 ω_{C2}、通频带 BW 等。

6. 电路的滤波与谐振有广泛应用，所以在此介绍了低通滤波器、高通滤波器、带通滤波器、带阻滤波器。

习　题

一、选择题

1. $R=10\Omega$，$C=1\mu F$，将它们与电感 L 串联，接到频率为 $1000Hz$ 的正弦电压源上，为使电阻两端电压达到最高，电感 L 应取（　　）。

A. 1H　　　　B. $\dfrac{1}{2\pi}$H　　　　C. $\dfrac{1}{2}$H　　　　D. $\dfrac{1}{4\pi^2}$H

2. 题图 9-1 所示的电路在谐振时，电容和电感支路电流的正确关系式为（　　）。

A. $\dot{I}_C=\dot{I}_L$　　　　B. $I_C=I_L$　　　　C. $I_C=-I_L$　　　　D. 以上都不对

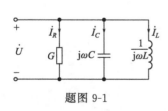

题图 9-1

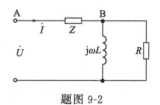

题图 9-2

3. 题图 9-2 所示的正弦交流电路中，已知 $R=\omega L=10\Omega$，$U_{AB}=U_{BC}$，且 $\dot{U}$、$\dot{I}$ 同相位。则复阻抗 Z 等于（　　）Ω。

A. $5+j5$　　　　B. $5-j5$　　　　C. $10\angle 45°$　　　　D. $10\angle -45°$

二、填空题

1. RLC 串联谐振电路，当电源频率低于谐振频率时，电路呈现（　　）性，等于谐振频率时电路呈现（   ）性，当电源频率高于谐振频率时，电路呈现（   ）性。

2. RLC 并联谐振电路，当电源频率低于谐振频率时，电路呈现（   ）性，等于谐振频率时电路呈现（   ）性，当电源频率高于谐振频率时，电路呈现（   ）性。

3. RLC 串联谐振电路中电感变为原来数值的 1/4，则电容应为原值的（   ），才能保持电路原来的谐振状态，此时电路的品质因数为原值的（   ）。

三、计算题

1. RLC 串联电路接至电源 $u_S = 10\sqrt{2}\cos(2500t + 30°)$ V，当电容 $C = 4\mu F$ 时，电路中的功率最大 $P_{max} = 100$W，试求：
（1）电感 L、R 和电路的 Q 值；（2）作出电路的相量图。

2. 一串联谐振电路如题图 9-3 所示，已知信号源 $U_S = 1$V，频率 $f = 1$MHz，现调节电容使回路谐振，这时回路电流 $I_0 = 100$mA，电容器两端电压 $U_C = 100$V。试求：
（1）电路参数 R、L、C；（2）回路的品质因数 Q；（3）回路的通频带 BW。

3. 题图 9-4 所示的电路，$U_S = 380$V，$f = 50$Hz，电容 C 可调。当调 $C = 80.98\mu F$ 时，电流表 A 的读数最小，其值为 2.59A。求此时电流表 A_1 的读数，及 R 和 L 的值。

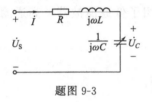
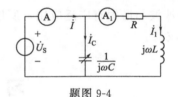

题图 9-3　　　　　　　　题图 9-4

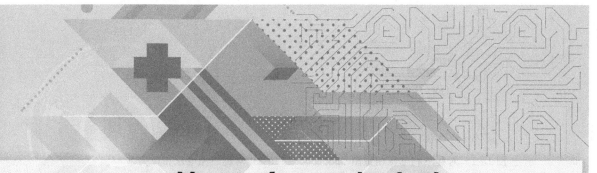

第 10 章 三相电路

引言：

三相电路是正弦交流电路的一种特殊形式，前面用于单相正弦交流电路的计算方法在此全部适用。结合三相电路的特点进行分析，还可以使计算简化。本章的主要内容有：三相电路的基本概念，三相电路的连接方式；在不同连接方式下相电压与线电压、相电流与线电流的关系；对称三相电路的计算和不对称三相电路的概念；三相电路的功率计算和测量；对称分量法的基本概念。

10.1 对称三相电路

10.1.1 对称三相电源及其连接方式

对称电源是由 3 个幅度相等、频率相同、初相依次相差 120°的正弦电压源按一定方式连接而成的。3 个电压分别称为 A 相、B 相和 C 相，用 u_A、u_B、u_C 表示，对称三相电压的瞬时值表达式为：

$$u_A=\sqrt{2}U\cos(\omega t) \quad u_B=\sqrt{2}U\cos(\omega t-120°) \quad u_C=\sqrt{2}U\cos(\omega t+120°) \tag{10-1}$$

则对称三相电压的相量形式为：

$$\dot{U}_A=U\angle 0° \quad \dot{U}_B=U\angle -120° \quad \dot{U}_C=U\angle 120° \tag{10-2}$$

对称三相电压的相量如图 10-1 所示。

（1）对称三相电源电压的关系

对称三相电源的电压瞬时值之和为零，3 个电压相量之和也为零，相量关系图如图 10-2 所示，即有：

$$u_A+u_B+u_C=0 \tag{10-3}$$

$$\dot{U}_A+\dot{U}_B+\dot{U}_C=0 \tag{10-4}$$

（2）相序

三相电源的 3 个电压分别达到最大值的先后顺序叫作相序，式 (10-1) 所示三相电压的相序是 A—B—C—A，这种相序称为正序，即 A 相超前 B 相，B 相超前 C 相；如果是 A—C—B—A 称为反序或逆序。如果不加说明，则三相电压的相序是指正序。

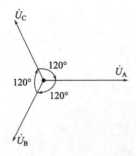 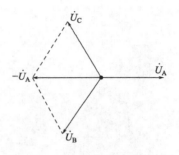

图 10-1 对称三相电压相量图　　　图 10-2 对称三相电压相量关系

(3) 线电压与相电压

端线与中线之间的电压称为相电压，分别为 $\dot{U}_A$、$\dot{U}_B$、$\dot{U}_C$，一般用 $\dot{U}_P$ 表示。

端线与端线之间的电压称为线电压，分别为 $\dot{U}_{AB}$、$\dot{U}_{BC}$、$\dot{U}_{CA}$，一般用 $\dot{U}_l$ 表示。

(4) 三相电源连接方式

① Y 形连接　从 3 个电压源正极性 A、B、C 向外引出的导线称为端线，从中性点 N 引出的线称为中性线（也称零线），如图 10-3 所示。

线电压与相电压的关系为：$\dot{U}_{AB}=\dot{U}_A-\dot{U}_B=\dot{U}_A+(-\dot{U}_B)$

由相量图可得：$\dot{U}_{AB}=\sqrt{3}\dot{U}_A\angle 30°=\sqrt{3}U\angle -30°$

同理可得：

$$\dot{U}_{BC}=\dot{U}_B-\dot{U}_C=\sqrt{3}\dot{U}_B\angle 30°=\sqrt{3}U\angle -90°$$

$$\dot{U}_{CA}=\dot{U}_C-\dot{U}_A=\sqrt{3}\dot{U}_C\angle 30°=\sqrt{3}U\angle 150°$$

即为：线电压有效值是相电压有效值的 $\sqrt{3}$ 倍，则有

$$U_l=\sqrt{3}U_p \tag{10-5}$$

相位关系上，线电压超前对应相电压 30°。即：$\dot{U}_l=\sqrt{3}\dot{U}_p\angle 30°$ (10-6)

② △形连接　把三相电压源依次连接成一个回路，再从 A、B、C 引出端线，其电路图如图 10-4 所示。

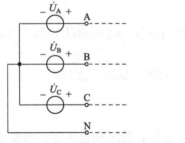 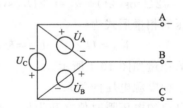

图 10-3 Y 形连接方式　　　图 10-4 △形连接方式

由图 10-4 可知，三相电源三角形连接时，由于没有中线，只有三个端线，线电压和相电压为同一个电压，有

$$\dot{U}_l=\dot{U}_p \tag{10-7}$$

当电源作三角形连接时，必须按图 10-4 所示的正确方式连接，这样，三相电源组成的回路中的电压为零，回路中没有电流。如果连接不正确，一旦有一个电源极性接反，就会使回路电压不为零，从而产生很大的环流，造成电源的破坏。

10.1.2 三相负载连接方式

(1) 三相负载

三相电路中每一相连接 1 个负载，共有 3 个负载，组成三相负载。三相负载一般可以分为两类：一类是对称负载，其特征是每相负载的阻抗相等，即 $Z_A=Z_B=Z_C=Z$；另一类是非对称负载，只需要单相电源供电，三相电源各接有不同的负载，形成非对称负载。

(2) 三相对称负载的连接方式

① Y 形连接　连接如图 10-5 所示。三个负载 Z_A、Z_B、Z_C 的一端连接在一起为中点 N，引出线为中线；三个负载的另一端引出线为端线，用 A、B、C 表示。

a. 线电压与相电压的关系。负载的线电压的有效值为负载相电压有效值的 $\sqrt{3}$ 倍，线电压超前对应相电压 30°，则有

$$\dot{U}_l=\sqrt{3}\dot{U}_p\angle 30° \tag{10-8}$$

b. 负载的相电流为流过每一相负载的电流；负载的线电流为流过每一端的电流。

由图 10-5 分析可得：负载的线电流等于相电流，即为

$$\dot{I}_l=\dot{I}_p \tag{10-9}$$

② △形连接　三角形负载连接时，没有中线，只有端线 A、B、C。如图 10-6 所示。

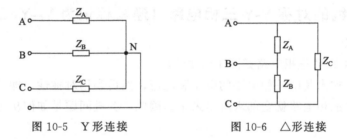

图 10-5　Y 形连接　　　图 10-6　△形连接

a. 负载的线电压与相电压。由于负载的线电压和负载的相电压为同一个电压，因此，在三相负载为三角形连接时，线电压等于相电压，即为

$$\dot{U}_l=\dot{U}_p \tag{10-10}$$

b. 负载的相电流与线电流。流过端线的电流为线电流，三相负载的线电流分别为 $\dot{I}_A$、$\dot{I}_B$、$\dot{I}_C$。流过每相负载的电流为相电流，分别为 $\dot{I}_{AB}$、$\dot{I}_{BC}$、$\dot{I}_{CA}$。则有

$$\dot{I}_{AB}=\frac{\dot{U}_{AB}}{Z_A},\ \dot{I}_{BC}=\frac{\dot{U}_{BC}}{Z_B},\ \dot{I}_{CA}=\frac{\dot{U}_{CA}}{Z_C} \tag{10-11}$$

由于各个相电流的有效值相等，用 I_p 表示。根据 KCL，得到线电流为

$$\dot{I}_A=\dot{I}_{AB}-\dot{I}_{CA}=\dot{I}_{AB}-\dot{I}_{AB}\angle 120°=\dot{I}_{AB}(1-1\angle 120°)=\dot{I}_{AB}\sqrt{3}\angle -30°$$

同理可得：$\dot{I}_B=\dot{I}_{BC}\sqrt{3}\angle -30°$，$\dot{I}_C=\dot{I}_{CA}\angle -30°$

由以上分析可知，线电流与相电流的关系为：线电流的有效值为相电流有效值的 $\sqrt{3}$ 倍，有

$$I_l=\sqrt{3}I_p \tag{10-12}$$

线电流的相位滞后于对应相电流 30°。

一般表达式为：$\dot{I}_l=\sqrt{3}\dot{I}_p\angle -30°$ (10-13)

10.1.3 对称三相电路

(1) 对称三相电路概念

三相电路由三相负载、三相电源和三相输电线构成；按类型可分为对称三相电路和不对称三相电路，而对称三相电路是由对称三相负载、对称三相电源和三相输电线构成的。

(2) 对称三相电路的连接方式

对称三相电源有星形和三角形两种连接方式，三相负载也同样有星形和三角形两种连接方式。三相负载和三相电源连接方式的不同组合就构成了三相电路的四种连接方式，分别为 Y-Y 连接、Y-△连接、△-Y 连接和△-△连接。而在 Y-Y 连接中，根据电源与负载的中点间是否有连接中线，又分为有中线和无中线两种，有中线的是三相四线制系统，无中线的是三相三线制系统。所以三相电路共有五种基本连接形式。

10.2 对称 Y-Y 连接三相电路

对称三相电源为星形电源，对称三相负载也为星形负载，称为 Y-Y 连接方式的对称三相电路。Y-Y 连接方式的对称三相电路有两种形式，有中线的三相四线制和无中线的三相三线制。

10.2.1 有中线的对称 Y-Y 三相电路（通常标记为 Y_0-Y_0 三相电路）

(1) 求解方法

有中线的对称 Y-Y 三相电路如图 10-7 所示。

三相电路只要求出其中一相电路的电压和电流，然后利用对称性，即可得到其他两相的电压和电流，对称三相电路就全部求解出来了。因此，关键问题是如何从三相电路中分离出单相电路。

在图 10-7 中，三相的电流汇集到中线形成中线电流，由 KCL 得到

$$\dot{I}_A + \dot{I}_B + \dot{I}_C = \dot{I}_N$$

由于三相电流是对称的，它们的相量和为零，则中线电流为零，因此，中线可视为开路。根据结点电压法分析，中点 N′ 和 N 为等电位点，可视为短路。于是三相支路和短路线自然分成了三个独立的单相电路，这样把三相电路分解成单相电路，其中 A 相如图 10-8 所示。

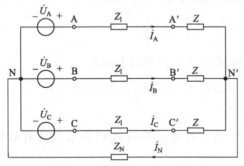

图 10-7 有中线的对称 Y-Y 三相电路

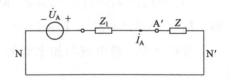

图 10-8 A 相电路

(2) 求解步骤

① 首先从 Y-Y 连接的对称三相电路中分解出 A 相单相电路。

② 求解 A 相电路，求相电流、线电流、线电压和相电压。

线电流等于相电流，有 $\dot{I}_A = \dfrac{\dot{U}_A}{Z_1+Z}$

相电压为 $\dot{U}_{A'N'} = Z\dot{I}_A$

根据线电压与相电压的关系，线电压为 $\dot{U}_{A'B'} = \sqrt{3}\dot{U}_{A'N'}\angle 30°$

③ 根据对称性，求出 B 相和 C 相的电压和电流。

线电流、相电流 $\dot{I}_B = \dot{I}_A\angle -120°$，$\dot{I}_C = \dot{I}_A\angle 120°$

相电压为 $\dot{U}_{B'N'} = \dot{U}_{A'N'}\angle -120°$，$\dot{U}_{C'N'} = \dot{U}_{A'N'}\angle 120°$

线电压为 $\dot{U}_{B'C'} = \dot{U}_{A'B'}\angle -120°$，$\dot{U}_{C'A'} = \dot{U}_{A'B'}\angle 120°$

10.2.2 无中线的对称 Y-Y 三相电路

无中线的对称 Y-Y 三相电路如图 10-9 所示

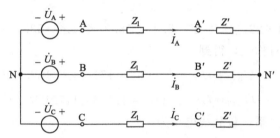

图 10-9 无中线的对称 Y-Y 三相电路

由结点电压法可得到 NN′间的结点电压为

$$\left(\dfrac{1}{Z_1+Z}+\dfrac{1}{Z_1+Z}+\dfrac{1}{Z_1+Z}\right)\dot{U}_{NN'} = \dfrac{\dot{U}_A}{Z+Z_1}+\dfrac{\dot{U}_B}{Z+Z_1}+\dfrac{\dot{U}_C}{Z+Z_1}$$

$$\left(\dfrac{1}{Z+Z_1}+\dfrac{1}{Z+Z_1}+\dfrac{1}{Z+Z_1}\right)\dot{U}_{NN'} = \dfrac{\dot{U}_A}{Z+Z_1}(\dot{U}_A+\dot{U}_B+\dot{U}_C) = 0$$

得到 $\dot{U}_{NN'} = 0$

由此可见，电源中点 N 与负载中点 N′是等位点。在分析计算时，可以视为 NN′之间连有一根短路线，同样可以把对称 Y-Y 三相电路分解为三个独立的单相电路。因此，对无中线的对称 Y-Y 三相电路的分析计算与有中线的对称 Y_0-Y_0 三相电路完全相同。

【例 10-1】Y_0-Y_0 连接对称三相电路如图 10-10 所示，已知三相电源的线电压 $u_{AB} = 380\sqrt{2}\cos(\omega t+30°)$V，端线阻抗 $Z_1 = (1+j2)\Omega$，负载阻抗为 $Z = (5+j6)\Omega$，求各相负载的相电流、线电流、线电压和相电压。

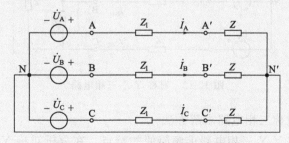

图 10-10 Y_0-Y_0 连接对称三相电路

解：画出 A 相电路，如图 10-11 所示，求线电流和相电流。

令电源的线电压 $\dot{U}_{AB}=380\angle 30°\text{V}$

电源的相电压为 $\dot{U}_A = \dfrac{\dot{U}_{AB}}{\sqrt{3}}\angle -30° = \dfrac{380\angle 30°}{\sqrt{3}}\angle -30° = 220\angle 0°$ （V）

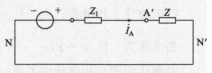

图 10-11 A 相电路

三相负载星形连接，相电流等于线电流，有

$$\dot{I}_A = \frac{\dot{U}_A}{Z+Z_1} = \frac{220\angle 0°}{5+\text{j}6+1+\text{j}2} = \frac{220}{6+\text{j}8} = \frac{220}{10\angle 53.1°} = 22\angle -53.1°\ (\text{A})$$

根据对称三相电路线电流与相电流都是对称电流，得到

$$\dot{I}_B = \dot{I}_A \angle -120° = 22\angle -173.1°\ \text{A}$$

$$\dot{I}_C = \dot{I}_A \angle 120° = 22\angle 66.9°\ \text{A}$$

负载相电压为

$$\dot{U}_{A'N'} = Z\dot{I}_A = (5+\text{j}6)\times 22\angle -53.1° = 7.81\angle 50.2°\times 22\angle -53.1° = 171.8\angle -2.9°\ (\text{V})$$

根据负载相电压的对称性，得到

$$\dot{U}_{B'N'} = \dot{U}_{A'N'}\angle -120° = 171.8\angle -122.9°\ \text{V}$$

$$\dot{U}_{C'N'} = \dot{U}_{A'N'}\angle 120° = 171.8\angle 117.1°\ \text{V}$$

根据线电压与相电压的关系，负载线电压为

$$\dot{U}_{A'B'} = \sqrt{3}\dot{U}_{A'N'}\angle 30° = \sqrt{3}\times 171.8\angle 27.1° = 297.6\angle 27.1°\ (\text{V})$$

由线电压的对称性，得到

$$\dot{U}_{B'C'} = \dot{U}_{A'B'}\angle -120° = 297.6\angle -92.6°\ \text{V}$$

$$\dot{U}_{C'A'} = \dot{U}_{A'B'}\angle 120° = 297.6\angle 147.1°\ \text{V}$$

10.3 对称 Y-△ 连接三相电路

对称三相电源为星形连接，对称三相负载为三角形连接，称为 Y-△ 连接方式的对称电路，如图 10-12 所示。

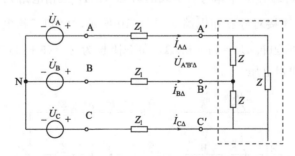

图 10-12 对称 Y-△ 三相电路

(1) Y-△ 连接的对称三相电路求解方法

为了充分利用对称 Y-Y 三相电路求解简便的特点，在分析对称 Y-△ 三相电路时，将三

角形三相负载变换为星形三相负载,把对称 Y-△三相电路变换为对称 Y-Y 三相电路,利用求解对称 Y-Y 三相电路的方法求解对称 Y-△三相电路。

由于等效的 Y 形三相负载的线电流和线电压与△形三相负载的线电流和线电压对应相等。因此,对称 Y-△三相电路的求解方法为:把对称 Y-△三相电路变换为 Y-Y 三相电路,在对称 Y-Y 三相电路中求出负载的线电流与线电压,也就是原来对称 Y-△三相电路中负载的线电流与线电压。再根据△形负载的相电压与线电压的关系,以及相电流与线电流的关系,求出相电压与相电流。

(2) 对称 Y-△三相电路的求解步骤

① 首先将对称 Y-△三相电路等效变换为 Y-Y 三相电路。

② 在等效对称 Y-Y 三相电路中,求出 A 相负载的线电流 $\dot{I}_{lY}$ 和线电压 $\dot{U}_{lY}$。

③ 根据电路的等效变换原理 $\dot{I}_{l\triangle}=\dot{I}_{lY}$ 和 $\dot{U}_{l\triangle}=\dot{U}_{lY}$,再根据△形负载的相电压与线电压相等 $\dot{U}_P=\dot{U}_l$,得到 A 相负载的相电压;以及根据 $\dot{I}_l=\sqrt{3}\dot{I}_P\angle-30°$,求出 A 相负载的相电流。

【例 10-2】对称 Y-△三相电路如图 10-13 所示,三相电源相电压 $U_A=220\text{V}$,端线阻抗忽略不计,负载阻抗 $Z=(6+\text{j}8)\Omega$。试求各相负载的相电压、线电压、相电流和线电流。

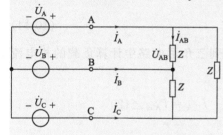

图 10-13 对称 Y-△三相电路

解:令三相电源的相电压为 $\dot{U}_A=220\angle0°\text{V}$,三相电源的线电压为

$$\dot{U}_{AB}=\sqrt{3}\dot{U}_A\angle30°=380\angle30°\text{V}$$

负载的线电压和相电压相等,为电源的线电压。

负载的相电流为 $\dot{I}_{AB}=\dfrac{\dot{U}_{AB}}{Z}=\dfrac{380\angle30°}{6+\text{j}8}=\dfrac{380\angle30°}{10\angle53.1°}$

$=38\angle-23.1°$ (A)

线电流为 $\dot{I}_A=\sqrt{3}\dot{I}_{AB}\angle-30°=\sqrt{3}\angle-30°\times38\angle-23.1°=65.8\angle-53.1°$ (A)

由对称性得到各相的电流与电压。由于线电压等于相电压,各相的线电压和相电压为

$$\dot{U}_{AB}=380\angle30°\text{V},\ \dot{U}_{BC}=380\angle-90°\text{V},\ \dot{U}_{CA}=380\angle150°\text{V}$$

相电流为 $\dot{I}_{AB}=38\angle-23.1°\text{A}$,$\dot{I}_{BC}=38\angle-143.1°\text{A}$,$\dot{I}_{CA}=38\angle96.9°\text{A}$

线电流为 $\dot{I}_A=65.8\angle-53.1°\text{A}$,$\dot{I}_B=65.8\angle-173.1°\text{A}$,$\dot{I}_C=65.8\angle66.9°\text{A}$

10.4 对称△-△连接三相电路

三相电路中的电源和负载都作三角形连接时,便构成△-△电路,它是将三相电压源首尾连接形成环形,从三个连接点引出三根导线,分别与三相负载三角形连接后的三根导线相连,如图 10-14 所示。

△-△ 电路的计算方法是分别将电源和负载等效变换为星形,即将原电路变换为对称 Y-Y 电路,如图 10-15 所示。用对称 Y-Y 电路的计算方法计算出线电流 $\dot{I}_A$、$\dot{I}_B$、$\dot{I}_C$,然后再利用对称三角形负载线电流和相电流的关系计算负载的相电流、相电压。

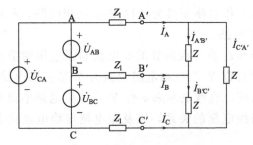
图 10-14 对称△-△连接三相电路

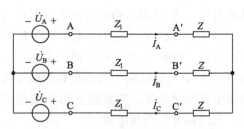
图 10-15 △-△电路等效的 Y-Y 电路

等效星形连接的电源相电压分别为

$$\dot{U}_A = \frac{1}{\sqrt{3}}\dot{U}_{AB}\angle -30°$$

$$\dot{U}_B = \frac{1}{\sqrt{3}}\dot{U}_{BC}\angle -30° = \dot{U}_A\angle -120°$$

$$\dot{U}_C = \frac{1}{\sqrt{3}}\dot{U}_{CA}\angle -30° = \dot{U}_A\angle 120°$$

等效星形连接的负载复阻抗为：

$$Z' = Z_Y = \frac{1}{3}Z_\triangle = \frac{1}{3}Z \tag{10-14}$$

用将其化为单相电路的计算方法可算出 $\dot{I}_A$，然后回到三角形电路中计算负载的相电流和相电压如下：

$$\dot{I}_{A'B'} = \frac{\dot{I}_A}{\sqrt{3}}\angle 30° \quad \dot{I}_{B'C'} = \dot{I}_{A'B'}\angle -120° \quad \dot{I}_{C'A'} = \dot{I}_{A'B'}\angle 120°$$

$$\dot{U}_{A'B'} = \dot{I}_{A'B'}Z \quad \dot{U}_{B'C'} = \dot{I}_{B'C'}Z \quad \dot{U}_{C'A'} = \dot{I}_{C'A'}Z$$

必须指出，只有当三相电源顺次连接并对称对称时，在未接负载的情况下，△形内才是没有电流的。如果三相电源不对称或不按标准的顺序连接，在△形内阻很小的条件下，会在△形内形成很大的环流，这种情况是不允许存在的。

【例 10-3】 在图 10-16 所示的对称△-△电路中，电源线电压 $U_1 = 380\text{V}$，线路阻抗 $Z_1 = (1+j2)\Omega$，负载阻抗 $Z = (6+j8)\Omega$，求线电流和负载的相电流以及负载的端电压。

解：将对称△-△电路等效为对称的 Y-Y 电路，等效星形电源的相电压为

$$U_p = \frac{U_1}{\sqrt{3}} = \frac{380}{\sqrt{3}} = 220 \text{ (V)}$$

取 A 相电压为参考相量，则有

$$\dot{U}_A = 220\angle 0°\text{V}$$
$$\dot{U}_B = 220\angle -120°\text{V} \quad \dot{U}_C = 220\angle 120°\text{V}$$

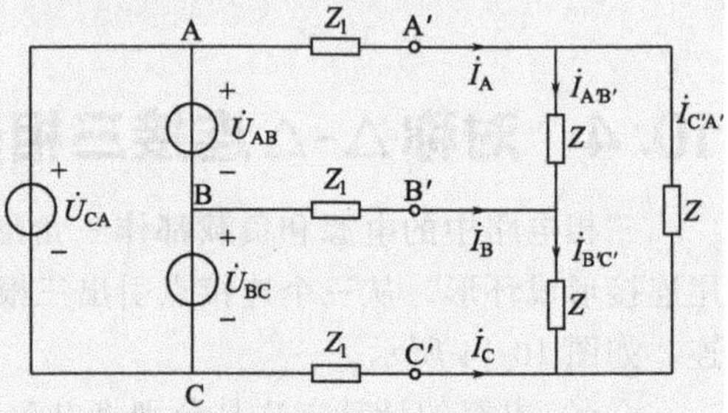

等效星形负载阻抗为

$$Z' = \frac{Z}{3} = (2+j2.67)\Omega$$

图 10-16 △-△电路

化为单相电路计算如下

$$\dot{I}_A = \frac{\dot{U}_A}{Z+Z_1} = \frac{220\angle 0°}{1+j2+2+j2.67} = 39.6\angle -57.3° \text{ (A)}$$

$$\dot{I}_B = \dot{I}_A \angle -120° = 39.6 \angle 177.3° \text{A} \quad \dot{I}_C = \dot{I}_A \angle 120° = 39.6 \angle 62.7° \text{V}$$

回到原电路中计算三角形负载的相电流如下

$$\dot{I}_{A'B'} = \frac{\dot{I}_A}{\sqrt{3}} \angle 30° = \frac{39.6 \angle -57.3°}{\sqrt{3}} \angle 30° = 22.9 \angle -27.3° \text{ (A)}$$

$$\dot{I}_{B'C'} = \dot{I}_{A'B'} \angle -120° = 22.9 \angle -147.3° \text{A}$$

$$\dot{I}_{C'A'} = \dot{I}_{A'B'} \angle 120° = 22.9 \angle 92.7° \text{A}$$

三角形负载的相电压如下

$$\dot{U}_{A'B'} = Z\dot{I}_{A'B'} = (6+j8) 22.9 \angle -27.3° = 229 \angle 25.8° \text{ (V)}$$

$$\dot{U}_{B'C'} = Z\dot{I}_{B'C'} = 229 \angle -94.2° \text{V}$$

$$\dot{U}_{C'A'} = Z\dot{I}_{C'A'} = 229 \angle 145.8° \text{V}$$

10.5 对称△-Y 连接三相电路

当电源作三角形连接、负载作星形连接时，就构成如图 10-17 所示的△-Y 电路。

如果用回路法或者结点法去进行计算是完全可以的，但是比较麻烦。在此只要将三角形电源等效变换为星形电源，即可简化为 $\dot{U}_{AB} = \sqrt{3}\dot{U}_A \angle 30°$，即 $\dot{U}_A = \frac{1}{\sqrt{3}}\dot{U}_{AB} \angle -30°$。

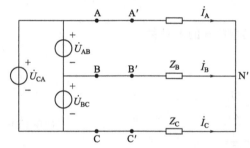

图 10-17 △-Y 连接三相电路

同理：

$$\dot{U}_B = \frac{1}{\sqrt{3}}\dot{U}_{BC} \angle -30° = \dot{U}_A \angle -120°$$

$$\dot{U}_C = \frac{1}{\sqrt{3}}\dot{U}_{CA} \angle -30° = \dot{U}_A \angle 120°$$

当计算出 $\dot{U}_A$、$\dot{U}_B$、$\dot{U}_C$ 之后就将原电路转换成 Y-Y 电路，用前面所述的 Y-Y 电路的分析方法，便可化三相电路为单相电路进行计算。

【例 10-4】 在如图 10-18 所示的三相电路中，对称三相电源的线电压有效值为 380V，$Z_l = (1+j2)\Omega$，$Z = (5+j6)\Omega$。求各相负载的电流相量、电压相量和线路电压降。

解： 由对称三相电源线电压可求得对称三相电源相电压为

$$U_p = \frac{U_l}{\sqrt{3}} = \frac{380}{\sqrt{3}} = 220 \text{ (V)}$$

选择 A 相电压为参考相量，即令 $\dot{U}_A = 220 \angle 0° \text{V}$

采用化为一相的计算方法，作为 A 相的计算电路，如图 10-19 所示，从而可以确定 $\dot{I}_A$ 为

$$\dot{I}_A = \frac{220 \angle 0°}{(1+j2)+(5+j6)} = \frac{220 \angle 0°}{10 \angle 53.13°} = 22 \angle -53.13° \text{ (A)}$$

由对称性可得　　$\dot{I}_B = \dot{I}_A \angle -120° = 22 \angle -173.13° \text{A} \quad \dot{I}_C = \dot{I}_A \angle 120° = 22 \angle 66.87° \text{A}$

A 相负载电压　　$\dot{U}_{A'N'} = \dot{I}_A Z = 22 \angle -53.13° \times (5+j6) = 171.8 \angle -2.94° \text{ (V)}$

由对称性可得 $\dot{U}_{B'N'}=171.8\angle-122.94°\text{V}$ $\dot{U}_{C'N'}=171.8\angle117.06°\text{V}$

线路电压降 $\dot{U}_{AA'}=\dot{I}_A Z_L=22\angle-53.13°\times(1+\text{j}2)=49.2\angle10.30°$ (V)

由对称性可得 $\dot{U}_{BB'}=49.2\angle-109.70°\text{V}$ $\dot{U}_{CC'}=49.2\angle130.30°\text{V}$

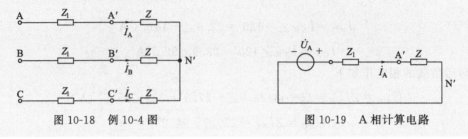

图 10-18 例 10-4 图　　　　　　　　图 10-19 A 相计算电路

10.6 不对称三相电路

由三相对称电源、三相对称负载以及阻抗相同的三条输电线组成的三相电路称为对称三相电路。这三个条件中，只要有一个不满足，就构成了不对称三相电路。在电力系统中三相电源一般是对称的，而负载不对称的情况则较多。负载不对称的主要原因是三相电路中有许多单相负载，这些单相负载不可能均匀地分配在 A、B、C 三相；另外，当对称三相电路发生故障时，就变成了不对称三相电路。本节主要分析的不对称三相电路是三相电源对称而负载不对称的电路。

以图 10-20 所示的 Y-Y 三相电路为例进行分析三相负载的不对称。

(1) 开关 S 打开（即不接中线）时的情况

用结点电压法，可以求得结点电压

$$\dot{U}_{NN'}=\frac{\dfrac{\dot{U}_A}{Z_A}+\dfrac{\dot{U}_B}{Z_B}+\dfrac{\dot{U}_C}{Z_C}}{\dfrac{1}{Z_A}+\dfrac{1}{Z_B}+\dfrac{1}{Z_C}} \tag{10-15}$$

由于负载不对称，一般情况下 $\dot{U}_{NN'}\neq 0$。根据 KVL，负载各相的相电压为

$$\dot{U}_{AN'}=\dot{U}_A-\dot{U}_{NN'} \quad \dot{U}_{BN'}=\dot{U}_B-\dot{U}_{NN'} \quad \dot{U}_{CN'}=\dot{U}_C-\dot{U}_{NN'} \tag{10-16}$$

画出相量图，由相量图 10-21 可见，三相电源的中点与不对称三相负载的中点不重合，称这种现象为中点位移。中点电位差越大，三相电路越不对称，电路中某相的电压过大，可能会导致元件或设备过热或过压而烧毁。所以在工程中，这种情况应尽量避免。

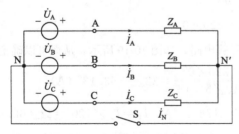
图 10-20 不对称三相电路

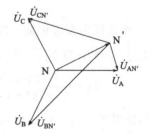
图 10-21 不对称三相电路相量图

（2）开关闭合（即连接中线）时的情况

合上开关，如果 $Z_N \approx 0$，则可使 $\dot{U}_{NN'} \approx 0$。尽管电路是不对称的，但这种情况下各相保持独立，各相工作互不影响，因而各相可以分别计算。这就克服了无中线时引起的缺点。因此，在负载不对称的情况下中线的存在是非常重要的。

另外，还要注意以下几点：

① 未连接中线时，负载相电压不再对称，且负载电阻越大，负载承受的电压越高，如果超出了负载的额定电压，会造成负载的烧毁。

② 连接中线时，保证了星形三相不对称负载上相电压是对称的。

③ 照明电路的三相负载不对称，因此必须采用三相四线制供电方式，并保证中线的阻抗为零，且永远是连通的。因此，中线中不允许接熔断器或刀闸开关。

【例 10-5】图 10-22 所示为不对称三相负载构成的相序指示器电路。R 为灯泡的电阻值，C 为电容。如果选取 $R = \dfrac{1}{\omega C}$，试分析如何根据电灯泡的亮度确定相序。

解：将三相负载接入三相电源，将电容所接的一组定为 A 相，灯泡所接的两相为 B 相和 C 相，如图 10-23 所示。用结点法求得 $\dot{U}_{N'N}$ 为

$$\dot{U}_{NN'} = \dfrac{\dot{U}_A j\omega C + \dfrac{\dot{U}_B}{R} + \dfrac{\dot{U}_C}{R}}{j\omega C + \dfrac{1}{R} + \dfrac{1}{R}}$$

令 $\dot{U}_A = U \angle 0°$，并将 $R = \dfrac{1}{\omega C}$ 代入上式，有

$$\dot{U}_{N'N} = \dfrac{\dfrac{1}{R}(j\dot{U}_A + \dot{U}_B + \dot{U}_C)}{\dfrac{1}{R}(2+j)} = (-0.2 + j0.6)U = 0.63U \angle 108.4°$$

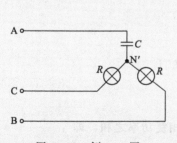
图 10-22　例 10-5 图

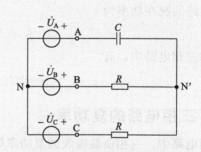
图 10-23　将三相负载接入电源

B 相灯泡的电压为 $\dot{U}_{BN'} = \dot{U}_B - \dot{U}_{N'N} = U \angle -120° - (-0.2 + j0.6)U = 1.5U \angle -101.5°$

C 相灯泡的电压为 $\dot{U}_{CN'} = \dot{U}_C - \dot{U}_{N'N} = U \angle 120° - (-0.2 + j0.6)U = 0.4 \angle 138.4°$

以上计算可得，如果将电容所接的一相定为 A 相，灯泡亮的一相就是 B 相，灯泡暗的一相就是 C 相，由此即可确定电源的相序。

10.7 三相电路功率

10.7.1 三相电路的平均功率（有功功率）

在三相电路中，三相电源发出的有功功率等于三相负载吸收的有用功率，即等于各相有用功率之和，即

$$P=P_A+P_B+P_C=U_AI_A\cos\varphi_A+U_BI_B\cos\varphi_B+U_CI_C\cos\varphi_C \tag{10-17}$$

式中，U_A、U_B、U_C 分别为各相负载的相电压；I_A、I_B、I_C 分别为各相负载的相电流；φ_A、φ_B、φ_C 分别为各相负载的阻抗角，也就是相电压与相电流的相位差。

当三相电路为对称电路时，每相功率必然相等，故

$$P=3P_A=3U_AI_A\cos\varphi_A=3U_pI_p\cos\varphi \tag{10-18}$$

当用线电压和线电流来表示三相负载的有功功率，则有

$$P=\sqrt{3}U_lI_l\cos\varphi \tag{10-19}$$

φ 是相电压与相电流的相位差，即 φ 为负载的阻抗角。

10.7.2 三相电路的无功功率

在三相电路中，三相电源的无功功率等于三相负载的无功功率，即等于各相无功功率之和，即：

$$Q=Q_A+Q_B+Q_C=U_AI_A\sin\varphi_A+U_BI_B\sin\varphi_B+U_CI_C\sin\varphi_C \tag{10-20}$$

在对称三相电路中，有

$$Q=3Q_A=\sqrt{3}U_lI_l\sin\varphi=3U_pI_p\sin\varphi \tag{10-21}$$

10.7.3 三相电路的视在功率

三相电路的视在功率为

$$S=\sqrt{P^2+Q^2} \tag{10-22}$$

在对称三相电路中，有

$$S=3U_pI_p=\sqrt{3}U_lI_l \tag{10-23}$$

10.7.4 三相电路的复功率

在三相电路中，三相负载吸收的复功率等于各相复功率之和，即：

$$\overline{S}=\overline{S}_A+\overline{S}_B+\overline{S}_C \tag{10-24}$$

其中，$\overline{S}_A=P_A+jQ_A$，$\overline{S}_B=P_B+jQ_B$，$\overline{S}_C=P_C+jQ_C$

在对称三相电路中，负载的复功率为 $\overline{S}=3\overline{S}_A$ (10-25)

10.7.5 三相电路的瞬时功率

三相电路的瞬时功率，是指在三相电路中，不论三相负载如何连接及是否对称，三相电路吸收的总瞬时功率，应等于各相负载吸收的瞬时功率之和，即

$$p=p_A+p_B+p_C=3U_pI_p\cos\varphi=P \tag{10-26}$$

对称三相电路的瞬时功率为一常数，等于三相电路的平均功率，这是三相制的优点之一。不管是三相发电机还是三相电动机，它的瞬时功率为一常数，这就意味着它们的机械转矩是恒定的，从而免除运转时的振动，使得其运行平稳。

10.7.6 三相电路的功率因数

在三相电路中，不论三相负载如何连接及是否对称，三相电路的功率因数都应等于其总有功功率与视在功率之比，即

$$\cos\varphi = \frac{P}{S} \tag{10-27}$$

10.7.7 三相电路功率的测量

三相电路的有用功率经常用测量的方法获得。三相电路功率的测量分为三相三线制和三相四线制电路两种情况。根据三相电路的特点，三相功率的测量方法通常有一表法、二表法和三表法。

(1) 三相四线制三相电路功率的测量

① 对称三相电路功率的测量　对称三相电路中的电源是对称的，三个阻抗相等。由于各相功率相同，所以只要用一只功率表测出任一相功率，将读数乘以 3 即为负载的总功率，这种测量方法常称为一表法。例如，采用该方法测出 A 相负载的功率为 P_A，如图 10-24 所示，则三相电路吸收的有功功率 P 为

$$P = 3P_A \tag{10-28}$$

② 不对称三相电路功率的测量　由于负载是 Y 形连接的，且三个负载不相等，需要测出每相负载吸收的功率 P_A、P_B、P_C。如果电路的功率不变或变化缓慢，可以采用一表法，分别测出各相的功率，如果电路的功率变化较快，必须用三只功率表同时测出三相的功率，然后相加，这种方法称为三表法，如图 10-25 所示。则三相电路的有功功率 P 为

$$P = P_A + P_B + P_C \tag{10-29}$$

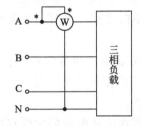

图 10-24　一表法测三相功率

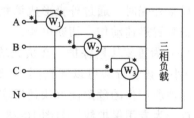

图 10-25　三表法测三相功率

(2) 三相三线制三相电路功率的测量

若为三相三线制三相电路，无论负载对称与否，都使用两只功率表来测量三相功率，称为二表法，连接方式如图 10-26 所示。具体接法为：

① 功率表的电流线圈串入两端线中。

② 功率表的电压线圈的 * 端接入对应端线，非 * 端共同接入第 3 条端线。

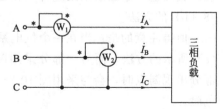

图 10-26　二表法测三相功率

【例 10-6】 已知对称三相负载的有功功率为 7.5kW，$\cos\varphi = 0.866$，对称线电压为 380V。如图 10-27 所示，求该负载的线电流和两只功率表的读数。

解：由于是对称负载，由三相电路的功率计算公式 $P = \sqrt{3} U_l I_l \cos\varphi$ 可以求得负载的线电流

$$I_l = \frac{P}{\sqrt{3} U_l \cos\varphi} = \frac{7500}{\sqrt{3} \times 380 \times 0.866} = 13.16 \text{ (A)}$$

功率因数角 $\varphi = \arccos 0.866 = 30°$

设 A 相电压为 $\dot{U}_{Ap} = 220\angle 0°$ V，则

$\dot{I}_A = 13.16\angle -30°$ A $\dot{I}_B = 13.16\angle -150°$ A $\dot{I}_C = 13.16\angle 90°$ A

两只功率表电压线圈上的电压为 $\dot{U}_{AB} = 380\angle 30°$ V $\dot{U}_{CB} = 380\angle 90°$ V

两只功率表的读数分别为

$$P_1 = U_{AB} I_A \cos(30+\varphi) = 380 \times 13.16 \times \cos 60° = 2500 \text{ (W)}$$

$$P_2 = U_{CB} I_C \cos(30-\varphi) = 380 \times 13.16 \times \cos 0° = 5000 \text{ (W)}$$

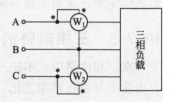

图 10-27 例 10-6 图

10.8 实践与应用

10.8.1 三相电路接零保护系统

本小节介绍三相电路系统的用电安全：保护接零。

大多数家用电器都有金属外壳，它们需要接零保护，把金属外壳通过接地导线与供电线路系统中的零线可靠地连接起来，起到保护人员不受到电击的作用。常规的接零保护方式有三种，分别如图 10-28（a）、(b)、(c) 所示。其中 R_1 为电源中性点接地的接地电阻，R_2 为入户端埋设的接地电阻。

图 10-28（a）为一般的接零保护，以工作零线兼作保护零线。工作原理：当电路的某相带电部分触及设备外壳时，通过外壳形成该相对零线的单向短路，此时，短路电流很大，可以使线路上保护装置迅速动作，切断电源。

图 10-28（b）为重复接地保护，在负载端，一处或多处通过接地装置再次与大地连接，接地电阻 R_2 很小。该装置除可以起到图 10-28（a）的保护作用之外，还可以在零线断线、相线零线接错时使所产生的危险能够快速反应而断电保护。

图 10-28（c）为专用保护线，与图 10-28（b）的区别在于从电源的中性点处直接接出一根专用保护线到用户。它是目前国际上流行的三相电路保护系统，称为三相五线制保护系统。我国也开始逐渐采用这种三相五线制。不过多数情况下仍然采用图 10-28（a）或图 10-28（b）的方法。

值得注意的是：当在一个供电系统中接入多个家用电器时，不能够一部分采用图 10-28（a）所示的方法，而另一部分采用图 10-28（b）的方法。否则当采用图 10-28（b）方法的部分出现漏点时，会与采用图 10-28（a）方法连接的外壳之间构成电流回路，人员会有触电危险。

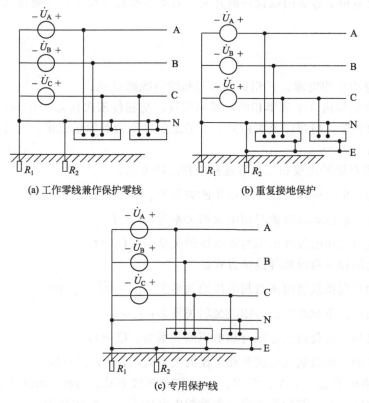

图 10-28 接零保护方式

10.8.2 一些生活用电接法

(1) 单相三孔插座的安装

通常，单相用电设备，特别是移动式用电设备，都应使用三芯插头和与之配套的三孔插座。三孔插座上有专用的保护接零（地）插孔，在采用接零保护时，有人常常仅在插座底内将此孔接线桩头与引入插座内的那根零线直接相连，这是极为危险的。因为万一电源的零线断开，或者电源的火（相）线、零线接反，其外壳等金属部分也将带上与电源相同的电压，这就会导致触电。因此，接线时专用接地插孔应与专用的保护接地线相连。采用接零保护时，接零线应从电源端专门引来，而不应就近利用引入插座的零线。

(2) 塑料绝缘导线严禁直接埋在墙内

塑料绝缘导线严禁直接埋在墙内的原因：

① 塑料绝缘导线长时间使用后，塑料会老化龟裂，绝缘水平大大降低，当线路短时过载或短路时，更易加速绝缘的损坏。

② 一旦墙体受潮，就会引起大面积漏电，危及人身安全。

③ 塑料绝缘导线直接暗埋，不利于线路检修和保养。

(3) 照明开关必须接在火线上

如果将照明开关装设在零线上，虽然断开时电灯也不亮，但灯头的相线仍然是接通的，而人们以为灯不亮，就会错误地认为是处于断电状态。而实际上灯具上各点的对地电压仍是 220V 的危险电压。如果灯灭时人们触及这些实际上带电的部位，就会造成触电事故。所以各种照明开关或单相小容量用电设备的开关,只有串接在火线上,才能确保安全。

本章小结

1. 三相电路由三相电源、三相负载和三相输电线路组成。

2. 对称三相电源由 3 个频率相同、幅值相等、初相位依次相差 120°的正弦电压源构成。频率相同、幅值相等、初相位依次相差 120°的正弦量称为对称正弦量,其特点是它们的和为零,即 $\dot{U}_A+\dot{U}_B+\dot{U}_C=0$。

3. 三相电源有星形连接和三角形连接两种连接方式。

星形连接的三相电源线电压与相电压的关系为:$\dot{U}_l=\sqrt{3}\dot{U}_p\angle 30°$

星形连接的三相电源线电流与相电流的关系为:$\dot{I}_l=\dot{I}_p$

三角形连接的三相电源线电压与相电压的关系为:$\dot{U}_l=\dot{U}_p$

负载也有星形和三角形两种连接方式。

星形连接的三相负载线电压与相电压的关系为:$\dot{U}_l=\sqrt{3}\dot{U}_p\angle 30°$

星形连接的三相负载线电流与相电流的关系为:$\dot{I}_l=\dot{I}_p$

三角形连接的三相负载线电压与相电压的关系为:$\dot{U}_l=\dot{U}_p$

三角形连接的三相负载线电流与相电流的关系为:$\dot{I}_l=\dot{I}_p\angle-30°$

4. 三相电路有 Y-△、Y-Y、△-Y、△-△四种连接方式。对称三相电路由于具有电流和电压对称性,可将三相电路计算变成三个单相电路计算。一般取其中一相电流计算,其余两相根据对称关系写出即可。而对于不对称三相电路通常采用结点电压法计算。

5. 对称三相电路的有功功率:$P=3U_pI_p\cos\varphi=\sqrt{3}U_lI_l\cos\varphi$

无功功率:$Q=3U_pI_p\sin\varphi=\sqrt{3}U_lI_l\sin\varphi$

视在功率:$S=3U_pI_p=\sqrt{3}U_lI_l$

有功功率、无功功率、视在功率的关系:$S=\sqrt{P^2+Q^2}$

三相电路的功率通常采用测量方法来获得。方法通常有一表法、二表法、三表法。

习 题

一、选择题

1. 下列结论中错误的是( )。
   A. 当负载作 Y 连接时,必须有中线
   B. 当三相负载越接近对称时,中线电流就越小
   C. 当负载作 Y 连接时,线电流必等于相电流
   D. 当负载作△连接时,线电压等于相电压

2. 下列结论中错误的是( )。
   A. 当负载作△连接时,线电流为相电流的$\sqrt{3}$倍
   B. 当三相负载越接近对称时,中线电流就越小

C. 当负载作 Y 连接时，线电流必等于相电流
D. 当负载作对称 Y 连接时，中线电流等于零

3. 对称三相电源的线电压 $U_l=230$V，对称负载阻抗 $Z=(12+j16)\Omega$，忽略端线阻抗，负载分别为星形连接和三角形连接时，负载的线电流之比为（　　）。

A. 3∶1　　　　　B. 1∶1　　　　　C. 1∶3　　　　　D. 1∶6

4. 对称三相交流电路，三相负载为△连接，当电源线电压不变时，三相负载换为 Y 连接，三相负载的相电流应（　　）。

A. 减小　　　　　B. 增大　　　　　C. 不变　　　　　D. 不确定

5. 已知对称三相电源的相电压 $u_A=10\sin(\omega t+60°)$V，相序为 A—B—C—A，则当电源星形连接时线电压 u_{AB} 为（　　）V。

A. $10\sin(\omega t+90°)$　　　　　　　B. $10\sqrt{3}\sin(\omega t+90°)$
C. $10\sqrt{3}\sin(\omega t-30°)$　　　　　D. $10\sqrt{3}\sin(\omega t+150°)$

6. 对称正序三相电压源星形连接，若相电压 $u_A=100\sin(\omega t-60°)$V，则线电压 $u_{AB}=$（　　）V。

A. $100\sqrt{3}\sin(\omega t-150°)$　　　　B. $100\sqrt{3}\sin(\omega t-60°)$
C. $100\sqrt{3}\sin(\omega t+150°)$　　　　D. $100\sqrt{3}\sin(\omega t-30°)$

7. 已知三相电源线电压 $U_l=380$V，三角形连接对称负载 $Z=(6+j8)\Omega$。则线电流 $I_l=$（　　）A。

A. $22\sqrt{3}$　　　B. $38\sqrt{3}$　　　C. 38　　　D. 22

8. 已知三相电源线电压 $U_l=380$V，三角形连接对称负载 $Z=(6+j8)\Omega$。则相电流 $I_p=$（　　）A。

A. 38　　　B. $22\sqrt{3}$　　　C. $38\sqrt{3}$　　　D. 22

9. 已知三相电源线电压 $U_l=380$V，星形连接对称负载 $Z=(6+j8)\Omega$。则线电流 $I_l=$（　　）A。

A. 38　　　B. $22\sqrt{3}$　　　C. 22　　　D. $38\sqrt{3}$

10. 三相负载对称星形连接时，（　　）。

A. $I_l=I_p$　　$U_l=\sqrt{3}U_p$　　　　B. $I_l=\sqrt{3}I_p$　　$U_l=U_p$
C. 不一定　　　　　　　　　　　　　D. 都不正确

二、填空题

1. 三相对称电压就是三个频率（　　）、幅值（　　）、相位相差（　　）的三相交流电压。

2. 三相对称负载三角形电路中，线电流大小为相电流大小的（　　）倍，线电流比相应的相电流（　　）。

3. 对称负载的三相电路，若负载的线电压等于负载的相电压，则三相负载为（　　）形连接。

4. 对称三相电源为星形连接，电源的相电压 $U_p=127$V，则电源的线电压为（　　）V。

5. 在三相对称负载三角形连接的电路中，线电压为 220V，每相电阻均为 110Ω，则相

电流 I_p=（　　）A，线电流 I_1=（　　）A。

6. 已知正序对称三相电压 $\dot{U}_A$、$\dot{U}_B$、$\dot{U}_C$，其中 $\dot{U}_A$=220∠60°V，则将它们接成星形时，电压 $\dot{U}_{AB}$ 等于（　　）V。

7. 在三相交流电路中，如果负载为三角形连接，端线阻抗为零，加在每一相负载上的电压为三相电源的（　　）；此时负载相电流和线电流的关系为（　　）。

8. 对称三相电路 Y 形连接，若相电压为 u_A=220sin(ωt−60°)V，则线电压 u_{AB}=（　　）V。

9. 若正序对称三相电源电压 u_A=220sin(ωt+45°)V，则 u_B=（　　）V，u_C=（　　）V。

10. 三相电路星形连接，各相电阻性负载不对称，测得 I_A=2A，I_B=4A，I_C=4A，则中线上的电流为（　　）A。

11. 对称三相电路的有功功率 $P=\sqrt{3}U_1I_1\cos\varphi$，其中 φ 为（　　）与（　　）的夹角。

12. 在对称三相电路中，已知电源线电压有效值为 380V，若负载作星形连接，负载相电压为（　　）；若负载作三角形连接，负载相电压为（　　）。

13. 三相电源的线电压（　　）对应相电压30°，且线电压等于相电压的（　　）倍。

三、计算题

1. 已知某星形连接的对称三相负载，每相电阻为11Ω，电流为20A，求三相负载的线电压。

2. 某 Y-Y 连接的对称三相电路中，已知每相负载阻抗为 Z=(10+j15)Ω，负载线电压的有效值为380V，端线阻抗为零。求负载的线电流。

3. 对称三相电路如题图10-1所示，已知 $\dot{U}_A$=220∠0°V，Z=(3+j4)Ω，求每相负载的相电压、相电流及线电流的相量。

4. 对称三相电路如题图10-2所示，负载阻抗 Z=(150+j150)Ω，端线阻抗为 Z_1=(2+j2)Ω，负载端线电压为380V，求电源端的线电压。

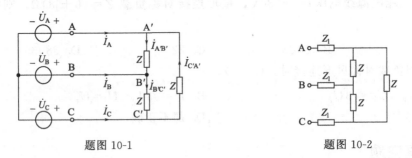

题图 10-1　　　　　　题图 10-2

5. 三相对称负载三角形连接，其线电流为 I_1=5.5A，有功功率为 P=7760W，功率因数 $\cos\varphi$=0.8，求电源的线电压 U_1、电路的无功功率 Q 和每相阻抗 Z。

6. 对称三相电阻作三角形连接，每相电阻为38Ω，接于线电压为380V的对称三相电源上，试求负载相电流 I_p、线电流 I_1 和三相有功功率 P。

7. 已知三相对称负载三角形连接，其线电流 I_1=5$\sqrt{3}$A，总功率 P=2633W，$\cos\varphi$=0.8，求线电压 U_1、电路的无功功率 Q 和每相阻抗 Z。

8. 对称三相负载星形连接，已知每相阻抗为 Z=(31+j22)Ω，电源线电压为380V，求三相交流电路的有功功率、无功功率、视在功率和功率因数。

9. 线电压为 380V 的对称三相电源向两组对称负载供电。其中，一组是星形连接的电阻性负载，每相电阻为 10Ω，另一组是感性负载，功率因数为 0.866，消耗功率为 5.69kW，求电源的有功功率、无功功率、视在功率及电路的线电流。

10. 题图 10-3 所示的三相四线制电路，三相负载连接成星形，已知电源线电压 380V，负载电阻 $R_A=11Ω$，$R_B=R_C=22Ω$，求：负载的各相电压、相电流、线电流和三相总功率。

11. 题图 10-4 所示的电路，三相电源的相电压有效值为 220V，负载阻抗 $Z_A=(40+j30)Ω$，$Z_B=(30+j30)Ω$，$Z_C=(40+j40)Ω$。求各线电流和三相负载吸收的平均功率。

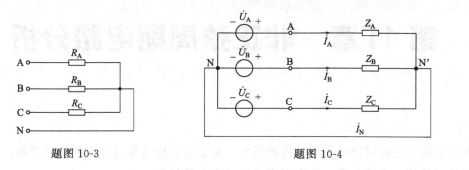

题图 10-3　　　　　　　　　　　题图 10-4

第 11 章 非正弦周期电路分析

引言：

本章讲述非正弦周期电压与电流的概念，非正弦周期函数展开成傅里叶级数，非正弦周期电量的有效值、平均功率，非正弦周期电流电路的计算。

11.1 非正弦周期信号

在工程实际中大量存在着非正弦周期规律变化的信号，例如在电子工程中，通过电路传输的各种信号，即由语言、音乐、图像等转换的电信号，都是非正弦周期信号。在工程中常见的非正弦周期电压 $u(t)$ 如图 11-1 所示，其中 T 称为周期，单位为 s（秒）；$f=\dfrac{1}{T}$ 称为频率，单位为 Hz；角频率 $\omega=2\pi f=\dfrac{2\pi}{T}$，单位为 rad/s（弧度/秒）。

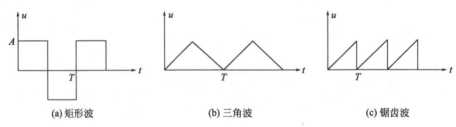

(a) 矩形波　　　　　(b) 三角波　　　　　(c) 锯齿波

图 11-1　非正弦周期电压

非正弦信号分为两大类：一类是周期信号，另一类是非周期信号。图 11-1 中，虽然非正弦波形各不相同，但都按照特定的规律进行周而复始的变化，常把这种信号称为非正弦周期信号。本章主要讲述非正弦周期信号。

电路中产生非正弦周期的响应情况有：

① 电路中由非线性元件（如二极管、三极管）产生的非正弦周期电压、电流，如由半波整流、全波整流产生的电压、电流也是非正弦周期量；

② 电源本身是非正弦信号（如三角波或方波）；

③ 不同频率的电源共同作用在电路中。

前面介绍正弦稳态电路时，是以直流电路为基础引入相量概念进行分析计算的。同理本章介绍非正弦电路，是在正弦稳态电路和叠加原理基础上，引入谐波分析法（将非正弦周期函数展开为傅里叶级数）进行分析计算的。

11.2 非正弦周期信号的傅里叶级数分解

周期函数的一般定义是：设有一时间函数 $f(t)$，若满足 $f(t)=f(t+nT)$，则称为周期函数，其中 T 为周期，n 为自然数 0，1，2，…。

任何一个周期为 T 的非正弦周期函数 $f(t)$，若满足狄里赫利（Dirichlrt）条件，则可展开为傅里叶级数。狄里赫利条件是：① 间断点的数目为有限个；② 在周期内有极值，不管是极大值还是极小值，只要极值是有限个；③ 积分 $\int_{-\frac{T}{2}}^{\frac{T}{2}}|f(t)|\mathrm{d}t$ 存在，则 $f(t)$ 可展开为

$$f(t)=\frac{a_0}{2}+\sum_{n=1}^{\infty}[a_n\cos(n\omega t)+b_n\sin(n\omega t)] \tag{11-1}$$

或

$$f(t)=\frac{A_0}{2}+\sum_{n=1}^{\infty}[A_{nm}\cos(n\omega t+\varphi_n)] \tag{11-2}$$

式中，n 为正整数；a_0、a_n、b_n、A_0、A_{nm} 为傅里叶系数。

式 (11-1)、式 (11-2) 为傅里叶级数的两种形式，其系数间的关系为

$$A_0=a_0$$
$$A_{nm}=\sqrt{a_n^2+b_n^2}$$
$$\varphi_n=\arctan\left(\frac{-b_n}{a_n}\right)$$
$$a_n=A_{nm}\cos\varphi_n$$
$$b_n=-A_{nm}\sin\varphi_n$$

上述关系可以用图 11-2 所示的直角三角形表示。

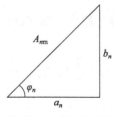

图 11-2 傅里叶级数中系数间关系

傅里叶级数是一个无穷三角级数。式 (11-2) 的第 1 项 $\frac{A_0}{2}$ 称为周期函数的恒定分量（或直流分量）；第 2 项（$n=1$）$A_{1m}\cos(\omega_1 t+\varphi_1)$ 称为 1 次谐波（或基波分量），其周期或频率与原周期函数 $f(t)$ 相同，其他各项（$n>1$）统称高次谐波，即 2 次、3 次、…谐波。这种将一个周期函数展开或分解为一系列谐波之和的傅里叶级数称为谐波分析。

确定 a_0、a_n、b_n 的方法很多，如列表法、积分法等。若用积分法确定 a_0、a_n、b_n 时需要引入三角函数正交性，即

① $\int_0^{2\pi}\cos(mx)\mathrm{d}x=0$

② $\int_0^{2\pi}\sin(mx)\mathrm{d}x=0$

③ $\int_0^{2\pi}\cos(mx)\cos(nx)\mathrm{d}x=0 \quad m\neq n$

④ $\int_0^{2\pi} \sin(mx)\sin(nx)\mathrm{d}x = 0 \quad m \neq n$ (11-3)

⑤ $\int_0^{2\pi} \sin(mx)\cos(nx)\mathrm{d}x = 0$

⑥ $\int_0^{2\pi} \sin^2(mx)\mathrm{d}x = \int_0^{2\pi} \dfrac{1-\cos 2(mx)}{2} = \pi$

⑦ $\int_0^{2\pi} \cos^2(mx)\mathrm{d}x = \int_0^{2\pi} \dfrac{1+\cos 2(mx)}{2} = \pi$

$$a_n = \dfrac{2}{T}\int_0^T f(t)\cos(n\omega_1 t)\mathrm{d}t = \dfrac{2}{T}\int_{-\frac{T}{2}}^{\frac{T}{2}} f(t)\cos(n\omega_1 t)\mathrm{d}t$$

$$= \dfrac{1}{\pi}\int_{-\pi}^{\pi} f(t)\cos(n\omega_1 t)\mathrm{d}\omega_1 t$$

$$b_n = \dfrac{2}{T}\int_0^T f(t)\sin(n\omega_1 t)\mathrm{d}t = \dfrac{2}{T}\int_{-\frac{T}{2}}^{\frac{T}{2}} f(t)\sin(n\omega_1 t)\mathrm{d}t$$

$$= \dfrac{1}{\pi}\int_{-\pi}^{\pi} f(t)\sin(n\omega_1 t)\mathrm{d}\omega_1 t$$

$$A_{nm}\mathrm{e}^{\mathrm{j}\varphi_n} = a_n - \mathrm{j}b_n = \dfrac{2}{T}\int_0^T f(t)\mathrm{e}^{-\mathrm{j}n\omega_1 t}\mathrm{d}t$$

上述计算公式中 $n=0、1、2、\cdots$。求出各参数，也就可以得到傅里叶级数。

在电工、电子技术、通信工程中所遇到的非正弦周期函数都能满足狄里赫利条件，都可以分解成傅里叶级数。

非正弦周期函数展开为傅里叶级数，其项数的确定：

① 由于傅里叶级数是收敛的，谐波的次数越高，谐波的幅值越小。虽然傅里叶级数是无穷级数，在实际工程中只取前几项就足够了，5次以上的谐波一般可以忽略。

② 若非正弦周期函数 $f(t)$ 的波形所包围的面积以横轴为界上、下相等，则其展开为傅里叶级数后不含直流分量，即 $A=0$。

③ 若非正弦周期函数 $f(t)$ 为偶函数，即 $f(-t)=f(t)$，其波形对称于纵轴，则 $f(t)$ 展开为傅里叶级数后不含正弦分量，即 $b_n=0$。

④ 若非正弦周期函数 $f(t)$ 为奇函数，即 $f(-t)=-f(t)$，其波形对称于原点，则 $f(t)$ 展开为傅里叶级数后不含余弦分量，即 $a_n=0$。

⑤ 若非正弦周期函数 $f(t)$ 为奇谐波函数（镜对称函数），即 $f(t)=-f(t+\dfrac{T}{2})$，则 $f(t)$ 展开为傅里叶级数后只含奇次的正弦项和余弦项，即 $a_0=a_{2n}=b_{2n}=0$。

⑥ 若非正弦周期函数 $f(t)$ 既是奇函数又是镜对称函数，则 $f(t)$ 展开为傅里叶级数后只含奇次的正弦项，即 $a_0=a_{2n}=b_{2n}=0$。常见的旋转电机的感应电动势、推挽放大器的输出信号等都是镜对称。

【例11-1】如图11-1（a）所示的矩形波非正弦电压 $u(\omega t)$，试求 $u(\omega t)$ 的傅里叶级数。

解：由图11-1（a）可知，$u(\omega t)$ 既是奇函数又是镜对称，所以 $u(\omega t)$ 展开为傅里叶级数后只含有奇次的正弦项，$a_0=a_{2n}=b_{2n}=0$，即只有 $b_{2n+1}\neq 0$。由

$$b_n = \frac{2}{T}\int_0^T f(t)\sin(n\omega_1 t)\,dt$$

$$= \frac{2}{T}\int_{-\frac{T}{2}}^{\frac{T}{2}} f(t)\sin(n\omega_1 t)\,dt$$

$$= \frac{1}{\pi}\int_{-\pi}^{\pi} f(t)\sin(n\omega_1 t)\,d\omega_1 t$$

$$= \frac{2}{\pi}\int_0^{\pi} A\sin(n\omega t)\,d\omega t$$

$$= \frac{2A}{\pi n}[1-\cos(n\pi)]$$

当 n 为偶数时，则 $\cos(n\pi)=1$，则 $b_n=0$；当 n 为奇数时，$\cos(n\pi)=-1$，则 $b_n=\frac{4A}{n\pi}$，即

$$f(t) = \frac{4A}{\pi}\left[\sin(\omega t) + \frac{1}{3}\sin 3(\omega t) + \frac{1}{5}\sin 5(\omega t) + \cdots + \frac{1}{n}\sin(n\omega t) + \cdots\right]$$

常见的几种非正弦周期函数波形及傅里叶级数展开式如表 11-1 所示。

表 11-1 常见几种非正弦周期函数波形及傅里叶级数展开式

名称	波形	傅里叶级数展开式
矩形波		$f(t)=\frac{4A}{\pi}[\sin(\omega t)+\frac{1}{3}\sin(3\omega t)+\frac{1}{5}\sin(5\omega t)+\cdots+\frac{1}{n}\sin(n\omega t)+\cdots]$ （n 为奇数）
矩形脉冲		$f(t)=A\{a+\frac{2}{\pi}[\sin(a\pi)\cos(\omega t)+\frac{1}{3}\sin(2a\pi)\cos(2\omega t)+\cdots+\frac{1}{n}\sin(na\pi)\cos(n\omega t)+\cdots]\}$ （n 为奇数）
三角波		$f(t)=\frac{8A}{\pi^2}[\sin(\omega t)-\frac{1}{9}\sin(3\omega t)+\frac{1}{25}\sin(5\omega t)+\cdots+\frac{(-1)^{\frac{n-1}{2}}}{n^2}\sin(n\omega t)+\cdots]$ （n 为奇数）
锯齿波		$f(t)=A\{\frac{1}{2}-\frac{1}{\pi}[\sin(\omega t)+\frac{1}{2}\sin(2\omega t)+\frac{1}{3}\sin(3\omega t)+\cdots+\frac{1}{n}\sin(n\omega t)+\cdots]\}$
梯形波		$f(t)=\frac{4A}{a\pi}[\sin a\sin(\omega t)+\frac{1}{9}\sin(3a)\sin(3\omega t)+\frac{1}{25}\sin(5a)\sin(5\omega t)+\cdots+\frac{1}{n^2}\sin(na)\sin(n\omega t)+\cdots]$ （n 为奇数）

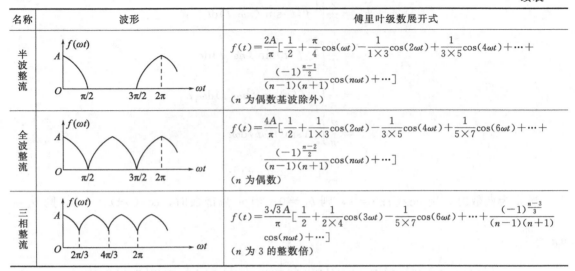

11.3 非正弦周期电流电路的有效值和平均功率

(1) 非正弦周期电流电路的有效值

正弦函数（如电流）的有效值的定义为

$$I = \sqrt{\frac{1}{T}\int_0^T i^2(t)dt} = \sqrt{\frac{1}{2\pi}\int_0^{2\pi} i^2(t)d\omega t} \tag{11-4}$$

由于非正弦周期函数可以展开成直流及一系列不同频率的正弦函数的代数和，所以其有效值仍与原定义相同。

设非正弦周期电流 $i(t)$ 展开成傅里叶级数为

$$i(t) = I_0 + \sum_{n=1}^{\infty} I_{nm}\sin(n\omega t + \varphi_n) \tag{11-5}$$

将式 (11-5) 代入式 (11-4)，再由式 (11-3) 正交性得

$$I = \sqrt{\frac{1}{2\pi}\int_0^{2\pi} i^2(t)d\omega t} = \sqrt{I_0^2 + \sum_{n=1}^{\infty} I_n^2} = \sqrt{I_0^2 + I_1^2 + I_2^2 + \cdots} = \sqrt{\sum_{n=0}^{\infty} I_n^2} \tag{11-6}$$

也可以用最大值来表示

$$I = \sqrt{I_0^2 + I_1^2 + I_2^2 + \cdots} = \sqrt{I_0^2 + \frac{I_{m1}^2}{2} + \frac{I_{m2}^2}{2} + \frac{I_{m3}^2}{2} + \cdots}$$

同理，电压的有效值表示为

$$U = \sqrt{U_0^2 + U_1^2 + U_2^2 + \cdots} = \sqrt{U_0^2 + \frac{U_{m1}^2}{2} + \frac{U_{m2}^2}{2} + \frac{U_{m3}^2}{2} + \cdots}$$

即非正弦周期电流、电压的有效值，等于它的各次谐波的电流、电压有效值平方和的平方根。

(2) 非正弦周期电流电路的平均功率

非正弦周期电流电路的有功功率仍定义为该电路瞬时功率在一个周期内的平均值。若令非正弦周期电流、电压都展开为傅里叶级数，则瞬时功率为

$$p(t) = ui = [U_0 + \sum_{n=1}^{\infty} U_{nm}\sin(n\omega t + \varphi_{nu})][I_0 + \sum_{n=1}^{\infty} I_{nm}\sin(n\omega t + \varphi_{ni})]$$

该电路的平均功率（有功功率）为

$$P = \frac{1}{T}\int_0^T p\,dt = \frac{1}{2\pi}\int_0^{2\pi} p\,d\omega t$$

由式（11-3）正交性，得

$$P = U_0 I_0 + \sum_{n=1}^{\infty} U_n I_n \cos(\varphi_{nu} - \varphi_{ni}) = U_0 I_0 + \sum_{n=1}^{\infty} U_n I_n \cos\varphi_{Zn}$$
$$= U_0 I_0 + U_1 I_1 \cos\varphi_{Z1} + U_2 I_2 \cos\varphi_{Z2} + \cdots \tag{11-7}$$

式（11-7）中，φ_{Zn} 为各次谐波电压分量与相应谐波电流分量之相位差，即阻抗角。非正弦周期电流电路的有功功率等于它各次谐波分量平均功率之总和，不同的电流和电压同时作用时只产生瞬时功率，不产生平均功率。

11.4 非正弦周期电流电路的分析与计算

分析计算非正弦周期电流或电压作用于线性电路的稳态响应，其理论基础是谐波分析和叠加原理，具体步骤如下：

① 将正弦周期电流或电压展开为傅里叶级数。
② 分别计算各谐波分量单独作用时的稳态响应：
a. 直流分量单独作用时，用直流电路分析计算方法计算；
b. 正弦分量单独作用时，用相量法计算。

【例 11-2】 已知 RLC 串联电路，如图 11-3 所示，$R = 10\Omega$，$C = 200\mu F$，$L = 100mH$，$f = 50Hz$，$u = 10 + 20\cos(\omega t) + 10\cos(3\omega t + 90°)$ V，试求

(1) 电流 i；(2) 电压 u 和电流 i 的有效值；(3) 电路中消耗的功率。

解：

(1) 应用叠加定理求解 i。

① 直流分量单独作用时，因电容的隔直作用（相当于电路开路），因而

$$I_0 = 0$$

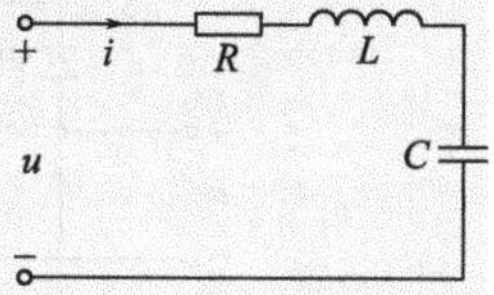

② 基波分量单独作用时

$$\dot{U}_1 = \frac{20}{\sqrt{2}}\angle 0° \text{ V}$$

$$\dot{I}_1 = \frac{\dot{U}_1}{R + j(\omega L - \frac{1}{\omega C})} = \frac{20}{\sqrt{2}(10 + j15.5)} = \frac{1.08}{\sqrt{2}}\angle -57° \text{ (A)}$$

$$i_1 = 1.08\cos(\omega t - 57°) \text{ A}$$

③ 3 次谐波分量单独作用时

$$\dot{U}_3 = \frac{10}{\sqrt{2}}\angle 90° \text{ V}$$

$$\dot{I}_3 = \frac{\dot{U}_3}{R + j(3\omega L - \frac{1}{3\omega C})} = \frac{10\angle 90°}{\sqrt{2}(10 + j88.9)} = \frac{0.112}{\sqrt{2}}\angle 6.4° \text{ (A)}$$

图 11-3 例 11-2 图

$$i_3 = 0.112\cos(3\omega t - 6.4°)\text{A}$$

④ 共同作用
$$i = i_1 + i_3 = [1.08\cos(\omega t - 57°) + 0.112\cos(3\omega t - 6.4°)]\text{A}$$

(2) 有效值。

由式（11-6）可知，电流、电压有效值为
$$I = \sqrt{I_0^2 + I_1^2 + I_2^2} = 0.768\text{A}$$
$$U = \sqrt{U_0^2 + U_1^2 + U_2^2} = 25.5\text{V}$$

(3) 电路有功功率。

由式（11-7）可知，电路有功功率为
$$P = U_0 I_0 + U_1 I_1 \cos\varphi_{Z1} + U_3 I_3 \cos\varphi_{Z3} = 0 + 5.85 + 0.062 = 5.91\ (\text{W})$$

11.5 实践与应用

直流稳压电源需要提供12V的直流电压，使用220V的交流电，直流稳压电源的作用就是把220V的交流电转变成12V的直流电。直流稳压电源由变压器、整流电路、滤波电路和稳压电路组成。变压器的作用是将高压交流电转换成低压交流电；整流和滤波电路的作用是将交流电转变为直流电；稳压电路的作用为提供数值稳定的直流电。图11-4为桥式整流电路和滤波电路。

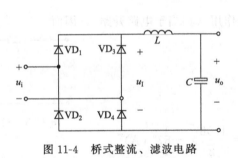

图11-4 桥式整流、滤波电路　　图11-5 图11-4 波形图

直流电源是提供直流电，因此对直流电源的要求是将交流电变换为直流电的过程中，直流分量保持不变，各种频率的交流分量越小越好。由图11-5可知，交流电经过整流电路，变换成单向脉动电u_I，u_I为非正弦周期电压，对其进行傅里叶展开可得（表11-1）

$$u_I = \frac{4A}{\pi}\left[\frac{1}{2} + \frac{1}{3}\cos(2\omega t) - \frac{1}{15}\cos(4\omega t) + \frac{1}{35}\cos(6\omega t) + \cdots + \frac{(-1)^{\frac{n-2}{2}}}{(n-1)(n+1)}\cos(n\omega t) + \cdots\right]$$

设$A = 20\sqrt{2}\text{V}$，$\omega = 100\pi\text{rad/s}$，有

$$u_{\mathrm{I}} = \left\{ \frac{40\sqrt{2}}{\pi} + \frac{80\sqrt{2}}{\pi} \left[\frac{1}{3}\cos(200\omega t) - \frac{1}{15}\cos(400\omega t) + \frac{1}{35}\cos(600\omega t) + \cdots \right] \right\} \mathrm{V}$$

滤波电路选取 $L=1\mathrm{H}$，$C=220\mu\mathrm{F}$，经过滤波 u_o 与 u_I 的分压关系为

$$\dot{U}_\mathrm{o} = \frac{\dfrac{1}{\mathrm{j}\omega C}}{\mathrm{j}\omega L + \dfrac{1}{\mathrm{j}\omega C}} \dot{U}_\mathrm{I} = \frac{1}{1-\omega^2 LC} \dot{U}_\mathrm{I}$$

对于直流分量 $\omega=0\mathrm{rad/s}$，有 $\dot{U}_\mathrm{o}=\dot{U}_\mathrm{I}$；$\omega=200\mathrm{rad/s}$，有 $\dot{U}_\mathrm{o}=-\dfrac{1}{86.85}\dot{U}_\mathrm{I}$；$\omega=400\mathrm{rad/s}$，有 $\dot{U}_\mathrm{o}=-\dfrac{1}{347.41}\dot{U}_\mathrm{I}$；$\omega=600\mathrm{rad/s}$，有 $\dot{U}_\mathrm{o}=-\dfrac{1}{781.67}\dot{U}_\mathrm{I}$……

$$u_\mathrm{o}(t) = \left\{ \frac{40\sqrt{2}}{\pi} - \frac{80\sqrt{2}}{\pi} \left[\frac{1}{3}\times\frac{1}{86.85}\cos(200\omega t) - \frac{1}{15}\times\frac{1}{347.41}\cos(400\omega t) + \frac{1}{35}\times\frac{1}{781.67}\cos(600\omega t) + \cdots \right] \right\} \mathrm{V}$$

由表达式可以看出，经过滤波后，输出电压中直流分量保持不变，其余各谐波分量都大幅度减小，频率越高，减小得越多。实现了对整流、滤波电路的要求。

本章小结

1. 非正弦周期电路的分析方法采用的是谐波分析法。步骤如下：

（1）将信号分解为傅里叶级数形式；

（2）计算激励的直流分量及各次谐波单独作用时产生的响应，并写出时域表达式；

（3）应用叠加定理，将响应结果的时域表达式进行叠加得到电路中待求的总响应。

2. 非正弦周期量的有效值等于直流分量及各次谐波分量有效值的平方和的平方根。

3. 非正弦周期性稳态电路的有功功率，等于直流分量和各次谐波分量有功功率的代数和。计算平均功率时注意：

（1）相同频率的电压谐波与电流谐波产生平均功率。其中包括直流电流与直流电压，相同频率谐波的电压与电流产生有功功率。

（2）不同频率的电压谐波、电流谐波只能形成瞬时功率不产生有功功率。其中包括直流电压与各次谐波电流、直流电流与各次谐波电压，不同频率的电压谐波与电流谐波均不产生有功功率。

4. 谐波分析法是对非正弦周期电路分析非常重要的工具，对初学者在解题时容易出现错误的地方做几点说明：

（1）电感元件和电容元件对不同频率的谐波呈现不同的电抗，即

$$X_{L(n)} = \omega_n L = n\omega_1 L,\ X_{C(n)} = \frac{1}{\omega_n C} = \frac{1}{n\omega_1 C},\ n=1,2,3,\cdots$$

（2）注意当各次谐波分量单独作用于电路中时，用相量法进行求解的响应需转换为时域表达形式。

（3）不同频率的各次谐波响应不能画在同一个相量图上，也不能出现在同一个相量表达式中。

（4）对表示不同频率的正弦电压相量或电流相量直接求和是毫无意义的，最终的响应是关于时间的函数表达式。

习　题

一、选择题

1. 非正弦周期电路的有功功率计算公式为（　　）。

A. $P = UI$
B. $P = \sum_{n=1}^{\infty}(U_n I_n)$
C. $P = \sum_{n=1}^{\infty}(U_n I_n \cos\varphi_n)$
D. $P = \sum_{n=0}^{\infty}(U_n I_n \cos\varphi_n)$

2. 若某线圈对基波的阻抗为 $(1+j4)$ Ω，则对二次谐波的阻抗为（　　）Ω。

A. $(1+j4)$　　　B. $(2+j4)$　　　C. $(1+j8)$　　　D. $(2+j8)$

3. 下列 4 个表达式中，是非正弦周期性电流的是（　　）。

A. $i_1(t) = [6 + 2\cos(2t) + 3\cos(3\pi t)]$A

B. $i_1(t) = [3 + 4\cos t + 2\cos(2t) + \cos(3t)]$A

C. $i_1(t) = [\cos t + 3\cos(\frac{1}{3}t) + \cos(\frac{1}{7}t)]$A

D. $i_1(t) = [4\cos t + 2\cos(2t) + \sin(\omega t)]$A

4. 已知非正弦周期电流 $i(t) = [4 + 2.5\cos(\omega t) + 1.5\cos(2\omega t + 90°) + 0.8\cos(3\omega t)]$A，则它的有效值 $I = $（　　）。

A. 5.014A　　　B. 3.546A　　　C. 4.535A　　　D. 2.966A

5. 若 $i = i_1 + i_2$，且 $i_1 = 10\cos(\omega t)$，$i_2 = 10\cos(2\omega t + 90°)$A，则 i 的有效值为（　　）A。

A. 20　　　B. $20\sqrt{2}$　　　C. 10　　　D. $10\sqrt{2}$

二、填空

1. 电路如题图 11-1 所示，已知 $i_S = [2 + \sqrt{2}\cos(1000t)]$A，$R = 10$Ω，$C = 25\mu$F，$L = 40$mH，则 i_S 的有效值 $I_S = $（　　）A，$u(t) = $（　　）V。

2. 电路如题图 11-2 所示，$u(t) = [10 + 5\sqrt{2}\cos(3\omega t)]$V，$R = \omega L = 5$Ω，$\frac{1}{\omega C} = 45$Ω，则电压表的读数为（　　）V，电流表的读数为（　　）A。

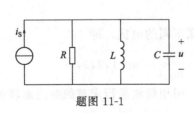

题图 11-1

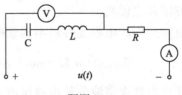

题图 11-2

3. 题图 11-3 所示电路中，$i_S(t) = [5\sqrt{2}\sin(200t) + 3\sqrt{2}\cos(100t)]$A。则电压表 V 的读数为（　　）V，功率表 W 的读数为（　　）W。

4. 题图 11-4 所示 RL 电路中，$u(t)=[10+20\cos(\omega t)]$V，$R=\omega L=5\Omega$，则 $P=($) W。

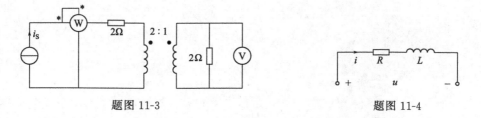

题图 11-3   题图 11-4

三、计算题

1. 试推导表 11-1 中各非周期函数的傅里叶级数。

2. 已知某信号半周期的波形如题图 11-5 所示。试在下列各不同条件下画出整个周期的波形。

(1) $a_0=0$；(2) 对所有 n，$b_n=0$；(3) 对所有 n，$a_n=0$；(4) 当 n 为偶数时，a_n、b_n 为零。

3. 题图 11-6 所示电路中，$u=[10+80\sqrt{2}\cos(\omega t+30°)+18\sqrt{2}\cos(3\omega t)]$V，$R=12\Omega$，$\dfrac{1}{\omega C}=18\Omega$，$\omega L=2\Omega$，试求 (1) 电流 i 及有效值；(2) 电压 u_1 有效值；(3) 求端口的吸收功率。

4. 题图 11-7 所示的是一个滤波电路，要求 4 次谐波电流能传送到负载电阻 R，而基波电流不能到达负载。如果 $C=1\mu F$，$\omega=1000$rad/s，求 L_1 和 L_2。

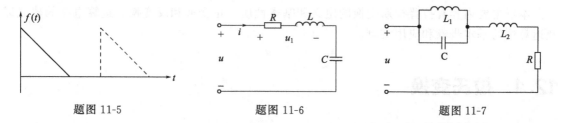

题图 11-5   题图 11-6   题图 11-7

5. 有效值为 100V 的正弦电压加在电感 L 两端时，得电流 $I=10$A。当电压中有 3 次谐波分量，而有效值仍为 100V 时，得电流 $I=8$A。试求这一电压的基波和 3 次谐波的有效值。

第12章 动态电路的频域分析

引言：

前面章节中已经介绍了一阶、二阶动态电路的时域分析。在线性电路分析中，直流激励时间域的一阶、二阶微分方程求解相对容易，但非直流激励或高阶的微分方程求解通常都非常烦琐，所以动态电路分析广泛应用拉普拉斯变换，也称为运算法。

作为一种数学积分变换，应用拉普拉斯变换的核心是将时域问题变换为复频域问题，把时间域的微分方程变换为相对较容易的复频域代数方程。首先通过拉普拉斯变换将已知的时间函数 $f(t)$ 转换为复变函数 $F(s)$，在复频域求出待求的复变函数后，再反变换为待求的时间函数，从而达到电路分析的目的。

本章主要内容有拉普拉斯变换的定义和基本性质、正变换和反变换、运算电路的建立以及运算法的基本步骤和应用实例。

12.1 拉氏变换

12.1.1 拉氏正变换的定义

拉普拉斯变换是工程数学中常用的一种积分变换，又名拉氏变换。定义在 $[0,+\infty)$ 区间的时间函数 $f(t)$ 的拉普拉斯变换式 $F(s)$ 为：

$$F(s)=L[f(t)]=\int_{0_-}^{+\infty}f(t)\mathrm{e}^{-st}\mathrm{d}t \tag{12-1}$$

式（12-1）中的时间函数 $f(t)$ 称为原函数。$F(s)$ 称为象函数，"L"是拉氏变换算符，读作"…的拉氏变换"，也可记作花体符号 $\mathscr{L}$。

式（12-1）中的 $s=a+\mathrm{j}\omega$ 为复数，具有频率的量纲，称为复频率，所以应用拉普拉斯变换分析电路，也称为复频域分析（s 域）。

在拉氏变换中需要注意以下几个问题：

① 定义中的积分下限是从 $t=0_-$ 开始的，称为单边拉普拉斯变换，即：

$$F(s)=\int_{0_-}^{+\infty}f(t)\mathrm{e}^{-st}\mathrm{d}t=\int_{0_-}^{0_+}f(t)\mathrm{e}^{-st}\mathrm{d}t+\int_{0_+}^{+\infty}f(t)\mathrm{e}^{-st}\mathrm{d}t \tag{12-2}$$

式（12-2）中积分下限从 $t=0_-$ 开始，其中就包含了 $t=0$ 时电路可能存在的冲激及动态变量的初始值，为电路的分析计算带来了方便。

若积分下限从 $t=-\infty$ 开始，称为双边拉普拉斯变换，本书只讨论单边的拉普拉斯变换。

② 象函数 $F(s)$ 一般使用大写字母表示，例如 $U(s)$、$I(s)$ 等。原函数 $f(t)$ 一般使用小写字母表示，例如 $u(t)$、$i(t)$ 等。

③ 象函数 $F(s)$ 存在的条件是右边的积分为有限值，即积分式必须收敛。本书涉及的象函数都被认为满足此条件。

12.1.2 拉氏反变换的定义

根据式（12-1），象函数 $F(s)$ 的傅里叶变换应为：

$$f(t)\mathrm{e}^{-at}=\frac{1}{2\pi\mathrm{j}}\int_{-\infty}^{+\infty}F(s)\mathrm{e}^{\mathrm{j}\omega t}\mathrm{d}\omega \tag{12-3}$$

在式（12-3）两边同时乘 e^{at}，可得：$f(t)=\dfrac{1}{2\pi\mathrm{j}}\int_{-\infty}^{+\infty}F(s)\mathrm{e}^{st}\mathrm{d}\omega$

当 $\omega=\infty$ 时，$s=a+\mathrm{j}\infty$，当 $\omega=-\infty$ 时，$s=a-\mathrm{j}\infty$，则有：

$$f(t)=L^{-1}[F(s)]=\frac{1}{2\pi\mathrm{j}}\int_{a-\mathrm{j}\infty}^{a+\mathrm{j}\infty}F(s)\mathrm{e}^{st}\mathrm{d}s \tag{12-4}$$

由 $F(s)$ 求 $f(t)$ 称为拉普拉斯反变换，简称"拉氏反变换"或"拉氏逆变换"，如式（12-4），记作 $L^{-1}[\cdots]$。

12.1.3 典型函数的拉氏变换

（1）单位阶跃函数的象函数

$$f(t)=\varepsilon(t)$$

$$F(s)=L[\varepsilon(t)]=\int_{0_-}^{+\infty}\varepsilon(t)\mathrm{e}^{-st}\mathrm{d}t=\int_{0_-}^{+\infty}\mathrm{e}^{-st}\mathrm{d}t=-\frac{1}{s}\mathrm{e}^{-st}\Big|_0^\infty=\frac{1}{s}$$

（2）单位冲激函数的象函数

$$f(t)=\delta(t)$$

$$F(s)=L[\delta(t)]=\int_{0_-}^{+\infty}\delta(t)\mathrm{e}^{-st}\mathrm{d}t=\int_{0_-}^{0_+}\delta(t)\mathrm{e}^{-st}\mathrm{d}t=1$$

（3）指数函数的象函数

$$f(t)=\mathrm{e}^{\pm at}$$

$$F(s)=L[f(t)]=\int_{0_-}^{+\infty}\mathrm{e}^{\pm at}\mathrm{e}^{-st}\mathrm{d}t=\frac{1}{-(s\mp a)}\mathrm{e}^{-(s\mp a)t}\Big|_{0_-}^\infty=\frac{1}{s\mp a}$$

12.2 拉氏变换基本性质

拉普拉斯变换有很多基本性质和定理，如线性性质、微分性质、积分性质、位移性质、延迟性质、初值定理与终值定理等。

（1）线性性质

设 a、b 为常数，则有：

$$L[af_1(t)+bf_2(t)]=L[af_1(t)]+L[bf_2(t)]$$

$$=aL[f_1(t)]+bL[f_2(t)]$$
$$=aF_1(s)+bF_2(s)$$
$$L^{-1}[aF_1(s)+bF_2(s)]=L^{-1}[aF_1(s)]+L^{-1}[bF_2(s)]$$
$$=aL^{-1}[F_1(s)]+bL^{-1}[F_2(s)]$$
$$=af_1(t)+bf_2(t)$$

【例 12-1】 已知 $L[\varepsilon(t)]=\dfrac{1}{s}$,求函数 $f(t)=K\varepsilon(t)$ 的象函数。

解：
$$F(s)=L[K\varepsilon(t)]$$
$$=KL[\varepsilon(t)]$$
$$=\frac{K}{s}$$

【例 12-2】 已知 $L\cos\omega t=\dfrac{s}{s^2+\omega^2}$,求函数 $f(t)=\sin t\sin 2t$ 的象函数。

解：
$$f(t)=\frac{1}{2}[\cos t-\cos 3t]$$
$$F(s)=L[f(t)]=\frac{1}{2}(L\cos t-L\cos 3t)$$
$$=\frac{1}{2}\left(\frac{s}{s^2+1}-\frac{s}{s^2+9}\right)$$
$$=\frac{4s}{(s^2+1)(s^2+9)}$$

【例 12-3】 已知 $L[e^{at}]=\dfrac{1}{s-a}$,求函数 $f(t)=\sin(\omega t)$ 的象函数。

解：
$$F(s)=L[\sin(\omega t)]$$
$$=L\left[\frac{1}{2j}(e^{j\omega t}-e^{-j\omega t})\right]$$
$$=\frac{1}{2j}\left(\frac{1}{s-j\omega}-\frac{1}{s+j\omega}\right)$$
$$=\frac{\omega}{s^2+\omega^2}$$

【例 12-4】 已知 $f(t)=L^{-1}\left[\dfrac{1}{s-a}\right]=e^{at}$,求 $F(s)=\dfrac{1}{s^2-3s+2}$ 的原函数。

解：
$$F(s)=\frac{1}{(s-1)(s-2)}$$
$$=\frac{1}{s-2}-\frac{1}{s-1}$$
$$f(t)=L^{-1}\left[\frac{1}{s-2}-\frac{1}{s-1}\right]=e^{2t}-e^t$$

(2) 微分性质

若 $f'(t)=\dfrac{df(t)}{dt}$,则有：

$$L[f'(t)]=sF(s)+f(0_-)$$

$$L[f^{(n)}(t)] = s^n F(s) - [s^{n-1} f(0_-) + s^{n-2} f'(0_-) + \cdots + f^{(n-1)}(0_-)]$$

【例 12-5】 已知 $L[\sin(\omega t)] = \dfrac{\omega}{s^2 + \omega^2}$，求函数 $f(t) = \cos(\omega t)$ 的象函数。

解： $F(s) = L[\cos(\omega t)]$

$$= L\left[\frac{1}{\omega} \times \frac{\mathrm{d}\sin(\omega t)}{\mathrm{d}t}\right]$$

$$= \frac{s}{\omega} \times \frac{\omega}{s^2 + \omega^2} - \sin(0)$$

$$= \frac{s}{s^2 + \omega^2}$$

（3）积分性质

$$L\left[\int_0^\infty f(t)\mathrm{d}t\right] = \frac{1}{s} L[f(t)] = \frac{1}{s} F(s)$$

$$L\left[\int_0^\infty \mathrm{d}t \int_0^\infty \mathrm{d}t \cdots \int_0^\infty f(t)\mathrm{d}t\right] = \frac{1}{s^n} F(s)$$

【例 12-6】 求函数 $f(t) = t$ 的象函数。

解： 根据积分性质有：

$$f(t) = \int_0^t \varepsilon(\xi)\mathrm{d}\xi$$

$$F(s) = L[t] = \frac{1}{s} \times \frac{1}{s} = \frac{1}{s^2}$$

（4）位移性质

对于任意一个非负实数 τ 有：

时域中的位移定理 $F(s) = L[f(t - \tau)] = \mathrm{e}^{-\tau s} F(s)$

频域中的位移定理 $F(s) = L[\mathrm{e}^{at} f(t)] = F(s - a)$

【例 12-7】 已知 $L[\sin(\omega t)] = \dfrac{\omega}{s^2 + \omega^2}$，求函数 $f(t) = \sin\left(t - \dfrac{\pi}{3}\right)$ 的象函数。

解： $F(s) = L\left[\sin\left(t - \dfrac{\pi}{3}\right)\right] = \mathrm{e}^{-\frac{\pi}{3}s} \dfrac{1}{s^2 + 1}$

【例 12-8】 已知 $L[t\varepsilon(t)] = \dfrac{1}{s^2}$，$L[\varepsilon(t)] = \dfrac{1}{s}$，求 $f(t) = t\varepsilon(t) - t\varepsilon(t - 1)$ 的象函数。

解： 根据时域延迟性质

$$F(s) = L[t\varepsilon(t) - (t - 1)\varepsilon(t - 1) - \varepsilon(t - 1)]$$

$$= \frac{1}{s^2} - \mathrm{e}^{-s} \frac{1}{s^2} - \mathrm{e}^{-s} \frac{1}{s}$$

应用拉氏变换的相关性质，常用函数的拉氏变换正变换和反变换可以通过查表直接求得，如表 12-1 所示。

表 12-1 拉氏变换简表

$f(t)$	$F(s)=L[f(t)]$	$f(t)$	$F(s)=L[f(t)]$
$K\delta(t)$	K	$K\varepsilon(t)$	$\dfrac{K}{s}$
Ke^{-at}	$\dfrac{K}{s+a}$	t	$\dfrac{1}{s^2}$
te^{-at}	$\dfrac{1}{(s+a)^2}$	t^n	$\dfrac{n!}{s^{n+1}}$
$1-e^{at}$	$\dfrac{-a}{s(s-a)}$	$\dfrac{1}{a-b}(e^{at}-e^{bt})$	$\dfrac{1}{(s-a)(s-b)}$
$\cos(\omega t)$	$\dfrac{s}{s^2+\omega^2}$	$\sin(\omega t)$	$\dfrac{\omega}{s^2+\omega^2}$
$\cosh(\omega t)$	$\dfrac{s}{s^2-\omega^2}$	$\sinh(\omega t)$	$\dfrac{\omega}{s^2-\omega^2}$
$e^{-at}\sin(\omega t)$	$\dfrac{\omega}{(s+a)^2+\omega^2}$	$\sin(\omega t+\varphi)$	$\dfrac{s\sin\varphi+\omega\cos\varphi}{s^2+\omega^2}$

12.3 拉氏反变换

12.3.1 拉氏反变换的常用方法

应用拉氏变换求解线性电路的时域响应时，需要将响应的象函数反变换为时间函数。由象函数求原函数的方法有以下三种：

① 利用公式 $f(t)=\dfrac{1}{2\pi j}\displaystyle\int_{a-j\omega}^{a+j\omega}F(s)e^{st}ds$。

② 对简单形式的 $F(s)$ 可以通过查表（表 12-1）得到其原函数。

③ 先将象函数 $F(s)$ 分解成若干较简单、能够在拉氏变换表中查到的多项相加形式，通过拉氏变换表查到每项简单函数对应的原函数 $f(t)$，最后利用拉氏变换的线性性质，将各项原函数相加。这种方法称为部分分式展开法，也称为海维赛德展开定理。

若 $F(s)=F_1(s)+F_2(s)+\cdots+F_n(s)$

则 $f(t)=f_1(t)+f_2(t)+\cdots+f_n(t)$

12.3.2 部分分式展开法的基本步骤

设象函数的一般形式为：$F(s)=\dfrac{F_1(s)}{F_2(s)}=\dfrac{a_0s^m+a_1s^{m-1}+\cdots+a_m}{b_0s^n+b_1s^{n-1}+\cdots+b_n}$

若 $F_1(s)$ 的阶次高于 $F_2(s)$ 的阶次（$n\geqslant m$），则需要用 $F_1(s)$ 除以 $F_2(s)$，将象函数 $F(s)$ 转换为真分式和多项式之和的形式。计算 $F_2(s)$ 的根，根据单根、重根和共轭复根三种不同情况，分别对分母进行因式分解，将真分式展开成部分分式，并计算出各部分分式的系数。最后，逐项对各部分分式和多项式求出原函数。

12.3.2.1 当有 n 个不同的单根 p_1、p_2、$\cdots$、p_n 时

① 利用部分分式将 $F(s)$ 分解为式（12-5）形式：

$$F(s)=\frac{F_1(s)}{(s-p_1)(s-p_2)\cdots(s-p_n)}=\frac{K_1}{s-p_1}+\frac{K_2}{s-p_2}+\cdots+\frac{K_n}{s-p_n} \quad (12\text{-}5)$$

② 确定系数 $K_1、K_2、\cdots、K_n$。

应用 $K_i=(s-p_i)F(s)|_{s=p_i}$，$i=1,2,3,\cdots,n$ 方法来确定。

③ 得出原函数的一般形式：

$$f(t)=\frac{F_1(p_1)}{F_2'(p_1)}e^{p_1 t}+\frac{F_1(p_2)}{F_2'(p_2)}e^{p_2 t}+\cdots+\frac{F_1(p_n)}{F_2'(p_n)}e^{p_n t}$$

【例 12-9】已知 $F(s)=\dfrac{s^2+6s+2}{s^2+5s+6}$，求原函数 $f(t)$。

解：（1）将象函数 $F(s)$ 转换为真分式和多项式之和的形式，有

$$F(s)=\frac{(s^2+5s+6)+(s-4)}{s^2+5s+6}$$
$$=1+\frac{s-4}{s^2+5s+6}$$

（2）计算 $F_2(s)$ 的根，对分母进行因式分解，将真分式展开成部分分式。

$$F(s)=1+\frac{s-4}{s^2+5s+6}$$
$$=1+\frac{s-4}{(s+2)(s+3)}$$
$$=1+\frac{K_1}{s+2}+\frac{K_2}{s+3}$$

（3）求出各部分分式的系数。

$$K_1=\frac{s-4}{s+3}\bigg|_{s=-2}=-6$$

$$K_2=\frac{s-4}{s+2}\bigg|_{s=-3}=7$$

$$F(s)=1+\frac{-6}{s+2}+\frac{7}{s+3}$$

（4）逐项对各部分分式和多项式反变换。

所以 $f(t)=\delta(t)-6e^{-2t}\varepsilon(t)+7e^{-3t}\varepsilon(t)$

12.3.2.2 当具有重根时，即含有 $(s-p_1)^m$ 的因式

$$F(s)=\frac{b_m}{(s-p_1)^m}+\frac{b_{m-1}}{(s-p_1)^{m-1}}+\cdots+\frac{b_1}{s-p_1}$$

则有：

$$b_m=(s-p_1)^m F(s)|_{s=p_1}$$

$$b_{m-1}=\frac{d}{ds}(s-p_1)^m F(s)|_{s=p_1}$$

……

$$b_1=\frac{1}{(m-1)!}\frac{d^{m-1}}{ds^{m-1}}(s-p_1)^m F(s)|_{s=p_1}$$

【例 12-10】 已知 $F(s)=\dfrac{3s^2+11s+11}{(s+1)^2(s+2)}$，求原函数 $f(t)$。

解：（1）令 $(s+1)^2(s+2)=0$，计算根，有 $P_1=-2$, $P_2=P_3=-1$

$$F(s)=\frac{K_1}{s+2}+\frac{K_{22}}{(s+1)^2}+\frac{K_{21}}{s+1}$$

（2）确定系数。

$K_1=F(s)(s+2)\big|_{s=-2}=\dfrac{3s^2+11s+11}{(s+1)^2}\big|_{s=-2}=1$

$K_{22}=F(s)(s+1)^2\big|_{s=-1}=3$

$K_{21}=\dfrac{\mathrm{d}}{\mathrm{d}s}(s+1)^2 F(s)\big|_{s=-1}=2$

所以 $F(s)=\dfrac{1}{s+2}+\dfrac{3}{(s+1)^2}+\dfrac{2}{s+1}$

（3）逐项对各部分分式和多项式求出拉氏反变换。

$$f(t)=\mathrm{e}^{-2t}+3t\mathrm{e}^{-t}+2\mathrm{e}^{-t}$$

【例 12-11】 已知 $F(s)=\dfrac{5(s^2+700s+40000)}{s(s+200)^2}$，求原函数 $f(t)$。

解：（1）令 $s(s+200)^2=0$，计算根，有 $P_1=0$, $P_2=P_3=-200$

则 $F(s)=\dfrac{K_1}{s}+\dfrac{K_{22}}{(s+200)^2}+\dfrac{K_{21}}{s+200}$

（2）确定系数。

$K_1=F(s)s\big|_{s=0}=\dfrac{5(s^2+700s+40000)}{s^2+400s+200^2}\big|_{s=0}=5$

$K_{22}=F(s)(s+200)^2\big|_{s=-200}=1500$

$K_{21}=\dfrac{\mathrm{d}}{\mathrm{d}s}(s+200)^2 F(s)\big|_{s=-200}=0$

所以 $F(s)=\dfrac{5}{s}+\dfrac{1500}{(s+200)^2}+\dfrac{0}{s+200}$

（3）逐项对各部分分式和多项式求出拉氏反变换。

$$f(t)=5+1500t\mathrm{e}^{-200t}$$

12.3.2.3 当有共轭复根 $p_1=\alpha+\mathrm{j}\omega$ 和 $p_2=\alpha-\mathrm{j}\omega$ 时

将 $F_2(s)$ 分解为：

$$F(s)=\frac{F_1(s)}{(s-p_1)(s-p_2)}=\frac{K_1}{s-p_1}+\frac{K_2}{s-p_2}$$

则 $K_1=(s-\alpha-\mathrm{j}\omega)F(s)\big|_{s=\alpha+\mathrm{j}\omega}$, $K_2=(s-\alpha+\mathrm{j}\omega)F(s)\big|_{s=\alpha-\mathrm{j}\omega}$

其中 K_1 和 K_2 为共轭复数。设 $K_1=|K_1|\mathrm{e}^{\mathrm{j}\theta}$, $K_2=|K_1|\mathrm{e}^{-\mathrm{j}\theta}$

则有 $f(t)=K_1\mathrm{e}^{(\alpha+\mathrm{j}\omega)t}+K_2\mathrm{e}^{(\alpha-\mathrm{j}\omega)t}=2|K|\mathrm{e}^{\alpha t}\cos(\omega t+\theta)$

【例 12-12】 已知 $F(s)=\dfrac{1}{s^2+2s+5}$，求原函数 $f(t)$。

解：（1）令 $s^2+2s+5=0$，计算根，有 $p_{1,2}=-1\pm 2\mathrm{j}$

则 $F(s) = \dfrac{K_1}{s-(-1+2\mathrm{j})} + \dfrac{K_2}{s-(-1-2\mathrm{j})}$

(2) 确定系数。

$$K_1 = \dfrac{1}{s-(-1-2\mathrm{j})}\bigg|_{s=-1+2\mathrm{j}} = -0.25\mathrm{j}$$

$$K_2 = \dfrac{1}{s-(-1+2\mathrm{j})}\bigg|_{s=-1-2\mathrm{j}} = 0.25\mathrm{j}$$

(3) 求出原函数。

$$f(t) = \dfrac{1}{2}\mathrm{e}^{-t}\cos(2t-90°) = \dfrac{1}{2}\mathrm{e}^{-t}\sin(2t)\varepsilon(t)$$

12.4 应用拉氏变换法分析线性电路

应用拉普拉斯变换求解线性电路的方法称为运算法。运算法的基本思想与相量法类似，首先将电压、电流转换为象函数表示式，将 R、L、C 单个元件的电压电流关系式转换为运算模型，得到用象函数和运算阻抗表示的运算电路图；其次列出复频域的代数方程，求解出电路变量的象函数形式；最后反变换为所求电路变量的时域形式。

12.4.1 电路定律的运算形式

基尔霍夫定律的时域形式为：

$$\sum i(t) = 0 \quad \sum u(t) = 0$$

把时间函数变换为对应的象函数：

$$i(t) \rightarrow I(s) \quad u(t) \rightarrow U(s)$$

则得到基尔霍夫定律的运算形式为：

$$\sum I(s) = 0 \quad \sum U(s) = 0$$

12.4.2 电路元件的运算形式

根据元件电压、电流的时域关系，可以推导出各元件电压电流关系的运算形式。

(1) 电阻元件 R 的运算形式

图 12-1 (a) 所示电阻元件的电压、电流时域关系为 $u = Ri$，对等式进行拉普拉斯变换，得到电阻元件电压、电流的运算形式为：$U(s) = RI(s)$ 或 $I(s) = GU(s)$

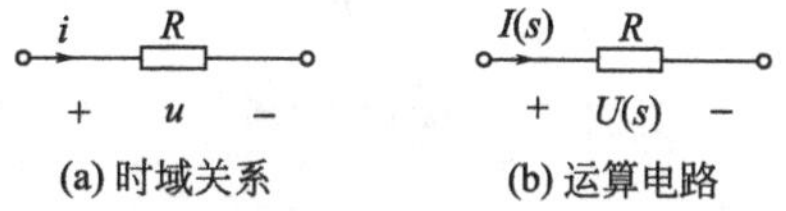

电阻元件 R 的运算电路如图 12-1 (b) 所示。

图 12-1 电阻元件 R

(2) 电感元件 L 的运算形式

图 12-2 (a) 所示电感元件的电压、电流时域关系为 $u(t) = L\dfrac{\mathrm{d}i(t)}{\mathrm{d}t}$，对等式进行拉普拉斯变换并根据拉氏变换的微分性质，可得电感元件的运算形式为：

$$U(s) = sLI(s) - Li(0_-) \quad \text{或} \quad I(s) = \dfrac{U(s)}{sL} + \dfrac{i(0_-)}{s} \tag{12-6}$$

电感 L 的运算电路如图 12-2 (b) 和 12-2 (c) 所示。图中 $Li(0_-)$ 表示附加电压源的电压，$\dfrac{i(0_-)}{s}$ 表示附加电流源的电流。这里需要注意，电感元件附加电压源的方向与电感的电压方向相反。

式（12-6）中 $Z(s)=sL$、$Y(s)=\dfrac{1}{sL}$ 分别称为电感的运算阻抗和运算导纳。

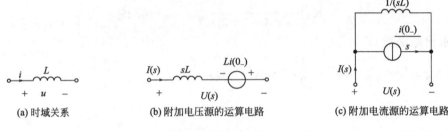

(a) 时域关系　　(b) 附加电压源的运算电路　　(c) 附加电流源的运算电路

图 12-2　电感元件 L

(3) 电容元件 C 的运算形式

图 12-3（a）所示电容元件的电压、电流时域关系为 $i(t)=C\dfrac{\mathrm{d}u(t)}{\mathrm{d}t}$，对等式进行拉普拉斯变换并根据拉氏变换的微分性质，得到电容元件的运算形式为：

$$I(s)=sCU(s)-Cu(0_-) \text{ 或 } U(s)=\dfrac{1}{sC}I(s)+\dfrac{u(0_-)}{s} \tag{12-7}$$

电容元件 C 的运算电路如图 12-3（b）和 12-3（c）所示。

图中 $Cu(0_-)$ 表示附加电流源的电流，$\dfrac{u_C(0_-)}{s}$ 表示附加电压源的电压。这里需要注意，电容元件附加电压源的方向与电容的电压方向相同。

式（12-7）中 $Z(s)=\dfrac{1}{sC}$、$Y(s)=sC$ 分别为电容的运算阻抗和运算导纳。

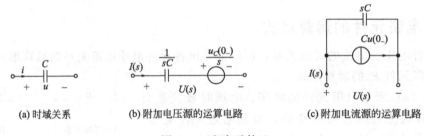

(a) 时域关系　　(b) 附加电压源的运算电路　　(c) 附加电流源的运算电路

图 12-3　电容元件 C

图 12-4（a）为 RLC 串联电路，设电容电压的初始值为 $u_C(0_-)$，电感电流的初始值为 $i_L(0_-)$，则其时域方程应为：

$$u=Ri+L\dfrac{\mathrm{d}i}{\mathrm{d}t}+\dfrac{1}{C}\int i\,\mathrm{d}t$$

通过拉普拉斯变换，可以得到如下运算方程：

$$U(s)=RI(s)+sLI(s)-Li(0_-)+\dfrac{1}{sC}I(s)+\dfrac{u_C(0_-)}{s}$$

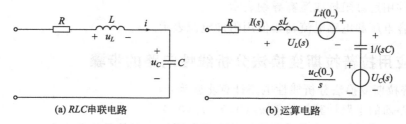

图 12-4 RLC 串联电路及其运算电路

或 $\left(R+sL+\dfrac{1}{sC}\right)I(s)=U(s)+Li(0_-)-\dfrac{u_C(0_-)}{s}$

其中 $R+sL+\dfrac{1}{sC}=Z(s)$ 称为运算阻抗。

运算方程的形式也可写为： $Z(s)I(s)=U(s)$ (12-8)

式（12-8）被称为运算形式的欧姆定律。

根据式（12-8）可以得到图 12-4（b）所示的运算电路。

【例 12-13】 给出图 12-5（a）所示电路的运算电路模型。已知 $u_C(0_-)=0$，$i_L(0_-)=0$。

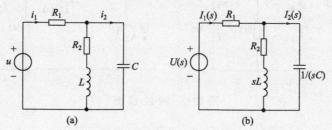

图 12-5 例 12-13 图

解：将电压、电流转换为象函数表示式，将 R、L、C 单个元件转换为运算模型，得到用象函数和运算阻抗表示的运算电路如图 12-5（b）所示。

【例 12-14】 给出图 12-6（a）所示电路的运算电路模型，已知 $t=0$ 时打开开关。

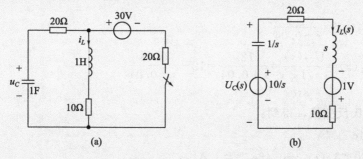

图 12-6 例 12-14 图

解：由图 12-6（a）可知：$u_C(0_-)=10\text{V}$，$i_L(0_-)=1\text{A}$，则运算电路模型如图 12-6（b）所示。注意图中附加电源的方向。

可以看出，运算电路的建立方法为：

① 将电压、电流用象函数形式表示；

② 将元件用运算阻抗或运算导纳表示；
③ 将电容电压和电感电流初始值用附加电源表示。

12.4.3 应用拉普拉斯变换法分析线性电路的步骤

应用拉普拉斯变换法分析线性电路计算步骤为：
① 由换路前的电路计算初始值 $u_C(0_-)$，$i_L(0_-)$；
② 画运算电路模型，注意运算阻抗的表示和附加电源的数值和方向；
③ 应用电路的分析方法求出象函数；
④ 利用反变换求出原函数。

应用拉普拉斯变换法分析线性电路需注意以下两个问题：
① 运算法可以直接求得全响应；
② 用 0_- 作为初始条件，电路的跃变情况自动被包含在响应中。

【例 12-15】 如图 12-7（a）所示电路中两电容初始值均为 0，当 $t>0$ 时开关闭合，应用运算法求解 u_{C2} 和 i_{C2}。

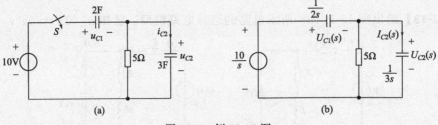

图 12-7 例 12-15 图

解：（1）画出 $t>0$ 时电路的运算电路，如图 12-7（b）所示。
列写结点电压方程，有：

$$\left(2s+\frac{1}{5}+3s\right)U_{C2}(s)=\frac{\frac{10}{s}}{\frac{1}{2s}}$$

整理得：$U_{C2}(s)=\dfrac{4}{s+0.04}$

$$I_{C2}(s)=\frac{U_{C2}(s)}{\frac{1}{3s}}=\frac{12s}{s+0.04}=12-\frac{0.48}{s+0.04}$$

（2）根据拉氏反变换，得到：

$u_{C2}(t)=4\mathrm{e}^{-0.04t}\mathrm{V}$

$i_{C2}(t)=[12\delta(t)-0.48\mathrm{e}^{-0.04t}]\mathrm{A}$

【例 12-16】 电路如图 12-8（a）所示，开关 S 原来闭合，求 $t>0$ 后电路中的电流 i 和电压 u_2。其中 $R_1=2\Omega$，$R_2=3\Omega$，$L_1=0.3\mathrm{H}$，$L_2=0.1\mathrm{H}$，$u=10\mathrm{V}$。

解：（1）首先利用稳态时电感短路的特性，计算初始值。
$i_{L1}(0_-)=5\mathrm{A}$，$i_{L2}(0_-)=0\mathrm{A}$，
（2）画出 $t>0$ 时电路的运算电路，如图 12-8（b）所示。

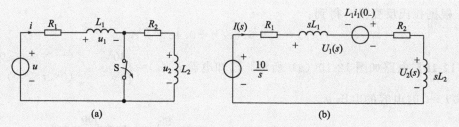

图 12-8 例 12-16

列写 KCL 方程，有：

$$I(s) = \frac{\frac{10}{s} + 5L_1}{R_1 + R_2 + sL_1 + sL_2}$$

整理得：$I(s) = \frac{2}{s} + \frac{1.75}{s+12.5}$

$$U_2(s) = 0.1sI(s) = -\frac{2.19}{s+12.5} + 0.375$$

（3）根据拉氏反变换，得到：

$$i(t) = (2 + 1.75e^{-12.5t})\text{A}$$
$$u_2(t) = [-2.19e^{-12.5t} + 0.375\delta(t)]\text{V}$$

【例 12-17】电路如图 12-9（a）所示，开关 S 原来闭合，计算打开后电路中的电流 i_L。

解：（1）首先利用稳态时电感短路，电容开路的特性，计算初始值。

$i_L(0_-) = 1.2\text{A}$，$u_C(0_-) = 1.2\text{V}$

（2）画出 $t > 0$ 时电路的运算电路，如图 12-9（b）所示。

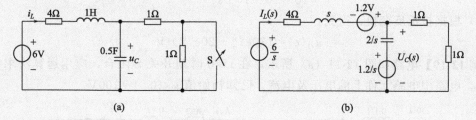

图 12-9 例 12-17 图

列写结点电压方程，有：

$$U_C(s) = \frac{\frac{1.2 + \frac{6}{s}}{s+4} + \frac{1.2}{\frac{2}{s}}}{\frac{1}{4+s} + \frac{s}{2} + \frac{1}{2}} = \frac{1.2s^2 + 7.2s + 12}{s(s^2 + 5s + 6)}$$

$$I_L(s) = \frac{1.2 + \frac{6}{s} - U_C(s)}{4+s} = \frac{1.2s^2 + 6s + 6}{s(s^2+5s+6)} = \frac{1.2s^2 + 6s + 6}{s(s+2)(s+3)}$$

（3）根据拉氏反变换，得到：
$$i_L(t)=(1+0.6\mathrm{e}^{-2t}-0.4\mathrm{e}^{-2t})\ \mathrm{A}$$

【例 12-18】电路如图 12-10（a）所示，已知电源 $u_S(t)=\begin{cases}30\mathrm{V} & (-\infty<t\leqslant 0)\\ 0\mathrm{V} & (0<t\leqslant\infty)\end{cases}$，应用运算法求 $t>0$ 时电容的电压 u_C。

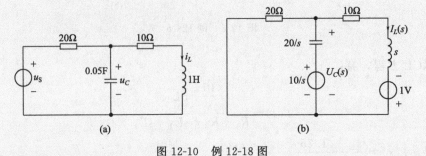

图 12-10　例 12-18 图

解：（1）首先利用稳态时电感短路，电容开路的特性，计算初始值。
$i_L(0_-)=1\mathrm{A}$，$u_C(0_-)=10\mathrm{V}$。

（2）画出 $t>0$ 时的运算电路，如图 12-10（b）所示。
列写结点电压方程，有：

$$U_C(s)=\frac{\dfrac{10}{s}\cdot\dfrac{1}{20}+\dfrac{1}{s}}{\dfrac{1}{20}+\dfrac{s}{20}+\dfrac{1}{10+s}}=\frac{10(s+8)}{(s+5)(s+6)}$$

（3）根据拉氏反变换，得到：
$$u_C(t)=(30\mathrm{e}^{-5t}-20\mathrm{e}^{-6t})\ \mathrm{V}$$

【例 12-19】电路如图 12-11（a）所示，在 $t=0$ 时刻开关 S 闭合，应用运算法求解开关闭合后，电路中电感元件上的电压及电流。已知初始值 $u_C(0_-)=100\mathrm{V}$。

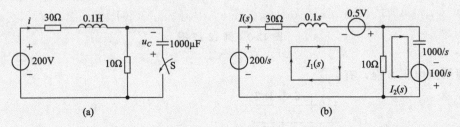

图 12-11　例 12-19 图

解：（1）首先计算初始值，有 $i_L(0_-)=5\mathrm{A}$。

（2）画运算电路如图 12-11（b）所示。
应用回路电路法，得出如下回路方程：
$$I_1(s)(40+0.1s)-10I_2(s)=\frac{200}{s}+0.5$$

$$10I_1(s)+(10+\frac{1000}{s})I_2(s)=\frac{100}{s}$$

整理得:

$$I(s)=I_1(s)=\frac{5(s^2+700s+40000)}{s(s+200)^2}=\frac{5}{s}+\frac{0}{s+200}+\frac{1500}{(s+200)^2}$$

$$U_L(s)=I_1(s)\times 0.1s-0.5=\frac{150}{s+200}+\frac{-30000}{(s+200)^2}$$

(3) 利用反变换求出原函数:

$$i_L(t)=(5+1500t\mathrm{e}^{-200t})\text{A}$$

$$u_L(t)=(150\mathrm{e}^{-200t}-30000t\mathrm{e}^{-200t})\text{V}$$

12.5 实践与应用

数学的几种常用变换形式:

① 对数变换,将乘法运算简化为加法运算。

$$AB=A\times B$$

$$\lg(AB)=\lg A+\lg B$$

② 相量变换,将正弦运算简化为复数运算。

正弦量 $u=Ri+L\dfrac{\mathrm{d}i}{\mathrm{d}t}+\dfrac{1}{C}\int i\mathrm{d}t$

相量 $\dot{U}=\dot{I}R+\dot{I}\mathrm{j}\omega L+\dot{I}\dfrac{1}{\mathrm{j}\omega C}$

③ 拉氏变换,将微分方程转换为代数方程。

微分方程 $RC\dfrac{\mathrm{d}u_C}{\mathrm{d}t}+u_C=U_\mathrm{S}$

代数方程 $RCsU_C(s)-RCu_C(0_-)+U_C(s)=U_\mathrm{S}(s)$

例如:线性 RC 网络如图 12-12 所示,直流电源激励 $u_\mathrm{s}=U$,开关 S 闭合前电路处于稳态,初始值为 $u_C(0_-)=0\text{V}$,当 $t>0$ 时,开关闭合,分析闭合后电容的电压 u_C 的变化规律。

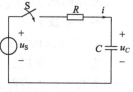

图 12-12 线性 RC 网络

分析:开关闭合后,电路方程为 $Ri+u_C=U_\mathrm{S}$

其中 $i=C\dfrac{\mathrm{d}u_C}{\mathrm{d}t}$,代入方程中,得到微分方程

$$RC\dfrac{\mathrm{d}u_C}{\mathrm{d}t}+u_C=U_\mathrm{S}$$

根据拉氏变换转换为代数方程

$$RCsU_C(s)-RCu_C(0_-)+U_C(s)=U_\mathrm{S}(s)$$

整理得:

$$U_C(s)=\dfrac{\dfrac{U}{s}}{RCs+1}=\dfrac{\dfrac{U}{RC}}{s\left(s+\dfrac{1}{RC}\right)}$$

$$=U\left(\frac{1}{s}-\frac{1}{s+\frac{1}{RC}}\right)$$

根据拉氏反变换：$u_C(t)=U-Ue^{-\frac{t}{RC}}$，求得零状态响应的变化规律。

由上例可以看出，通过拉普拉斯变换可以将微分方程转换为代数方程，将一个有参数实数 t（$t\geq 0$）的函数转换为一个参数为复数 s 的函数，使复杂问题得以简化。

在许多工程技术和科学研究领域拉普拉斯变换都有着非常广泛的应用，特别是在电学系统、自动控制系统、可靠性系统以及随机服务系统等系统科学中起着重要作用。在电路分析中，拉普拉斯变换是分析线性时不变系统的重要工具，特别是非直流激励下动态电路的过渡过程。

拉氏变换用于电路分析主要具有以下三个特点：

① 拉氏变换将线性常系数微分方程转化为容易处理的线性多项式方程。

② 拉氏变换将电流和电压变量的初始值自动引入到多项式方程中，这样在变换处理过程中，初始条件就成为变换的一部分。

③ 拉普拉斯变换具有线性性质，所以前面章节中已经介绍的 KCL、KVL、结点电压法、网孔电流法、戴维宁等效、诺顿等效、叠加定理等线性电路理论在 s 域也同样适用。

本章小结

本章的重点不是研究拉氏变换的数学意义，而是以拉氏变换为工具，应用拉氏变换分析线性时不变电路的特性，对运算法的学习应主要掌握以下几个方面：

1. 明确什么是原函数，什么是象函数。

原函数是指时间函数 $f(t)$；

象函数是指应用拉普拉斯变换后的函数，记作 $F(s)$；

原函数是时间域，象函数是复频域（也称 s 域）。

2. 明确什么是拉氏正变换，什么是拉氏反变换（也称逆变换）。

对原函数 $f(t)$ 进行变换，得到象函数 $F(s)$，称为拉氏正变换；

对象函数 $F(s)$ 进行变换，得到原函数 $f(t)$，称为拉氏反变换。

3. 了解拉氏反变换有几种常用方法。

方法一：利用定义进行变换，复杂的象函数不建议用这种方法。

方法二：查表得到。简单的象函数 $F(s)$ 可以通过查拉氏变换表得到原函数 $f(t)$。

方法三：复杂象函数 $F(s)$ 通常采用部分分式展开法，分解为多个简单项的组合。

若 $F(s)=F_1(s)+F_2(s)+\cdots+F_n(s)$

则 $f(t)=f_1(t)+f_2(t)+\cdots+f_n(t)$

4. 掌握部分分式展开法的基本步骤。

根据根的不同情况，部分分式展开法可以分为以下三种，具体变换实例参见 12.3 节。

(1) 单根；

(2) 重根；

(3) 共轭复根。

5. 能够建立运算模型（运算电路），运算模型见表 12-2。

（1）根据换路前的电路计算初始值（电感的电流和电容的电压）；
（2）求出元件 R、L、C 的运算模型，注意由初始值引起的附加电源数值和方向；
（3）将电路中的时间函数 $u(t)$、$i(t)$ 写成象函数 $U(s)$、$I(s)$ 形式；
（4）画出运算电路。

表 12-2 运算模型

名称	时域模型	复频域模型
KCL	$\sum i(t)=0$	$\sum I(s)=0$
KVL	$\sum u(t)=0$	$\sum U(s)=0$
R		
L		
C		

6. 掌握应用拉普拉斯变换分析线性电路（运算法）的基本步骤。
（1）建立原电路的运算模型；
（2）通过列写复频域电路方程，计算待求变量的象函数 $F(s)$；
（3）应用拉氏反变换得到原函数 $f(t)$。
7. 掌握如何列写复频域电路方程。
用象函数代替相量，用运算阻抗代替复阻抗，则在相量法中使用的方法，如等效变换、支路法、回路法、结点法、电路定理等求解线性电路的方法都可以应用在运算电路。

习 题

一、填空题

1. 时间函数 $f(t)$ 称为（   ）函数，$F(s)$ 称为（   ）函数。
2. 由 $F(s)$ 求 $f(t)$ 称为拉普拉斯（   ）变换，简称（   ），记作（   ）。
3. 应用部分分式展开法时，通常分为（   ）根、（   ）根和（   ）根三种不同情况。
4. 三要素法适合求解（   ）动态电路，运算法适合求解（   ）动态电路。
5. 电阻元件电压、电流的运算形式为（   ）。
6. 电感元件电压、电流的运算形式为（   ）。
7. 电容元件电压、电流的运算形式为（   ）。
8. 电感元件附加电压源的方向与电感的电压方向（   ）。
9. 电容元件附加电压源的方向与电感的电压方向（   ）。
10. 运算电路的建立方法为（   ），（   ），（   ）。

二、选择题

1. 函数 $f(t)=5\delta(t)$ 的象函数 $F(s)$ 是（　　）。

   A. 5　　　　　　B. $5s$　　　　　　C. $\dfrac{1}{5}s$　　　　　　D. $\dfrac{1}{5}$

2. 函数 $f(t)=2t$ 的象函数 $F(s)$ 是（　　）。

   A. $\dfrac{1}{2}$　　　　　　B. $\dfrac{1}{2}s$　　　　　　C. $\dfrac{2}{s}$　　　　　　D. $\dfrac{2}{s^2}$

3. 函数 $f(t)=t^n$ 的象函数 $F(s)$ 是（　　）。

   A. s^n　　　　　　B. $\dfrac{1}{s^n}$　　　　　　C. $\dfrac{n}{s^{n+1}}$　　　　　　D. $\dfrac{n!}{s^{n+1}}$

4. 函数 $f(t)=2e^{-2t}$ 的象函数 $F(s)$ 是（　　）。

   A. $\dfrac{2}{s+2}$　　　　　　B. $\dfrac{2}{s-2}$　　　　　　C. $\dfrac{1}{2(s-2)}$　　　　　　D. $\dfrac{2}{s-2}$

5. 函数 $f(t)=\varepsilon(t)-\varepsilon(t-2)$ 的象函数 $F(s)$ 是（　　）。

   A. $s+(s-2)$　　　　B. $\dfrac{1}{s}+\dfrac{1}{s-2}$　　　　C. $\dfrac{1}{s}+\dfrac{1}{s}e^{2s}$　　　　D. $\dfrac{1}{s}+\dfrac{1}{s}e^{-2s}$

6. $F(s)=5+\dfrac{2}{s}$ 的原函数 $f(t)$ 是（　　）。

   A. $5+2\delta(t)$　　　　B. $5\delta(t)+2\varepsilon(t)$　　　　C. $5\varepsilon(t)+2$　　　　D. $5\delta(t)+2$

7. $F(s)=\dfrac{3}{s+5}$ 的原函数 $f(t)$ 是（　　）。

   A. $3e^{-5t}$　　　　　　B. $3e^{5t}$　　　　　　C. $\dfrac{1}{3}e^{5t}$　　　　　　D. $\dfrac{1}{3}e^{-5t}$

8. $F(s)=\dfrac{1}{s^2+1}$ 的原函数 $f(t)$ 是（　　）。

   A. $\sin 2t$　　　　　　B. $\cos t$　　　　　　C. $\cos 2t$　　　　　　D. $\sin t$

9. $F(s)=\dfrac{1}{s^3}$ 的原函数 $f(t)$ 是（　　）。

   A. $\dfrac{1}{2}t^2$　　　　　　B. $2t^2$　　　　　　C. t^2　　　　　　D. t^3

10. $F(s)=\dfrac{4}{(s+2)^2}$ 的原函数 $f(t)$ 是（　　）。

    A. $4e^{-2t}$　　　　　　B. $4e^{2t}$　　　　　　C. $4te^{-2t}$　　　　　　D. $4te^{2t}$

三、计算题

1. 求下列函数的原函数。

   (1) $\dfrac{s^2+4s+10}{s^2+6s+8}$　　　　　　(2) $\dfrac{5s+2}{s(s+2)(s-3)}$

   (3) $\dfrac{s+2}{(s+6)(s^2+5s+6)}$　　　　　　(4) $\dfrac{6s-3}{s^2-2s-8}$

2. 求下列函数的原函数。

(1) $\dfrac{2}{(s-2)^2}$ (2) $\dfrac{s+1}{s(s+3)^2}$

(3) $\dfrac{1}{(s+1)(s+4)^2}$ (4) $\dfrac{2}{s^3+s^2}$

3. 求下列函数的原函数。

(1) $\dfrac{2s}{s^2+2s+5}$ (2) $\dfrac{2}{(s^2+2s+5)(s-1)}$

4. 画出题图 12-1 所示电路的运算模型。

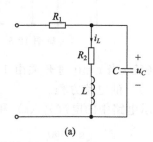 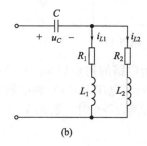

题图 12-1

5. 画出题图 12-2 所示电路的运算模型。

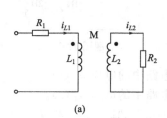 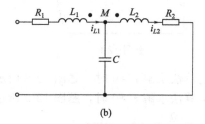

题图 12-2

6. 计算题图 12-3 所示电路的初始值，画出电路的运算模型。

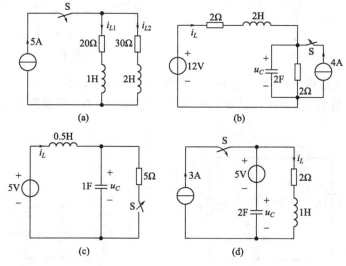

题图 12-3

7. 画出题图 12-4 所示电路 $t>0$ 时的运算电路，列写电压 $U_C(s)$ 和电流 $I_{L1}(s)$、$I_{L2}(s)$ 的电路方程。

8. 题图 12-5 所示电路的初始值 $i_L(0_-)=1\text{A}$，$u_C(0_-)=0\text{V}$，画出 $t>0$ 时的运算电路，列写电压 $U_C(s)$ 和电流 $I_L(s)$ 的电路方程。

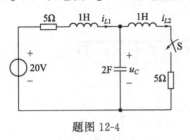

题图 12-4

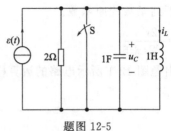

题图 12-5

9. 题图 12-6 所示电路的初始值 $u_C(0_-)=0\text{V}$，当 $t=0$ 时开关由 1 位合向 2 位，画出 $t>0$ 时的运算电路，列写电压 $U_C(s)$ 和电流 $I_L(s)$ 的电路方程。

10. 应用运算法求解 $t>0$ 时，题图 12-7 所示电路中的电流 $i_{L1}(t)$ 和 $i_{L2}(t)$。

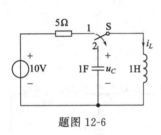

题图 12-6

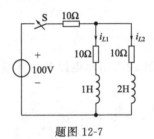

题图 12-7

11. 应用运算法求解 $t>0$ 时，题图 12-8 所示电路中的电压 $u_C(t)$。

12. 应用运算法求解 $t>0$ 时，题图 12-9 所示电路中的电压 $u_L(t)$。

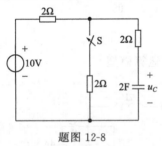

题图 12-8

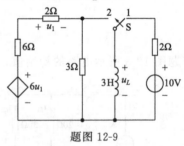

题图 12-9

13. 应用运算法求解 $t>0$ 时，题图 12-10 所示电路中的电压 $u_L(t)$。

14. 电路如题图 12-11 所示，已知 $i_S=\delta(t)$，$u_C(0_-)=0$，用运算法求电路中电容元件上的电压 $u_C(t)$。

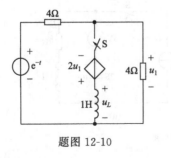

题图 12-10

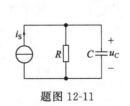

题图 12-11

15. 已知题图 12-12 所示电路中 $L_1=1\text{H}$，$L_2=4\text{H}$，$M=2\text{H}$，$R_1=R_2=1\Omega$，$u_\text{S}=1\text{V}$。应用运算法求解 $t>0$ 时电路中的电流 $i_{L1}(t)$ 和 $i_{L2}(t)$。

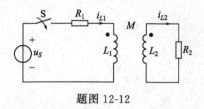

题图 12-12

第13章 二端口网络

引言：

本章重点掌握二端口网络的方程和参数及它们之间的关系；熟悉二端口网络的等效电路与连接方式；对二端口网络进行分析计算，了解常见的二端口元件。

13.1 二端口网络概述

随着集成电路技术的发展，越来越多的实用电路被集成在一小块芯片上，经封装后对外伸出若干端钮，这犹如将整个电路装在一个"黑盒"内。使用时仅是将这些端钮与其他网络（或是电源或是负载）相应连接即可。对于这样的网络，人们往往只关心它的外部特性，而对其内部不感兴趣。

一般来说，若网络对外伸出 n 个端钮，则称为 n 端网络（n-port network），如图 13-1（a）所示。若网络的一对端钮满足下面的条件：即从一个端钮流入的电流等于从另一个端钮流出的电流，则称该对端钮为网络的一个端口。上述条件称为端口条件。在电子技术中，多端网络和多端口都有应用，但双端口网络（也称为二端口网络）（two-port network）的应用更为普遍，如图 13-1（b）所示。

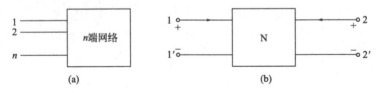

图 13-1 网络图

二端口网络分类：

① 按元件的性质分为线性和非线性二端口网络。

② 按是否满足互易定理分为互易性（可逆）和非互易（不可逆）二端口网络。

③ 按电气特性分为对称和非对称二端口网络。对称二端口网络又分为电气对称和结构对称两种；结构对称的一定是电气对称，但电气对称的不一定是结构对称。

本章只讨论线性二端口网络的描述及其特性分析方法。一般规定：

① 二端口网络为线性非时变网络，网络内部不含独立电源，且储能元件的初始状态为零，即双口网络是线性、定常、无独立源和零状态的。

② 二端口网络的端口电压、电流参数方向如图 13-1（b）所示，即端口电流的参考方向均为流进网络。一般称 1-1′为输入端口（input port），2-2′为输出端口（output port）。

③ 双端口网络的分析可以采用相量法，也可以采用运算法。

双端口网络在电路分析中的一个主要内容是寻求端口处的电压、电流关系。双端口网络中共有 $\dot{U}_1$、$\dot{I}_1$ 和 $\dot{U}_2$、$\dot{I}_2$ 四个变量。当二端口网络置于电路中时，每一个端口的电压、电流都有一个与外电路相连接的约束关系。所以二端口网络的内部只要有两个约束关系就可以确定上述四个变量。在这两个约束关系中，可以取四个变量中的任意两个作为自变量，另外两个作为因变量。自变量的取法不同，得到的网络参数也不同，共有六种参数，而本章只讨论常用的 Z、Y、T、H 四种参数。

13.2 二端口方程及参数

13.2.1 Z 方程与 Z 参数

13.2.1.1 方程的一般形式

图 13-2 为一个线性无源二端口网络。端口电压、电流的参考方向如图所示。可将电流 $\dot{I}_1$、$\dot{I}_2$ 视为激励（$\dot{I}_1$、$\dot{I}_2$ 可用电流源替代），$\dot{U}_1$、$\dot{U}_2$ 视为响应，则根据叠加定理，响应 $\dot{U}_1$、$\dot{U}_2$ 为激励的线性组合函数，即

$$\dot{U}_1 = Z_{11}\dot{I}_1 + Z_{12}\dot{I}_2$$
$$\dot{U}_2 = Z_{21}\dot{I}_1 + Z_{22}\dot{I}_2$$
(13-1)

将式（13-1）写成矩阵形式为：

$$\begin{bmatrix} \dot{U}_1 \\ \dot{U}_2 \end{bmatrix} = \begin{bmatrix} Z_{11} & Z_{12} \\ Z_{21} & Z_{22} \end{bmatrix} \begin{bmatrix} \dot{I}_1 \\ \dot{I}_2 \end{bmatrix} = Z \begin{bmatrix} \dot{I}_1 \\ \dot{I}_2 \end{bmatrix}$$

其中

$$Z = \begin{bmatrix} Z_{11} & Z_{12} \\ Z_{21} & Z_{22} \end{bmatrix}$$

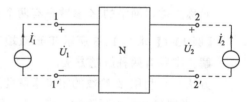

图 13-2 二端口网络

系数 Z_{11}、Z_{12}、Z_{21}、Z_{22} 具有阻抗的量纲称为阻抗参数，简称 Z 参数，它只与网络的内部结构、元件值及电源频率 ω 有关，而与电源和负载无关，故可用来描述网络本身的特性。其方程称为二端口网络的阻抗方程，简称 Z 方程。

13.2.1.2 Z 参数的物理意义

可以按下述方法计算或试验测量求得。

如图 13-2 所示。设 2-2′开路，即 $\dot{I}_2 = 0$，只在端口 1-1′施加一个电流源 $\dot{I}_1$，由式（13-1）可得：

$$Z_{11} = \left. \frac{\dot{U}_1}{\dot{I}_1} \right|_{\dot{I}_2=0}$$

$$Z_{21} = \left.\frac{\dot{U}_2}{\dot{I}_1}\right|_{\dot{I}_2=0}$$

式中，Z_{11} 称为输出端口开路时输入端口的输入阻抗；Z_{21} 称为输出端口开路时的转移阻抗。

同理，当输入端口开路，即 $\dot{I}_1=0$ 时，则有

$$Z_{12} = \left.\frac{\dot{U}_1}{\dot{I}_2}\right|_{\dot{I}_1=0}$$

$$Z_{22} = \left.\frac{\dot{U}_2}{\dot{I}_2}\right|_{\dot{I}_1=0}$$

其中，Z_{12} 称为输入端口开路时的转移阻抗；Z_{22} 称为输入端口开路时输出端口的输入阻抗。

13.2.1.3 网络的互易条件

当为互易网络时，根据互易定理一有 $\left.\dfrac{\dot{U}_1}{\dot{I}_2}\right|_{\dot{I}_1=0} = \left.\dfrac{\dot{U}_2}{\dot{I}_1}\right|_{\dot{I}_2=0}$，即对于由线性 R、L、M、C 元件构成的任何无源二端口，$Z_{12}=Z_{21}$ 总是成立的。所以对任何一个无源线性二端口，只要 3 个独立的参数就足以表明它的性能。

13.2.1.4 网络对称条件

在 Z 参数中，若同时有 $Z_{12}=Z_{21}$，$Z_{11}=Z_{22}$，则称为在电性能上对称的二端口网络，简称对称二端口网络。其物理意义是，将两个端口 1-1′ 与 2-2′ 互换位置后与外电路连接，其端口特性保持不变。

电路结构对称的二端口网络必然同时有 $Z_{12}=Z_{21}$，$Z_{11}=Z_{22}$，即在电性能上也一定是对称的。但要注意在电性能上对称，其电路结构不一定对称。

对称二端口网络的 Z 参数只有两个独立参数。

【例 13-1】 求图 13-3 所示 T 形双端口网络的 Z 参数。

解： 本题有两种解题方法。

方法一：利用 Z 参数的定义求解此题。

① 当端口 2-2′ 为开路时，求 Z_{11}、Z_{21} 两个参数。

$$Z_{11} = \left.\frac{\dot{U}_1}{\dot{I}_1}\right|_{\dot{I}_2=0} = \frac{\dot{I}_1(Z_1+Z_2)}{\dot{I}_1} = Z_1+Z_2$$

$$Z_{21} = \left.\frac{\dot{U}_2}{\dot{I}_1}\right|_{\dot{I}_2=0} = \frac{\dot{I}_1 Z_2}{\dot{I}_1} = Z_2$$

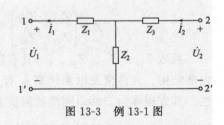

图 13-3 例 13-1 图

② 当端口 1-1′ 为开路时，求 Z_{22}、Z_{12} 两个参数。

$$Z_{22} = \left.\frac{\dot{U}_2}{\dot{I}_2}\right|_{\dot{I}_1=0} = Z_3+Z_2$$

$$Z_{12} = \left.\frac{\dot{U}_1}{\dot{I}_2}\right|_{\dot{I}_1=0} = \frac{\dot{I}_2 Z_2}{\dot{I}_2} = Z_2$$

故 Z 参数为：$Z = \begin{bmatrix} Z_1+Z_2 & Z_2 \\ Z_2 & Z_3+Z_2 \end{bmatrix}$。

求 Z_{12}、Z_{21} 时用到了分压公式。另外由图 13-3 可知网络是线性无源的，满足互易特性，所以 $Z_{12}=Z_{21}$。即四个参数只有三个是独立的。

若 $Z_1=Z_3$，则该网络称为对称双端口，显然有 $Z_{11}=Z_{22}$ 存在。此时四个参数，只有两个是独立的。

方法二：由二端口网络列写方程，化成二端口网络方程的标准形式即可求得参数。

由图 13-3 列写方程。由 KVL 得

$$\dot{U}_1 = Z_1\dot{I}_1 + Z_2(\dot{I}_1+\dot{I}_2) = (Z_1+Z_2)\dot{I}_1 + Z_2\dot{I}_2$$

$$\dot{U}_2 = Z_3\dot{I}_2 + Z_2(\dot{I}_1+\dot{I}_2) = Z_2\dot{I}_1 + (Z_2+Z_3)\dot{I}_2$$

对照式（13-1）得

$$Z_{11}=Z_1+Z_2 \quad Z_{12}=Z_2$$
$$Z_{21}=Z_2 \quad Z_{22}=Z_2+Z_3$$

13.2.2　Y 方程与 Y 参数

13.2.2.1　Y 方程的一般形式

图 13-2 所示二端口网络的 $\dot{U}_1$、$\dot{U}_2$ 是已知的，可以利用替代定理把 $\dot{U}_1$、$\dot{U}_2$ 看作是外施电压源的电压。根据叠加定理，$\dot{I}_1$、$\dot{I}_2$ 应等于各个电压源单独作用时产生的电流之和，即

$$\dot{I}_1 = Y_{11}\dot{U}_1 + Y_{12}\dot{U}_2$$
$$\dot{I}_2 = Y_{21}\dot{U}_1 + Y_{22}\dot{U}_2$$
(13-2)

系数 Y_{11}、Y_{12}、Y_{21}、Y_{22} 具有导纳的量纲称为导纳参数，简称 Y 参数，它只与网络的内部结构、元件值及电源频率 ω 有关，而与电源和负载无关，故可用来描述网络本身的特性。其方程称为二端口网络的导纳方程，简称 Y 方程。

13.2.2.2　Y 参数物理意义

Y 参数可以通过在 Y 参数方程中分别令 $\dot{U}_2=0$［图 13-4（a）］、$\dot{U}_1=0$［图 13-4（b）］的条件下求得，即

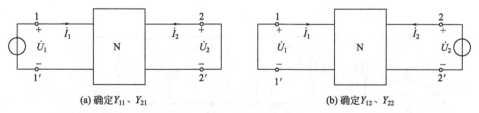

图 13-4　确定 Y 参数

$$Y_{11} = \left.\frac{\dot{I}_1}{\dot{U}_1}\right|_{\dot{U}_2=0} \qquad Y_{21} = \left.\frac{\dot{I}_2}{\dot{U}_1}\right|_{\dot{U}_2=0}$$

$$Y_{12} = \left.\frac{\dot{I}_1}{\dot{U}_2}\right|_{\dot{U}_1=0} \qquad Y_{22} = \left.\frac{\dot{I}_2}{\dot{U}_2}\right|_{\dot{U}_1=0}$$

上式表明了各 Y 参数的物理意义及计算方法。Y_{11}、Y_{21} 分别表示输出端口短路时输入端口的输入导纳（或短路策动点导纳）和短路正向转移导纳；Y_{12}、Y_{22} 分别表示输入端口短路时的短路反向转移导纳和输出端口的输出导纳（或短路策动点导纳）。

13.3.2.3　互易条件、对称条件

4 个 Y 参数都是在某个端口短路的条件定义的，所以 Y 参数又称为短路导纳参数。若网络是互易的，则根据互易特性应满足

$$Y_{12}=Y_{21}$$

这说明，在互易二端口网络的 4 个 Y 参数中，只有 3 个参数是相互独立的。同样，对于互易、对称二端口网络存在

$$Y_{12}=Y_{21}$$
$$Y_{11}=Y_{22}$$

13.2.2.4　Z 参数与 Y 参数关系

将式（13-1）对 $\dot{I}$ 求解，若矩阵 **Z** 为非奇异矩阵，即 **Z** 的行列式 $|Z|=Z_{11}Z_{22}-Z_{12}Z_{21}\neq 0$，则得

$$\dot{I}=\mathbf{Z}^{-1}\dot{U}=\mathbf{Y}\dot{U}$$

即

$$\mathbf{Y}=\begin{bmatrix}Y_{11} & Y_{12}\\ Y_{21} & Y_{22}\end{bmatrix}=\begin{bmatrix}Z_{11} & Z_{12}\\ Z_{21} & Z_{22}\end{bmatrix}^{-1}=\begin{bmatrix}\dfrac{Z_{22}}{|Z|} & -\dfrac{Z_{12}}{|Z|}\\ -\dfrac{Z_{21}}{|Z|} & \dfrac{Z_{11}}{|Z|}\end{bmatrix}$$

需要指出，**Y** 与 **Z** 是互逆的。当 **Z** 为奇异矩阵，即当其行列式 $|Z|=0$ 时，此时即不存在 **Y** 矩阵。这就是说，对同一个网络而言，这一种参数存在，但另一种参数可能不存在。

【**例 13-2**】求如图 13-5 所示二端口网络的 Y 参数。

解：该二端口网络比较简单，它是一个 π 形电路。求它的 Y_{11} 和 Y_{21} 时，把端口 2-2' 短路，在端口 1-1' 上外施加电压 $\dot{U}_1$，如图 13-6（a）所示，这时可求得：

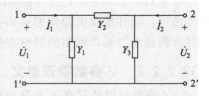

图 13-5　例 13-2 图

$$\dot{I}_1=\dot{U}_1(Y_1+Y_2)$$
$$\dot{I}_2=-\dot{U}_1Y_2$$

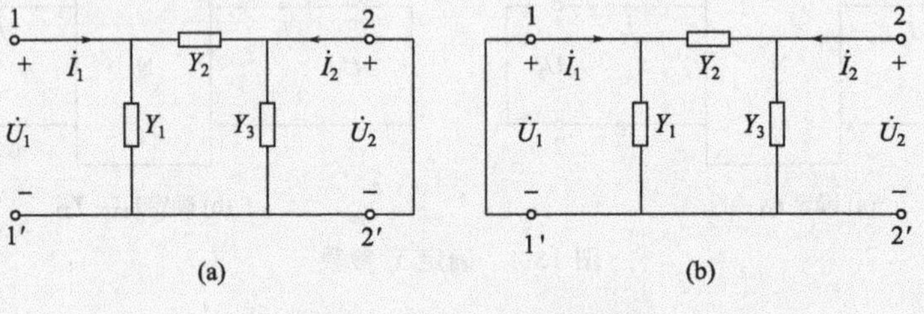

图 13-6　求例 13-2 参数图

根据式（13-2）可求得：

$$Y_{11}=Y_1+Y_2 \qquad Y_{21}=-Y_2$$

同理，如果把端口 1-1'短路，并在端口 2-2'上外施加电压 $\dot{U}_2$，如图 13-6（b）所示，则可求得：

$$Y_{22}=Y_3+Y_2 \qquad Y_{12}=-Y_2$$

【例 13-3】求如图 13-7 所示二端口网络的 Y 参数。

解：把端口 2-2'短路，在端口 1-1'施加电压源，如图 13-8（a）所示。由 KCL 得（注意：图中 $\dot{U}_2=0$）

$$\dot{I}_1=\dot{U}_1(Y_1+Y_2)$$
$$\dot{I}_2=-\dot{U}_1Y_2-g_m\dot{U}=-\dot{U}_1Y_2-g_m(\dot{U}_1-\dot{U}_2)$$
$$=-(Y_2+g_m)\dot{U}_1+g_m\dot{U}_2=-(Y_2+g_m)\dot{U}_1$$

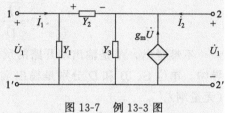

图 13-7 例 13-3 图

于是，可求得

$$Y_{11}=\frac{\dot{I}_1}{\dot{U}_1}\bigg|_{\dot{U}_2=0}=Y_1+Y_2$$

$$Y_{21}=\frac{\dot{I}_2}{\dot{U}_1}\bigg|_{\dot{U}_2=0}=-(Y_2+g_m)$$

同理，为了求 Y_{12}、Y_{22}，把端口 1-1'短路，即令 $\dot{U}_1=0$，在端口 2-2'施加电压源 $\dot{U}_2$，如图 13-8（b）所示。这时受控电流源的电流 $g_m\dot{U}=g_m(\dot{U}_1-\dot{U}_2)=-g_m\dot{U}_2$，故得

$$Y_{12}=\frac{\dot{I}_1}{\dot{U}_2}\bigg|_{\dot{U}_1=0}=\frac{Y_2\dot{U}}{\dot{U}_2}=\frac{-Y_2\dot{U}_2}{\dot{U}_2}=-Y_2$$

$$Y_{22}=\frac{\dot{I}_2}{\dot{U}_2}\bigg|_{\dot{U}_1=0}=\frac{\dot{U}_2(Y_2+Y_3)-g_m\dot{U}}{\dot{U}_2}$$

$$=\frac{\dot{U}_2(Y_2+Y_3)-g_m(\dot{U}_1-\dot{U}_2)}{\dot{U}_2}$$

$$=\frac{\dot{U}_2(Y_2+Y_3+g_m)}{\dot{U}_2}=Y_2+Y_3+g_m$$

注意：由于有受控源，所以 $Y_{12}\neq Y_{21}$。

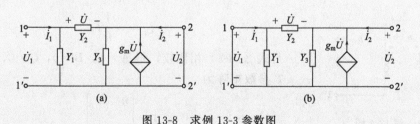

图 13-8 求例 13-3 参数图

13.2.3 T 方程与 T 参数

在信号传输中，二端口网络方程常将输入端口电压 $\dot{U}_1$、电流 $\dot{I}_1$ 与输出端口电压 $\dot{U}_2$、电流 $\dot{I}_2$ 联系起来。可以得到以 $\dot{U}_2$、$-\dot{I}_2$ 为自变量，以 $\dot{U}_1$、$\dot{I}_1$ 为因变量的方程。故

$$\dot{U}_1 = A\dot{U}_2 + B(-\dot{I}_2)$$
$$\dot{I}_1 = C\dot{U}_2 + D(-\dot{I}_2)$$
(13-3)

式中，A、B、C、D 称为二端口网络的 T 参数（或传输参数），该组方程称为 T 参数方程。T 参数的物理意义可由下面的定义式说明。

$$A = \left.\frac{\dot{U}_1}{\dot{U}_2}\right|_{\dot{I}_2=0} \qquad B = \left.-\frac{\dot{U}_1}{\dot{I}_2}\right|_{\dot{U}_2=0}$$

$$C = \left.\frac{\dot{I}_1}{\dot{U}_2}\right|_{\dot{I}_2=0} \qquad D = \left.-\frac{\dot{I}_1}{\dot{I}_2}\right|_{\dot{U}_2=0}$$

不难看出，A 是输出端开路的反向电压转移比（无量纲）。C 是输出端开路时反向转移导纳，单位 S。B 和 D 分别是输出端短路时的短路转移阻抗（单位 Ω）及反向电流转移比（无量纲）。

将 T 参数方程式（13-3）写成矩阵形式，有

$$\begin{bmatrix} \dot{U}_1 \\ \dot{I}_1 \end{bmatrix} = \begin{bmatrix} A & B \\ C & D \end{bmatrix} \begin{bmatrix} \dot{U}_2 \\ -\dot{I}_2 \end{bmatrix}$$

式中

$$\boldsymbol{T} = \begin{bmatrix} A & B \\ C & D \end{bmatrix}$$

称为 T 参数矩阵，它的元素称为 T 参数。

对于互易二端口网络，可以证明

$$\det \boldsymbol{T} = AD - BC = 1$$

对于互易、对称二端口网络，则有

$$\det \boldsymbol{T} = AD - BC = 1$$
$$A = D$$

在互易二端口网络中，只有 3 个 T 参数是相互独立的。在互易、对称二端口网络中，只有 2 个 T 参数是独立的。

【例 13-4】 理想变压器如图 13-9 所示，求 T 参数矩阵。

解： 在图 13-9 所示参考方向下，理想变压器的电压、电流关系为

$$\dot{U}_1 = n\dot{U}_2$$
$$\dot{I}_1 = -\frac{1}{n}\dot{I}_2$$

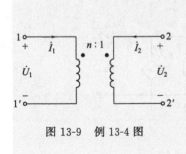

图 13-9 例 13-4 图

与式（13-3）相比较，得 $A = n$，$B = 0$，$C = 0$，$D = 1/n$

T 参数矩阵为

$$\boldsymbol{T} = \begin{bmatrix} n & 0 \\ 0 & \dfrac{1}{n} \end{bmatrix}$$

由于 $AD - BC = 1$，该网络是互易的。

13.2.4　H 方程与 H 参数

在分析晶体管电路时，常以 $\dot{U}_1$、$\dot{I}_2$ 为因变量，而以 $\dot{I}_1$、$\dot{U}_2$ 为自变量。这时二端口网

络的 KCL、KVL 方程可以写为

$$\dot{U}_1 = H_{11}\dot{I}_1 + H_{12}\dot{U}_2$$
$$\dot{I}_2 = H_{21}\dot{I}_1 + H_{22}\dot{U}_2 \qquad (13\text{-}4)$$

$$H_{11} = \frac{\dot{U}_1}{\dot{I}_1}\bigg|_{\dot{U}_2=0} \quad H_{21} = \frac{\dot{I}_2}{\dot{I}_1}\bigg|_{\dot{U}_2=0}$$

$$H_{12} = \frac{\dot{U}_1}{\dot{U}_2}\bigg|_{\dot{I}_1=0} \quad H_{22} = \frac{\dot{I}_2}{\dot{U}_2}\bigg|_{\dot{I}_1=0}$$

不难看出，H_{11} 是输出端口短路时输入端口的输入阻抗（或短路策动点阻抗），显然有 $H_{11} = 1/Y_{11}$。H_{21} 是输出端口短路时的正向电流转移比，无量纲。H_{12} 是输入端口开路时的反向电压转移比，无量纲。H_{22} 是输入端口开路时输出端口的输出导纳（或开路策动点导纳），显然有 $H_{22} = 1/Z_{22}$。

将 H 参数方程式（13-4）写成矩阵形式，即

$$\begin{bmatrix} \dot{U}_1 \\ \dot{I}_2 \end{bmatrix} = \begin{bmatrix} H_{11} & H_{12} \\ H_{21} & H_{22} \end{bmatrix} \begin{bmatrix} \dot{I}_1 \\ \dot{U}_2 \end{bmatrix} = \boldsymbol{H} \begin{bmatrix} \dot{I}_1 \\ \dot{U}_2 \end{bmatrix}$$

式中

$$\boldsymbol{H} = \begin{bmatrix} H_{11} & H_{12} \\ H_{21} & H_{22} \end{bmatrix}$$

称为二端口网络的 $\boldsymbol{H}$ 参数（或混合参数）矩阵，它的元素称为 H 参数或混合参数。

如果网络是互易的，可以证明

$$H_{12} = -H_{21}$$

说明 H 参数中只有 3 个参数是相互独立的。

若网络是互易的且又是对称的，则有

$$H_{12} = -H_{21}$$
$$\det\boldsymbol{H} = H_{11}H_{22} - H_{12}H_{21} = 1$$

说明只有 2 个 H 参数是相互独立的。

【例 13-5】求图 13-10 所示二端口网络的 H 参数。

解：

方法一：将图 13-10 输出端 2-2′ 短路，如图 13-11（a）所示。
由 H 参数定义式得

$$H_{11} = \frac{\dot{U}_1}{\dot{I}_1}\bigg|_{\dot{U}_2=0} = \frac{R_1\dot{I}_1}{\dot{I}_1} = R_1$$

$$H_{21} = \frac{\dot{I}_2}{\dot{I}_1}\bigg|_{\dot{U}_2=0} = \frac{\beta\dot{I}_1}{\dot{I}_1} = \beta$$

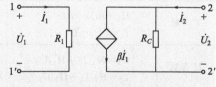

图 13-10 例 13-5 图

将图 13-10 端口 1-1′ 开路，如图 13-11（b）所示。
由 H 参数定义式得

$$H_{12} = \frac{\dot{U}_1}{\dot{U}_2}\bigg|_{\dot{I}_1=0} = 0$$

$$H_{22} = \frac{\dot{I}_2}{\dot{U}_2}\bigg|_{\dot{I}_1=0} = \frac{1}{R_C}$$

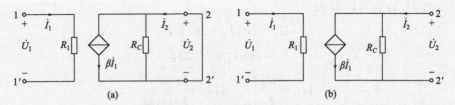

图 13-11　求例 13-5 参数图

方法二：找出变量 $\dot{U}_1$、$\dot{I}_2$ 与变量 $\dot{I}_1$、$\dot{U}_2$ 之间的关系。
根据 KCL、KVL 得

$$\dot{U}_1 = R_1 \dot{I}_1 = R_1 \dot{I}_1 + 0\dot{U}_2$$

$$\dot{I}_2 = \beta \dot{I}_1 + \frac{\dot{U}_2}{R_C} = \beta \dot{I}_1 + \frac{1}{R_C}\dot{U}_2$$

对照 H 参数方程式（13-4），易得

$$H_{11} = R_1 \quad H_{12} = 0$$
$$H_{21} = \beta \quad H_{22} = 1/R_C$$

13.2.5　二端口网络方程与参数之间关系

（1）二端口网络的方程与参数

上面介绍了 4 种方程和参数，它们在描述网络本身特性方面是等价的，相互之间存在着互求关系，在分析问题时应选择其方便者用之。现将 4 种方程和参数汇总于表 13-1 中，以便查用。

表 13-1　二端口网络的方程与参数

参数	网络方程	参数矩阵	互易网络的条件	对称网络的条件
Z 参数	$\dot{U}_1 = Z_{11}\dot{I}_1 + Z_{12}\dot{I}_2$ $\dot{U}_2 = Z_{21}\dot{I}_1 + Z_{22}\dot{I}_2$	$\begin{bmatrix} Z_{11} & Z_{12} \\ Z_{21} & Z_{22} \end{bmatrix}$	$Z_{12} = Z_{21}$	$Z_{12} = Z_{21}$ $Z_{11} = Z_{22}$
Y 参数	$\dot{I}_1 = Y_{11}\dot{U}_1 + Y_{12}\dot{U}_2$ $\dot{I}_2 = Y_{21}\dot{U}_1 + Y_{22}\dot{U}_2$	$\begin{bmatrix} Y_{11} & Y_{12} \\ Y_{21} & Y_{22} \end{bmatrix}$	$Y_{12} = Y_{21}$	$Y_{12} = Y_{21}$ $Y_{11} = Y_{22}$
T 参数	$\dot{U}_1 = A\dot{U}_2 + B(-\dot{I}_2)$ $\dot{I}_1 = C\dot{U}_2 + D(-\dot{I}_2)$	$\begin{bmatrix} A & B \\ C & D \end{bmatrix}$	$|A| = 1$	$|A| = 1$ $A = D$
H 参数	$\dot{U}_1 = H_{11}\dot{I}_1 + H_{12}\dot{U}_2$ $\dot{I}_2 = H_{21}\dot{I}_1 + H_{22}\dot{U}_2$	$\begin{bmatrix} H_{11} & H_{12} \\ H_{21} & H_{22} \end{bmatrix}$	$H_{12} = -H_{21}$	$H_{12} = -H_{21}$ $|H| = 1$

（2）二端口网络参数之间关系

我们已看到二端口网络参数之间可以等效替换。在实际中，根据不同情况可以选用一种更合适的参数。Z 参数和 Y 参数是最基本的参数，常用于理论探讨和基本定理的推导中。H 参数广泛用于低频晶体管电路的分析中，具有明显的物理意义。在涉及二端口网络的传输问题时则采用 T 参数最为方便。现将 4 种参数之间的关系汇总于表 13-2 中。

表 13-2 二端口网络参数间的关系

项目	Z 参数	Y 参数	H 参数	T 参数
Z 参数	$\begin{bmatrix} Z_{11} & Z_{12} \\ Z_{21} & Z_{22} \end{bmatrix}$	$\begin{bmatrix} \dfrac{Y_{22}}{\det Y} & \dfrac{-Y_{12}}{\det Y} \\ \dfrac{-Y_{21}}{\det Y} & \dfrac{Y_{11}}{\det Y} \end{bmatrix}$	$\begin{bmatrix} \dfrac{\det H}{H_{22}} & \dfrac{H_{12}}{H_{22}} \\ \dfrac{-H_{12}}{H_{22}} & \dfrac{1}{H_{22}} \end{bmatrix}$	$\begin{bmatrix} \dfrac{A}{C} & \dfrac{\det T}{C} \\ \dfrac{1}{C} & \dfrac{D}{C} \end{bmatrix}$
Y 参数	$\begin{bmatrix} \dfrac{Z_{22}}{\det Z} & \dfrac{-Z_{12}}{\det Z} \\ \dfrac{-Z_{21}}{\det Z} & \dfrac{Z_{11}}{\det Z} \end{bmatrix}$	$\begin{bmatrix} Y_{11} & Y_{12} \\ Y_{21} & Y_{22} \end{bmatrix}$	$\begin{bmatrix} \dfrac{1}{H_{11}} & \dfrac{-H_{12}}{H_{11}} \\ \dfrac{H_{21}}{H_{11}} & \dfrac{\det H}{H_{11}} \end{bmatrix}$	$\begin{bmatrix} \dfrac{D}{B} & \dfrac{-\det T}{B} \\ \dfrac{-1}{B} & \dfrac{A}{B} \end{bmatrix}$
H 参数	$\begin{bmatrix} \dfrac{\det Z}{Z_{22}} & \dfrac{Z_{12}}{Z_{22}} \\ -\dfrac{Z_{21}}{Z_{22}} & \dfrac{1}{Z_{22}} \end{bmatrix}$	$\begin{bmatrix} \dfrac{1}{Y_{11}} & \dfrac{-Y_{12}}{Y_{11}} \\ \dfrac{Y_{21}}{Y_{11}} & \dfrac{\det Y}{Y_{11}} \end{bmatrix}$	$\begin{bmatrix} H_{11} & H_{12} \\ H_{21} & H_{22} \end{bmatrix}$	$\begin{bmatrix} \dfrac{B}{D} & \dfrac{\det T}{D} \\ \dfrac{-1}{D} & \dfrac{C}{D} \end{bmatrix}$
T 参数	$\begin{bmatrix} \dfrac{Z_{11}}{Z_{21}} & \dfrac{\det Z}{Z_{21}} \\ \dfrac{1}{Z_{21}} & \dfrac{Z_{22}}{Z_{21}} \end{bmatrix}$	$\begin{bmatrix} \dfrac{-Y_{22}}{Y_{21}} & \dfrac{-1}{Y_{21}} \\ \dfrac{-\det Y}{Y_{21}} & \dfrac{-Y_{11}}{Y_{21}} \end{bmatrix}$	$\begin{bmatrix} \dfrac{\det H}{H_{21}} & \dfrac{-H_{11}}{H_{21}} \\ \dfrac{-H_{22}}{H_{21}} & \dfrac{-1}{H_{21}} \end{bmatrix}$	$\begin{bmatrix} A & B \\ C & D \end{bmatrix}$

13.3 二端口等效电路

(1) 二端口网络等效网络的定义与条件

我们已经知道,一个一端口电路可以有一个等效电路。当一端口电路中不含独立源时,其等效电路为一个输入阻抗或输入导纳;当一端口电路中含有独立源时,其等效电路为一个电压源或电流源。其等效条件是:等效电路端口上的伏安关系与原一端口上的伏安关系相同。同样的,一个不论怎样大、怎样复杂的二端口 N_a,我们也可以求出它的二端口等效网络 N_b,如图 13-12 所示。其等效条件是:N_a 与 N_b 具有相同的端口伏安关系,即端口上的电压和电流关系方程完全相同,亦即网络的基本参数或特性参数完全相同。

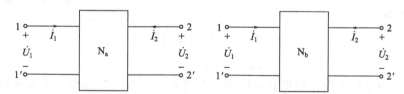

图 13-12 二端口网络等效网络的定义与条件

研究二端口网络等效网络的理论和实用意义在于,有时可使问题求解、计算简便;当对网络进行综合设计时,可使网络元件的数量减少。

由于每一个二端口网络都有 4 组基本参数矩阵,因而就有 4 种等效二端口网络,但在工程实际中,应用较多的是 Z 参数、Y 参数、H 参数等效二端口网络。

(2) Z 参数等效二端口网络

图 13-13 (a) 所示为线性二端口网络 N,若已知其 Z 方程为

$$\dot{U}_1 = Z_{11}\dot{I}_1 + Z_{12}\dot{I}_2$$
$$\dot{U}_2 = Z_{21}\dot{I}_1 + Z_{22}\dot{I}_2$$

上式是一组 KVL 方程,根据此式可画出与之对应的含双受控源的 Z 参数等效网络,如

图 13-13（b）所示。

若将上式加以改写，即

$$\dot{U}_1=(Z_{11}-Z_{12})\dot{I}_1+Z_{12}(\dot{I}_1+\dot{I}_2)$$
$$\dot{U}_2=(Z_{21}-Z_{12})\dot{I}_1+(Z_{22}-Z_{12})\dot{I}_2+Z_{12}(\dot{I}_1+\dot{I}_2)$$

根据此式可画出与之对应的一个含受控源的 T 形等效网络，如图 13-13（c）所示。

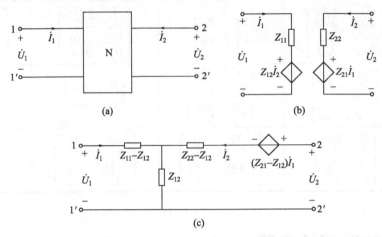

图 13-13 两种 Z 参数等效二端口网络

特殊情况：当网络 N 为互易网络时，因有 $Z_{12}=Z_{21}$，故图中的受控电压源 $(Z_{21}-Z_{12})\dot{I}_1=0$，即为短路，于是变为如图 13-14 所示的无受控源 T 形网络。

图 13-13（b）、（c）和图 13-14，统称为二端口网络的 Z 参数等效二端口网络。

(3) Y 参数二端口网络

对于图 13-13（a）所示的线性二端口网络 N，若已知其 Y 方程为

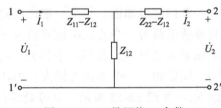

图 13-14 互易网络 Z 参数无源 T 形等效图

$$\dot{I}_1=Y_{11}\dot{U}_1+Y_{12}\dot{U}_2$$
$$\dot{I}_2=Y_{21}\dot{U}_1+Y_{22}\dot{U}_2$$

上式是一组 KCL 方程，根据此式可画出与之对应的含双受控源的 Y 参数等效网络，如图 13-15（a）所示。

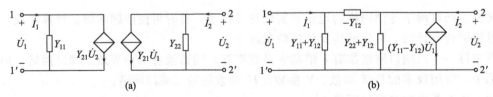

图 13-15 两种 Y 参数等效二端口网络

若将上式加以改写，即

$$\dot{I}_1=(Y_{11}+Y_{12})\dot{U}_1-Y_{12}(\dot{U}_1-\dot{U}_2)$$
$$\dot{I}_2=(Y_{21}-Y_{12})\dot{U}_1+(Y_{22}+Y_{12})\dot{U}_2-Y_{12}(\dot{U}_2-\dot{U}_1)$$

根据此式可画出与这对应的含一个受控源的等效网络，如图 13-15（b）所示。

特殊情况：当网络 N 为互易网络时，因有 $Y_{12}=Y_{21}$，故图 13-15（b）中的受控电流源 $(Y_{21}-Y_{12})\dot{U}_1=0$，即为开路，于是变为图 13-16 所示的无源 π 形网络。

图 13-15（a）、（b）和图 13-16，统称为二端口网络的 Y 参数等效二端口网络。

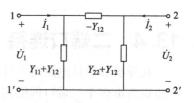

图 13-16 互易网络的 Y 参数 π 形等效网络

【例 13-6】已知图 13-17 所示二端口网络 N 的 Y 参数矩阵为 $\boldsymbol{Y}=\begin{bmatrix} 1 & -0.25 \\ -0.25 & 0.5 \end{bmatrix}$S，试求其 π 形等效二端口网络。

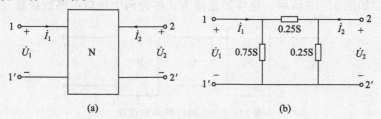

图 13-17 例 13-6 图

解： 从题意得：$Y_{11}=1$S，$Y_{12}=-0.25$S，$Y_{21}=-0.25$S，$Y_{22}=0.5$S。将这些数据代入图 13-15（b）中，即得其 π 形等效二端口网络，如图 13-17（b）所示。可见它为一个不含受控源的网络，这是因为已知的网络 N 为互易网络。

【例 13-7】已知图 13-18（a）中二端口网络 N 的 Z 参数矩阵为 $\boldsymbol{Z}=\begin{bmatrix} 6 & 4 \\ 4 & 6 \end{bmatrix}$，求 R 为何值时能获得最大功率 P_m，P_m 的值多大？

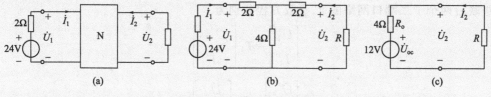

图 13-18 例 13-7 电路图

解： 由题意得：$Z_{11}=6\Omega$，$Z_{12}=4\Omega$，$Z_{21}=4\Omega$，$Z_{22}=6\Omega$。将这些数据代入图 13-13（c）中，即得其 T 形等效二端口网络，如图 13-18（b）所示，然后再由等效电压源定理可求得图 13-18（c）所示电路。其中

$$\dot{U}_\mathrm{oc}=\frac{24}{2+2+4}\times 4=12 \text{ (V)}$$

$$R_\mathrm{o}=\frac{4\times 4}{4+4}=2 \text{ (}\Omega\text{)}$$

故得当 $R=R_\mathrm{o}=4\Omega$ 时，R 能获得最大功率 P_m，且

$$P_\mathrm{m}=\frac{U_\mathrm{oc}^2}{4R_\mathrm{o}}=\frac{12^2}{4\times 4}=9 \text{ (W)}$$

13.4 二端口连接

在分析和设计电路时，常将多个二端口网络适当地连接起来组成一个新的网络，或将一网络视为由多个二端口网络连接而成的网络。

二端口网络的连接有多种形式，常见的连接方式有串联、并联、级联等。本节主要学习两个二端口网络以不同形式连接后形成新的二端口网络的参数与原来的两个二端口网络参数之间的关系。这种参数之间的关系也可以推广到多个二端口网络的连接中去。

(1) 二端口网络的级联

将一个二端口网络的输出端口与另一个二端口网络的输入端口连接在一起，形成一个复合二端口网络，如图 13-19 所示，这样的连接方式称为两个端口网络的级联。

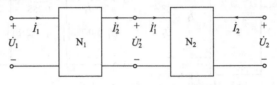

图 13-19 二端口网络的级联

分析级联的二端口网络，采用 T 参数比较方便。设给定级联的两个二端口网络的 T 参数矩阵分别为

$$T_1 = \begin{bmatrix} A_1 & B_1 \\ C_1 & D_1 \end{bmatrix} \text{和} \ T_2 = \begin{bmatrix} A_2 & B_2 \\ C_2 & D_2 \end{bmatrix}$$

级联后所形成的复合二端口网络的 T 参数矩阵设为

$$T = \begin{bmatrix} A & B \\ C & D \end{bmatrix}$$

级联后两个子二端口网络的 T 参数方程分别为

$$\begin{bmatrix} \dot{U}_1 \\ \dot{I}_1 \end{bmatrix} = T_1 \begin{bmatrix} \dot{U}'_2 \\ -\dot{I}'_2 \end{bmatrix}$$

$$\begin{bmatrix} \dot{U}'_2 \\ \dot{I}'_1 \end{bmatrix} = T_2 \begin{bmatrix} \dot{U}_2 \\ -\dot{I}_2 \end{bmatrix}$$

另外，图 13-19 所示的两个二端口级联后显然满足关系式

$$\begin{bmatrix} \dot{U}'_2 \\ -\dot{I}'_2 \end{bmatrix} = \begin{bmatrix} \dot{U}'_2 \\ \dot{I}'_1 \end{bmatrix}$$

故

$$\begin{bmatrix} \dot{U}_1 \\ \dot{I}_1 \end{bmatrix} = T_1 \begin{bmatrix} \dot{U}'_2 \\ -\dot{I}'_2 \end{bmatrix} = T_1 \begin{bmatrix} \dot{U}'_2 \\ \dot{I}'_1 \end{bmatrix} = T_1 T_2 \begin{bmatrix} \dot{U}_2 \\ -\dot{I}_2 \end{bmatrix} = T \begin{bmatrix} \dot{U}_2 \\ -\dot{I}_2 \end{bmatrix}$$

由上式得出了两个二端口网络级联后所形成的复合二端口网络的 T 参数方程，式中

$$T = T_1 T_2$$

即两个二端口网络级联后形成的复合二端口网络的传输参数矩阵等于相级联的两个二端

口网络的传输参数矩阵之乘积。这个结论可以推广到多个二端口网络级联的情况,如
$$T = T_1 T_2 \cdots T_N$$
即 N 个二端口网络级联时,级联后复合二端口网络的 T 参数矩阵,等于被级联的各个二端口网络 T 参数矩阵之积。

【例 13-8】试求图 13-20 所示二端口网络的 T 参数矩阵。

解:将图 13-20 所示二端口网络看成两个网络 I 和网络 II 的级联。如图 13-20 中虚线所示。对于网络 I 有
$$\dot{U}_1 = \dot{U}'_2$$
$$\dot{I}_1 = Y\dot{U}'_2 - \dot{I}'_2$$

写成矩阵,是
$$\begin{bmatrix} \dot{U}_1 \\ \dot{I}_1 \end{bmatrix} = \begin{bmatrix} 1 & 0 \\ Y & 1 \end{bmatrix} \begin{bmatrix} \dot{U}'_2 \\ -\dot{I}'_2 \end{bmatrix}$$
$$T_1 = \begin{bmatrix} 1 & 0 \\ Y & 1 \end{bmatrix}$$

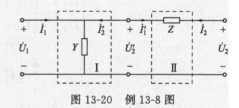

图 13-20 例 13-8 图

对于网络 II 有
$$\dot{U}'_2 = \dot{U}_2 + Z(-\dot{I}_2)$$
$$\dot{I}'_1 = -\dot{I}'_2 = -\dot{I}_2$$

写成矩阵,是
$$\begin{bmatrix} \dot{U}'_2 \\ \dot{I}'_1 \end{bmatrix} = \begin{bmatrix} 1 & Z \\ 0 & 1 \end{bmatrix} \begin{bmatrix} \dot{U}_2 \\ -\dot{I}_2 \end{bmatrix}$$
$$T_2 = \begin{bmatrix} 1 & Z \\ 0 & 1 \end{bmatrix}$$

所以级联后的 T 参数矩阵为
$$T = T_1 T_2 = \begin{bmatrix} 1 & 0 \\ Y & 1 \end{bmatrix} \begin{bmatrix} 1 & Z \\ 0 & 1 \end{bmatrix} = \begin{bmatrix} 1 & Z \\ Y & YZ+1 \end{bmatrix}$$

验证这个结论对否,可直接列写图 13-20 所示二端口网络的 T 参数方程,即
$$\dot{U}_1 = \dot{U}_2 + Z(-\dot{I}_2)$$
$$\dot{I}_1 = Y\dot{U}_1 - \dot{I}_2 = Y[\dot{U}_2 + Z(-\dot{I}_2)] - \dot{I}_2$$
$$= Y\dot{U}_2 + (YZ+1)(-\dot{I}_2)$$

所以
$$T = \begin{bmatrix} 1 & Z \\ Y & YZ+1 \end{bmatrix}$$

直接计算出的结果和级联计算出结果完全一样。

(2) 二端口网络的串联

图 13-21 所示为两个二端口网络的串联,分析串联二端口网络时,采用 Z 参数分析比较方便。设第一个二端口网络的 Z 参数矩阵为

$$\begin{bmatrix} \dot{U}'_1 \\ \dot{U}'_2 \end{bmatrix} = \begin{bmatrix} Z'_{11} & Z'_{12} \\ Z'_{21} & Z'_{22} \end{bmatrix} \begin{bmatrix} \dot{I}'_1 \\ \dot{I}'_2 \end{bmatrix} = \mathbf{Z}_1 \begin{bmatrix} \dot{I}'_1 \\ \dot{I}'_2 \end{bmatrix}$$

设第二个二端口网络的 $\mathbf{Z}$ 参数矩阵为

$$\begin{bmatrix} \dot{U}''_1 \\ \dot{U}''_2 \end{bmatrix} = \begin{bmatrix} Z''_{11} & Z''_{12} \\ Z''_{21} & Z''_{22} \end{bmatrix} \begin{bmatrix} \dot{I}''_1 \\ \dot{I}''_2 \end{bmatrix} = \mathbf{Z}_2 \begin{bmatrix} \dot{I}''_1 \\ \dot{I}''_2 \end{bmatrix}$$

由图 13-21 知，串联二端口网络的电流、电压满足下列关系：

$$\dot{U}_1 = \dot{U}'_1 + \dot{U}''_1 \qquad \dot{U}_2 = \dot{U}'_2 + \dot{U}''_2$$
$$\dot{I}_1 = \dot{I}'_1 = \dot{I}''_1 \qquad \dot{I}_2 = \dot{I}'_2 = \dot{I}''_2$$

于是得

$$\begin{bmatrix} \dot{U}_1 \\ \dot{U}_2 \end{bmatrix} = \begin{bmatrix} \dot{U}'_1 + \dot{U}''_1 \\ \dot{U}'_2 + \dot{U}''_2 \end{bmatrix} = \begin{bmatrix} \dot{U}'_1 \\ \dot{U}'_2 \end{bmatrix} + \begin{bmatrix} \dot{U}''_1 \\ \dot{U}''_2 \end{bmatrix}$$

$$= \mathbf{Z}_1 \begin{bmatrix} \dot{I}'_1 \\ \dot{I}'_2 \end{bmatrix} + \mathbf{Z}_2 \begin{bmatrix} \dot{I}''_1 \\ \dot{I}''_2 \end{bmatrix} = (\mathbf{Z}_1 + \mathbf{Z}_2) \begin{bmatrix} \dot{I}_1 \\ \dot{I}_2 \end{bmatrix} = \mathbf{Z} \begin{bmatrix} \dot{I}_1 \\ \dot{I}_2 \end{bmatrix}$$

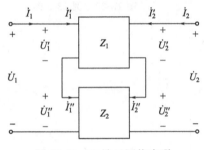

图 13-21 二端口网络串联

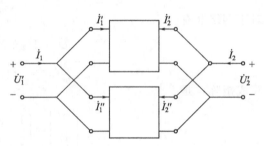

图 13-22 二端口网络并联

其中

$$\mathbf{Z} = \mathbf{Z}_1 + \mathbf{Z}_2$$

即两个二端口网络串联连接时，其复合二端口网络的阻抗矩阵等于被串联的两个二端口网络阻抗矩阵之和。这个结论也可以推广到多个二端口网络串联的情况，如

$$\mathbf{Z} = \mathbf{Z}_1 + \mathbf{Z}_2 + \cdots + \mathbf{Z}_N$$

即 N 个二端口网络串联时，串联后复合二端口网络的阻抗矩阵等于被串联的各个二端口网络阻抗矩阵之和。

(3) 二端口网络的并联

图 13-22 所示为两个二端口网络的并联，分析并联二端口网络时，采用 Y 参数分析比较方便。设第一个二端口网络的 $\mathbf{Y}$ 参数矩阵为

$$\begin{bmatrix} \dot{I}'_1 \\ \dot{I}'_2 \end{bmatrix} = \begin{bmatrix} Y'_{11} & Y'_{12} \\ Y'_{21} & Y'_{22} \end{bmatrix} \begin{bmatrix} \dot{U}'_1 \\ \dot{U}'_2 \end{bmatrix} = \mathbf{Y}_1 \begin{bmatrix} \dot{U}'_1 \\ \dot{U}'_2 \end{bmatrix}$$

设第二个二端口网络的 $\mathbf{Y}$ 参数矩阵为

$$\begin{bmatrix} \dot{I}''_1 \\ \dot{I}''_2 \end{bmatrix} = \begin{bmatrix} Y''_{11} & Y''_{12} \\ Y''_{21} & Y''_{22} \end{bmatrix} \begin{bmatrix} \dot{U}''_1 \\ \dot{U}''_2 \end{bmatrix} = \mathbf{Y}_2 \begin{bmatrix} \dot{U}''_1 \\ \dot{U}''_2 \end{bmatrix}$$

由图 13-22 知，并联二端口网络的电流、电压满足下列关系：

$$\dot{U}_1 = \dot{U}_1' = \dot{U}_1'' \qquad \dot{U}_2 = \dot{U}_2' = \dot{U}_2''$$
$$\dot{I}_1 = \dot{I}_1' + \dot{I}_1'' \qquad \dot{I}_2 = \dot{I}_2' + \dot{I}_2''$$

于是得

$$\begin{bmatrix} \dot{I}_1 \\ \dot{I}_2 \end{bmatrix} = \begin{Bmatrix} \dot{I}_1' + \dot{I}_1'' \\ \dot{I}_2' + \dot{I}_2'' \end{Bmatrix} = \begin{bmatrix} \dot{I}_1' \\ \dot{I}_2' \end{bmatrix} + \begin{bmatrix} \dot{I}_1'' \\ \dot{I}_2'' \end{bmatrix} = \boldsymbol{Y}_1 \begin{bmatrix} \dot{U}_1' \\ \dot{U}_2' \end{bmatrix} + \boldsymbol{Y}_2 \begin{bmatrix} \dot{U}_1'' \\ \dot{U}_2'' \end{bmatrix} = (\boldsymbol{Y}_1 + \boldsymbol{Y}_2) \begin{bmatrix} \dot{U}_1 \\ \dot{U}_2 \end{bmatrix} = \boldsymbol{Y} \begin{bmatrix} \dot{U}_1 \\ \dot{U}_2 \end{bmatrix}$$

其中

$$\boldsymbol{Y} = \boldsymbol{Y}_1 + \boldsymbol{Y}_2$$

即两个二端口网络并联连接时，其复合二端口网络的导纳矩阵等于被并联的两个二端口网络导纳矩阵之和。这个结论也可以推广到多个二端口网络并联的情况，如

$$\boldsymbol{Y} = \boldsymbol{Y}_1 + \boldsymbol{Y}_2 + \cdots + \boldsymbol{Y}_N$$

即 N 个二端口网络并联时，并联后复合二端口网络的导纳矩阵等于被并联的各个二端口网络导纳矩阵之和。

【例 13-9】图 13-23 为双 T 形网络，试求其 $\boldsymbol{Y}$ 参数矩阵。

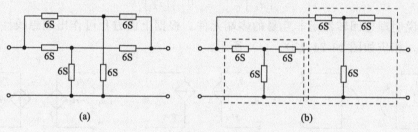

图 13-23 例 13-9 图

解： 图 13-23（a）所示的双 T 形二端口网络可视作两个 T 形网络的并联，如图 13-22（b）所示。可求得

$$\boldsymbol{Y}_1 = \boldsymbol{Y}_2 = \begin{bmatrix} 4 & -2 \\ -2 & 4 \end{bmatrix} S$$

故双 T 形二端口网络的 $\boldsymbol{Y}$ 参数矩阵为

$$\boldsymbol{Y} = \boldsymbol{Y}_1 + \boldsymbol{Y}_2 = \begin{bmatrix} 4 & -2 \\ -2 & 4 \end{bmatrix} + \begin{bmatrix} 4 & -2 \\ -2 & 4 \end{bmatrix} = \begin{bmatrix} 8 & -4 \\ -4 & 8 \end{bmatrix} S$$

13.5 实践与应用

在电路传输系统中，常会遇到需要不同类型的阻抗，而我们手里还没有所需要的，这就需要把负载进行变换。为此就需要设计一个二端口电路，连接在信号源与负载之间，把实际负载阻抗转换成信号源所需要的负载阻抗。下面介绍的回转器就是这样一个电路。

回转器是 1948 年由特勒根（B. D. H. Tellegen）首先提出的，20 世纪 60 年代休斯曼（L. P. Huelsman）和谢诺依（B. A. Shenoi）等用运算放大器实现。

（1）回转器的电路符号

理想回转器的电路符号如图 13-24（a）所示，回转器电流电压在图所示参考方向下，可用下列方程表示

$$\begin{cases} i_1 = gu_2 \\ i_2 = -gu_1 \end{cases} \tag{13-5}$$

或表示成

$$\begin{cases} u_1 = -ri_2 \\ u_2 = ri_1 \end{cases} \tag{13-6}$$

式中，g 和 r 分别为回转器的回转电导和回转电阻，统称为回转系数。g 的单位为西门子（S），r 的单位为欧姆（Ω），g 和 r 互为倒数（即 $g=1/r$）。g 和 r 均为大于零的实数。从上式中看出，回转器为相关性元件，它把一个端口的电压回转成另一个端口的电流，把一个端口的电流回转成另一个端口的电压。"回转"之名即由此而来。

将以上两式写成矩阵形式即为

$$\begin{bmatrix} i_1 \\ i_2 \end{bmatrix} = \begin{bmatrix} 0 & g \\ -g & 0 \end{bmatrix} \begin{bmatrix} u_1 \\ u_2 \end{bmatrix} \tag{13-7}$$

$$\begin{bmatrix} u_1 \\ u_2 \end{bmatrix} = \begin{bmatrix} 0 & -r \\ r & 0 \end{bmatrix} \begin{bmatrix} i_1 \\ i_2 \end{bmatrix} \tag{13-8}$$

此两式说明理想回转器是非互易的多端元件。根据上面方程可作出理想线性回转器的两种等效电路，相应如图 13-24 (b)、(c) 所示。

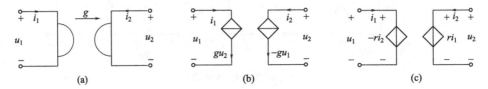

图 13-24 回转器电路符号及其等效电路

回转器在任何瞬间吸收的功率为

$$p = u_1 i_1 + u_2 i_2 = -ri_1 i_2 + ri_1 i_2 = 0$$

即回转器在入口端吸收的功率恒等于它在出口端发出的功率，因此它是一个无源、非能量、无记忆元件。由于回转器系数 g（或 r）为常数，所以它还是一个线性元件。

(2) 回转器的阻抗变换作用

若在回转器的输出端接负载阻抗 Z，如图 13-25 (a) 所示，则其输入阻抗为

$$Z_0 = \frac{\dot{U}_1}{\dot{I}_1} = \frac{\frac{1}{g}(-\dot{I}_2)}{g\dot{U}_2} = \frac{1}{g^2} \times \frac{1}{\left(\dfrac{\dot{U}_2}{-\dot{I}_2}\right)} = \frac{1}{g^2 Z} = r^2 \frac{1}{Z} \tag{13-9}$$

可见输入阻抗 Z_0 与 Z 成反比，此即为阻抗的逆变换作用。图 13-25 (b) 则为其等效电路。

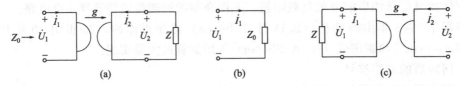

图 13-25 回转器的阻抗变换作用

从式（13-9）可以看出：

① Z_0 与 Z 的性质相反，即能将 R、L、C 相应回转为电导 g^2R、电容 g^2L、电感 r^2C，特别是将电容回转成电感这一性质尤为宝贵。因为到目前为止，在集成电路中要实现一个电感还有困难，但实现一个电容却很容易。利用回转器将电容 C 回转成电感 $L=r^2C$ 的电路如图 13-26 所示，这只要将 $Z=\dfrac{1}{\mathrm{j}\omega C}$ 代入式（13-9）即可证明。

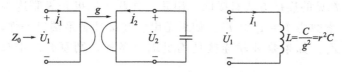

图 13-26　回转器将电容回转为电感

② 阻抗的逆变换作用具有可逆性，即若将 Z 接在输入端口，如图 13-25（c）所示，则可证明输出端口的输入阻抗仍为 $Z_0=\dfrac{1}{g^2Z}=r^2\dfrac{1}{Z}$。

③ 当 $Z=0$ 时，$Z_0\to\infty$，即当一个端口短路时，相当于另一个端口开路。

④ 当 $Z\to\infty$ 时，$Z_0=0$，即当一个端口开路时，相当于另一个端口短路。

本章小结

1. 二端口网络的定义。二端口网络与一端口网络的区别在于它具有两对向外延伸的端钮，每对端钮形成一个端口，并且每个端口还必须满足端口条件，即从该端口的一个端钮流进的电流，必须等于从该端口的另一端流出的电流。在二端口网络中，端口电压的参考方向通常选取和电流相同的参考方向。

2. 二端口的分类。

（1）线性二端口：二端口的网络内部元件均为线性元件。

（2）互易二端口：二端口满足互易定理，这种二端口网络也称为互易二端口网络。

（3）无源二端口网络：二端口内部无独立电源。

3. 二端口网络的参数是由构成二端口的元件及它们的连接方式决定的，与外电路无关。它反映了二端口的本质特征。二端口网络的参数一共有 4 种。

（1）如果以端口电流 $\dot{I}_1$、$\dot{I}_2$ 表示端口电压 $\dot{U}_1$、$\dot{U}_2$，则可以得到一组用开路阻抗参数表示的方程，即 Z 参数。

（2）如果以端口电压 $\dot{U}_1$、$\dot{U}_2$ 表示端口电流 $\dot{I}_2$，则可以得到一组用短路导纳参数表示的方程，即 Y 参数。

（3）如果选取端口电压 $\dot{U}_1$ 和电流 $\dot{I}_1$ 作为独立变量，可以得到传输参数方程，即 T 参数。

（4）如果选取端口电压 $\dot{U}_1$ 和电流 $\dot{I}_2$ 作为独立变量，可以得到混合参数方程，即 H 参数。

4. 在满足互易定理的无源线性二端口中，$Y_{12}=Y_{21}$，$Z_{12}=Z_{21}$，$AD-BC=1$，$H_{12}=-H_{21}$，因此每种参数的 4 个参数中有 3 个是独立的。若此时二端口网络又是对称的，则有 $Y_{11}=Y_{22}$，$Z_{11}=Z_{22}$，$A=D$，$H_{11}H_{22}-H_{12}H_{21}=1$ 等。此时在 Z、Y、T、H 参数中的 4 个参数只有 2 个是独立的。二端口网络的等效电路可以用 T 形电路和 π 形电路表示，Z 参数可以等效为 T 形，而 Y 参数可以等效为 π 形。对于非互易的线性二端口网络，它可等效成各种参数方程的等效电路,至于等效成哪种参数方程的等效电路,应根据实际情况选取,力求更为简单实用。

5. 由于各种二端口网络参数可反映二端口网络的性质,因此,诸如输入阻抗、输出阻抗、电压转移比、电流转移比等反映二端口网络性质的网络函数都可以用各种参数与负载等来表示。至于用哪些参数来表示这些网络函数,也应根据实际情况来决定,力求问题更简易。

6. 二端口网络的连接。一个复杂的网络可看成是由若干个简单的二端口网络按一定的方式连接而成的。常见的连接方式有级联、串联、并联。如果是级联连接且满足端口条件,则复合二端口的 T 参数为 $T=T_1 \times T_2$。如果是串联连接且满足端口条件,则复合二端口的 Z 参数为 $Z=Z_1+Z_2$。如果是并联连接且满足端口条件,则复合二端口的 Y 参数为 $Y=Y_1+Y_2$。

习 题

一、选择题

1. 题图 13-1 所示二端口网络的 H 参数中,H_{12} 的数值等于(　　)。
   A. 0　　　　　　B. 0.1　　　　　　C. β　　　　　　D. 2

2. 题图 13-2 所示级联二端口网络的传输参数矩阵为(　　)。
   A. $\begin{bmatrix} 1 & 0 \\ Y_1 Y_2 & 1 \end{bmatrix}$　　B. $\begin{bmatrix} 1 & 0 \\ Y_1+Y_2 & 1 \end{bmatrix}$　　C. $\begin{bmatrix} 2 & 0 \\ Y_1+Y_2 & 2 \end{bmatrix}$　　D. 以上都不是

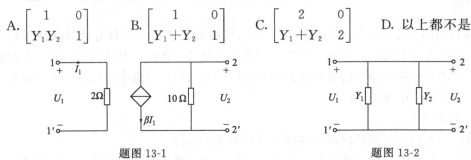

题图 13-1　　　　　　　　　　　　题图 13-2

3. 题图 13-3 所示二端口网络 Z 参数中 Z_{12} 等于(　　)Ω。
   A. 0　　　　　　B. 2　　　　　　C. 无穷大　　　　　　D. 以上都不是

4. 题图 13-4 中 N 的 Y 参数矩阵为 $\begin{bmatrix} 4 & 1 \\ 1 & 2 \end{bmatrix}$ S,则虚线框中二端口网络的 Y_{22} 为(　　)S。
   A. 1　　　　　　B. 2　　　　　　C. 4　　　　　　D. 3

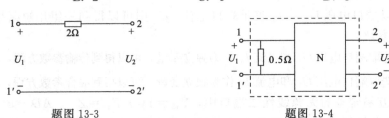

题图 13-3　　　　　　　　　　　　题图 13-4

5. 题图 13-5 所示二端口网络的传输参数应是(　　)。
   A. $\begin{bmatrix} 1 & 0 \\ 0 & -1 \end{bmatrix}$　　B. $\begin{bmatrix} 1 & 0 \\ 0 & 1 \end{bmatrix}$　　C. $\begin{bmatrix} -1 & 0 \\ 0 & 1 \end{bmatrix}$　　D. $\begin{bmatrix} -1 & 0 \\ 0 & -1 \end{bmatrix}$

6. 题图 13-6 所示网络是（　　）。
A. 四端网络，但不是二端口网络　　B. 四端网络，也是二端口网络
C. 二端口网络，但不是四端网络　　D. 以上都不是

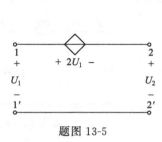

题图 13-5

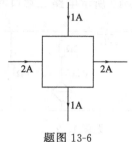

题图 13-6

7. 已知互易二端口网络的传输参数 T 为 $\begin{bmatrix} 2 & B \\ 3 & 2 \end{bmatrix}$，则 B 值为（　　）。
A. 3　　　　　　B. -3　　　　　　C. 1　　　　　　D. 以上都不对

8. 对线性无源二端口而言，以下关系式正确的是（　　）。
A. $Y_{11} = \dfrac{1}{Z_{11}}$　　B. $H_{11} = \dfrac{1}{Y_{11}}$　　C. $A = H_{12}$　　D. $H_{22} = Y_{22}$

9. 设两个无源二端口 P_1、P_2 的传输参数分别为 T_1、T_2，则这两个无源二端口级联时，其复合二端口的传输参数 T 为（　　）。
A. $T_1 - T_2$　　B. T_1/T_2　　C. $T_1 + T_2$　　D. $T_1 \times T_2$

10. 设两个无源二端口 P_1、P_2 的 Z 参数分别为 Z_1、Z_2，则这两个无源二端口串联时，其复合二端口的 Y 参数为（　　）。
A. $Z_1 - Z_2$　　B. Z_1/Z_2　　C. $Z_1 + Z_2$　　D. $Z_1 \times Z_2$

11. 设两个无源二端口 P_1、P_2 的 Y 参数分别为 Y_1、Y_2，则这两个无源二端口并联时，其复合二端口的 Y 参数为（　　）。
A. $Y_1 - Y_2$　　B. Y_1/Y_2　　C. $Y_1 + Y_2$　　D. $Y_1 \times Y_2$

二、填空题

1. 描述无源线性二端口网络的 4 个参数中，只有（　　）个是独立的，当无源线性二端口网络为对称网络时，只有（　　）个参数是独立的。

2. 对无源线性二端口网络用任意参数表示网络性能时，其最简电路形式为（　　）形网络结构和（　　）形网络结构两种。

3. 题图 13-7 所示二端口网络的 Z 参数：$Z_{11} =$（　　）；$Z_{12} =$（　　）；$Z_{21} =$（　　）；$Z_{22} =$（　　）。

4. 题图 13-8 所示二端口网络 Y 参数矩阵为：（　　）。

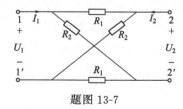

题图 13-7

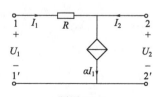

题图 13-8

三、计算题

1. 求题图 13-9 所示电路二端口网络的 Y 参数矩阵。
2. 求题图 13-10 所示电路二端口网络的 Z 参数矩阵。

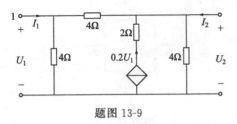
题图 13-9

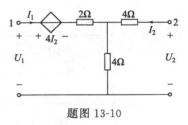
题图 13-10

3. 求题图 13-11 所示电路二端口网络的 T 参数矩阵。
4. 求题图 13-12 所示电路二端口网络的 H 参数矩阵。

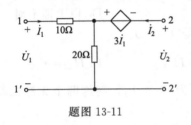
题图 13-11

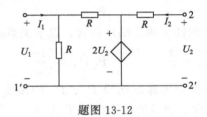
题图 13-12

5. 已知 Z 参数矩阵为 $Z=\begin{bmatrix} j3 & 8 \\ 8 & j6 \end{bmatrix}$，求其二端口的等效电路。

第 14 章 非线性电路

引言：

电路是由电气、电子器件按某种特定的功能而相互连接所形成的系统，当电路中至少存在一个非线性电路元件时（例如非线性电阻、非线性电感元件等），其运动规律要由非线性微分方程或非线性算子来描述，我们称之为非线性电路。通常用非线性方程来描述非线性电路，对于不含动态元件的非线性电阻电路，用非线性代数方程进行描述；对于含有动态元件的非线性动态电路，用非线性微分方程进行描述。

14.1 非线性元件

14.1.1 非线性电阻

电阻元件的特性可以用电压 u 和电流 i 之间的关系来描述，称之为伏安特性关系。线性电阻的伏安特性可以用欧姆定律来表示，即 $u=Ri$，在 u-i 平面上是一条通过坐标原点的直线。而非线性电阻元件的电压和电流关系不满足欧姆定律，它一般用某种特定的非线性函数或非线性曲线来表示。图 14-1（a）表示非线性电阻元件的电路图形符号，图 14-1（b）表示某种非线性电阻的伏安特性曲线。

非线性电阻种类较多，就其电压、电流关系而言，有随时间变化的非线性时变电阻，也有不随时间变化的非线性定常电阻。本章只介绍非线性定常电阻元件，通常也称为非线性电阻。根据电压与电流的函数关系，非线性电阻可以区别为：电压控制型（电流是电压的单值函数，简称压控型）、电流控制型（电压是电流的单值函数，简称流控型）、单调型（电压是电流的单调函数）。

14.1.1.1 电流控制型非线性电阻元件

电流控制型电阻是一个二端元件，如果非线性电阻元件的端电压是电流的单值函数，这种电阻就称为电流控制型电阻，其伏安特性可以用函数关系表示

$$u=f(i) \tag{14-1}$$

辉光二极管就是一个典型的电流控制的非线性电阻元件，其伏安特性曲线如图 14-2 所示，从特性曲线可以看出，u 是电流 i 的单值函数是指在每给定一个电流值时，有且只有一

个电压 u 值与之对应,但对于某一个电压值,则可能对应多个电流值。

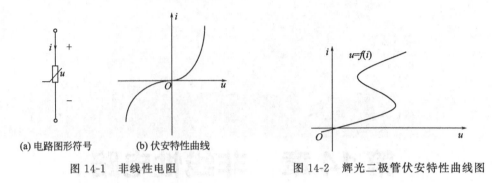

图 14-1 非线性电阻　　　　图 14-2 辉光二极管伏安特性曲线图

14.1.1.2 电压控制型非线性电阻元件

如果非线性电阻元件两端的电流是其电压的单值函数,这种电阻就称为电压控制型电阻,其伏安特性可以用下列函数关系表示:

$$i = g(u) \tag{14-2}$$

隧道二极管就具有这样的伏安特性,其伏安特性曲线如图 14-3 所示。从特性曲线可以看出,对于每一个电压值 u,有且只有一个电流值 i 与之对应,但是对于某一个电流值,则可能对应多个电压值。

14.1.1.3 单调型非线性电阻元件

单调型非线性电阻元件的伏安特性是单调增加或单调减小的函数,这种非线性电阻既是电流控制的又是电压控制的,而且单调型非线性电阻元件端电压 u 是电流 i 的单值函数,电流也是电压的单值函数,电压 u 与电流 i 关系可以用以下二式表示。

$$u = f(i) \quad 和 \quad i = g(u) \tag{14-3}$$

由于 f 和 g 互为反函数,电压 u 与电流 i 关系也可以用以下二式表示。

$$u = g^{-1}(i) \quad 和 \quad i = f^{-1}(u) \tag{14-4}$$

典型的单调型非线性电阻元件是普通二极管,如图 14-4 所示。图 14-4(a)是二极管元件图形符号。图 14-4(b)所示是二极管伏安特性。由图可见,二极管相当于单调增加型非线性电阻,流过二极管的电流 i 随着电压 u 的变化而单调递增,伏安特性曲线过原点而按指数曲线变化,其伏安特性可以用以下函数表示。

$$i = I_S(e^{\frac{qu}{kT}} - 1) \tag{14-5}$$

其中 I_S 为反向饱和电流,是常数,$q = 1.6 \times 10^{-19}$ C,是电子的电荷量,$k = 1.38 \times 10^{-23}$ J/K,是玻尔兹曼常数,T 为热力学温度。在 $T = 300$K(室温)时

$$\frac{q}{kT} = 40 \text{V}^{-1} \tag{14-6}$$

$$i = I_S(e^{40u} - 1) \tag{14-7}$$

可以看出,电压 u 是电流 i 的单值函数。

如果电阻元件的伏安特性曲线关于坐标原点对称,那么该电阻元件称为双向性元件,前面讲过的线性电阻都是双向性元件。反之,称之为单向性元件,大部分非线性电阻是单向性元件。二极管是典型的一个单向性元件,在直流电源中利用二极管的单向性实现对交流电整流。

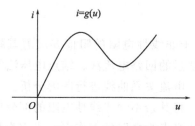

图 14-3 隧道二极管伏安特性曲线图

(a) 电路图形符号

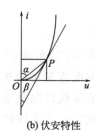

(b) 伏安特性

图 14-4 普通二极管

对于单调增加型电阻,其特性曲线的斜率总是正值,从而动态电阻都是正值。对于图 14-2 和图 14-3 所示的压控型和流控型非线性电阻,伏安特性曲线的下倾段斜率为负。由于下倾段区域内曲线各点的斜率为负值,这种元件动态电阻具有"负电阻"性质。

【例 14-1】 设一非线性电阻,其电流、电压关系为 $u=f(i)=8i^4-8i^2+1$。

(1) 试分别求出 $i=1A$ 时的静态电阻 R 和动态电阻 R_d;

(2) 求 $i=\cos(\omega t)$ 时的电压 u;

(3) 设 $u=f(i_1+i_2)$,试问 u_{12} 是否等于 (u_1+u_2)?

解: (1) $i=1A$ 时的静态电阻 R 和动态电阻 R_d 为

$$R=\frac{8-8+1}{1}=1\ (\Omega)$$

$$R_d=\frac{du}{di}\bigg|_{i=1}=8\times4\times i^3-8\times2\times i+1=32-16+1=17\ (\Omega)$$

(2) 当 $i=\cos(\omega t)$ 时

$$u=8i^4-8i^2+1=8\cos^4(\omega t)-8\cos^2(\omega t)+1$$
$$=\cos(4\omega t)$$

上式中,电压的频率是电流频率的 4 倍,由此可见,利用非线性电阻可以产生与输入频率不同的输出,这种特性的功用称为倍频作用。

(3) 当 $u=f(i_1+i_2)$ 时

$$u=8(i_1+i_2)^4-8(i_1+i_2)^2+1$$
$$=8(i_1^4+6i_1^2i_2^2+4i_1^3i_2+4i_1i_2^3+i_2^4)-8(i_1^2+2i_1i_2+i_2^2)+1$$
$$=8i_1^4-8i_1^2+1+8i_2^4-8i_2^2+1+8(6i_1^2i_2^2+4i_1^3i_2+4i_1i_2^3)-82i_1i_2-1$$

显然,$u_{12}\neq u_1+u_2$,说明叠加定理不适用于非线性电路。

需要特别强调的是线性电阻具有双向性,而许多非线性电阻具有单向性。当加在非线性电阻两端的电压方向不同时,流过它的电流完全不同,因此特性曲线不对称于原点。在实际工程中,为了分析问题的方便,对于非线性电阻元件有时引用静态电阻和动态电阻的概念。

非线性电阻元件在某一工作状态下(如图 14-5 中的 P 点)的静态电阻 R 等于该点的电压 u 与电流 i 的比值,即

$$R=\frac{u}{i}\propto\tan\alpha \quad (14-8)$$

非线性电阻元件在某一工作状态下(如图 14-5 中的 P 点)的动态电阻 R_d 等于该点的电压 u 对电流 i 的导数值,即

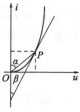

图 14-5 静态电阻与动态电阻

$$R_\mathrm{d}=\frac{\mathrm{d}u}{\mathrm{d}i}\propto\tan\beta \tag{14-9}$$

尽管 KCL 和 KVL 适用于非线性电阻电路，但由于非线性电阻的阻值要随着其端电压或通过的电流变化而变化，因此，一般不能直接利用学过的回路电流法、结点电压法等分析方法计算非线性电阻电路，而采用非线性电阻的电压、电流关系曲线进行图解分析。

在仅含一个非线性电阻的简单非线性电阻电路中，将其余不含非线性电阻的部分等效一个戴维宁电路，画出这两部分电路的伏安曲线，它们的交点为电路的工作点，或称为静态工作点 $Q(U_Q,I_Q)$。这种求解的方法称为曲线相交法。

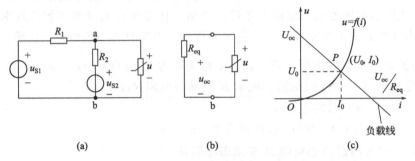

图 14-6 含一个非线性电阻的电路分析

如图 14-6 (a) 所示电路中，将不含非线性电阻的部分等效为网络 N，外接一个非线性电阻。网络 N 中的电路可以用戴维宁等效电源（一个独立电压源与一线性电阻串联组合成）代替，如图 14-6 (b) 所示，根据 KVL 与欧姆定律获得戴维宁等效电源外特性方程

$$u=u_\mathrm{oc}-R_\mathrm{eq}i \tag{14-10}$$

该外特性方程外特性曲线是一条直线，如图 14-6 (c) 所示。非线性电阻的特性

$$u=f(i) \tag{14-11}$$

直线交于 u 轴为开路电压 U_oc，直线交于 i 轴是含源一端口的短路电流 $U_\mathrm{oc}/R_\mathrm{eq}$。因为非线性电阻与戴维宁等效电源串联，所以 u 和 i 的关系也满足非线性电阻的特性 $u=f(i)$，即戴维宁等效电源外特性曲线与非线性电阻的特性曲线的交点 $P(U_0,I_0)$ 是要求的解。

对于含有多个非线性电阻元件的电路中，可以按照非线性电阻之间的串、并联的关系，将它们用一等效电阻来代替，等效电阻的伏安特性曲线可由曲线相加方法得到，但是只有所有非线性电阻元件的控制类型相同，才能得出其串联或并联等效电阻伏安特性的解析表达式。电流控型非线性电阻串联组合的等效电阻还是一个电流控型的非线性电阻；电压控型非线性电阻并联组合的等效电阻还是一个电压控型的非线性电阻。电压控型和电流控型非线性电阻串联或并联，用图解方法同样可以获得等效非线性电阻的伏安特性。

如图 14-7 (a) 所示电路，两个电流控制型非线性电阻串联。设两个电阻的伏安特性分别为 $u_1=f_1(i_1)$，$u_2=f(i_2)$，用 $u=f(i)$ 表示此串联电路的一端口伏安特性。根据 KCL 和 KVL，有

$$i=i_1=i_2$$
$$u=u_1+u_2$$

将两个非线性电阻的伏安特性代入 KVL 方程有

$$u=f_1(i_1)+f_2(i_2)$$

利用 KCL 得到总电压

$$u = f(i) = f_1(i) + f_2(i)$$

上式表明，两个电流控制型非线性电阻串联后的等效电阻仍然是一个电流控制型的非线性电阻。

在同一个 i 值下，将 $f_1(i_1)$ 和 $f_2(i_2)$ 曲线上对应的电压值 u_1、u_2 相加，可得到此电路的 u、i 特性曲线 $u = f(i)$，如图 14-7（b）所示。曲线 $u = f(i)$ 即是图 14-7（a）中两个串联非线性电阻的等效电阻的 u、i 特性，可用一个等效的非线性电阻来表示，如图 14-7（c）所示。

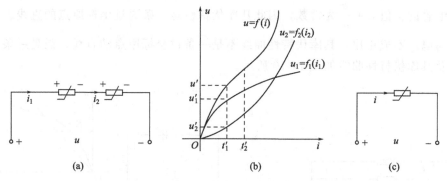

图 14-7 非线性电阻串联

在同一电流坐标上取电压相加而得到合成伏安特性的方法，可以推广到两个以上非线性电阻串联的情况。对于多个电阻元件相串联的情况，可以先合成两个串联电阻元件，然后以合成的特性再与第三个元件的伏安特性进行串联合成，依此类推。但是，对于电压控制型非线性电阻元件，串联合成的作图步骤更复杂，而且合成后的控制类型也不一定再是电压控制型。

如图 14-8（a）所示电路，电压控制型的两个非线性电阻并联。这两个非线性电阻的特性方程分别为 $i_1 = g_1(u_1)$，$i_2 = g_2(u_2)$，其特性曲线如图 14-8（b）所示。

根据 KCL 和 KVL，有
$$u = u_1 = u_2$$
$$i = i_1 + i_2 = g_1(u_1) + g_2(u_2)$$

在图 14-8（b）中，将 $g_1(u_1)$ 和 $g_2(u_2)$ 曲线上对应同一电压 u 值下的电流值 i_1 和 i_2 相加，可得到电流 i。可以取不同的电压值 u，逐点求得特性曲线 $i = g(u)$，如图 14-7（b）所示。曲线 $u = g(i)$ 即是图 14-8（a）中两个并联非线性电阻的等效电阻的 u、i 特性，可用一个等效的非线性电阻来表示，如图 14-8（c）所示。

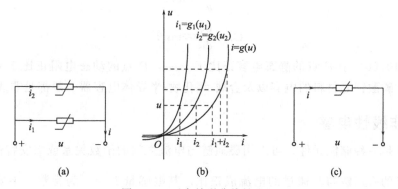

图 14-8 两个并联非线性电阻

如果电路中含有若干个并联的非线性电阻，可按上述作图法，依次求出等效的 $u\text{-}i$ 特性曲线。当非线性电阻按图 14-9 混联连接时，一般先将并联元件合成，然后再串联合成，依此过程进行图解分析。

14.1.2 非线性电容

作为一种储能元件，电容特性可以用两端电压与其电荷的关系来描述，称之为库伏特性。线性电容的容值 $C=\dfrac{q}{u}$ 为常数，因此其库伏特性是一条通过坐标原点的直线。非线性电容的电荷与电压不成正比，其库伏特性曲线不是一条过坐标原点的直线，而是一条曲线。非线性电容及其库伏特性曲线如图 14-10 所示。

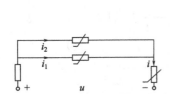

图 14-9 非线性电阻的混联

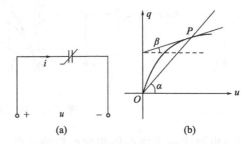

图 14-10 非线性电容及其库伏特性曲线

如果一个非线性电容元件的电荷、电压关系可以用下式表示

$$q=f(u) \tag{14-12}$$

即电荷可用电压的单值函数来表示，则此电容称为电压控制型电容。如果电荷与电压的关系表示为

$$u=h(q) \tag{14-13}$$

即电压可以用电荷的单值函数来表示，则此电容称为电荷控制型电容。

如果电压是电荷的单值函数，电荷也是电压的单值函数，则称此电容为单调电容，其库伏特性在 $q\text{-}u$ 平面上是单调增加或单调减小的。

为了便于计算，有时也引入静态电容 C 和动态电容 C_d。对于非线性电容的某一状态 [如图 14-10（b）中的 P 点]，静态电容 C 和动态电容 C_d 分别定义如下

$$C=\frac{q}{u}\propto\tan\alpha \tag{14-14}$$

$$C_\text{d}=\frac{\text{d}q}{\text{d}u}\propto\tan\beta \tag{14-15}$$

在图 14-10（b）中 P 点的静态电容正比于 $\tan\alpha$，P 点的动态电阻正比于 $\tan\beta$。电介质为偏钛酸钡、磷酸钾等材料的电容以及金属-氧化物-半导体电容器一般都是非线性电容。

14.1.3 非线性电感

电感元件是一种储能元件，可以用磁通链与电流之间的函数关系或韦安特性来表示其特征。线性电感的磁通链与其通过的电流成正比，其电感量 $L=\dfrac{\psi}{i}$ 为常数，韦安特性曲线在 $\psi\text{-}i$ 平面上是一条通过原点的直线。如果某电感元件的韦安特性不是一条通过坐标原点的直

线，则称之为非线性电感元件。

如果磁链是电流的单值函数 $\psi=f(i)$，但电流不一定是磁链的单值函数，则称此电感为电流控制电感；如果电流是磁链的单值函数 $i=f(\psi)$，但磁链不一定是电流的单值函数，则称此电感为磁链控制电感；如果韦安曲线是单调曲线，则称此电感为单调电感，单调电感既是电流控制型，又是磁链控制型。在电路中，非线性电感的图形符号如图 14-11（a）所示。

为了计算方便，也引入静态电感 L 和动态电感 L_d，它们分别定义为

$$L=\frac{\psi}{i} \tag{14-16}$$

$$L_d=\frac{d\psi}{di} \tag{14-17}$$

图 14-11 中 P 点的静态电感正比于 $\tan\alpha$，动态电感正比于 $\tan\beta$。

一般地，由一个线圈缠绕在铁磁材料制成的芯子上，就组成实际的非线性电感器。由于铁磁材料存在磁滞特性，导致电感的韦安特性不同于磁通链控制型和电流控制型，而是呈现磁滞回线形状，如图 14-12 所示。

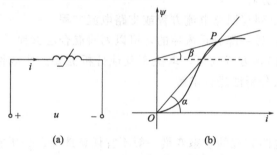

图 14-11 非线性电感及韦安曲线

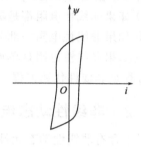

图 14-12 铁磁性材料的韦安曲线

14.2 非线性电路方程

前面讲过，基尔霍夫定律不仅适用于线性电路，而且适用于非线性电路。在线性电路中，应用基尔霍夫定律列写的是线性方程。由于非线性电路中含有非线性元件，而非线性元件的特性都是非线性函数关系，因此非线性电路方程不再是线性方程。通常用非线性方程来描述非线性电路，对于不含动态元件的非线性电阻电路，用非线性代数方程进行描述；对于含有动态元件的非线性动态电路，用非线性微分方程进行描述。

14.2.1 非线性电阻电路方程

对于结构简单的非线性电阻电路，可以直接列出各独立结点和独立回路的 KCL 和 KVL 方程，然后写出各元件的电压电流关系，最后求解。

【例 14-2】如图 14-13 所示电路，非线性电阻的特性方程为 $i=u+0.13u^2$，求 u 与 i。

解：若非线性电阻均为压控型，宜用结点电压法、割集电压法及支路电压法列写方程；若均为流控型，宜用回路电流方程或支路电流方程；若一部分为压控型，一部分为流控型，则宜用混合方程。根据 KCL 和 KVL 得：

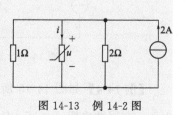

图 14-13 例 14-2 图

$$\frac{u}{1} + i + \frac{u}{2} = 2$$

$$i = u + 0.13u^2$$

$$0.13u^2 + 2.5u - 2 = 0$$

$$u_1 = 0.769\text{V}, \quad i_1 = 0.846\text{A}$$

$$u_2 = -20\text{V}, \quad i_2 = 32\text{A}$$

若对非线性电阻电路的解无约束条件，则可能为多解，一定要求出所有解；若有约束条件，仅需求满足约束条件的解。

若要求线性部分的电压或电流，则可利用替换定理将非线性电阻用电压源（电流源）替换，利用线性电路的方法求解线性部分的电压（电流）。

非线性电阻电路方程的列写步骤可以归纳如下：

① 将非线性电阻的控制量作为方程的待求变量。如果非线性电阻都是压控的，宜列写结点电压方程或支路电压方程、割集电压方程。

② 如果非线性电阻都是流控的，可以列写回路电流方程或支路电流方程。

③ 如果非线性电阻一部分是压控的，另一部分是流控的，可以列写混合法方程。

④ 如果非线性电阻是单调的，则列何种方程均可，取决于其他分析需要。非线性电阻电路方程是非线性代数方程，通常用数值分析法进行求解。

14.2.2 非线性动态电路方程

对于含有非线性动态元件的电路，电路方程的状态变量一般不宜任意选择。分析非线性电容电路，如果为电荷控制型，则选择 q 作为状态变量；如果为电压控制型，则选择 u_C 作为状态变量。同样，分析非线性电感电路时，如果电感为电流控制型，则选择 i_L 作为状态变量；如果电感为磁通链控制型，则选择 ψ 作为状态变量。

【例 14-3】 如图 14-14 所示电路中非线性电容库伏特性为 $u = 0.5kq^3$。试写出微分方程。

解：$i_C = \dfrac{dq}{dt} \quad i_0 = \dfrac{u}{R_0} = \dfrac{0.5kq^2}{R_0}$

应用 KCL 得：$i_C + i_0 = i_S$

$$i_C = \frac{dq}{dt} = i_S - \frac{0.5kq^2}{R_0}$$

非线性代数方程和非线性微分方程的解析解一般难以求得，但可以利用计算机求得数值解。

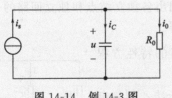

图 14-14 例 14-3 图

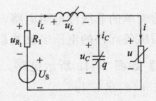

图 14-15 例 14-4 图

【例 14-4】 如图 14-15 所示非线性电路，已知：非线性电感 $\psi = 2i_L^3$，非线性电容 $q = 3u_C^{\frac{1}{3}}$，非线性电阻 $u = i^{\frac{1}{2}}$，R_1 与 U_S 为线性元件，试编写电路的状态方程。

解：以 q 与 ψ 为状态变量列写电路状态方程。

$$\psi = 2i_L^3$$

对于非线性元件有：
$$q = 3u_C^{\frac{1}{3}}$$
$$u = i^{\frac{1}{2}}$$

对于线性元件有：
$$u_{R_1} = R_1 i_L$$

列写 KCL 方程
$$i_L = i_C + i$$

列写 KVL 方程
$$u_{R_1} + u_L + u_C = U_S$$
$$u_C = u$$

将元件特性方程代入 KCL 和 KVL 方程，并消去状态变量，得

$$2^{-\frac{1}{3}}\psi^{\frac{1}{3}} + \frac{d\Psi}{dt} + \frac{1}{27}q^3 = U_S$$

$$2^{-\frac{1}{3}}\psi^{\frac{1}{3}} = \frac{dq}{dt} + \frac{1}{27^2}q^6$$

整理后得

$$\frac{d\Psi}{dt} = -2^{-\frac{1}{3}}\Psi^{\frac{1}{3}} - \frac{1}{27}q^3 + U_S$$

$$\frac{dq}{dt} = 2^{-\frac{1}{3}}\Psi^{\frac{1}{3}} - \frac{1}{27^2}q^6$$

可见，列写非线性动态电路状态方程的步骤类似于线性电路的状态方程所采用的步骤。当动态元件为线性，电阻为非线性时，一般仍取 u_C 或 i_L 为状态变量；当动态元件为非线性时，一般选电荷 q 或磁链 ψ 为状态变量。

14.2.3 非线性电路方程的求解方法

一般很难得到非线性代数方程和非线性微分方程的解析解，通常采用计算机进行辅助数值求解。

（1）非线性代数方程的求解方法

① 数值迭代法：借助计算机辅助手段的方法，常用的算法有牛顿-拉夫森算法。
② 图解法：对于简单的非线性电路，其电路方程可以通过图解法求解。
③ 分段线性化方法：常采用迭代算法在计算机上进行。

（2）非线性微分方程的求解方法

① 数值求解法：这种方法要借助计算机进行，常用的算法有龙格-库塔法。
② 相空间法。
③ 分段线性化方法。
④ 近似解析法。
⑤ 模拟分析法。

14.3 小信号分析法

作为工程中分析非线性电阻电路的一种方法，小信号分析法是在交变信号激励幅值远小于直流电源幅值时，将非线性电路进行线性化处理的一种近似分析方法。小信号分析法不仅适用于非线性电阻电路，而且可用于非线性动态电路的分析。小信号分析法的实质就是将非线性电路分别对直流偏置和交流小信号进行线性化处理，然后按线性电路分析方法进行计算的一种方法。

在电子电路中，存在非线性电路，其中既含有作为偏置电路的直流电源 U_S，又含有交变电源 $u_S(t)$。而且交变电源相对直流电源要小得多。如果在任意时刻满足 $U_S \gg |u_S(t)|$，则称 $u_S(t)$ 为小信号电压，如图 14-16（a）所示。电路中，电阻 R_S 为线性电阻，非线性电阻为电压控制电阻，其电压、电流关系 $i=g(u)$，图 14-16（b）为其特性曲线。

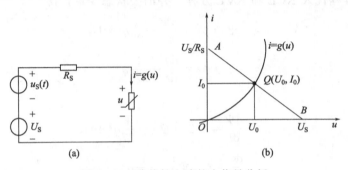

图 14-16 非线性电路的小信号分析

为了求解非线性电阻的电压 u，电流 i，根据 KVL 列写电路方程

$$U_S + u_S(t) = R_S i(t) + u(t) \tag{14-18}$$

根据 $i=g(u)$ 有

$$U_S + u_S(t) = R_S g(u) + u(t) \tag{14-19}$$

如果偏置电路的直流电源 U_S 单独作用时小信号 $u_S(t)=0$，非线性电路的解可由一端口的特性曲线（负载线）AB 与非线性电阻特性曲线相交的点 $Q(U_0, I_0)$ 确定，该交点成为静态工作点，而且 $Q(U_0, I_0)$ 满足下面两个方程。

$$\begin{cases} R_S I_0 + U_0 = U_S \\ I_0 = g(U_0) \end{cases} \tag{14-20}$$

如果偏置电路的直流电源 U_S 与小信号 u_S 共同作用时，电路中电流和电压都随时间变化，由于 u_S 的幅值很小 $[|u_S(t)| \ll U_S]$，电路的响应 $u(t)$ 和 $i(t)$ 必然在工作点 $Q(U_0, I_0)$ 附近变动，因此电路的解近似为

$$\begin{cases} i(t) = I_0 + i_\delta(t) \\ u(t) = U_0 + u_\delta(t) \end{cases} \tag{14-21}$$

式（14-21）中 $u_\delta(t)$ 和 $i_\delta(t)$ 是由小信号 u_S 引起的偏差。在任何时刻 t，$u_\delta(t)$ 和 $i_\delta(t)$ 相对 U_S 和 I_0 都是很小的量。

由于电压电流关系为 $i=g(u)$，所以式（14-21）可写为

$$I_0 + i_\delta(t) = g[U_0 + u_\delta(t)] \tag{14-22}$$

式（14-22）中因 $u_δ(t)$ 很小，可将式（14-22）右边项在静态工作点 $Q(U_0,I_0)$ 附近用泰勒（Taylor）级数展开，略去二次及高次项而仅保留前两项并进行线性化处理，式（14-22）可写为

$$I_0+i_δ(t)≈g(U_0)+g'(U_0)u_δ(t) \tag{14-23}$$

由于 $I_0=g(U_0)$，则式（14-23）可写为

$$i_δ(t)=g'(U_0)u_δ(t) \tag{14-24}$$

故有

$$g'(U_0)=\frac{dg}{du}\bigg|_{U_0}=G_d=\frac{1}{R_d} \tag{14-25}$$

式（14-25）中的 G_d 为非线性电阻在 Q 点处的动态电导，小信号电压和电流关系可写为

$$i_δ(t)=G_d u_δ(t) \text{ 或 } u_δ(t)=R_d i_δ(t) \tag{14-26}$$

因动态电导是一个常数，小信号 u_S 产生的电压和电流呈现线性关系。式（14-19）可写为

$$U_S+u_S(t)=R_S[I_0+i_δ(t)]+U_0+u_δ(t) \tag{14-27}$$

由于

$$U_S=R_S I_0+U_0$$

所以式（14-27）可写为

$$u_S(t)=R_S i_δ(t)+R_d i_δ(t) \tag{14-28}$$

式（14-28）为一线性代数方程，由方程式（14-28）可以得到非线性电路在工作点处的小信号等效电路，如图14-17所示。

小信号等效电路为一线性电路，于是求得

$$\begin{cases} i_δ(t)=\dfrac{u_S(t)}{R_S+R_d} \\ u_δ(t)=R_d i_δ(t)=\dfrac{R_d u_S(t)}{R_S+R_d} \end{cases} \tag{14-29}$$

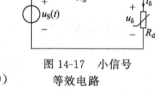

图 14-17 小信号等效电路

因此，在小信号作用时非线性电阻可看作线性电阻，参数 R_d 为其在工作点处的动态电阻。然后，画出小信号等效电路，据线性电路的分析方法求出非线性电阻的电压电流增量。

通过以上分析，利用小信号分析法对于既含直流电源又含小信号交变电源的非线性电路分析步骤可以归纳如下：

① 把电路中的线性部分化简成戴维宁等效电路，令直流电源作用，计算非线性电路的静态工作点 $Q(U_0,I_0)$。

② 根据特性方程求出非线性元件在工作点处的动态参数，即 R_d、G_d、L_d 和 C_d。

③ 用动态参数表示非线性元件，画出小信号等效电路。

④ 令小信号电源作用，求出小信号响应 u、i，根据待分析的内容，选择不同的分析方法。

对于电阻电路，采用前面介绍过的各种电阻电路的分析方法；对于正弦稳态电路，采用相量法分析；对于一阶动态电路，采用时域分析法；对于复杂动态电路，采用复频域分析法。

⑤ 计算电路的全响应：$u=U_0+u_δ(t)$ 和 $i=I_0+i_δ(t)$。

【例 14-5】 如图 14-18（a）所示非线性电阻电路，非线性电阻的电压、电流关系为 $i=\frac{1}{2}u^2$ $(u>0)$，式中电流 i 的单位为 A，电压 u 的单位为 V。电阻 $R_S=1\Omega$，直流电压源 $U_S=3V$，直流电流源 $I_S=1A$，小信号电压源 $u_S=(3\times10^{-3}\cos t)$ V，求小信号响应 u、i。

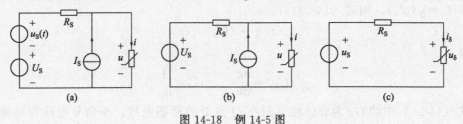

图 14-18　例 14-5 图

解： 求静态工作点 $Q(U_0, I_0)$，小信号源 $u_S(t)=0$ 时，由图 14-19（b）所示的电路得

$$u = 4 - i$$

$$i = \frac{1}{2}u^2$$

解得静态工作点 $Q(U_0, I_0) = Q(2, 2)$ 即

$$U_0 = 2V \quad I_0 = 2A$$

工作点处的动态电导为

$$G_d = \frac{di}{du}\bigg|_{U_0=2} = \frac{d}{du}\left(\frac{1}{2}u^2\right)\bigg|_{U_0=2} = 2 \text{ (S)},$$

动态电阻为 $R_d = 1/2\Omega$，小信号等效电路如图 14-19（c）所示，从而求出小信号响应为

$$i_\delta(t) = \frac{u_S(t)}{R_S + R_d} = \frac{3\times10^{-3}\cos t}{1+\frac{1}{2}} = (2\times10^{-3}\cos t)A$$

$$u_\delta(t) = R_d i_\delta(t) = 0.5\times2\times10^{-3}\cos t = (10^{-3}\cos t)V$$

求其全响应为

$$i = I_0 + i_\delta(t) = (2 + 2\times10^{-3}\cos t)A$$

$$u = U_0 + u_\delta(t) = (2 + 10^{-3}\cos t)V$$

【例 14-6】 如图 14-19（a）所示电路，非线性电阻特性方程为 $i=u^2$，求小信号响应 u、i。

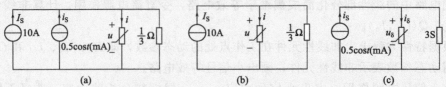

图 14-19　例 14-6 图

解： 由图 14-19（b）电路求静态工作点

$$3u + i = 10$$

$$i = u^2$$

$u^2+3u-10=0$

$u_1=2\text{V}$,$u_2=-5\text{V}$(舍去)

因此 $U_0=2\text{V}$,$I_0=4\text{A}$

计算动态参数 R_d

$R_d=\dfrac{du}{dt}=\dfrac{1}{4}\Omega$

由图 14-19 (c) 计算 $u_\delta(t)$ 和 $i_\delta(t)$

$i_\delta=\dfrac{4}{3+4}\times 0.5\cos t=\dfrac{2}{7}\cos t$ (mA)

$u_\delta=\dfrac{1}{4}i_\delta=\dfrac{1}{14}\cos t$ (mV)

所以电路的全响应为

$u(t)=(2+\dfrac{1}{14}\cos t\times 10^{-3})\text{V}$

$i(t)=(4+\dfrac{2}{7}\cos t\times 10^{-3})\text{A}$

14.4 分段线性化方法

分段线性化方法,又称折线法。在应用分段线性化方法分析非线性电路时,用一些直线段近似代替非线性元件的特性曲线,然后每段折线都用线性电路模型(戴维宁等效电路或诺顿等效电路)来替代,这样就将一个非线性电路问题近似化为线性电路问题来求解。

对于非线性电阻,采用分段线性化方法描述其伏安特性曲线。下面以隧道二极管为例,说明如何采用分段线性化方法分析非线性电阻。如图 14-20 (a) 所示虚线是隧道二极管的伏安特性,它可用三条直线段组成的折线来近似表示,如图 14-20 (b) 所示。

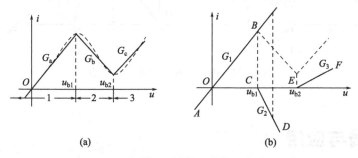

图 14-20 隧道二极管伏安特性的折线表示

在 $0<u<u_{b1}$ 区域里,线段通过坐标原点,可用线性电阻 R_1 或电导 G_a 来代替,线段斜率等于电导 G_a,等效电路如图 14-21 (a) 所示;在 $u_{b1}<u<u_{b2}$ 区域里,可用理想电压源 U_{S1} 与线性电阻 R_2 或电导 G_b 串联的戴维宁等效电路来代替,线段斜率等于电导 G_b,等效电路如图 14-21 (b) 所示;在 $u>u_{b2}$ 区域里,可用理想电压源 U_{S2} 与线性电阻 R_3 或电导 G_c 串联的戴维宁等效电路来代替,线段斜率等于电导 G_c,等效电路如图 14-21 (c) 所示。u_{b1} 与 u_{b2} 是确定这三个区域的转折电压值。

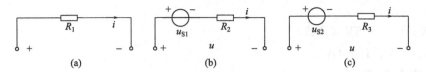

图 14-21 隧道二极管分段戴维宁等效电路

图 14-20（a）所示隧道二极管的伏安特性可分解为图 14-20（b）所示直线$\overline{AOB}$，折线$\overline{OCD}$和$\overline{OEF}$。G_1，G_2，G_3 分别是图 14-21（b）相关直线段斜率。

为了使上述等效电路输入端口的电压、电流关系与隧道二极管的分段线性的电压、电流关系相符，并根据非线性电阻（电导）并联的图解法，图 14-21 中的三个参数必须满足下列关系：

在区域 1 中　　　　$G_1 u = G_a u$ 或 $G_a = G_1$　　$(0 < u < u_{b1})$

在区域 2 中　　$(G_1 + G_2) u = G_b u$ 或 $G_1 + G_2 = G_b$　　$(u_{b1} < u < u_{b2})$

在区域 3 中　　$(G_1 + G_2 + G_3) u = G_c u$ 或 $G_1 + G_2 + G_3 = G_c$　　$(u > u_{b2})$

从而得

$$G_1 = G_a$$
$$G_2 = -G_a + G_b$$

隧道二极管的静态工作点可以用图解的方法确定。如果静态工作点位于图 14-22（a）所示位置，表示 Q_1、Q_2、Q_3 确实是工作点。如果负载线与分段区域线段的特性交点在图 14-22（b）所示位置，只有 Q_3 为实际的工作点，而 Q_1 和 Q_2 并不是实际工作点，而是虚点，因为其交点并不位于对应的区段。

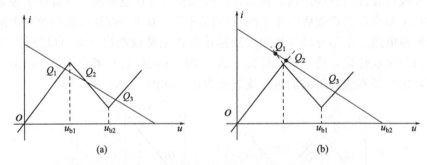

图 14-22　隧道二极管的静态工作点

14.5　实践与应用

电子技术电路中，经常用到二极管，二极管是典型非线性元件。在分析二极管的特性时，通常用分段线性化法。当这个二极管施加正偏置电压时，二极管导通，它相当于一个线性电阻，其伏安特性曲线用直线 OB 表示；当施加反向偏置时，二极管截止，电流为零，电阻值无穷大，它相当于开路，这时电压与电流关系用直线 AO 表示。这样就可以用折线 AOB 代替二极管伏安特性曲线，如图 14-23（a）所示。

在近似分析计算时，一般将二极管看成理想二极管，理想二极管的符号及其特性曲线如图 14-23（b）所示。对于理想二极管，当施加正偏置电压时，二极管工作电阻为 0，二极管以短路线替代；当施加反向偏置时，二极管截止，电流为零，二极管相当于无穷大电阻，因此二极管以开路替代。理想二极管的伏安特性曲线可由负 u 轴和正 i 轴的两条直线线段组成。电路中仅含一个理想二极管时，可以利用戴维宁定理进行分析计算。

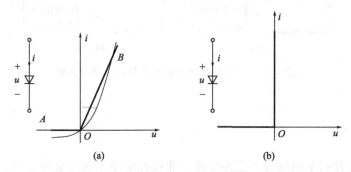

图 14-23 二极管符号及特性曲线的分段线性表示

【例 14-7】分析如图 14-24（a）所示端口上的伏安特性。

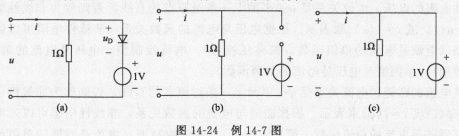

图 14-24 例 14-7 图

解：根据基尔霍夫电压定律，有 $u_D = u - 1$

当 $u < 1$ 时，$u_D < 0$，二极管处于截止状态，$i = u$，等效电路如图 14-24（b）所示。

当 $u = 1\text{V}$ 时，$i = 1\text{A}$。

当 $u > 1\text{V}$ 时，二极管导通，$u_D = 0$，等效电路如图 14-24（c）所示。

根据基尔霍夫电流定律，有 $i = i_R + i_D = 1 + i_D$，电流 i 由外电路决定。

在工程实践中，根据二极管伏安特性可以用万用表对普通半导体二极管极性进行简易测试。测量的方法是先把万用表拨到"欧姆"挡（R×100 挡位和 R×1k 挡位），然后将万用表的红、黑表笔分别接到二极管的两个引线上去，测试一次，然后交换红、黑表笔再测试一次。两次测试获得的二极管阻值不相同。其中二极管阻值较小的那次测试中黑表笔（即万用表内电池正极）接触的引线是二极管的阳极，红表笔（即万用表内电源负极）接触的引线是二极管的阴极，其原理如下：

当万用表内的电源使二极管处于正向接法时，二极管导通，阻值较小（几十欧到几千欧的范围），这说明黑表笔接触的引线是二极管的阳极；红表笔接触的引线是二极管的阴极，如图 14-25（a）所示。

当万用表内的电源使二极管处在反向接法时，二极管截止，阻值很大（一般为几百千欧），说明黑表笔接触的是二极管的阴极，红表笔接触的是二极管的阳极，如图 14-25（b）所示。

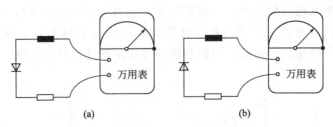

图 14-25 用万用表测试普通半导体二极管极性

本章小结

含有非线性元件的电路称为非线性电路。非线性电路不满足叠加定理，是否满足叠加定理是线性系统与非线性系统之间的最主要区别。非线性元件有非线性电阻、非线性电感、非线性电容。

线性电阻的电压、电流关系是 u-i 平面上一条过原点的直线，否则称为非线性电阻，用函数 $u=u(i)$ 或 $i=i(u)$ 来表示。根据电压与电流的函数关系，非线性电阻可以区别成电压控制型（电流是电压的单值函数，简称压控型）、电流控制型（电压是电流的单值函数，简称流控型）、单调型（电压是电流的单调函数）。

线性电感的磁链、电流关系是 ψ-i 平面上一条过原点的直线，否则称为非线性电感，用函数 $\psi=\psi(i)$ 或 $i=i(\psi)$ 来表示。根据磁链与电流的函数关系，非线性电感可以区别成电流控制型（磁链是电流的单值函数，简称流控型）、磁链控制型（电流是磁链的单值函数，简称链控型）、单调型（磁链是电流的单调函数）。

线性电容的电荷、电压关系是 q-u 平面上一条过原点的直线，否则称为非线性电容，用函数 $q=q(u)$ 或 $u=u(q)$ 来表示。根据电荷与电压的函数关系，非线性电容可以区别成电压控制型（电荷是电压的单值函数，简称压控型）、电荷控制型（电压是电荷的单值函数，简称荷控型）、单调型（电荷是电压的单调函数）。

不含动态元件的非线性电路称为非线性电阻电路，描述非线性电阻电路的方程是非线性代数方程；含有动态元件的非线性电路称为非线性动态电路，描述非线性动态电路的方程是非线性微分方程。非线性电路的直流解称为工作点，它对应特性曲线上的一个确定位置。

非线性元件可以静态参数和动态参数进行描述。静态参数是工作点与原点相连的直线的斜率，即：

静态电阻：$R|_Q = \dfrac{u(Q)}{i(Q)}$

静态电感：$L|_Q = \dfrac{\psi(Q)}{i(Q)}$

静态电容：$C|_Q = \dfrac{q(Q)}{u(Q)}$

当信号在工作点的足够小的邻域内变化时，可用工作点处的切线近似代替非线性曲线，切线的斜率定义为非线性元件的动态参数。

动态电阻：$R_d|_Q = \dfrac{du}{di}\bigg|_Q$

动态电感：$L_\mathrm{d}|_Q = \dfrac{\mathrm{d}\psi}{\mathrm{d}i}|_Q$

动态电容：$C_\mathrm{d}|_Q = \dfrac{\mathrm{d}q}{\mathrm{d}u}|_Q$

一般采用解析法与曲线相交法对含一个等效非线性电阻的电路进行计算。

解析法步骤如下：

① 将非线性电阻元件的线性电路用戴维宁或诺顿等效电路代替。

② 对等效后的电路列出 KCL 或 KVL 方程，并利用非线性电阻的电压、电流关系求出非线性电阻支路的电压或电流。

③ 根据替代定理，用电压源或电流源替代非线性电阻，求出其他支路的电压或电流。

曲线相交法步骤如下：

① 将非线性电阻元件的线性电路用戴维宁或诺顿等效电路代替。

② 在同一坐标系中作出线性部分与非线性部分的特性曲线，它们的交点就是工作点 $Q(U_0, I_0)$。

③ 根据替代定理，用电压源或电流源替代非线性电阻，求出其他支路的电压或电流。

对于仅由非线性电阻元件组成的电阻性电路，或考察非线性动态电路的稳态性质时，其电路的特性由一组非线性代数方程来描述。这组方程可能有唯一解，也可能有多个解，甚至可能根本无解。根据非线性电阻的类型选择分析方法，使非线性电阻的控制量作为方程的待求变量，列写非线性电阻电路方程：

① 如果非线性电阻都是压控的，宜列写结点电压方程或支路电压方程、割集电压方程；

② 如果非线性电阻都是流控的，宜列写回路电流方程或支路电流方程；

③ 如果非线性电阻一部分是压控的，另一部分是流控的，宜列写混合法方程；

④ 如果非线性电阻是单调的，则列何种方程均可，取决于其他分析需要。非线性电阻电路方程是非线性代数方程，通常用数值分析法进行求解。

非线性动态电路状态方程的编写步骤类似于前面第 6 章中已介绍过的线性电路的状态方程所采用的步骤。其状态变量一般是这样选取的：

① 当动态元件为线性，电阻为非线性时，一般仍取 u_C 或 i_L 为状态变量；

② 当动态元件为非线性时，一般选电荷 q 或磁链 ψ 为状态变量。

说明：非线性动态电路状态方程的标准形式的列写很困难，有时不可能。

小信号分析法是工程上分析非线性电路的一个重要方法。它的实质就是将非线性电路分别对直流偏置和交流小信号进行线性化处理，然后按线性电路分析方法进行计算的一种方法。一般步骤是：

① 尽量把电路中线性部分化简，令直流电源作用，求出非线性电路的工作点 $Q(U_0, I_0)$。

② 根据特性方程求出非线性元件在工作点处的动态参数，即 R_d、G_d、L_d 和 C_d。

③ 用动态参数表示非线性元件，画出小信号等效电路。

④ 令小信号电源作用，求出小信号响应 Δu、Δi，根据待分析的内容，选择不同的分析方法：对于电阻电路，采用前面介绍过的各种电阻电路的分析方法；对于正弦稳态电路，采用相量法分析；对于一阶动态电路，采用时域分析法；对于复杂动态电路，采用复频域分析法。

⑤ 电路的全解：$u = U_0 + \Delta u$，$i = I_0 + \Delta i$。

采用小信号分析法的前提是当输入的交流信号的幅度相对偏置直流电源的幅度足够小。另外，小信号分析法的关键是正确作出小信号的等效电路，注意小信号的等效电路应与原来的非线性电路具有相同的拓扑结构。另外，当给定的非线性电路的偏置电源发生改变，小信号等效电路也随之发生改变。

分段线性化方法（又称折线法），是用若干个直线段近似代替非线性的特性曲线，把非线性电路转化成一系列电路结构相同而参数不等的线性电路来处理，而每个线性电路可以用线性电路的分析方法独立地进行分析计算，但必须考虑非线性元件折线段的所有组合，通过检验才能去除掉虚解，获得电路的真实解。

线性系统一般存在一个平衡状态，并且很容易判断系统的平衡状态是否稳定。而非线性系统往往存在多个平衡状态，其中有些平衡状态是稳定的，有些平衡状态则是不稳定的。因此在非线性电路中常常会发生一些奇特的现象。例如，非线性电路在周期激励作用下的次谐波振荡和超次谐波振荡；系统解的形式因为参数的微小变化而发生本质性改变的分叉现象；对于某些非线性电路和系统，还会出现一种貌似随机的混沌现象。分叉和混沌现象的研究大大丰富了非线性系统科学的理论，促进了系统科学的发展。

习　题

一、填空题

1. 非线性电阻种类较多，根据电压与电流的函数关系，非线性电阻可以区别为电压控制型、电流控制型与（　　）。

2. 电流控制电阻是一个二端元件，如果非线性电阻元件的端电压是电流的单值函数，这种电阻就称为（　　）控制型电阻。

3. 在仅含一个非线性电阻的简单非线性电阻电路中，将其余不含非线性电阻的部分等效一个戴维宁电路，画出这两部分电路的伏安曲线，它们的交点为电路的工作点，或称为静态工作点。这种求解的方法称为（　　）。

4. 作为工程中分析非线性电阻电路的一种方法，小信号分析法是在（　　）信号激励幅值远小于直流电源幅值时，将非线性电路进行线性化处理的一种近似分析方法。小信号分析法不仅适用于非线性电阻电路，而且可用于非线性（　　）电路的分析。小信号分析法的实质就是将非线性电路分别对（　　）和（　　）进行线性化处理，然后按线性电路分析方法进行计算的一种方法。

5. 分段线性化方法，又称折线法。在应用分段线性化方法分析非线性电路时，用一些（　　）段近似代替非线性元件的特性曲线，然后每段折线都用（　　）电路模型（戴维宁等效电路或诺顿等效电路）来替代，这样就将一个非线性电路问题近似化为线性电路问题来求解。

二、选择题

1. 某非线性电阻的伏安特性曲线如题图14-1所示，则该非线性电阻类型为（　　）。
A. 电压控制型　　　B. 电流控制型　　　C. 单调型　　　D. 无法判断

2. 在如题图14-2所示非线性电路中，$0<u<1V$时，电流i在数值上等于（　　）。
A. u　　　　　　B. 0　　　　　　　C. 1A　　　　　D. 无法计算

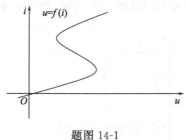

题图 14-1   题图 14-2

3. 某非线性电阻的伏安特性曲线如题图 14-3 所示,则该非线性电阻的动态电阻等于( )。

A. tanα B. tanβ C. tan$(\alpha+\beta)$ D. tan$(\alpha-\beta)$

4. 在如题图 14-4 所示非线性电路中,对于直流偏置电路的电源 U_S 和交变电源 $u_S(t)$,如果在任意时刻满足( ),则称 $u_S(t)$ 为小信号电压。

A. $|u_S(t)| \ll U_S$ B. $|u_S(t)| \gg U_S$
C. $|u_S(t)| < U_S$ D. $|u_S(t)| > U_S$

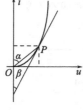 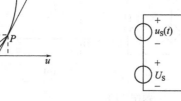

题图 14-3   题图 14-4

5. 在对非线性电阻电路进行分析时,如果需要将电路转化成一系列电路结构相同而参数不等的线性电路来处理,进而用若干个直线段近似代替非线性电阻的特性曲线,则应该采用( )。

A. 小信号分析法   B. 分段线性化法
C. 曲线相交法   D. 以上方法均可

三、计算题

1. 写出如题图 14-5 所示的结点电压方程。假设电路中各非线性电阻的伏安特性为 $i_1 = u_1^3$,$i_2 = u_2^2$,$i_3 = u_3^{\frac{3}{2}}$。

2. 题图 14-6 所示的电路中,非线性电阻的特性方程分别为 $u_1 = i_1^2$,$u_3 = \sin i_3$,$R_2 = 2\Omega$,试列出电路的网孔方程。

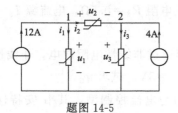 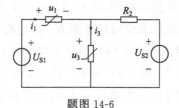

题图 14-5   题图 14-6

3. 题图 14-7 所示电路中，非线性电阻的伏安关系如题图 14-7（b）所示，求 U 和 I。

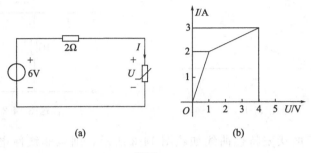

题图 14-7

4. 电路如题图 14-8（a）所示，非线性电阻的特性曲线如题图 14-4（b）所示，坐标系中的电压与电流单位分别是伏特与安培；$R_1=2\Omega$，$R_2=8\Omega$，$U_S=6V$。求 ab 左端的戴维宁等效电路及电压 U 的值。

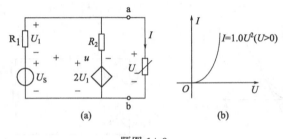

题图 14-8

5. 用图解法求题图 14-9 所示非线性电阻的 VCR 特性曲线。

6. 某非线性电阻的 u-i 关系可用解析函数 $i=0.5u+0.002u^3$ 表示（i 的单位为 A，u 的单位为 V），现将此电阻和 1F 的电容以及电压源并联，如题图 14-10 所示，求通过该电源的稳态电流（用小信号分析法求解）。

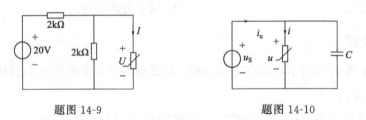

题图 14-9 题图 14-10

7. 电路如题图 14-11（a）所示，已知非线性电阻 R_1 和 R_2 均为双向性电阻，它们的伏安特性曲线分别如题图 14-11（b）、（c）所示。线性电阻 $R_3=0.5\Omega$，电流源 $I_S=3A$，试采用分段线性化法求非线性电阻 R_2 的电流。

8. 在题图 14-12（a）所示的电路中，线性电容通过非线性电阻放电，非线性电阻伏安特性如题图 14-12 图（b）所示。已知 $C=1F$、$u_C(0_-)=3V$。试求 u_C。

9. 题图 14-13 为非线性电路，设非线性电感均为电流控制型，其韦-安特性为 $\psi_1=i_1^3$（Wb），$\psi_2=i_2^3$（Wb），非线性电容是电荷控制型，其库-伏特性为 $u_C=e^q$（V），线性电阻

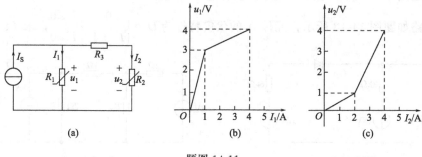

题图 14-11

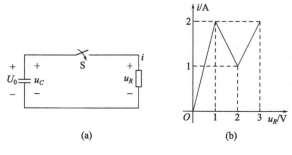

题图 14-12

$R=4\Omega$。试求：（1）当直流电源 $U_S=2$V 和 4V 时，小信号电感和电容的值，并作出小信号等效电路图。（2）若 $u_1(t)=10^{-3}\sin t$（V），求在直流电源 $U_S=2$V 和 4V 情况下，非线性电容两端之电压 $u_C(t)$ 的表达式。

10. 用图解法求题图 14-14 所示电阻单口网络的 VCR 特性曲线。

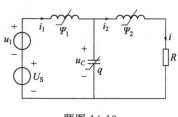

题图 14-13

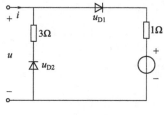

题图 14-14

11. 题图 14-15 所示 D 为一理想二极管，求 I。

12. 用图解法求题图 14-16 所示电阻、电流源和理想二极管并联单口的 VCR 特性曲线。

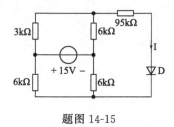

题图 14-15

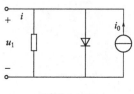

题图 14-16

13. 求题图 14-17 所示电路中理想二极管通过的电流。

14. 电路如题图 14-18 所示，元件 A 的伏安特性为 $U = \begin{cases} 0 & I \leq 0 \\ I^2 + 1 & I > 0 \end{cases}$，求 I、U 及 I_1。

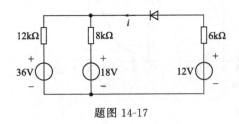

题图 14-17

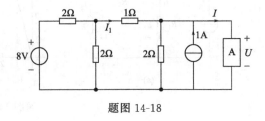

题图 14-18

参 考 文 献

[1] 邱关源. 电路. 第 5 版. 北京：高等教育出版社，2006.
[2] 陈希有. 电路理论基础. 第 3 版. 北京：高等教育出版社，2004.
[3] 吴建华，李华. 电路原理. 北京：机械工业出版社，2009.
[4] 张昌玉. 电路分析基础. 哈尔滨：哈尔滨工程大学出版社，2016.
[5] 吴舒辞，张发生，万芳瑛，等. 电路分析基础. 北京：北京大学出版社，2012.
[6] 胡翔骏. 电路分析. 第 3 版. 北京：高等教育出版社，2016.
[7] 包伯成，乔晓华. 工程电路分析基础. 北京：高等教育出版社，2013.
[8] 范世贵，冯晓毅，郭婷. 电路分析基础. 西安：西北工业大学出版社，2010.
[9] 刘健，刘良成，徐祎，等. 电路分析. 第 2 版. 北京：电子工业出版社，2010.
[10] 裴留庆. 电路理论基础. 北京：北京师范大学出版社，1983.
[11] 周守昌. 电路原理. 第 2 版. 北京：高等教育出版社，1999.
[12] 夏承铨. 电路分析. 武汉：武汉理工大学出版社，2006.
[13] 施娟，周茜. 电路分析基础. 西安：西安电子科技大学出版社，2013.
[14] 巨辉，周蓉. 电路分析基础. 北京：高等教育出版社，2012.
[15] 嵇英华，刘清. 电路分析. 北京：电子工业出版社，2014.
[16] 汪建，汪泉. 电路原理教程. 北京：清华大学出版社，2017.
[17] Charles K. Alexander, Matthew N. O. Sadiku. 北京：机械工业出版社，2016.
[18] 张燕君，齐跃峰，吴国庆，等. 电路原理. 北京：清华大学出版社，2017.